大數據

資料探勘×智慧營運

梁棟 張兆靜 彭木根 著

想深入了解大數據、資料探勘的讀者請進！

◎什麼是資料前處理？
◎電信業者跟資料探勘有什麼關係？
◎神經網路具體到底是什麼？
◎集群分析的演算法有哪些？

前言

資料探勘（Data Mining），是指從資料中發現知識的過程（Knowledge Discovery in Databases， KDD）。狹義的資料探勘一般指從大量的、不完全的、有雜訊的、模糊的、隨機的實際應用資料中，提取隱含其中的、人們事先不知道的、但又是潛在有用知識的過程。自從電腦發明之後，科學家們先後提出了許多優秀的資料探勘演算法。2006 年 12 月，在資料探勘領域的權威學術會議 *the IEEE International Conference on Data Mining*（*ICDM*）上，科學家們評選出了該領域的十大經典演算法：C4.5、K-Means、SVM、Apriori、EM、PageRank、AdaBoost、kNN、Naive Bayes 和 CART。這是資料探勘學科的一個重要里程碑，從此資料探勘在理論研究和實際應用兩方面均進入飛速發展時期，並得到廣泛關注。

在實際生產活動中，許多問題都可以用資料探勘方法來建立模型，從而提升營運效率。例如，某企業在其行動終端應用（App）上售賣各種商品，它希望向不同的客戶群體精準推送差異化的產品和服務，從而提升銷售業績。在這個案例中，如何將千萬量級的客戶劃分為不同的客戶群體，可以由資料探勘中的集群分析演算法來完成；針對某個客戶群體，如何判斷某個產品是否是他們感興趣的，可以由資料探勘中的分類分析演算法來完成；如何發現某個客戶群體感興趣的各種產品之間的關聯性，應該把哪些產品打包為方案，可以由資料探勘中的關聯分析演算法來完成；如何發現某個客戶群體的興趣愛好的長期趨勢，可以由資料探勘中的迴歸演算法來完成；如何綜合考慮公司的 KPI 指標、行銷政策和 App 頁面限制等條件，制訂最終的應用行銷方案，可以基於資料探勘中的 ROC 曲線建立數學模型求得最優解法來解決。

當前，許多企業正面臨前所未有的競爭壓力。以營運商企業為例，從政策層面看，當各個國家對網路提出了「提速降費」的策略：一方面要提高網路連接速度、提供更好的服務，這意味著公司成本的提高；另一方面要降低資費標準，這意味著單一產品收入的下降，營運商該如何化解這對矛盾？從營運商內部資料統計看，傳統的語音和簡訊、及其他業務收入占比正不斷下降，傳統的利潤點已經風光不再；流量收入目前已占據主要位置並保持上漲趨勢，但單純的流量經營又將面臨「管道化」壓力；未來的利潤增長點要讓位於被稱為「第三條曲線」的數位化服務。電信業者該如何經營這一新鮮事物？從外部環境看，互聯網和電子商務企業借助其在各方面的優勢，已經對營運商形成了巨大的壓力，特別是在數位化服務行銷領域，傳統營運商企業已經不再具備優勢，又該如何應對互聯網企業的全面競爭？

隨著移動互聯網和物聯網時代的來臨，人和萬事萬物被廣泛地聯繫在一起。人們在聯繫的過程產生了大量的資料，例如用戶基礎資訊、網頁瀏覽記錄、歷史消費記錄、影片監控影像，等等。據此，以 Google 為首的互聯網公司提出了「大數據」（Big Data）的概念，並聲稱人類已經脫離了資訊時代（Information Time, IT），進入了大數據時代（Data Time, DT）。顯然，大量資料包含了非常豐富的淺層次資訊和深層次知識。對於同一競爭領域的企業，誰能獲取最大量的資料，展開最精準的資料探勘與模組建立分析，並加以細緻化的具體實施，誰便能在行業競爭中取得優勢。對於營運商企業而言，其具備的一個顯著優勢便是手握大量資料資源。如果能運用先進的資料探勘技術找出客戶的行為規律，從傳統的經驗式、粗放式、「一刀切」式的營運決策向資料化、精細化、個性化的營運決策轉型，營運商將迎來新的騰飛。上述營運模式轉型的目標，便是所謂的「智慧營運」。

目前，人類對大數據尚沒有統一的、公認的定義，但幾乎所有學者和企業都認同大數據具備四大特徵（四大挑戰）：體積巨大（Volume）、類型繁多（Variety）、價值密度低（Value）、需求即時處理（Velocity）。這其中最重要的一點是類型繁多，即過去人類的資料儲備以結構化資料為主，而未來將以非結構化資料為主。回到之前提到的 App 行銷案例，企業基於用戶的基礎資訊、歷史消費資訊、簡單的網路行為資訊等結構化資料展開資訊建模，被認為是傳統的「基於資料探勘的智慧營運」。隨著時代的發展，企業還掌握了用戶觀看在線影片的內容資料、在營業網點接受營業員推薦的表情資訊和語言交流資料、用戶在客服熱線中的語音諮詢資料等，這些被統稱為非結構化資料，隨著語音辨識、人臉識別、語義識別等新技術的發展成熟，對非結構化資料的分析資訊已成為可能，並將獲得廣闊的商業應用空間。基於非結構化資料的資訊建模又

CONTENTS

目錄

被稱為「基於人工智慧的智慧營運」。考慮當前大部分企業的實際營運現狀，本書將主要圍繞「基於資料探勘的智慧營運」展開討論，「基於人工智慧的智慧營運」將在後續書籍中展開討論。

本書共分為九章：第 1 章大數據、資料探勘與智慧營運綜述，講述資料探勘的基本概念和發展史、大數據的時代特徵、當前結構化資料探勘進展、非結構化資料探勘與人工技能進展、資料探勘的主流軟體等；第 2 章資料統計與資料前處理，講述在資料探勘之前的資料整合、資料淨化、資料衍生、資料統計等；第 3 章集群分析，重點講述 K-means、BIRCH、DBSCAN、CLIQUE 等幾種主流經典聚類演算法；第 4 章分類分析，重點講述決策樹、KNN、貝氏、神經網路、SVM 等幾種主流分類演算法；第 5 章迴歸分析，重點講述線性迴歸、非線性迴歸、邏輯迴歸等幾種主流迴歸演算法；第 6 章關聯分析，重點講述 Apriori、FP-tree 等幾種主流關聯演算法；第 7 章增強型資料探勘演算法，重點講述隨機森林、Bagging、Boosting 等幾種主流增強演算法；第 8 章資料探勘在營運商智慧營運中的應用，展開講述資料探勘方法在外呼行銷、精準推送、方案適配、客戶保有、投訴預警、網路品質監控、室內定位中的應用；第 9 章面向未來大數據的資料探勘與機器學習發展趨勢，簡要講述資料探勘領域的前沿研究進展。

全書以運用大數據探勘方法提升企業營運業績與效率為主線。第 3 章至第 7 章組成本書的理論知識部分，在講述理論知識的同時，這部分每章都配套列舉了大量實際應用案例，及其在 SPSS 等分析軟體中的具體操作流程。此外，第 8 章從營運商實際工作中選取了大量營運和銷售案例，詳細講述了資料採集、資訊建模、模型應用與精準行銷的全部過程。

本書基於作者所帶領的研究團隊多年研究積累和在營運商企業廣泛應用的基礎上提煉而成。全書由曾麗麗博士組織並統稿，梁棟、張兆靜和彭木根撰寫了主要章節，研究團隊中的謝花花、柯聯興、張笑凱、魯晨、李子凡等在讀研究生參與了部分章節的寫作，胡林、唐糖等團隊外專家參與了部分章節的寫作並給出了寶貴的意見。在此對有關人員一併表示誠摯的感謝！

由於作者能力所限，疏漏之處在所難免，希望各位讀者海涵，並批評指正。

第 9 章
面向未來大數據的資料探勘與機器學習發展趨勢 409

第 1 章
大數據、資料探勘與智慧營運綜述

近年來，大數據、資料探勘、機器學習、雲端計算和人工智慧等詞語日漸為人們所熟悉。本章將圍繞上述基本概念和話題展開討論。本章 1.1 節介紹資料探勘的概念和發展史，1.2 節介紹資料探勘的主要流程和金字塔模型，1.3 節介紹資料探勘對企業智慧營運的重要意義，1.4 節介紹大數據的基本概念、特徵和挑戰，1.5 節介紹非結構化資料探勘的概念和研究進展，1.6 節介紹結構化資料探勘與機器學習、深度學習和人工智慧之間的關聯關係，1.7 節介紹常見的資料探勘分析軟體與系統。

1.1 資料探勘的發展史

1.1.1 資料探勘的定義與起源

什麼是資料探勘，資料探勘包括哪些範疇？迄今為止不同的學者和公司仍有著不同的理解和定義。例如有的學者認為：資料探勘即指擺脫傳統的經驗式、規律式的分析方法，轉變為純粹從資料出發來探索問題的本質。又例如有的公司認為：資料探勘是一種從資料中榨取價值，提升公司營運效率的重要手段。然而，絕大部分學者和公司都認同資料探勘的最基本定義：從資料中獲取知識。

資料探勘具體起源於什麼年代現在已無從考證。自從有了資料，人類就開始嘗試對資料進行分析。隨著時代的發展，特別是電腦技術的誕生和發展，人類擁有的資料越來越多，種類越來越複雜，之前傳統的淺層次的、以經驗式、觀察式為主的資料分析方法已不再適用，人類急需一整套深層次的、科學的資料分析方法，這些方法的總和被稱為「資料探勘」。

隨著移動互聯網時代的來臨，我們每天都生活在資料中，時時刻刻都接觸著來自生活各個方面的各種資料：上班交通高峰期各個十字路口的車流量，各個公司的股市行情、銷售票務、產品描述、用戶回饋，科學實驗記錄著的種種資訊……資料的產生無時不在，無處不在。爆炸式增長、廣泛可用的巨量資料急需功能強大和通用的工具，以便發現它們潛在的巨大價值。交通部門需要透過對車流量資料的觀察來決定人力配置；公司需要透過對各種商業資料的分析來制訂合理的發展計劃；科學研究工作者需要對來自實驗的種種資料研究來實現實驗目的……人們越來越關注如何把資料變為直觀、有用的資訊。人類的需求是發明之母，人們對資料所蘊含的潛在知識的需求促使了資料探勘的誕生。

近年來，資料探勘引起了資訊產業界的極大關注，其主要原因是存在大量資料可以廣泛使用，並且迫切需要將這些資料轉換成有用的資訊和知識。獲取的資訊和知識可以被廣泛用於各種應用，包括商務管理、生產控制、市場分析、工程設計和科學探索等。

資料探勘利用了來自如下領域的思想：

(1) 來自統計學的抽樣、估計和假設檢驗。

(2) 人工智慧、模式識別和機器學習的搜尋演算法、建模技術和學習理論。

資料探勘也迅速地接納了來自其他領域的思想，這些領域包括最優化、進化計算、資訊論、訊號處理、視覺化和資訊檢索。一些其他領域也造成重要的支撐作用。特別的，需要資料庫系統提供有效的儲存、索引和查詢處理支持。源於高效能（平行）計算的技術在處理大量資料集方面常常是重要的。分布式技術也能幫助處理大量資料，並且當資料不能集中到一起處理時更是至關重要。

1.1.2 資料探勘的早期發展

資料挖崛起始於 20 世紀下半葉，是在多個學科發展的基礎上逐步發展起來的。隨著大數據與資料庫技術的發展應用，資料量不斷積累與膨脹，這導致基礎的查詢和統計操作已經無法滿足企業的商業需求。如何資訊出資料隱含的資訊是當前急須解決的難題。與此同時，電腦領域的人工智慧（Artificial Intelligence）方向也取得了巨大進展，進入了機器學習的階段。因此，人們將兩者結合起來，用資料庫管理系統儲存資料，用電腦分析資料，並且嘗試資訊資料背後的資訊。這兩者的結合促生了一門新的學科，即資料庫中的知識發現（Knowledge Discovery in Databases, KDD）。1989 年 8 月召開的第 11 屆國際人工智慧聯合會議的專題討論會上首次出現了「知識發現」這個術語，到目前為止，知識發現的重點已經從發現方法轉向了實踐應用。

資料探勘（Data Mining）則是 KDD 的核心部分，它是指從資料集合中自動抽取隱藏在資料中那些有用資訊的非平凡過程，這些資訊的表現形式為：規則、概念、規律及模式等。進入 21 世紀，資料探勘已經成為一門比較成熟的交叉學科，並且資料探勘技術也伴隨著資訊技術的發展日益成熟起來。總體而言，資料探勘融合了資料庫、人工智慧、機器學習、統計學、高效能計算、模式識別、神經網路、資料視覺化、資訊檢索和空間資料分析等多個領域的理論和技術，是 21 世紀初期對人類產生重大影響的十大新興技術之一。

1.1.3 資料探勘的演算法前傳

如果把資料比作海洋，資料探勘是在資料大海中航行，那麼演算法就是航行中指明方向的指南針。從廣義來說，任何定義明確的計算步驟都可稱為演算法，接受一個或一組值為輸入，輸出一個或一組值。可以這樣理解，演算法是用來解決特定問題的一系列步驟（不僅電腦需要演算法，我們在日常生活中也在使用演算法)。演算法必須具備如下 3 個重要特性：

(1) 有窮性，有限的步驟後就必須結束。

(2) 確切性，演算法的每個步驟都必須確切定義。

(3) 可行性，特定演算法須可以在特定的時間內解決特定問題。

其實，演算法雖然廣泛應用在電腦領域，但卻完全源自數學。據稱，人類已知最早的演算法可追溯到公元前 1600 年巴比倫人（Babylonians）有關求因式分解和平方根的演算法。

20 世紀末以來，隨著科學技術的發展、通訊技術的改進和電腦效能的提升，如何快速處理資料，提高解決問題的效率，顯得尤為重要。各類演算法的提出與優化為一系列難題的解決提供了切實可行的方案。早前影響較為廣泛的十大演算法如下。

1．歸併排序（Merge Sort）、快速排序（Quick Sort）和堆積排序（Heap Sort）

歸併排序演算法，是目前為止最重要的演算法之一，是分治法的一個典型應用，由數學家馮·諾依曼（John von Neumann）於 1945 年發明。

快速排序演算法，結合了集合劃分演算法和分治演算法，不是很穩定，但在處理隨機列陣（AM-based arrays）時效率相當高。

堆積排序，採用優先佇列機制，減少排序時的搜尋時間，同樣不是很穩定。

與早期的排序演算法相比（如泡沫排序），這些演算法將排序演算法推進一大步。也多虧了這些演算法，才有今天的資料挖掘、人工智慧、連結分析，以及大部分網頁計算工具。各種排序演算法的效能對比分析如表 1-1 所示。

表 1-1 排序演算法效能對比

排序方法	時間複雜度			空間複雜度	穩定性
	最好	平均	最壞		
冒泡排序	O(n)	O(n²)	O(n)²	O(1)	穩定
直接選擇排序	O(n²)	O(n²)	O(n²)	O(1)	不穩定
插入排序	O(n)	O(n²)	O(n²)	O(1)	穩定
合併排序	O(n log n)	O(n log n)	O(n log n)	O(1)	穩定
快速排序	O(n log n)	O(n log n)	O(n²)	O(n log n)	不穩定
堆積排序	O(n log n)	O(n log n)	O(n log n)	O(1)	不穩定

2．傅立葉變換和快速傅立葉變換

這兩種演算法簡單，但卻相當強大，整個數字世界都離不開它們，其功能是實現時間域函數與頻率域函數之間的相互轉化。傅立葉變換不僅僅是一個數學工具，更是一種新的思維模式。

互聯網、Wi-Fi、智慧手機、桌機、電腦、路由器、衛星等幾乎所有與電腦相關的設備都或多或少與這兩種演算法有關。不會這兩種演算法，你根本不可能拿到電子、電腦或者通訊工程學位。能看到這本書，也是托這些演算法的福。

3．迪杰斯特拉演算法（Dijkstra's Algorithm）

可以這樣說，如果沒有這種演算法，互聯網肯定沒有現在的高效率。只要能以「圖」模型表示的問題，都能用這個演算法找到「圖」中兩個節點間的最短距離。

雖然如今有很多更好的方法來解決最短路徑問題，但迪杰斯特拉演算法的穩定性仍無法被取代。

4．RSA 非對稱加密演算法

毫不誇張地說，如果沒有這種演算法對密碼學和網路安全的貢獻，如今互聯網的地位可能就不會如此之高。現在的網路毫無安全感，但遇到與錢相關的問題時我們必須保證有足夠的安全感，如果覺得網路不安全，你肯定不會傻乎乎地在網頁上輸入自己的銀行帳號及信用卡資訊。

RSA 演算法（以發明者之名命名：Ron Rivest, Adi Shamir 和 Leonard Adleman）是密碼學領域最厲害的演算法之一，由 RSA 公司的三位創始人提出，是當今密碼研究領域的基石演算法。用這種演算法解決的問題簡單又複雜，在保證安全的情況下，可在獨立平台和用戶之間分享密鑰。

5．哈希安全演算法（Secure Hash Algorithm）

確切地說，這不是一種演算法，而是一組加密哈希函數，由美國國家標準技術研究所率先提出。無論在你的應用商店、電子郵件、殺毒軟體，還是瀏覽器等，都可使用這種演算法來保證正常下載，避免被「中間人攻擊」或者「網路釣魚」。

6．整數質因子分解演算法（Integer Factorization）

這其實是一種數學演算法，不過已經廣泛應用於電腦領域。如果沒有這種演算法，加密資訊也不會如此安全。透過一系列步驟，它可以將一個合成數分解成不可再分的數學因子。目前，很多加密協議都採用這個演算法，比如上面提到的 RSA 演算法。

7．連結分析演算法（Link Analysis）

在互聯網時代，對不同網路入口間關係的分析尤其重要。從搜尋引擎和社交網站，到市場分析工具，都在全力地資訊互聯網的真正構造。連結分析演算法一直是這個領域最令人費解的演算法之一，雖然實現方式各有不同，而且其本身的特性讓每種實現方式的演算法發生各種異化，不過基本原理卻很類似。連結分析演算法的原理其實很簡單：用矩陣表示一幅「圖」，形成本徵值問題，如圖 1-1 所示。本徵值問題可以幫助你分析這個「圖」的基礎結構，以及每個節點的權重。這個演算法於1976 年由賓斯基（Gabriel Pinski）和納林（Francis Narin）提出。

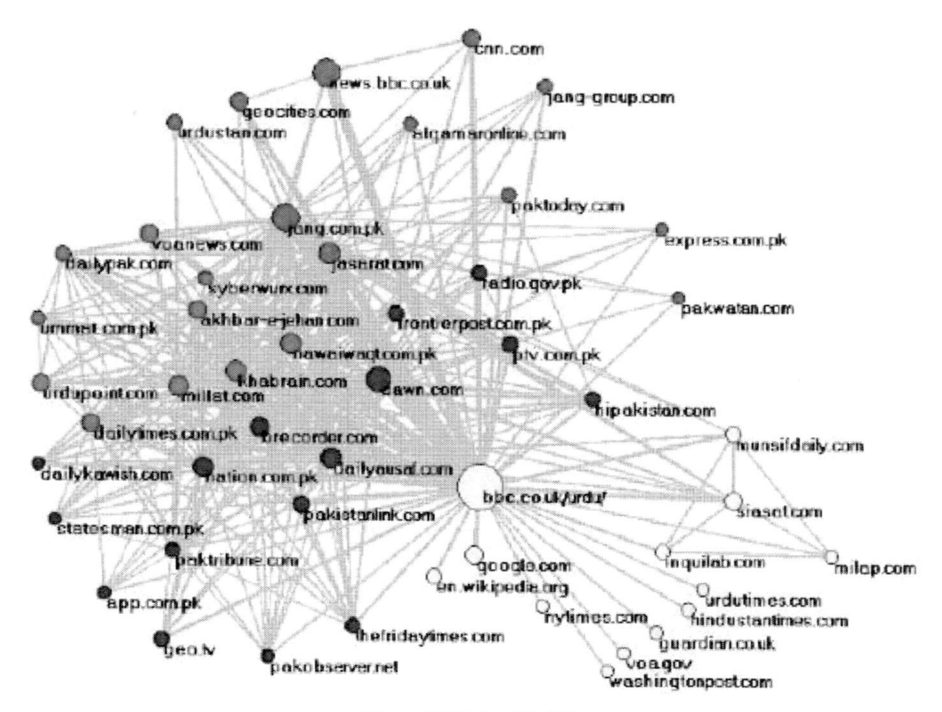

圖 1-1 連結分析演算法

誰會用這個演算法呢？ Google 的網頁排名，Facebook 向你發送資訊流時（所以資訊流不是演算法，而是演算法的結果），Google+ 和 Facebook 的好友推薦功能，LinkedIn 的工作推薦，Youtube 的影片推薦，等等。普遍認為 Google 是率先使用這類演算法的機構，不過其實早在 1996 年（Google 問世前 2 年）李彥宏創建的「RankDex」小型搜尋引擎就使用了這個思路。而 Hyper Search 搜尋演算法建立者馬西莫· 馬奇奧裡也曾使用過類似的演算法。這兩個人後來分別成了百度和 Google 歷史上的傳奇人物。

8 · 比例微積分演算法（Proportional Integral Derivative Algorithm）

飛機、汽車、電視、手機、衛星、工廠和機器人等事物中都有這個演算法的身影。簡單來講，這個演算法主要是透過「控制迴路回饋機制」，減小預設輸出訊號與真實輸出訊號間的誤差。只要需要訊號處理或電子系統來控制自動化機械、液壓和加熱系統，都需要用到這個演算法。可以說，沒有它，就沒有現代文明。比例微積分演算法流程如圖 1-2 所示。

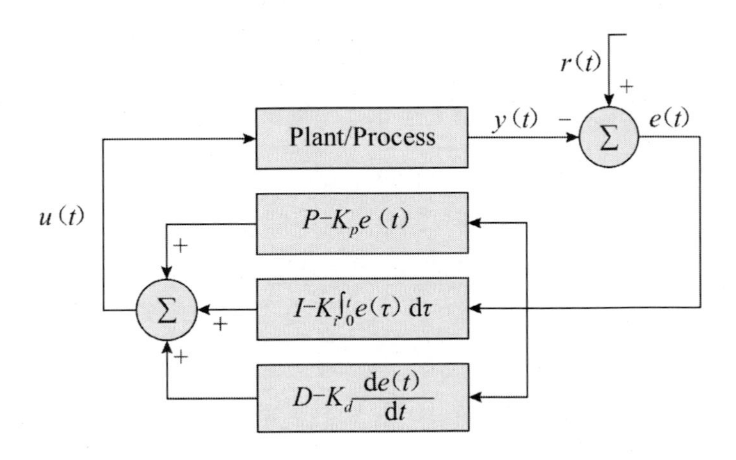

圖 1-2 比例微積分演算法流程

9 · 資料壓縮演算法

資料壓縮演算法有很多種，哪種最好？這取決於應用方向。壓縮 MP3、JPEG 和 MPEG-2 文件都是不一樣的。但哪裡能見到資料壓縮？它可不僅僅是文件夾中的壓縮文件。要知道，你正在看的電腦網頁就是使用資料壓縮演算法將資訊下載到你的電腦上的。除文字外、遊戲、影片、音樂、資料儲存、雲端計算等都是。它讓各種系統更輕鬆，效率更高。

10．隨機數生成演算法

到如今，電腦還沒有辦法生成「真正的」隨機數，但偽隨機數生成演算法就已足夠滿足當前需求。這些演算法在許多領域都有應用，如網路連接、加密技術、安全哈希演算法、網路遊戲、人工智慧，以及資料探勘等問題分析中的條件初始化。

1.1.4 資料探勘的第一個里程碑

資料探勘的飛速發展，不僅產生了大量不同類型的資料探勘演算法，而且也表現出與機器學習等學科深度融合的態勢。國際權威的學術組織 the IEEE International Conference on Data Mining（ICDM）2006 年 12 月評出了資料探勘領域的十大經典演算法：C4.5、K-Means、SVM、Apriori、EM、PageRank、AdaBoost、KNN、Naive Bayes 和 CART，它們在資料探勘領域都產生了極為深遠的影響。

1．C4.5 演算法

C4.5 是一種用在機器學習和資料探勘領域的分類問題中的演算法。它基於以下假設：給定一個資料集，其中的每一個元組都能用一組屬性值來描述，每一個元組屬於一個互斥的類別中的某一類。C4.5 的目標是透過學習，找到一個從屬性值到類別的映射關係，並且這個映射能用於對新的類別未知的實體進行分類。

C4.5 是由 J.Ross Quinlan 在 ID3 的基礎上提出的。ID3 演算法用來構造決策樹。決策樹是一種類似流程圖的樹結構，其中每個內部節點（非樹葉節點）表示在一個屬性上的測試，每個分枝代表一個測試輸出，而每個樹葉節點存放一個類標號。一旦建立好了決策樹，對於一個未給定類標號的元組，追蹤一條由根節點到葉節點的路徑，該葉節點就存放著該元組的預測。決策樹的優勢在於不需要任何領域知識或參數設定，適合於探測性的知識發現。

C4.5 演算法的核心演算法是 ID3 演算法。C4.5 演算法繼承了 ID3 演算法的優點，並在以下幾方面對 ID3 演算法進行了改進：

(1) 用資訊增益率來選擇屬性，克服了用資訊增益選擇屬性時偏向選擇取值多的屬性不足；

(2) 在決策樹構造過程中進行剪枝；

(3) 能夠完成對連續屬性的離散化處理；

(4) 能夠對不完整資料進行處理。

而且 C4.5 演算法產生的分類規則易於理解，準確率較高。但在構造樹的過程中，需要對資料集進行多次的順序掃描和排序，因而導致演算法的低效。

2．The K-Means Algorithm（K-Means 演算法）

K-MeansAlgorithm 是一種聚類演算法，它把 n 個對象根據他們的屬性分為 k 個分割，k<n。它與處理混合正態分布的最大期望演算法很相似，因為他們都試圖找到資料中自然聚類的中心。它假設對象屬性來自空間向量，並且目標是使各個群組內部的均方誤差總和最小。它是一種無監督學習的演算法。

3．Support Vector Machines（支援向量機）

支援向量機，英文為 Support Vector Machine，簡稱 SV 機或 SVM。它是一種監督式學習方法，廣泛應用於統計分類以及迴歸分析中。支援向量機將向量映射到一個更高維的空間裡，在這個空間裡建立一個有最大間隔的超平面。在分開資料的超平面的兩邊建有兩個互相平行的超平面。分隔超平面使兩個平行超平面的距離最大化。假定平行超平面間的距離或差距越大，分類器的總誤差越小。一個極好的指南是 C.J.C Burges 的《模式識別支援向量機指南》。Van Der Walt 和 Barnard 將支援向量機和其他分類器進行了比較。

4．The Apriori Algorithm（Apriori 演算法）

Apriori 演算法是一種最有影響力的資訊布爾關聯規則頻繁項集的演算法。其核心是基於兩階段頻集思想的遞推演算法。該關聯規則在分類上屬於單維、單層、布爾關聯規則。在這裡，所有支持度大於最小支持度的項集稱為頻繁項集，簡稱頻集。在頻集的基礎上，所有信賴度大於最小信賴度的規則為強關聯規則。

5．最大期望（EM）演算法

在統計計算中，最大期望（Expectation–Maximization, EM）演算法是在

機率（Probabilistic）模型中尋找參數最大似然估計的演算法，其中機率模型依賴於無法觀測的隱藏變數（Latent Variabl）。最大期望經常用在機器學習和電腦視覺的資料集聚（Data Clustering）領域。

6．PageRank 演算法

PageRank 是 Google 演算法的重要內容。2001 年 9 月被授予美國專利，專利人是 Google 創始人之一賴利· 佩吉（Larry Page）。因此，PageRank 裡的 Page 不是指網頁，而是指佩吉，即這個等級方法是以佩吉來命名的。

PageRank 根據網站的外部連結和內部連結的數量和品質來衡量網站的價值。PageRank 背後的概念是，每個到頁面的連結都是對該頁面的一次投票，被連結得越多，就意味著被其他網站投票越多。這個就是所謂的「連結流行度」——衡量有多少人願意將他們的網站和你的網站掛鉤。PageRank 這個概念引自學術中一篇論文的被引述的頻度——即被別人引述的次數越多，一般就判斷這篇論文的權威性越高。

7．AdaBoost 增強型演算法

AdaBoost 是一種疊代演算法，其核心思想是針對同一個訓練集訓練不同的分類器（弱分類器），然後把這些弱分類器集合起來，構成一個更強的最終分類器（強分類器）。其演算法本身是透過改變資料分布來實現的，它根據每次訓練集之中每個樣本的分類是否正確，以及上次的總體分類的準確率，來確定每個樣本的權值。將修改過權值的新資料集送給下層分類器進行訓練，最後將每次訓練得到的分類器融合起來，作為最終決策分類器。

8．KNN：K-Nearest Neighbor Classification（K 最近鄰演算法）

K 最近鄰（K-Nearest Neighbor, KNN）分類演算法，是一個理論上比較成熟的方法，也是最簡單的機器學習演算法之一。該方法的思路是：如果一個樣本在特徵空間中的 k 個最相似（即特徵空間中最鄰近）的樣本中的大多數屬於某一個類別，則該樣本也屬於這個類別。

9．Naive Bayes 演算法（單純貝氏）

在眾多的分類模型中，應用最為廣泛的兩種分類模型是決策樹模型

（Decision Tree Model）和單純貝氏模型（Naive Bayesian Model, NBM）。單純貝氏模型發源於古典數學理論，有著堅實的數學基礎，以及穩定的分類效率。同時，NBM 模型所需估計的參數很少，對缺失資料不太敏感，演算法也比較簡單。理論上，NBM 模型與其他分類方法相比具有最小的誤差率。但實際上也並非總是如此，因為 NBM 模型假設屬性之間相互獨立，這個假設在實際應用中往往是不成立的，這給 NBM 模型的正確分類帶來了一定影響。在屬性個數比較多或者屬性之間相關性較大時，NBM 模型的分類效率比不上決策樹模型。而在屬性相關性較小時，NBM 模型的效能最為良好。

10．CART：分類與迴歸樹

CART，Classification and Regression Trees。在分類樹下面有兩個關鍵的思想：第一個是關於遞歸地劃分自變數空間的想法；第二個想法是用驗證資料進行剪枝。最先由 Breiman 等提出。分類迴歸樹是一棵二叉樹，且每個非葉子節點都有兩個孩子，所以對於第一棵子樹的葉子節點數比非葉子節點數多1。CART 樹既可以做分類演算法，也可以做迴歸。其優勢是可以生成易於理解的規則，時間複雜度較低，可以處理連續變數和種類欄位，可以明確顯示資料欄位的重要性。不足是對連續性的欄位比較難預測；對有時間順序的資料，需要較為複雜的前處理工作；當類別太多時，錯誤可能增加得比較快。

1.1.5 最近十年的發展與應用

作為一個新興的研究領域，自 20 世紀 80 年代開始，資料探勘已經取得顯著進展並且涵蓋了廣泛的應用領域，但仍然存在許多問題和挑戰。本節將介紹近十年來資料探勘演算法的主要發展、改進和應用。

1．資料探勘演算法的改進

下面以 K-Means 演算法和 KNN 演算法為例進行介紹

K-Means 演算法是資料探勘聚類領域中的重要演算法。大體上說，K-Means 演算法的工作過程說明如下：首先從 n 個資料對象任意選擇 k 個對象作為初始聚類中心；而對於剩下的其他對象，則根據它們與這些聚類中心的相似度（距離），分別將它們分配給與其最相似的（聚類中心所代表的）聚類；然後再計算每個所獲新聚類的聚類中心（該聚類中所有對象的均值）；不斷重複這一過程直到標準測度函數開始收斂為止。K-Means 演算法中急需解決的問題包括如下內容。

(1) 在 K-Means 演算法中，k 是事先給定的，但這個 k 值的選定是很難估計的。很多時候，我們事先並不知道給定的資料集應分成多少類最合適，這也是 K-Means 演算法的一個不足。

(2) K-Means 演算法屬於無監督演算法，這就容易陷入局部極小值從而無法獲取全局最優解，在大向量空間搜尋中效能下降。

除此之外，K-Means 演算法對孤立和異常資料敏感，容易導致中心偏移，而且對非球形叢集可能會失效。針對以上缺點，近些年資料探勘領域的研究人員進行許多改進。有的演算法是透過類的自動合併和分裂，得到較為合理的類型數目 k，例如，ISODALA 演算法。關於 K-Means 演算法中聚類數目 k 值的確定，有些根據變異數分析理論，應用混合 F 統計量來確定最佳分類數，並應用了模糊劃分熵來驗證最佳分類數的正確性。除此之外，還有譜聚類、基於模糊特徵選擇等。

傳統的 KNN 演算法有兩大不足：一是計算開銷大，分類效率低；二是等同對待各個特徵項和樣本，影響分類準確度。針對第一種不足大體有三種改進辦法，分別是：基於特徵降維的改進，基於訓練集的改進，基於近鄰搜尋方法的改進。針對第二種不足，大體有兩種改進策略分別為：基於特徵加權的改進和基於判別策略的改進。特徵降維可以採用資訊增益、卡方值、互資訊等標準篩選特徵，還可以採用主成分分析或小波變換的辦法降低特徵值的維度。對訓練集改進時主要是對訓練集進行剪裁。一種思想認為訓練集中靠近各類別中心的樣本對分類的意義不大，僅保留各類別邊界樣本。另一種思想與決策樹結合使用，生成的決策樹對自身進行檢測，除去判對機率小於 0.5 的樣本，壓縮後的樣本集再用於做 KNN。還可以基於分類器結果、相似性、距離對樣本進行加權。

2 · 資料探勘演算法的應用

資料探勘演算法可以資訊出很多意想不到的規律，不僅有助於推進很多理論技術的發展，還可以幫助商家賺取利潤。

資料探勘應用中，有一個很經典的「啤酒 + 尿布」案例。某著名超市在對消費者購物行為進行關聯分析時發現，男性顧客在購買嬰兒尿片時，常常會順便搭配幾瓶啤酒來犒勞自己，於是嘗試推出了將啤酒和尿布擺在一起的促銷手段。沒想到這個舉措居然使尿布和啤酒的銷量都大幅增加了。

2009 年，Google 透過分析 5000 萬條美國人最頻繁檢索的詞語，將之和美國疾病中心在 2003 年到 2008 年間季節性流感傳播時期的資料進行比較，並建立一個特定的數學模型。最終 Google 成功預測了 2009 冬季流感的傳播甚至可以具體到特定的地區和州。

資料探勘的結果還曾讓英國撤軍。2010 年 10 月 23 日《衛報》利用維基解密的資料做了一篇「資料新聞」。將伊拉克戰爭中所有的人員傷亡情況均標註於地圖之上。地圖上一個紅點便代表一次死傷事件，滑鼠點擊紅點後彈出的窗口則有詳細的說明：傷亡人數、時間，造成傷亡的具體原因。密布的紅點多達 39 萬，顯得特別觸目驚心。一經刊出立即引起英國朝野震動，推動英國最終做出撤出駐伊拉克軍隊的決定。

資料探勘對醫學領域的影響也十分重要。舉一個比較著名的人物——賈伯斯。賈伯斯是世界上第一個對自身所有 DNA 和腫瘤 DNA 進行排序的人。為此，他支付了高達幾十萬美元的費用。他得到的不是樣本，而是包括整個基因的資料文檔。醫生按照所有基因按需下藥，最終這種方式幫助賈伯斯延長了好幾年的生命。

另外，當前的互聯網金融與電子商務領域，資料探勘的身影也頻繁出現。如，支付中的交易欺詐偵測，採用線上支付時，或者刷信用卡支付時，系統會即時判斷這筆刷卡行為是否屬於盜刷。透過刷卡的時間、地點、商家名稱、金額、頻率等要素進行判斷。這裡面基本的原理就是尋找異常值。如果您的刷卡被判定為異常，這筆交易可能會被終止。異常值的判斷，應該是基於一個欺詐規則庫的。可能包含兩類規則，即事件類規則和模型類規則。第一，事件類規則，例如刷卡的時間是否異常（凌晨刷卡）、刷卡的地點是否異常（非經常所在地刷卡）、刷卡的商家是否異常（被列入黑名單的套現商家）、刷卡金額是否異常（是否偏離正常均值的三倍標準差）、刷卡頻率是否異常（高頻密集刷卡）。第二，模型類規則，則是透過演算法判定交易是否屬於欺詐。一般透過支付資料、賣家資料、結算資料，構建模型進行分類問題的判斷。比如，電商「猜你喜歡」和「推薦引擎」。電商中的「猜你喜歡」，應該是大家最為熟悉的。在京東商城或者亞馬遜購物，總會有「猜你喜歡」「根據您的瀏覽歷史記錄精心為您推薦」「購買此商品的顧客同時也購買了 ** 商品」「瀏覽了該商品的顧客最終購買了 ** 商品」，這些都是推薦引擎運算的結果。這裡面，有些人確實很喜歡亞馬遜的推薦，透過「購買該商品的人同時購買了 ** 商品」，常常會發現一些品質比較高、較為受認可的書。一般來說，電商的「猜你喜歡」（即推薦引擎）都是在協同過濾演算法（Collaborative Filter）的基礎上，搭建一套符合自身特點的規則庫。即該演算法會同時考慮其他顧客的選擇和行為，在此基礎上搭建產品相似性矩陣和用戶相似性矩陣，找出最相似的顧客或最關聯的產品，從而完成產品的推薦。

電信中的種子客戶和社會網路。即，透過人們的通話記錄，就可以勾勒出人們的關係網路。電信領域的網路，一般會分析客戶的影響力和客戶流失、產品擴散的關係。基於通話記錄，可以構建客戶影響力指標體系。採用的指標，大概包括：一度人脈、二度人脈、三度人脈、平均通話頻率、平均通話量等。基於社會影響力，分析的結果表明，高影響力客戶的流失會導致關聯客戶的流失。在產品的擴散上，選擇高影響力客戶作為傳播的起點，很容易推動新方案的擴散和滲透。

1.2 資料探勘的主要流程與金字塔模型

資料探勘的主要意義在於（包括但不限於）：

(1) 充分資訊、利用了資料的全部或儘量多的價值。

(2) 從資料中獲取的資訊比別人更全面、更快、更準確。

(3) 從資訊中獲取的知識比別人更豐富、更準確、更及時。

(4) 幫助企業即時掌握市場變化、經營的變化。

(5) 幫助企業較為正確地預判未來的發展趨勢。

(6) 幫助企業做出較為正確的判斷和決策。

……

1.2.1 資料探勘的任務

通常，資料探勘的任務分為下面兩大類。

(1) 預測任務

這些任務的目標是根據其他的屬性的值，預測特定屬性的值。被預測的屬性一般稱目標變數（Target Variable）或因變數（Dependent Variable），而用來做預測的屬性稱說明變數（Explanatory Variable）或自變數（Independent Variable）。

預測模式（Predictive Modeling）涉及以說明變數函數的方式為目標變數建立模型。有兩大類預測模式任務：分類（Classification），用於預測離散的目標變數；迴歸（Regression），用於預測連續的目標變數。例如，預測一個電信用戶是否會更換 4G 手機是分類任務，因為該目標變數是二值的，而預測某客戶的每月 DOU（Dataflow of Usage，每用戶上網流量）則是迴歸任務，因為每月上網流量 DOU 具有連續值屬性。兩項任務的目標都是訓練一個模型，使目標變數預測值與實際值之間的誤差最小。預測模式可以用來確定顧客對產品促銷活動的反應，預測地球生態系統的擾動，或根據檢查結果判斷病人是否患有某種疾病。

【例 1.1】預測客戶的信用等級

考慮如下任務：根據客戶的特徵預測客戶的信用等級。本例假設客戶可以分為三級：一星級、二星級、三星級。並根據信用等級將客戶分為三類。為進行這一任務，我們需要一個資料集，包含這三類客戶的特性。本例提供通用測試資料集合，除客戶的信用等級之外，該資料集還包括客戶當月 ARPU、客戶當月 DOU、客戶當月 MOU 和網齡等其他屬性。（通用測試資料集和它的屬性將在本書 3.1 節進一步介紹。）網齡分成低等、中等、高等三類，分別對應區間 [0, 80)、[80, 170)、[170, +∞)。客戶當月 ARPU 也分成低等、中等、高等三類，分別對應區間 [0, 124.9)、[124.9, 1045.7)、[1045.7, +∞)。根據網齡和客戶當月 ARPU 的這些類別，可以推出如下規則：

- 網齡和客戶當月 ARPU 均為低時，客戶信用等級預測為一星級。

- 網齡和客戶當月 ARPU 均為中時，客戶信用等級預測為二星級。
- 網齡和客戶當月 ARPU 均為高時，客戶信用等級預測為三星級。

儘管這些規則不能對所有的客戶進行分類，但已經可以對大多數客戶進行很好的分類（儘管不完善）。

（2）描述任務

其目標是導出概括資料中潛在聯繫的模式（相關、趨勢、聚類、軌跡和異常）。本質上描述性資料探勘任務通常是探查性的，並且常常需要後處理技術驗證和解釋結果。

集群分析（Cluster Analysis）旨在發現緊密相關的觀測值組群，使得與屬於不同叢集的觀測值相比，屬於同一叢集的觀測值相互之間盡可能類似。聚類可用來對相關的顧客分組、找出顯著影響地球氣候的海洋區域以及壓縮資料等。

關聯分析通常用蘊含規則或特徵子集的形式表示。由於搜尋空間是指數規模的，關聯分析的目標是以有效的方式提取最有趣的模式。關聯分析的應用包括找出具有相關功能的基因組、識別用戶一起訪問的 Web 頁面、理解地球氣候系統不同元素之間的聯繫等。

【例 1.2】購物籃分析

表 1-2 給出的事務是在一家雜貨店收銀臺的銷售資料。關聯分析可以用來發現顧客經常同時購買的商品。例如，我們可能發現規則 { 尿布 } → { 牛奶 }。該規則暗示購買尿布的顧客多半會購買牛奶。這種類型的規則可以用來發現各類商品中可能存在的交叉銷售「買尿布的顧客多半會購買牛奶」。這種類型的規則可以用來發現各類商品中可能存在的交叉銷售的商機。

表 1-2 購物籃資料

事務 ID	商品
1	{ 麵包、奶油、尿布、牛奶 }
2	{ 咖啡、糖、小甜餅、鮭魚 }
3	{ 麵包，奶油，咖啡，尿布，牛奶，雞蛋 }

4	{麵包，奶油，鮭魚，雞}
5	{雞蛋、麵包、奶油}
6	{鮭魚、尿布、牛奶}
7	{麵包、茶、糖、雞蛋}
8	{咖啡、糖、雞、雞蛋}
9	{麵包、尿布、牛奶、鹽}
10	{茶、鴨蛋、小甜餅、尿布、牛奶}

異常檢測（Anomaly Detection）的任務是識別其特徵顯著不同於其他資料的觀測值。這樣的觀測值稱為異常點（Anomaly）或離群值（Outlier）。異常檢測演算法的目標是發現真正的異常點，而避免錯誤地將正常的對象標註為異常點。換言之，一個好的異常檢測器必須具有高檢測率和低誤報率。異常檢測的應用包括檢測欺詐、網路攻擊、疾病的不尋常模式、生態系統擾動等。

【例 1.3】手機欠費預警

營運商記錄每位客戶通訊記錄與其他交易，同時記錄信用等級、年齡和地址等個人資訊。由於與正常通訊相比，手機欠費行為的數目相對較少，因此欠費預警技術可以用來構造用戶的正常通訊輪廓。當一個新的客戶到達時就與之比較。如果該客戶的特性與先前所構造的輪廓很不相同，就把該客戶標記為潛在欠費客戶。

1.2.2 資料探勘的基本步驟

從資料資料本身來考慮，廣義的資料探勘通常包括資訊收集、資料整合、資料縮減、資料淨化、資料變換、資料探勘實施、模式評估和知識表示 8 個步驟，如圖 1-3 所示。

- 步驟 1——資訊收集：根據確定的資料分析對象，抽象出在資料分析中所需要的特徵資訊，然後選擇合適的資訊收集方法，將收集到的資訊存入資料庫。對於大量資料，選擇一個合適的資料儲存和管理的資料倉儲是至關重要的。

- 步驟 2——資料整合：把不同來源、格式、特點性質的資料在邏輯上或物理上有機地集中，從而為企業提供全面的資料共享。
- 步驟 3——資料縮減：如果執行多數的資料探勘演算法，即使是在少量資料上也需要很長的時間，而做商業營運資料探勘時資料量往往非常大。資料縮減技術可以用來得到資料集的規約表示，它小得多，但仍然接近於保持原資料的完整性，並且規約後執行資料探勘結果與規約前執行結果相同或幾乎相同。
- 步驟 4——資料淨化：在資料庫中的資料有一些是不完整的（有些感興趣的屬性缺少屬性值）、含雜訊的（包含錯誤的屬性值），甚至是不一致的（同樣的資訊不同的表示方式），因此需要進行資料淨化，將完整、正確、一致的資料資訊存入資料倉儲中。不然，資訊的結果會不盡如人意。

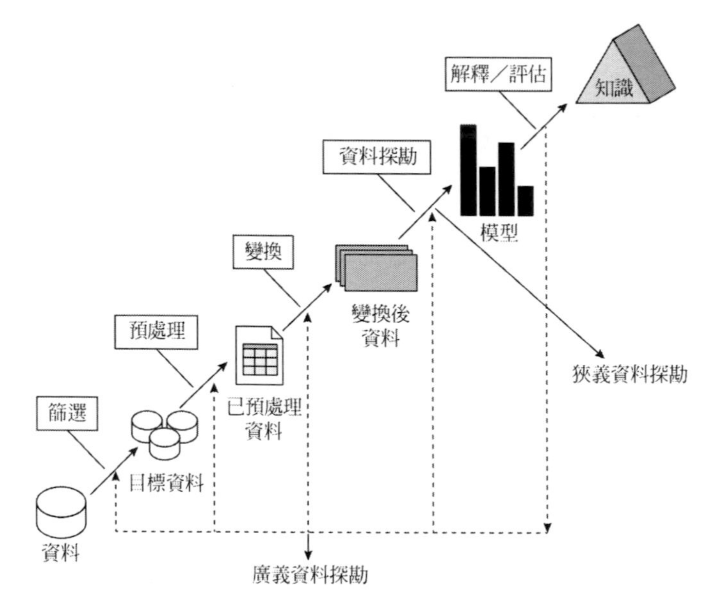

圖 1-3 資料探勘基本流程與步驟

- 步驟 5——資料變換：透過平滑聚集、資料概化、規範化等方式將資料轉換成適用於資料探勘的形式。對於有些實數型資料，透過概念分層和資料的離散化來轉換資料也是重要的一步。
- 步驟 6——資料探勘實施過程：根據資料倉儲中的資料資訊，選擇合適的分析工具，應用統計方法、事例推理、決策樹、規則推理、模糊集，甚至神經網路、遺傳演算法等方法處理資訊，得出有用的分析資訊。

- 步驟 7——模式評估：從商業角度，由行業專家來驗證資料探勘結果的正確性。
- 步驟 8——知識表示：將資料探勘所得到的分析資訊以視覺化的方式呈現給用戶，或作為新的知識存放在知識庫中，供其他應用程式使用。

資料探勘過程是一個反覆循環的過程，任何一個步驟如果沒有達到預期目標，都需要回到前面的步驟，重新調整併執行。不是每件資料探勘的工作都需要經歷這裡列出的每一步，例如在某個工作中不存在多個資料源的時候，步驟 2 便可以省略。

步驟 3 資料縮減、步驟 4 資料淨化、步驟 5 資料變換又合稱資料前處理。在資料探勘中，資料前處理及其相關工作往往占用了 90% 以上的時間。

1.2.3 資料探勘的架構——雲端計算

隨著雲時代的到來和移動互聯網的快速發展，資料規模從 MB 級發展到 TB、PB 級甚至 EB、ZB 級，並且面臨著 TB 級的增長速度，資料探勘的要求和環境也變得越來越複雜，從而形成「資料量的急遽膨脹」和「資料深度分析需求的增長」這兩大趨勢，使得 40 年來一直適用的資料庫系統架構在大量資料探勘方面顯得力不從心。

傳統的資料探勘技術及其體系架構在雲時代的大量資料中已經暴露不少問題，其中首先是資訊效率的問題，傳統的基於單機的資訊演算法或基於資料庫、資料倉儲的資訊技術及平行資訊已經很難高效地完成大量資料的分析；其次高昂的軟硬體成本也阻止了雲時代資料探勘系統的發展；最後傳統的體系架構不能完成資訊演算法能力的提供，基本是以單個演算法為整體模組，用戶只能使用已有的演算法或重新編寫演算法完成自己獨特的業務。

雲端計算是一種商業計算模式，它將計算任務分布在大量電腦構成的資源池上，使各種應用系統能夠根據需要獲取計算力、儲存空間和資訊服務。同時雲端計算是平行計算、分布式計算和網格計算的發展，或者說是這些計算科學概念的商業實現。通常認為雲端計算包括以下 3 個層次的服務：基礎設施服務

(IaaS)、平台服務(PaaS)、應用服務(SaaS);其中 IaaS 提供以硬體設備為基礎的計算、儲存和網路服務,實現了對硬體資源的抽象化提供,使得分布式計算和分布式儲存成為現實。

雲端計算具有如下特點。

(1) 虛擬化。雲端計算支持用戶在任意位置使用各種終端以獲取應用服務,所請求的資源來自雲而不是固定的、有形的實體,並且對於用戶來說只需要使用雲提供的服務即可。

(2) 通用性。雲端計算不針對特定的應用,而是可以在雲的支撐下構造出千變萬化的應用,同一個雲可以同時支撐不同的應用運行。

(3) 高可擴展性及超大規模。雲的規模可以動態擴展,並且這種動態擴展對用戶是透明的,並且不影響用戶的業務和應用。同時這種擴展是超大規模的,如 Google 雲端計算已經擁有上百萬臺服務器,Amazon、IBM、微軟等也擁有幾十萬臺服務器。

(4) 可靠性高。雲端計算使用多副本容錯、多計算節點同構可互換等措施來保障服務的高可靠性。

(5) 經濟性好。雲的特殊容錯機制導致可以採用廉價的節點來構成雲,而雲的自動化集中式管理使得大量企業無須負擔日益高昂的資料中心管理成本。雲的通用性使資源的利用率較之傳統系統大幅提升,因此用戶可以充分享受雲的低成本優勢。

資料探勘雲化策略:雲端計算的出現既給資料探勘帶來了問題和挑戰,也給資料探勘帶來了新的機遇——資料探勘技術將會出現基於雲端計算的新模式。如何構建基於雲端計算的資料探勘平台也將是業界面臨的主要問題之一,創建一個用戶參與、開發技術要求不高的、快速響應的資料探勘平台也是迫切需要解決的問題。

從業界對雲端計算的理解來看,雲端計算動態的、可伸縮的計算能力使得高效的大量資料探勘成為可能。雲端計算 SaaS 功能的理解和標準化,使得基於的資料探勘 SaaS 化有了技術和理論的支持,也將使得資料探勘面向大眾化和企業化。下面主要從基於雲端計算平台的資料探勘服務化、資訊演算法平行化、資訊演算法組件化角度進行構建資料探勘 SaaS 平台。

如圖 1-4 所示，移動大雲平台基於雲端計算的資料探勘平台架構採用分層的思想：首先底層支撐採用雲端計算平台，並使用雲端計算平台提供的分布儲存以及分布式計算能力完成資料探勘計算能力的平行實現；其次資料探勘平台在設計上採用分布式、可插拔組件化思路，支持多演算法部署、調度等；最後資料探勘平台提供的演算法能力採用服務的方式對外暴露，並支持不同業務系統的調用，從而較方便地實現業務系統的推薦、資訊等相關功能需求。

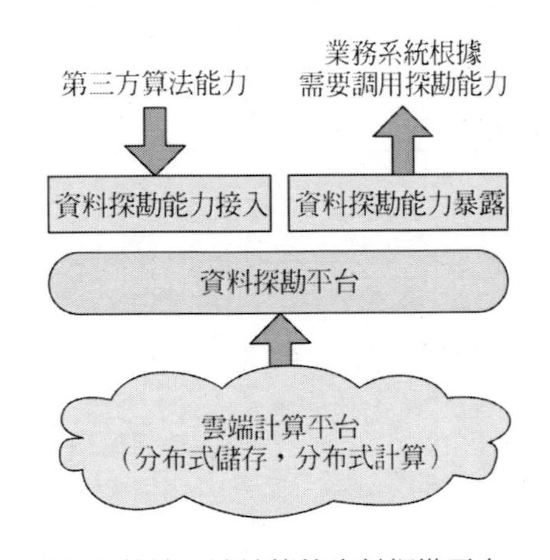

圖 1-4 基於雲端計算的資料探勘平台

資料探勘平台雲架構：雲端計算的分布式儲存和分布式計算促使了新一代資料探勘平台的變革。圖 1-5 是基於雲的資料探勘平台架構。考慮資訊演算法和推薦演算法的平行化和分布化是一個專門的、大的課題，因此本書暫不包含具體演算法的平行化和雲化的內容。

如圖 1-5 所示，該平台是基於雲端計算平台實現的資料探勘雲服務平台，採用分層設計的思想以及面向組件的設計思路，總體上分為 3 層，自下向上依次為：雲端計算支援平台層、資料探勘能力層、資料探勘雲服務層。

1. 雲端計算支援平台層

雲端計算支援平台層主要是提供分布式文件儲存、資料庫儲存以及計算能力。自主研發的雲端計算平台，該架構可以基於企業自主研發的雲端計算平台，也可以基於第三方提供的雲端計算平台。

2·資料探勘能力層

資料探勘能力層主要是提供資訊的基礎能力，包含演算法服務管理、調度引起、資料平行處理框架，並提供對資料探勘雲服務層的能力支撐。該層可以支持第三方資訊演算法工具的接入，例如 Weka、Mathout 等分布式演算法庫，同時也可以提供內部的資料探勘演算法和推薦演算法庫。

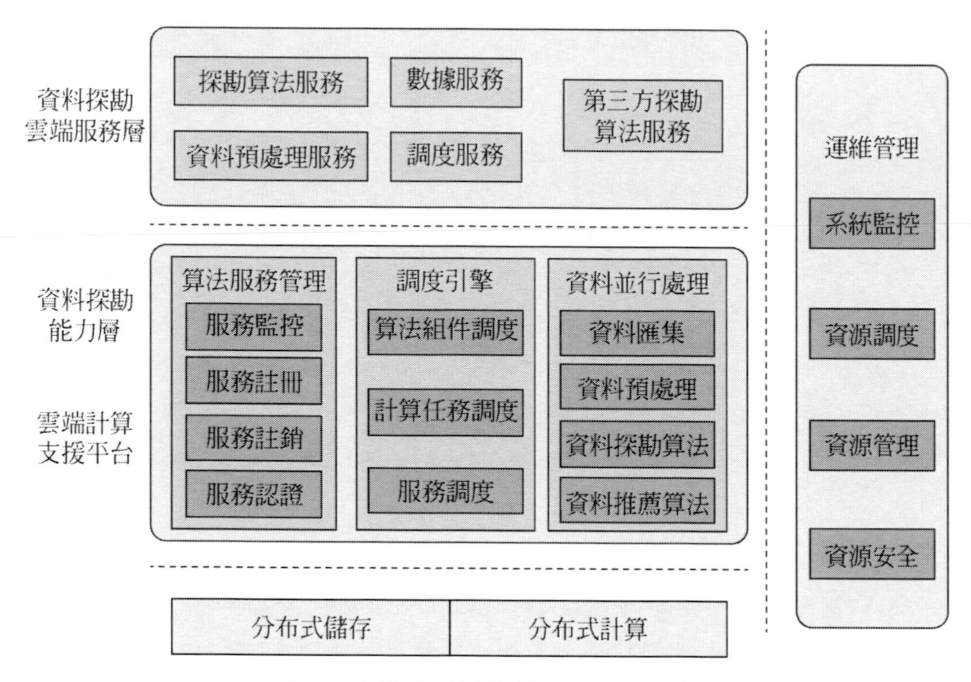

圖 1-5 基於雲端計算的資料探勘平台架構

3·資料探勘雲服務層

雲服務層主要是對外提供資料探勘雲服務，服務能力封裝的介面形式可以是多樣的，包括基於簡單對象訪問協議（SOAP）的 Webservice、HTTP、XML 或本地應用程式編程介面（API）等多種形式。雲服務層也可以支持基於結構化查詢語言語句的訪問，並提供解析引擎，以自動調用雲服務。各個業務系統可以根據資料和業務的需要調用、組裝資料探勘雲服務。

基於雲端計算的資料探勘平台與傳統的資料探勘系統架構相比有高可擴展性、大量資料處理能力、面向服務、硬體成本低廉等優越性，可以支持大範圍分布式資料探勘的設計和應用。

1.2.4 「金字塔」模型

如圖 1-6 所示，問題、資料、資訊、知識、智慧構成了資料探勘中的「金字塔」模型，其中資料、資訊、知識與智慧之間既有聯繫，又有區別。資料是記錄下來可以被鑑別的符號。它是最原始的素材，未被加工解釋，沒有回答特定的問題，沒有任何意義；資訊是已經被處理、具有邏輯關係的資料，是對資料的解釋，這種資訊對其接收者具有意義。知識是從相關資訊中過濾、提煉及加工而得到的有用資料。特殊背景／語境下，知識將資料與資訊、資訊與資訊在行動中的應用之間建立有意義的聯繫，它體現了資訊的本質、原則和經驗。此外，知識基於推理和分析，還可能產生新的知識。最後來看智慧。智慧，是人類所表現出來的一種獨有的能力，主要表現為收集、加工、應用、傳播知識的能力，以及對事物發展的前瞻性看法。在知識的基礎之上，透過經驗、閱歷、見識的累積而形成的對事物的深刻認識、遠見，體現為一種卓越的判斷力。

整體來看，知識的演進層次，可以雙向演進。從雜訊中分揀出資料，轉化為資訊，升級為知識，昇華為智慧。這樣一個過程，是資訊的管理和分類過程，讓資訊從龐大無序到分類有序，各取所需。這就是一個知識管理的過程。反過來，隨著資訊生產與傳播手段的極大豐富，知識生產的過程其實也是一個不斷衰退的過程，從智慧傳播為知識，從知識普及為資訊，從資訊變為記錄的資料。

綜上，在當今大量資料、資訊爆炸時代下，知識造成去偽存真、去粗存精的作用。知識使資訊變得有用，可以在具體工作環境中，對於特定接收者解決「如何」開展工作的問題，提高工作的效率和品質。同時，知識的積累和應用，對於啟迪智慧、引領未來造成了非常重要的作用。

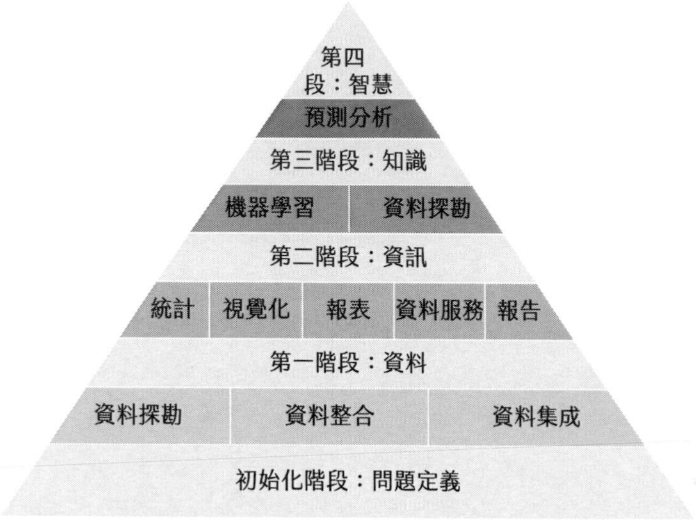

第四
段：智慧
預測分析
第三階段：知識
機器學習　資料探勘
第二階段：資訊
統計　視覺化　報表　資料服務　報告
第一階段：資料
資料探勘　資料整合　資料集成
初始化階段：問題定義

圖 1-6 「問題—資料—資訊—知識—智慧」的「金字塔」模型

1.3　資料探勘對智慧營運的意義

1.3.1　「互聯網 +」時代的來臨及其對營運商的衝擊和挑戰

2015 年 3 月，中國政府工作報告中首次提出制訂「互聯網 +」行動計劃。「互聯網 +」引起了全社會的廣泛關注，「互聯網 +」行動計劃上升為國家策略。面對「互聯網 +」帶來的機遇，基礎電信業作為推動「互聯網 +」行動實現的基礎力量，對準確把握「互聯網 +」時代的機遇和挑戰至關重要的。未來，基礎營運商將在新一代互聯網基礎設施建設、雲端計算、大數據、物聯網等為代表的新型資訊技術和服務方面繼續扮演重要角色。

「互聯網 +」是把互聯網的創新成果與經濟社會各領域深度融合，從全球新一輪資訊技術革命和產業融合來看，互聯網技術和應用已經由服務領域向生產領域滲透，在社會生產和銷售環節中大量採用雲端計算、大數據、物聯網等互聯網新技術，明顯縮短了消費者與消費產品的距離，甚至能資訊出消費者尚未覺察到的潛在需求。

「互聯網 +」的發展初期，基礎電信業者首先從寬頻融合、移動資料流量、互聯網資料中心和大數據服務等方面資訊到新的發展機會。

機遇總是與挑戰並存。「互聯網 +」對基礎電信業者的挑戰體現在如下方面：

(1) 營運商面臨生態系統之爭。「互聯網 +」時代，消費者的資訊服務需求具有綜合性、多樣化等特點，任何資訊服務提供商都很難提供全部的資訊服務，互聯網企業、IT 企業、設備商、系統整合商等均圍繞自身傳統業務搭建新型生態系統，基礎電信業者面臨的不僅僅是產品和商業模式的競爭，而且是生態系統之間的競爭，傳統的以基礎電信業者為中心的資訊服務產業鏈正在發生變革，基礎電信業者需要適應並為之搭建開放融合的產業生態系統。

(2) 營運商在雲端計算方面處於弱勢地位。隨著新一代資訊技術在傳統產業中的應用，雲端計算技術改變了傳統 IT 服務模式，解決了基礎資源快速部署和高成本問題，企業產品生產和交易成本顯著降低，企業對雲端計算市場需求不斷擴大。目前，中國公有雲市場參與者主要為營運商、互聯網和 IT 企業，營運商以傳統 IDC 服務商的角色進入雲市場，基礎電信業者在中國 IaaS 領域佔有率不到 10%，互聯網企業依靠強大的技術已經涵蓋電子商務、娛樂等多個領域，占據較大的市場份額。

(3) 營運商面臨越來越龐大的網路成本壓力。「互聯網 +」時代，為滿足日益爆發的資訊量和資訊服務需求，基礎電信業者不得不持續加大基地台、傳輸、IDC 等新型基礎設施的建設力度，高速增長的網路投資給營運商帶來持續的網路成本壓力。近年來，中國基礎電信業者固定資產投資收入比一直維持在 30% 以上，是國外主流營運商的兩倍以上，中國基礎電信業透過投資拉動效益的特徵顯著，營運商的固定資產龐大，轉型中成本壓力較大。從國外營運商來看，越來越多的營運商出售基地台、IDC 等固定資產，降低網路維護成本，同時為開拓新興業務、發展新技術作資金準備。

面對「互聯網 +」的機遇與挑戰，營運商應明確定位，加快轉型，認清自身，發揮優勢，開拓新的價值空間；探索互聯網領域的機會，為用戶提供更實用、更獨特的定製化服務；開放關鍵能力，聚合內外部資源，實現互利共贏。

1.3.2 大數據時代的來臨及其對營運商的挑戰和機遇

「大數據」透過新處理模式而具有更強的決策力、洞察發現力和流程優化能力，對各個應用領域的創新發揮著重要作用，並正以一種戲劇性的方式改變資料管理的各個方面。麥肯錫在研究報告中指出，資料已經滲透每一個行業和業務職能領域，逐漸成為重要的生產因素；而人們對於大量資料的運用將預示著新一波生產率增長和消費者盈餘浪潮的到來，「大數據」時代正式到來。麥肯錫對大數據的定義就是從個體資料集的大體量入手的：大數據是指那些很大的資料集，大到傳統的資料庫軟體工具已經無法採集、儲存、管理和分析。傳統資料庫有效工作的資料大小一般來說在 10-100TB，因此 10-100TB 通常成為大數據的門檻，IDC 在給大數據做定義時也把閾值設在 100TB。

大數據的熱潮興起於新一代資訊技術的融合發展，物聯網、移動互聯網、數位家庭、社會化網路等應用使得資料規模快速擴大，對大數據處理和分析的需求日益旺盛，推動了大數據領域的發展。反過來，大數據的分析、優化結果又回饋到這些應用中，進一步改善其使用體驗，支撐和推動新一代資訊技術產業的發展。大數據將為資訊產業帶來新的增長點。IDC 曾預測，全球資料在 2015 年將達到 10 萬億 TB。面對爆發式增長的大量資料，基於傳統架構的資訊系統已難以應對，同時傳統商業智慧系統和資料分析軟體面對以影片、圖片、文字等非結構化資料為主的大數據時，也缺少有效的分析工具和方法。

如何對大量資料進行採集、儲存、管理與分析，如何對影片、圖片和文字等非機構化資料進行分析，等等，這些都是對傳統電信業者的極大挑戰。營運商系統普遍面臨升級換代的迫切需求，但大量資料也為電信產業帶來新的、更為廣闊的增長點。

國外的電信產業在應對大數據時代做出了良好的示範效果。Verizon 推出了 Precision Market Insights，該服務已經開始向第三方售賣 Verizon 手上的用戶資料，對商場、體育館、廣告牌業主等出售特定場所手機用戶的活動和背景資訊。儘管 Google、Facebook、Amazon、騰訊、新浪等借助平台和應用的確可以抓住很大一部分的用戶資訊，但誰都沒有營運商的優勢。因為深度資料包分析這種手段是與平台、應用無關的。同時，由於一般用戶都是只使用一家營運商的寬頻和手機業務。這意味著幾乎用戶所有的資料業務流量都要經過那家營運商那裡，而且與用戶具有很強的對應關係（用戶在上班等場合使用公共接入網路，以及在家中由於家庭成員有多個而無法一一對應除外）。營運商對個人資料覆蓋的廣度是互聯網平台和手機應用提供商難以匹敵的，其手上的資料資源也是很多互聯網巨頭可望不可即的。

此外，為了實施新的資訊出售計劃，AT&T 最近更新了隱私政策，以便向行銷者、廣告商等相關方出售客戶對其有線及無線網路使用情況的資訊。AT&T 在政策更新說明中煞費苦心地解釋了這種做法是常見的業界實踐，Google、Facebook，以及 Verizon 等都是這麼幹的。當然，這種說法沒錯，用戶資料支撐著 Web 的運轉，它是定向廣告的基礎，同時也是提供免費和付費服務公司額外的收入來源。對於營運商來說，移動網路並非互聯網黑洞，因為他們擁有各種流量監測工具和流量優化引擎（如 AT&T 就有可精確追蹤 P2P 共享內容並識別下載者的專利），這些工具和引擎用來執行營運商的移動資料策略，優化應用效能，並幫助解決網路問題。而這些事情均需要對用戶使用的應用、訪問的網站、觀看的影片等有所瞭解。這樣看來，營運商坐擁的是一座名副其實的大數據寶庫。如何充分利用這個大數據的寶庫，是值得營運商進行深入研究與資訊的。

1.3.3 電信業者營運發展面臨的主要瓶頸

移動互聯網的高速發展，致使中國電信業者面臨的發展形勢也日益嚴峻，增量不增收、缺乏互聯網營運經驗、對終端掌控力度不足、業務創新能力落後、缺乏標準開發能力以及資源使用與管理營運支撐效率低等各種問題日益突出。面對「互聯網 +」和大數據的雙重衝擊和挑戰，管道化、邊緣化和低值化已成為電信業者營運發展所面臨的主要瓶頸。一方面，用戶數和網路流量在持續增加，電信業者必須不斷地升級網路以滿足市場需求；另一方面，面對互聯網企業的「免費」攻勢，電信業者無法獲得與投入相匹配的合理收入。同時，大量 OTT 應用的湧現給電信業者的語音、簡訊等主要的傳統業務造成了巨大衝擊。

什麼叫做管道化？簡單來說，管道化就是指營運商的精細化流量經營。移動互聯網時代，營運商之間以及與互聯網業界之間的激烈競爭，導致營運商在尋求快速發展的同時，管道化趨勢的進程也進一步加快。另外，移動互聯網應用的快速發展，促使營運商的網路能力以互聯網平台的方式對外開放，營運商服務方式逐漸與互聯網趨同，向低成本、低 QoS、快速化方向發展。

電信業者在面對挑戰與選擇出路的時候，必須進行冷靜、深刻的反思，反思的關鍵是要認清楚自身的優勢和劣勢，結合移動互聯網的內在規律和發展趨勢，明確自身在移動互聯網時代的角色定位，只有角色定位清晰合理，才能發揮優勢，透過合作求得生存與發展。

1.3.4 電信業者發展的「三條曲線」

面對營運發展管道化、邊緣化和低值化的瓶頸，電信業者應及時改變發展策略，調整業務結構，資訊新的可發展領域，進行業務轉型。為此，早在 2014 年 6 月上海舉行的亞洲移動博覽會（MAE）上，對於未來營運商轉型的方向就有一個非常精彩的「三條曲線」理論被提出。

營運商分析，移動互聯網時代，OTT（Over The Top，是指透過互聯網向用戶提供各種應用服務）的快速崛起給傳統營運商帶來了巨大的衝擊和影響。傳統營運商賴以生存的語音以及簡訊、多媒體簡訊，業務收入逐年下降。很多移動互聯網不僅是對傳統電信業者的衝擊，實際上它對金融業、出版業等也都產生了巨大的衝擊，所以現在有一個比較時髦的詞叫做「數位赤字」。但我們認識到移動互聯網的發展是技術進步，有利於社會生產力的發展，有利於改善老百姓的生活品質，實際上是任何人都阻擋不了的。對於傳統營運商來說何去何從？恐怕只有勇敢地面對。營運商認為在這次顛覆性的技術革命中，實際上是機遇與挑戰並存，在一定程度上，把握好了，則機遇大於挑戰。

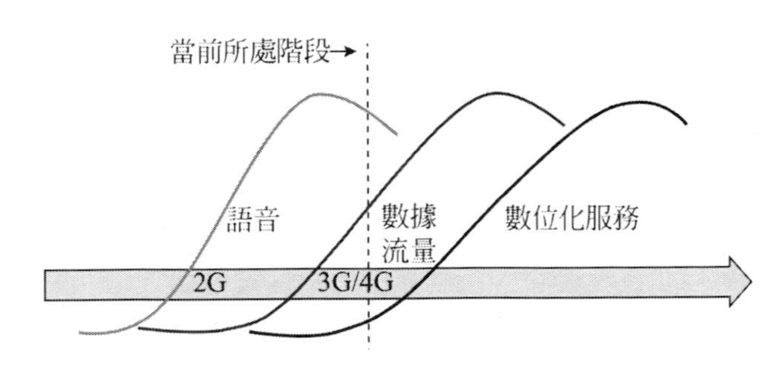

圖 1-7 營運商的「三條曲線」關係

所謂「三條曲線」的發展模式分別是語音和簡訊、多媒體簡訊，流量經營以及內容和應用，如圖 1-7 所示。第一條曲線表明了語音和簡訊、多媒體簡訊已經達到了頂峰，並且開始下降。如今，又出現了新的可發展的領域，就是全世界的傳統營運商無一例外地在進行流量經營，所以傳統電信業者正處在語音經營向流量經營轉變的過程中，這就是第二條曲線。實際上還有第三條曲線的發展模式，因為有一天流量經營也會飽和，所以要保持企業的可持續發展，應該更加注重內容和應用的發展（即在內容和應用的發展中找到營運商的盈利點）。這就是整個電信行業應對移動互聯網 OTT 的高速發展應該採取的措施及策略。

其實，營運商對於第三條曲線的描繪可謂是未雨綢繆。隨著近年來各國政府大力倡導「提速降費」，電信業要在這樣的大背景下完成收入增長，就必須加快第三條曲線的經營步伐。傳統營運商近來更是大力推進第三條曲線的經營步伐，在流量經營成效顯著提升的基礎上，全力發展新業務，在深化傳統領域合作的基礎上，電信業者進一步拓寬合作通路，在數位化服務等新興領域加強與內容服務、業務開發等企業合作，推進專業化營運，培育創新發展能力。

1.3.5 智慧營運與大數據變現

面對「互聯網 +」、大數據、人工智慧等科技創新浪潮帶來的新商業革命，傳統營運方式已不足以支撐電信業者第三條曲線的快速發展，轉型之路勢在必行。智慧化重構是中國電信業者轉型策略的核心，做領先的綜合智慧資訊服務營運商才是電信業者的長久之計。

「智慧」是以數位化、網路化為基礎，以雲端計算、大數據、移動互聯網、物聯網、人工智慧等智慧化技術的廣泛應用為主要驅動，以網路軟體化、功能虛擬化、硬體通用化、能力平台化的雲網深度融合為重要前提，以企業內外部資料資源的深度資訊、價值呈現為常態，以多元智慧化終端為載體，實現跨界拓展。在此基礎上提供的綜合智慧資訊服務包括智慧連接、智慧平台、智慧應用，以及三者深度融合形成的業務生態。智慧營運是以智慧服務營運，使營運商的服務更加人性化。未來電信業者應著重推進網路智慧化、業務生態化、營運智慧化，為用戶提供綜合智慧資訊服務，引領數位生態，服務產業轉型升級和社會治理創新。

大數據變現是大數據熱潮中最現實的話題之一。大數據變現不是簡單粗暴的資料交易，而是透過對於用戶行為資料的建模與分析，獲得群體用戶特徵的認知和理解，幫助企業滿足客戶真實需求，改善和提升客戶體驗。在進行大數據價值變現過程中，營運商的資訊源不會轉移，不可能暴露，無法進行關聯，更不進行交易。保護和尊重消費者隱私資料，是營運商大數據商業化的基本準則。

參照海外經驗，大數據變現的商業模式主要包含以下幾點。

(1) 資料銷售：該模式主要是指將原始資料進行銷售，或者授權第三方使用自有資料。主要在金融行業用於信用分析等。

(2) 研究諮詢分析：該模式是指公司（如諮詢公司）透過自有資料、公開資料或第三方資料進行分析，得出行業報告或者某些特定方向的報告，並將報告進行售賣的模式。

(3) 平台：該模式提供平台工具的出租，公司將自有資料導入其平台或利用平台工具導入第三方資料，並用其提供的工具進行計算，再將計算結果取回。該模式下，平台按照資料量和使用時間進行收費。該模式可能與第三方資料儲存相融合，對於用戶來說，將資料放在第三方資料倉儲並使用其平台進行計算，較為便捷。

(4) 廣告等應用：透過將大數據進行分析和篩選，從而將廣告需求對接至 DSP 平台等，供即時競價等。

(5) 人工智慧開發：該商業模式主要透過大數據分析不斷進行人工智慧產品的開發，如 Google 的智慧駕駛等。

(6) 第三方儲存：在該商業模式下，公司本身並不自建資料庫或者資料中心，而是直接將資料上傳到第三方進行儲存和管理，該模式對於公司的資本開支壓力較小。此外，我們注意到第三方儲存由於其在技術和設備上的領先性，可以幫助公司在節省投資的情況下獲得較好效果。

(7) 第三方分析：在該商業模式下，公司本身並不進行大數據分析，而是聘請第三方對自有大數據進行分析。通常，公司會指定研究方向或研究目的，由第三方進行操作。

1.3.6 資料探勘對於提升智慧營運效率的意義

資料探勘對於提升智慧營運效率的作用，主要體現在以下 4 個方面。

(1) 對顧客群體畫像，然後對每個群體量體裁衣般的採取獨特的行動。

(2) 運用大數據模擬實境，發掘新的需求和提高投入的回報率。

(3) 提高大數據成果在各相關部門的分享程度，提高整個管理鏈條和產業鏈條的投入回報率。

(4) 進行商業模式、產品和服務的創新。

我們先看看大數據與資料探勘技術在當下有怎樣的傑出表現：幫助政府實現市場經濟調控、公共衛生安全防範、災難預警、社會輿論監督；幫助城市預防犯罪，實現智慧交通，提升緊急應急能力；幫助醫療機構建立患者的疾病風險追蹤機制，幫助醫藥企業提升藥品的臨床使用效果，幫助愛滋病研究機構為患者提供定製的藥物；幫助航空公司節省營運成本，幫助電信企業實現售後服務品質提升，幫助保險企業識別欺詐騙保行為，幫助快遞公司監測分析運輸車輛的故障險情以提前預警維修，幫助電力公司有效識別預警即將發生故障的設備；幫助電商公司向用戶推薦商品和服務，幫助旅遊網站為旅遊者提供心儀的旅遊路線，幫助二手市場的買賣雙方找到最合適的交易目標，幫助用戶找到最合適的商品購買時期、商家和最優惠價格；幫助企業提升行銷的針對性，降低物流和庫存的成本，減少投資的風險，以及幫助企業提升廣告投放精準度；幫助娛樂行業預測歌手、歌曲、電影、電視劇的受歡迎程度，並為投資者分析評估拍一部電影需要投入多少錢才最合適，否則就有可能收不回成本；幫助社交網站提供更準確的好友推薦，為用戶提供更精準的企業應徵資訊，向用戶推薦可能喜歡的遊戲以及適合購買的商品，等等。

其實，這些還遠遠不夠，未來大數據的身影應該無處不在，就算無法準確預測大數據會將人類社會帶往哪種最終形態，但我們相信只要發展腳步在繼續，因大數據和資料探勘而產生的變革浪潮將很快淹沒地球的每一個角落，並對人類社會的發展產生深遠的意義。

未來的大數據除了將更好地解決社會問題、商業行銷問題、科學技術問題，還有一個可預見的趨勢是——以人為本的大數據方針。人才是地球的主宰，大部分的資料都與人類有關，要透過大數據解決人的問題。

1.4　大數據時代已經來臨

最早提出「大數據」時代到來的是管理諮詢公司麥肯錫：「資料，已經滲透到當今每一個行業和業務職能領域，成為重要的生產因素。人們對於大量資料的資訊和運用，預示著新一波生產率增長和消費者盈餘浪潮的到來。」

「大數據」在物理學、生物學、環境生態學等領域以及軍事、金融、通訊等行業存在已有時日，卻因為近年來互聯網和資訊行業的發展而引起人們的廣泛關注。大數據作為雲端計算、物聯網之後 IT 行業又一大顛覆性的技術革命。雲端計算主要為資料資產提供了保管、訪問的場所和渠道，而資料才是真正有價值的資產。企業內部的經營交易資訊、互聯網世界中的商品物流資訊，互聯網世界中的人與人交互資訊、位置資訊等，其數量將遠遠超越現有企業 IT 架構和基礎設施的承載能力，即時性要求也將大大超越現有的計算能力。如何盤活這些資料資產，使其為國家治理、企業決策乃至個人生活服務，是大數據的核心議題，也是雲端計算內在的靈魂和必然的升級方向。

1.4.1　大數據的定義

什麼是大數據？維基百科將其定義為：沒有辦法在允許的時間裡用常規的軟體工具對內容進行抓取、管理和處理的資料集合。大數據規模的標準是持續變化的，當前泛指單一資料集的大小在幾十個 TB（萬億字節）和幾個 PB（千萬億字節）之間。

大數據技術的策略意義不在於掌握龐大的資料資訊，而在於對這些含有意義的資料進行專業化處理。換而言之，如果把大數據比作一種產業，那麼這種產業實現盈利的關鍵，在於提高對資料的「加工能力」，透過「加工」實現資料的「增值」。從技術上看，大數據與雲端計算的關係就像一枚硬幣的正反面一樣密不可分。大數據必然無法用單臺的電腦進行處理，而必須採用分布式架構。它的特色在於對大量資料進行分布式資料探勘。但它必須依託雲端計算的分布式處理、分布式資料庫和雲儲存、虛擬化技術。大數據通常用來形容一個公司創造的大量非結構化資料和半結構化資料，這些資料在下載關係型資料庫用於分析時會花費過多時間和金錢。大數據分析常和雲端計算聯繫到一起，因為即時的大型資料集分析需要像 MapReduce 一樣的框架來向數十、數百或甚至數千的電腦分配工作。

大數據需要特殊的技術，以有效地處理大量的容忍經過時間內的資料。適用於大數據的技術，包括大規模平行處理（MPP）資料庫、資料探勘、分布式文件系統、分布式資料庫、雲端計算平台、互聯網和可擴展的儲存系統。

1.4.2 大數據的「4V」特徵

業界通常用 4 個「V」（即 Volume、Variety、Value、Velocity）來概括大數據的特徵。具體來說，大數據具有 4 個基本特徵。

1 · 資料體量巨大（Volume）

企業面臨資料量的大規模增長。例如，IDC 最近的報告預測稱，到 2020 年，全球資料量將擴大 50 倍。目前，大數據的規模尚是一個不斷變化的指標，單一資料集的規模範圍從幾十 TB 到數 PB 不等。簡而言之，儲存 1PB 資料將需要兩萬台配備 50GB 硬碟的個人電腦。此外，各種意想不到的來源都能產生資料。

2 · 資料類型繁多（Variety）

一個普遍觀點認為，人們使用互聯網搜尋是形成資料多樣性的主要原因，這一看法部分正確。然而，資料多樣性的增加主要是由於新型多結構資料，以及包括網路日誌、社交媒體、互聯網搜尋、手機通話記錄及傳感器網路等資料類型造成的。其中，部分傳感器安裝在火車、汽車和飛機上，每個傳感器都增加了資料的多樣性。

3．價值密度低（Value）

價值密度低，是大數據的一個典型特徵。大量的不相關資訊，雖經浪裡淘沙但卻又彌足珍貴。對未來趨勢與模式的可預測分析，深度複雜分析（機器學習、人工智慧 VS 傳統商務智慧）諮詢、報告等，仍有一定參考價值。

4．處理速度快（Velocity）

高速描述的是資料被創建和移動的速度。在高速網路時代，透過基於實現軟體效能優化的高速電腦處理器和服務器，創建即時資料流已成為流行趨勢。企業不僅需要瞭解如何快速創建資料，還必須知道如何快速處理、分析並返回給用戶，以滿足他們的即時需求。根據 IMSResearch 關於資料創建速度的調查，據預測，到 2020 年全球將擁有 220 億部互聯網連接設備。

1.4.3　結構化資料與非結構化資料

結構化資料，即行資料，可以用二維表結構來邏輯表達實現的資料。相對於結構化資料而言，不方便用資料庫二維邏輯表來表現的資料即稱為非結構化資料，包括所有格式的辦公文檔、文字、圖片、XML、HTML、各類報表、圖像和音頻／影片資訊等。在實際大數據應用中，我們會遇到各式各樣的資料，下面列出各種資料類型。

1．結構化資料

能夠用資料或統一的結構加以表示，我們稱之為結構化資料，如數字、符號。傳統的關係資料模型、行資料，儲存於資料庫，通常可用二維表結構表示。

2．半結構化資料

所謂半結構化資料，就是介於完全結構化資料（如關係型資料庫、面向對象資料庫中的資料）和完全無結構的資料（如聲音、圖像文件等）之間的資料，XML、HTML 文檔就屬於半結構化資料。它一般是自描述的，資料的結構和內容混在一起，沒有明顯的區分。

3 · 非結構化資料

非結構化資料庫是指其欄位長度可變，並且每個欄位的記錄又可以由可重複或不可重複的子欄位構成的資料庫，用它不僅可以處理結構化資料（如數字、符號等資訊）而且更適合處理非結構化資料（全文文字、圖像、聲音、影視、超媒體等資訊）。

據 IDC 的一項調查報告指出：企業中 80% 的資料都是非結構化資料，這些資料每年都按指數增長 60%。非結構化資料，顧名思義，是儲存在文件系統的資訊，而不是資料庫。有關報導指出：平均只有 1% ～ 5% 的資料是結構化資料。如今，這種高速增長的從不使用的資料在企業裡消耗著複雜而昂貴的一級儲存的儲存容量。結構化、半結構化和非結構化等資料的激增，給大數據技術帶來了極大的挑戰，如何處理大量資料從而提升資料價值是當前大數據技術發展的關鍵。

1.5 非結構化資料探勘的研究進展

1.5.1 文字探勘

文字探勘是近幾年來資料探勘領域的一個新興分支，文字探勘也稱為文字資料庫中的知識發現，是從大量文字的集合或者語料庫中抽取事先未知的、可理解的、有潛在實用價值的模式和知識。對文字探勘的資訊主要是發現某些文字出現的規律以及文字與語義、語法間的聯繫，用於自然語言的處理，如機器翻譯、資訊檢索、資訊過濾等。通常採用資訊提取、文字分類、文字聚類、自動文摘和文字視覺化等技術從非結構化文字資料中發現知識。

1．文字探勘概述

文字探勘是一個以半結構或者無結構的自然語言文字為對象的資料探勘，是從大規模文字資料集合中發現事先未知的、重要的、新穎的、有潛在規律的有用資訊的過程。文檔本身是無結構化的或半結構化的，無確定形式並且缺乏機器可理解的語義，而資料探勘技術的應用對象以資料庫中的結構化資料為主，並利用關係表等儲存結構來發現知識，因此，資料探勘的技術不適用於文字探勘，即使要使用，也需要建立在對文字集前處理的基礎之上。

文字探勘的基本思想：首先利用文字切分技術，抽取文字特徵，將文字資料轉化為能描述文字內容的結構化資料，然後利用聚類技術、分類技術和關聯分析技術等資料探勘技術，形成結構化文字，並根據該結構發現新的概念和獲取相應的關係。文字探勘模型結構如圖 1-8 所示。

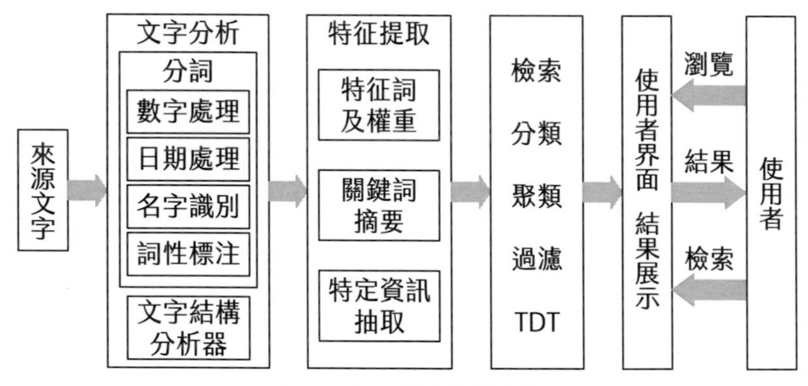

圖 1-8 文字探勘模型結構

2．文字特徵抽取

文字特徵指的是關於文字的元資料。文字特徵可以分為兩種：一種是描述性特徵，如文字的名稱、日期、大小、類型等；另一種是語義性特徵，如文本的作者、標題、機構、內容等。

抽取文字特徵首先要對文字進行分詞。常見的分詞方法分別有最大匹配法和最大機率法。最大匹配法的基本思想是，選取 6 ～ 8 個漢字作為最大符號串，把最大符號串與詞典中的單詞條目相匹配，直到在詞典中找到相應的單詞為止。最大機率法的基本思想是，對於一個待切分的字串，有多種切分的可能，選擇機率最大的作為分詞的結果。

分詞有兩大難題。一個是歧義，不同的分詞方式會有語義，一般需要聯繫上下文才能做出正確的分詞。另一個是新詞識別，包括一些人名、生僻的地名、新出現的未收錄的新詞。對於現在的搜尋引擎來說，分詞系統的新詞識別功能很重要，已經成為評價一個分詞系統效能好壞的重要標誌之一。

3 · 特徵選擇

文字分類是文字探勘中的主要任務之一，特徵選擇作為文字分類的前提，重要性不言而喻。詞、詞組和短語是組成文檔的基本元素，並且在不同內容的文檔中，各詞條出現頻率存在一定的規律性，不同特徵的詞條可以區分不同內容的文字。因此，可以抽取一些特徵詞條構成特徵向量，用這些特徵向量來表示文字。這是一個非結構化向結構化轉化的處理過程。常用的特徵選擇模型有布爾模型和向量空間模型，常用的選擇特徵詞的方法有特徵詞的文檔頻率法、資訊增益法、互資訊法、開方擬合檢驗法。

(1) 布爾模型。

布爾模型是基於特徵項的嚴格匹配模型。查詢由特徵項和邏輯運算符「AND」「OR」「NOT」組成，文字用這些特徵變數來表示，如果出現相應的特徵項，則特徵變數取「True」；否則，特徵變數取「False」。文字與查詢匹配時，遵循布爾運算的法則。

布爾模型的優點：速度快，易於表達一定程度的結構化資訊，如同義關係（電腦 OR 電腦 OR 微機）或詞組（資料 AND 資訊）。其缺點是：過於嚴格，缺乏靈活性，往往會忽略許多滿足用戶需求的文字；缺乏定量分析，無法反映特徵項對文字的重要性。

(2) 向量空間模型。

在向量空間模型中，文檔 d 被看作一系列無序詞條的，對每個詞條加上一個對應的權值，以向量表示文字：$(\omega_1, \omega_2, \ldots, \omega_n)$ 其中 ω_i 為第 i 個特徵項的權重。要將文字表示為向量空間中的一個向量，首先需要將文字進行分詞，由這些詞作為向量的維數來表示文字。最初的向量表示完全是 0，1 形式，當文本中出現了該詞，那麼文字向量該詞對應的維度為 1，否則為 0。但這種方法無法體現詞在文字的作用程度，逐漸被更精確的詞頻代替。詞頻分為絕對詞頻和相對詞頻，前者用詞在文字中出現的頻率表示，或者為正規化的詞頻。向量空間模型將文檔映射為一個特徵向量：$V(d)=(t_1, \omega_1(d),..., t_n, \omega_1(d))$，其中 t_i 為詞條項，$\omega_i(d)$ 為 t_i 在 d 中的權值，被定義為出現頻率的函數，即 $\omega_i(d)=\Psi(f_{ti}(d))$。在資訊檢索中常用的詞條權值計算方法為 TF-IDF，函數表達式為

$$\Psi = f_{t_i}(d) \times log(\frac{N}{n_i})$$

其中，N 為文檔集中所有文檔的數目，n_i 為文檔集中含有詞條 t_i 的文檔數目。

根據 TF-IDF 的公式，文字集中包含某一詞條文字越多，說明它進行文字分類的能力越低，其權值越小；若某一文字中某一詞條出現的頻率越高，說明它區分該文字的能力越強，其權值越大。

向量空間模型的優點是：特徵項與權值結合，可以進行定量分析，缺點在於假設各特徵項之間是線性無關的，然而在自然語言中，詞與詞之間有著十分密切的聯繫。

4 · 文字分類

文字自動分類，是指在給定的分類體系下，根據文字的內容確定文字關聯的類別。從數學的角度來看，文字分類是一個映射過程，它將未標明類別的文字映射到已有的類別中，可以是一一映射，也可以是一對多的映射。

大量經典的資料探勘方法都已經在文字分類方面取得了巨大的成果。資料探勘技術應用到文字分類的基本思想是將訓練向量集與待分類的向量集比較。本書後面章節介紹的 K 近鄰分類演算法、單純貝氏分類演算法、貝氏信念網路、決策樹、神經網路、支援向量機等演算法都可以應用於經過前處理之後的文字中，進行文字分類。

5 · 分類評估

評估分類系統有兩個重要指標：準確率和召回率。

準確率又稱查準率，是檢索到的文檔中相關文檔占全部檢索到文檔的百分比，它衡量的是檢索系統的準確性。

召回率又稱查全率，是被檢索出的文檔中相關文檔占全部相關文檔的百分比，它所衡量的是系統的全面性。

準確率和召回率反映了分類品質的兩個不同方面，二者必須綜合考慮。

1.5.2 模式識別

模式識別是人類的一項基本智慧，在日常生活中，人們經常在進行「模式識別」。隨著 20 世紀 40 年代電腦的出現以及 50 年代人工智慧的興起，人們也希望能用電腦來代替或擴展人類的部分腦力勞動。（電腦）模式識別在 20 世紀 60 年代初迅速發展並成為一門新學科。

1.5.2.1 模式識別概述

什麼是模式和模式識別？狹義地說，存在於時間和空間中可觀察的事物，如果可以區別它們是否相同或相似，都可以稱之為「模式」。廣義地說，模式是透過對具體的個別事物進行觀測所得到的具有時間和空間分布的資訊；把模式所屬的類別或同一類中模式的總體稱為「模式類」（或簡稱為「類」）。而「模式識別」則是在某些一定量度或觀測基礎上把待識模式劃分到各自的模式類型中去。

模式識別的研究主要集中在兩方面，即研究生物體（包括人）是如何感知對象的，以及在給定的任務下，如何用電腦實現模式識別的理論和方法。前者是生理學家、心理學家、生物學家、神經生理學家的研究內容，屬於認知科學的範疇；後者透過數學家、資訊學專家和電腦科學工作者近幾十年來的努力，已經取得了系統性的研究成果。

一個電腦模式識別系統基本上是由三個相互關聯而又有明顯區別的過程組成的，即資料生成、模式分析和模式分類。資料生成是將輸入模式的原始資訊轉換為向量，成為電腦易於處理的形式。模式分析是對資料進行加工，包括特徵選擇、特徵提取、資料維數壓縮和決定可能存在的類別等。模式分類則是利用模式分析所獲得的資訊，對電腦進行訓練，從而制定判別標準，以期對待識別模式進行分類。

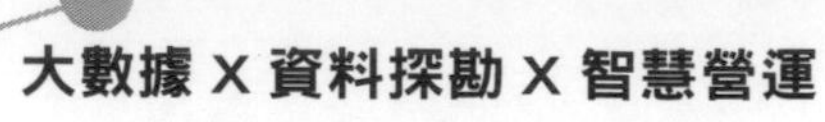

1.5.2.2 模式識別方法

有兩種基本的模式識別方法，即統計模式識別方法和結構（句法）模式識別方法。統計模式識別是對模式的統計分類方法，即結合統計機率論的貝氏決策系統進行模式識別的技術，又稱為決策理論識別方法。利用模式與子模式分層結構的樹狀資訊所完成的模式識別工作，就是結構模式識別或句法模式識別。

1．決策理論方法

決策理論方法，又稱統計方法，是發展較早也比較成熟的一種方法。被識別對象首先數位化，變換為適於電腦處理的數位資訊。一個模式常常要用很大的資訊量來表示。許多模式識別系統在數位化環節之後還進行前處理，用於除去混入的干擾資訊並減少某些變形和失真。隨後是進行特徵抽取，即從數位化後或前處理後的輸入模式中抽取一組特徵。所謂特徵其實是選定的一種度量，它對於一般的變形和失真保持不變或幾乎不變，並且只含盡可能少的冗餘資訊。特徵抽取過程將輸入模式從對象空間映射到特徵空間。這時，模式可用特徵空間中的一個點或一個特徵向量表示。這種映射不僅壓縮了資訊量，而且易於分類。在決策理論方法中，特徵抽取佔有重要的地位，但尚無通用的理論指導，只能透過分析具體識別對象決定選取何種特徵。特徵抽取後可進行分類，即從特徵空間再映射到決策空間。為此而引入鑑別函數，由特徵向量計算出對應於各類別的鑑別函數值，透過鑑別函數值的比較實行分類。

2．句法方法

句法方法，又稱結構方法或語言學方法。其基本思想是把一個模式描述為較簡單的子模式組合，子模式又可描述為更簡單的子模式組合，最終得到一個樹形的結構描述，在底層最簡單的子模式稱為模式基元。在句法方法中選取基元的問題相當於在決策理論方法中選取特徵的問題。通常要求所選的基元能對模式提供一個緊湊的反映其結構關係的描述，又要易於用非句法方法加以抽取。顯然，基元本身不應該含有重要的結構資訊。模式以一組基元和它們的組合關係來描述，稱為模式描述語句，這相當於在語言中，句子和短語用詞組合，詞用字符組合一樣。基元組合成模式的規則，由所謂語法來指定。一旦基元被鑑別，識別過程可透過句法進行分析，即分析給定的模式語句是否符合指定的語法，滿足某類語法的即被分入該類。

模式識別方法的選擇取決於問題的性質。如果被識別的對象極為複雜，而且包含豐富的結構資訊，一般採用句法方法；被識別對象不很複雜或不含明顯的結構資訊，一般採用決策理論方法。這兩種方法不能截然分開，在句法方法中，基元本身就是用決策理論方法抽取的。在應用中，將這兩種方法結合起來分別施加於不同的層次，常常能收到較好的效果。

1.5.2.3 模式識別的應用

1 · 文字識別

漢字已有數千年的歷史，也是世界上使用人數最多的文字，對於中華民族燦爛文化的形成和發展有著不可磨滅的功勳。所以在資訊技術及電腦技術日益普及的今天，如何將文字方便、快速地輸入電腦中已成為影響人機介面效率的一個重要瓶頸，也關係到電腦能否真正在華人圈得到普及應用。目前，漢字輸入主要分為人工鍵盤輸入和機器自動識別輸入兩種。其中人工鍵盤輸入速度慢而且工作量大；自動輸入又分為漢字識別輸入及語音辨識輸入。從識別技術的難度來說，手寫體識別的難度高於印刷體識別，而在手寫體識別中，離線手寫體的難度又遠遠超過了連線手寫體識別。到目前為止，除了脫機手寫體數位的識別已有實際應用外，漢字等文字的脫機手寫體識別還處在實驗室階段。

2 · 語音辨識

語音辨識技術所涉及的領域包括：訊號處理、模式識別、機率論和資訊論、發聲機理和聽覺機理、人工智慧等。近年來，在生物識別技術領域中，聲紋識別技術以其獨特的方便性、經濟性和準確性等優勢受到世人矚目，並日益成為人們日常生活和工作中重要且普及的安全驗證方式。而且利用基因演算法連續訓練隱性馬可夫模型的語音辨識方法現已成為語音辨識的主流技術，該方法在語音辨識時識別速度較快，也有較高的識別率。

3·指紋識別

我們手掌及其手指、腳、腳趾內側表面的皮膚凹凸不平產生的紋路會形成各種各樣的圖案。而這些皮膚的紋路在圖案、斷點和交叉點上各不相同，是唯一的一種。依靠這種唯一性，就可以將一個人同他的指紋對應起來，透過他的指紋和預先保存的指紋進行比較，便可以驗證他的真實身分。一般的指紋分成有以下幾個大的類別：left loop、right loop、twinloop、whorl、arch 和 tented arch，這樣就可以將每個人的指紋分別歸類，進行檢索。指紋識別基本上可分成：前處理、特徵選擇和模式分類幾個大的步驟。

4·語音辨識技術

語音辨識技術正逐步成為資訊技術中人機介面的關鍵技術，語音技術的應用已經成為一個具有競爭性的新興高技術產業。中國互聯網中心的市場預測：未來 5 年，中文語音技術領域將會有超過 400 億人民幣的市場容量，然後以每年超過 30% 的速度增長。

5·生物認證技術

生物認證技術是 21 世紀最受關注的安全認證技術，它的發展是大勢所趨。人們願意忘掉所有的密碼、扔掉所有的磁卡，憑藉自身的唯一性來標識身分與保密。國際資料集團（IDC）預測：作為未來必然發展方向的移動電子商務基礎核心技術的生物識別技術在未來 10 年的時間裡將達到 100 億美元的市場規模。

6·數位浮水印技術

20 世紀 90 年代在國際上開始發展起來的數位浮水印技術是最具發展潛力與優勢的數位媒體版權保護技術。IDC 預測，數位浮水印技術在未來的 5 年內全球市場容量將超過 80 億美元。

1.5.3 語音辨識

語音辨識，作為資訊技術中一種人機介面的關鍵技術，具有重要的研究意義和廣泛的應用價值。

語言是人類相互交流最常用、最有效、最重要和最方便的通訊形式，語音是語言的聲學表現，與機器進行語音交流是人類一直以來的夢想。隨著電腦技術的飛速發展，語音辨識技術也取得突破性的成就，人與機器用自然語言進行對話的夢想逐步接近實現。語音辨識技術的應用範圍極為廣泛，不僅涉及日常生活的方方面面，在軍事領域也發揮著極其重要的作用。它是資訊社會朝著智慧化和自動化發展的關鍵技術，使人們對資訊的處理和獲取更加便捷，從而提高人們的工作效率。

1.5.3.1 語音辨識技術的發展

語音辨識技術起始於 20 世紀 50 年代。這一時期，語音辨識的研究主要集中在對主音、輔音、數字以及孤立詞的識別。

60 年代，語音辨識研究取得實質性進展。線性預測分析和動態規劃的提出較好地解決了語音訊號模型的產生和語音訊號不等長兩個問題，並透過語音訊號的線性預測編碼，有效地解決了語音訊號的特徵提取。

70 年代，語音辨識技術取得突破性進展。基於動態規劃的動態時間規整（Dynamic Time Warping, DTW）技術基本成熟，特別提出了向量量化（Vector Quantization, VQ）和隱性馬可夫模型（Hidden Markov Model, HMM）理論。

80 年代，語音辨識任務開始從孤立詞、連接詞的識別轉向大詞彙量、非特定人、連續語音的識別，識別演算法也從傳統的基於標準模板匹配的方法轉向基於統計模型的方法。在聲學模型方面，由於 HMM 能夠很好地描述語音時變性和平穩性，它開始被廣泛應用於大詞彙量連續語音辨識（Large Vocabulary Continuous Speech Recognition, LVCSR）的聲學建模；在語言模型方面，以 N 元文法為代表的統計語言模型開始廣泛應用於語音辨識系統。在這一階段，基於 HMM/VQ、HMM/ 高斯混合模型、HMM/ 人工神經網路的語音建模方法開始廣泛應用於 LVCSR 系統，語音辨識技術取得新突破。

90 年代以後，伴隨著語音辨識系統走向實用化，語音辨識在細化模型的設計、參數提取和優化、系統的自適應方面取得較大進展。同時，人們更多地關注話者自適應、聽覺模型、快速搜尋識別演算法以及進一步的語言模型的研究等課題。此外，語音辨識技術開始與其他領域相關技術進行結合，以提高識別的準確率，便於實現語音辨識技術的產品化。

1.5.3.2 語音辨識基礎

語音辨識是將人類的聲音訊號轉化為文字或者指令的過程。語音辨識以語音為研究對象，它是語音訊號處理的一個重要研究方向，是模式識別的一個分支。語音辨識的研究涉及微機技術、人工智慧、數位訊號處理、模式識別、聲學、語言學和認知等許多學科領域，是一個多學科綜合性研究領域。

根據在不同限制條件下的研究任務，產生了不同的研究領域。這些領域包括：根據對說話人說話方式的要求，可分為孤立字（詞）、連接詞和連續語音辨識系統；根據對說話人的依賴程度，可分為特定人和非特定人語音辨識系統；根據詞彙量的大小，可分為小詞彙量、中等詞彙量、大詞彙量以及無限詞彙量語音辨識系統。

1.5.3.3 語音辨識基本原理

從語音辨識模型的角度講，主流的語音辨識系統理論是建立在統計模式識別基礎之上的。語音辨識的目標是利用語音學與語言學資訊，把輸入的語音特徵向量序列 $X=x_1, x_2, \ldots, x_T$ 轉化成詞序列 $W=w_1, w_2, \ldots, w_N$ 並輸出。基於最大後驗機率的語音辨識模型如下式所示：

$$
\begin{aligned}
W = arg\ \ max\{P(W|X)\} &= arg\ \ max\left\{\frac{P(W|X)P(W)}{P(X)}\right\} \\
&= arg\ \ max\{P(X|W)P(W)\} \\
&= arg\ \ max\left\{P(X|W) + \lambda log P(W)\right\}
\end{aligned}
$$

上式表明，要尋找最可能的詞序列語音辨識基本原理，應該使 P(X|W) 與 P(W) 的乘積達到最大。其中，P(X|W) 是特徵向量序列 X 在給定 W 條件下的條件機率，由聲學模型決定。P(W) 是 W 獨立於語音特徵向量的先驗機率，由語言模型決定。由於將機率取對數不影響 W 的選取，第四個等式成立。log P(X|W) 與 log P(W) 分別表示聲學得分與語言得分，且分別透過聲學模型與語言模型計算得到。A 是平衡聲學模型與語言模型的權重。從語音辨識系統構成

的角度講，一個完整的語音辨識系統包括特徵提取、聲學模型、語言模型、搜尋演算法等模組。語音辨識系統本質上是一種多維模式識別系統，對於不同的語音辨識系統，人們所採用的具體識別方法及技術不同，但其基本原理都是相同的，即將採集到的語音訊號送到特徵提取模組處理，將所得到的語音特徵參數送入模型庫模組，由聲音模式匹配模組根據模型庫對該段語音進行識別，最後得出識別結果。

語音辨識系統基本原理框圖如圖 1-9 所示，其中：前處理模組濾除原始語音訊號中的次要資訊及背景雜訊等，包括抗混疊濾波、預加重、模／數轉換、自動增益控制等處理過程，將語音訊號數位化；特徵提取模組對語音的聲學參數進行分析後提取出語音特徵參數，形成特徵向量序列。語音辨識系統常用的特徵參數有短時平均幅度、短時平均能量、線性預測編碼係數、短時頻譜等。特徵提取和選擇是構建系統的關鍵，對識別效果極為重要。

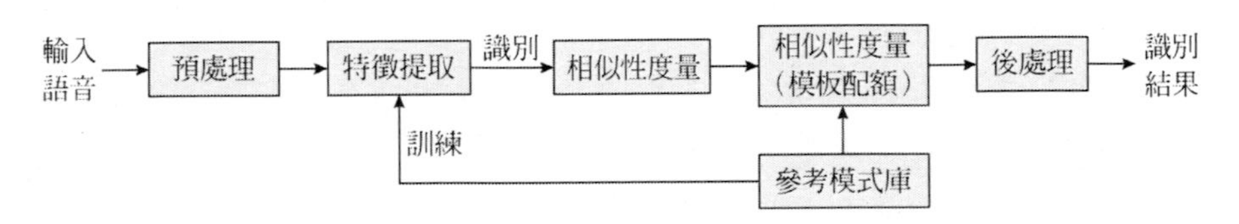

圖 1-9 語音辨識基本原理

由於語音訊號本質上屬於非平穩訊號，目前對語音訊號的分析是建立在短時平穩性假設上的。在對語音訊號做短時平穩假設後，透過對語音訊號進行加窗，實現短時語音片段上的特徵提取。這些短時片段被稱為幀，以幀為單位的特徵序列構成語音辨識系統的輸入。由於梅爾倒譜係數及感知線性預測係數能夠從人耳聽覺特性的角度準確刻畫語音訊號，已經成為目前主流的語音特徵。為補償幀間獨立性假設，人們在使用梅爾頻率倒譜係數及感知線性預測係數時，通常加上它們的一階、二階差分，以引入訊號特徵的動態特徵。

聲學模型是語音辨識系統中最為重要的部分之一。聲學建模涉及建模單元選取、模形狀態聚類、模型參數估計等很多方面。在目前的 LVCSR 系統中，普遍採用上下文相關的模型作為基本建模單元，以刻畫連續語音的協同發音現象。在考慮了語境的影響後，聲學模型的數量急遽增加，LVCSR 系統通常採用狀態聚類的方法壓縮聲學參數的數量，以簡化模型的訓練。在訓練過程中，系統對若干次訓練語音進行前處理，並透過特徵提取得到特徵向量序列，然後由特徵建模模組建立訓練語音的參考模式庫。

搜尋是在指定的空間當中，按照一定的優化準則，尋找最優詞序列的過程。搜尋的本質是問題求解，廣泛應用於語音辨識、機器翻譯等人工智慧和模式識別的各個領域。它透過利用已掌握的知識（聲學知識、語音學知識、詞典知識、語言模型知識等），在狀態（從高層至底層依次為詞、聲學模型、HMM狀態）空間中找到最優的狀態序列。最終的詞序列是對輸入的語音訊號在一定準則下的一個最優描述。在識別階段，將輸入語音的特徵向量參數同訓練得到的參考模板庫中的模式進行相似性度量比較，將相似度最高模式所屬的類別作為識別中間候選結果輸出。為了提高識別的正確率，在後處理模組中對上述得到的候選識別結果繼續處理，包括透過 Lattice 重打分融合更高元的語言模型、透過信賴度度量得到識別結果的可靠程度等。最終透過增加約束，得到更可靠的識別結果。

1.5.3.4 聲學建模方法

常用的聲學建模方法包含以下三種：基於模式匹配的動態時間規整法（DTW）、隱性馬可夫模型法（HMM）和基於人工神經網路識別法（ANN）。

(1) DTW 是較早的一種模式匹配方法。它基於動態規劃的思想，解決孤立詞語音辨識中的語音訊號特徵參數序列比較時長度不一的模板匹配問題。在實際應用中，DTW 透過計算已前處理和分幀的語音訊號與參考模板之間的相似度，再按照某種距離測度計算出模板間的相似度並選擇最佳路徑。

(2) HMM 是對語音訊號的時間序列結構所建立的統計模型，它是在隱性馬可夫鏈的基礎上發展起來的，是一種基於參數模型的統計識別方法。HMM 可模仿人的言語過程，可視作一個雙重隨機過程：一個是用具有有限狀態數的隱性馬可夫鏈來模擬語音訊號統計特性變化的隱含的隨機過程，另一個是與隱性馬可夫鏈的每一個狀態相關聯的觀測序列的隨機過程。

(3) ANN 以數學模型模擬神經元活動，將人工神經網路中大量神經元平行分布運算的原理、高效的學習演算法以及對人的認知系統模仿能力充分運用到語音辨識領域，並結合神經網路和隱性馬可夫模型的識別演算法，克服了 ANN 在描述語音訊號時間動態特性方面的缺點，進一步提高了語音辨識的魯棒性和準確率。其中成功的方法就是在混合模型中用 ANN 替代高斯混合模型估計音素或狀態的後驗機率。2011 年，微軟以深度神經網路替代多層感知機形成的混合模型系統，大大提高了語音辨識的準確率。

1.5.3.5 語音辨識的應用

語音辨識技術有著非常廣泛的應用領域和市場前景。在語音輸入控制系統中，它使得人們可以甩掉鍵盤，透過識別語音中的要求、請求、命令或詢問來做出正確的響應，這樣既可以克服人工鍵盤輸入速度慢，極易出差錯的缺點，又有利於縮短系統的反應時間，使人機交流變得簡便易行，比如用於聲控語音撥號系統、聲控智慧玩具、智慧家電等領域。在智慧對話查詢系統中，人們透過語音命令，可以方便地從遠端的資料庫系統中查詢與提取有關資訊，享受自然、友好的資料庫檢索服務，例如資訊網路查詢、醫療服務、銀行服務等。語音辨識技術還可以應用於自動口語翻譯，即透過將口語識別技術、機器翻譯技術、語音合成技術等結合，可將一種語言的語音輸入翻譯為另一種語言的語音輸出，實現跨語言交流。

語音辨識技術在軍事領域裡也有著極為重要的應用價值和極其廣闊的應用空間。一些語音辨識技術就是著眼於軍事活動而研發，並在軍事領域率先應用、首獲成效的。軍事應用對語音辨識系統的識別精度、響應時間、惡劣環境下的穩定性都提出了更高的要求。目前，語音辨識技術已在軍事指揮和控制自動化方面得以應用。比如，將語音辨識技術應用於航空飛行控制，可快速提高作戰效率和減輕飛行員的工作負擔，飛行員利用語音輸入來代替傳統的手動操作和控制各種開關和設備，以及重新改編或排列顯示器上的顯示資訊等，可使其把時間和精力集中於對攻擊目標的判斷和完成其他操作上來，以便更快獲得資訊，從而發揮戰術優勢。

1.5.4 影片識別

影片識別主要包括前端影片資訊的採集及傳輸、中間的影片檢測和後端的分析處理三個環節。影片識別需要前端影片採集攝影機提供清晰穩定的影片訊號，影片訊號品質將直接影響到影片識別的效果。

影片識別系統要解決的問題有兩個：一個是將安防操作人員從繁雜而枯燥的「盯螢幕」任務解脫出來，由機器來完成這部分工作；另一個是為在大量的影片資料快速搜尋到想要找的圖像。對於上述兩個問題，影片分析廠家經常提到的案例是：操作人員盯著螢幕電視牆超過 10 分鐘後將漏掉 90% 的影片資訊而使這項工作失去意義；倫敦地鐵案中，安全人員花了 70 個工時才在大量磁帶中找到需要的資訊。

智慧影片識別主要優勢在於三點：快速的反應時間——毫秒級的報警觸發反應時間；更有效的監視——安保操作員只需要注意相關資訊；以及強大的資料檢索和分析功能，能提供快速的反應時間和調查時間。

1.5.4.1 影片分析方法概述

影片內容分析技術透過對可視的監視攝影機影片圖像進行分析，並具備對風、雨、雪、落葉、飛鳥、飄動的旗幟等多種背景的過濾能力，透過建立人類活動的模型，借助電腦的高速計算能力使用各種過濾器，排除監視場景中非人類的干擾因素，準確判斷人類在影片監視圖像中的各種活動。

影片分析方法主要有兩類：一類是背景減除法；另一類是時間差分法。

1· 背景減除法

背景減除法是利用當前圖像和背景圖像的差分（SAD）來檢測出運動區域的一種方法。可以提供比較完整的運動目標特徵資料。精確度和靈敏度比較高，具有良好的效能表現。

2· 時間差分法

時間差分，本書認為就是高級的 VMD，又稱相鄰幀差法，就是利用影片圖像特徵，從連續得到的影片流中提取所需要的動態目標資訊。時間差分方法的實質就是利用相鄰幀圖像相減來提取前景目標移動的資訊。此方法不能完全提取所有相關特徵像素點，在運動實體內部可能產生空洞，智慧檢測出目標的邊緣。

1.5.4.2 基於深度學習的影片技術

深度學習對圖像內容的表達十分有效，在影片的內容表達上也應用相應的方法。下面介紹最近幾年幾種主流的技術方法。

1 · 基於單幀的識別方法

一種最直接的方法就是將影片進行截幀，然後基於圖像粒度（單幀）進行深度學習表達，如圖 1-10 所示，影片的某一幀透過網路獲得一個識別結果。圖 1-10 為一個典型的 CNN 網路，紅色矩形是卷積層，綠色是正規化層，藍色是池化層，黃色是全連接層。然而一張圖像對整個影片是很小的一部分，特別當這幀圖缺乏區分度，或是存在一些和影片主題無關的圖像，則會讓分類器摸不著頭腦。因此，學習影片時間區域上的表達是提高影片識別的主要因素。當然，這在運動性強的影片上才有區分度，在較靜止的影片上則只能靠圖像的特徵了。

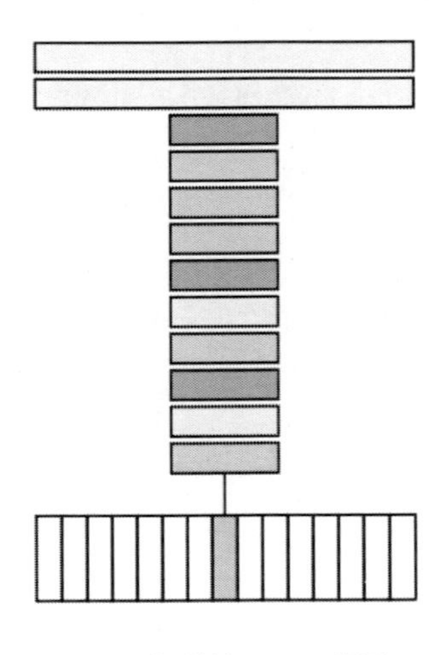

圖 1-10 典型的 CNN 網路

2 · 基於 CNN 擴展網路的識別方法

它的總體思路是在 CNN 框架中尋找時間區域上的某個模式來表達局部運動資訊，從而獲得總體識別效能的提升。圖 1-11 是網路結構，它總共有三層，在第一層對 10 幀（大概三分之一秒）圖像序列進行 M×N×3×T 的卷積（其中 M×N 是圖像的分辨率，3 是圖像的 3 個顏色通道，T 取 4，是參與計算的幀數，從而形成在時間軸上的 4 個響應），在第 2、第 3 層上進行 T=2 的時間卷積，那麼在第 3 層包含了這 10 幀圖片的所有時空資訊。該網路在不同時間上的同一層網路參數是共享參數的。

它的總體精度相對單幀提高了 2% 左右，特別在運動豐富的影片，如摔跤、爬桿等強運動影片類型中有較大幅度的提升，從而也證明了特徵中運動資訊對識別是有貢獻的。在實現時，這個網路架構加入多分辨的處理方法，可以提高速度。

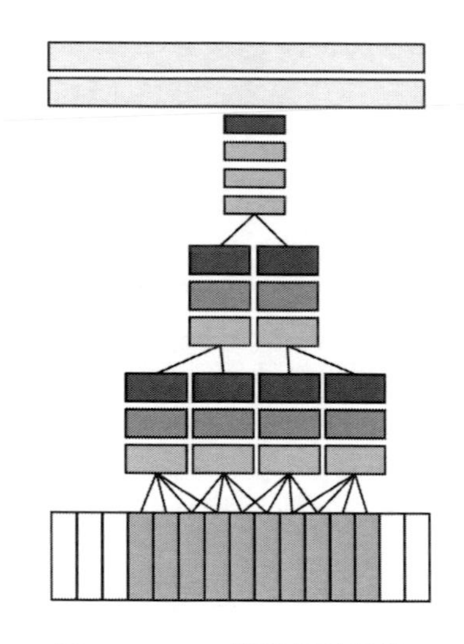

圖 1-11 CNN 擴展網路架構

3 · 雙路 CNN 的識別方法

這個其實就是兩個獨立的神經網路，最後再把兩個模型的結果平均一下。圖 1-12 是一個雙路 CNN 網路，就是把連續幾幀的光流疊起來作為 CNN 的輸入。另外，它利用 Multi-Task Learning 來克服資料量不足的問題。其實就是 CNN 的最後一層連到多個 softmax 層上，對應不同的資料集，這樣就可以在多個資料集上進行 multi-Task Learning。

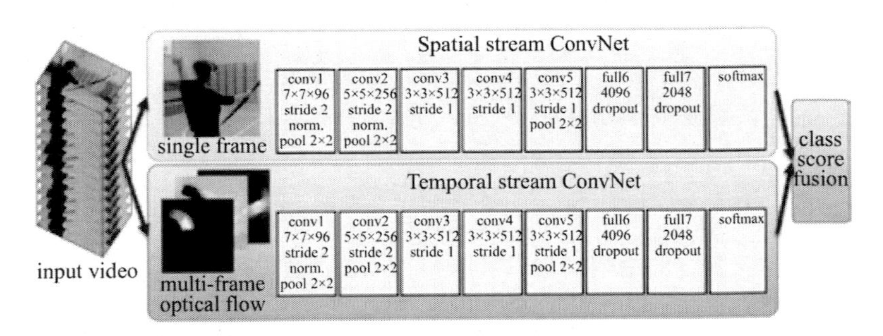

圖 1-12 雙路 CNN 網路架構

4．基於 LSTM 的識別方法

它的基本思想是用 LSTM 對幀的 CNN 最後一層的啟動在時間軸上進行整合。這裡，它沒有用 CNN 全連接層後的最後特徵進行融合，是因為全連接層後的高層特徵進行池化已經丟失了空間特徵在時間軸上的資訊。相對於時間差分法，一方面，它可以對 CNN 特徵進行更長時間的融合，不對處理的幀數加以上限，從而能對更長時長的影片進行表達；另一方面，時間差分法沒有考慮同一次進網路幀的前後順序，而本網路透過 LSTM 引入的記憶單元，可以有效地表達幀的先後順序。網路結構如圖 1-13 所示。

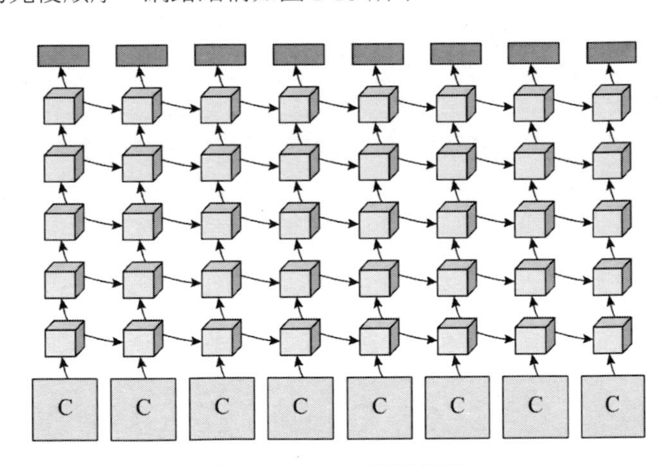

圖 1-13 LSTM 網路架構

圖 1-13 中紅色是卷積神經網路，灰色是 LSTM 單元，黃色是 softmax 分類器。LSTM 把每個連續幀的 CNN 最後一層卷積特徵作為輸入，從左向右推

進時間，從下到上透過 5 層 LSTM，最上的 softmax 層會在每個時間點給出分類結果。同樣，該網路在不同時間上的同一層網路參數是共享參數。在訓練時，影片的分類結果在每幀都進行 BP（Back Propagation），而不是每個 clip 進行 BP。在 BP 時，後來幀梯度的權重會增大，因為越往後，LSTM 的內部狀態會含有更多的資訊。

在實現時，這個網路架構可以加入光流特徵，可以讓處理過程容忍對幀進行採樣，因為如每秒一幀的採樣已經丟失了幀間所隱含的運動資訊，光流可以作為補償。

1.5.4.3 結語

語音和影片資訊的識別和研究工作對於資訊化社會的發展、人們生活水平的提高等方面有著深遠的意義。隨著電腦資訊技術的不斷發展，這兩種資訊的識別技術將取得更重大的突破，整體聯合系統的研究也將更加深入，語音和影片資訊的識別和研究有著更加廣闊的發展空間。

1.5.5 其他非結構化資料探勘

1.5.5.1 Web 資料探勘

Web 資訊是利用資料探勘技術從 Web 文檔及 Web 服務中自動發現並提取人們感興趣的資訊。Web 資訊是一項綜合技術，涉及 Internet 技術、人工智慧、電腦語言學、資訊學、統計學等多個領域。通常 Web 資訊過程可以分為以下幾個處理階段：資源發現、資料抽取及資料前處理階段，資料彙總及模式識別階段、分析驗證階段。

Web 上的資料最大的特點就是半結構化。由於 Web 的開放性、動態性與異構性等固有特點，要從這些分散的、異構的、沒有統一管理的大量資料中快速、準確地獲取資訊成為 Web 資訊所要解決的一個難點，也使得用於 Web 的資訊技術不能照搬用於資料庫的資訊技術。開發新的 Web 資訊技術以及對 Web 文檔進行前處理以得到關於文檔的特徵表示是 Web 資訊的重點。

Web 資料探勘應考慮以下問題。

(1) 資料來源分析。在對網站進行資料探勘時，所需要的資料主要來自三個方面：Web 服務器中的日誌文件、Web 服務器中的其他資訊以及客戶的背景資訊。

(2) 異構資料環境。Web 上的每一個站點就是一個資料源，每個資料源都是異構的，因而每一個站點之間資訊和資訊的組織都不一樣，這就構成了一個巨大的異構資料庫環境。要想利用這些資料進行資訊，首先要研究站點之間異構資料的整合問題；其次要解決 Web 上的資料查詢問題。

(3) 半結構化的資料結構。Web 上的資料沒有特定的模型描述，每一個站點的資料都各自獨立設計，並且資料本身具有自述性和動態可變性。

(4) 解決半結構化的資料源問題。面向 Web 的資料探勘必須以半結構化模型和半結構化資料模型抽取技術為前提。

(5) 文字總結。文字總結的目的是對文字探勘進行濃縮，給出它的緊湊描述。文字總結是指從文檔中抽取關鍵資訊，用簡潔的形式對文檔內容進行摘要或解釋。這樣用戶不需要瀏覽全文就可以瞭解文檔或文檔集合的總體內容。

Web 資料有三種類型：HTML 標記的 Web 文檔資料、Web 文檔內的連接的結構資料和用戶訪問資料。按照對應的資料類型，Web 資訊可以分為三類，如圖 1-14 所示：內容資訊、結構資訊、用戶訪問模式資訊。如表 1-3 所示：三類 Web 資訊的對比分析。

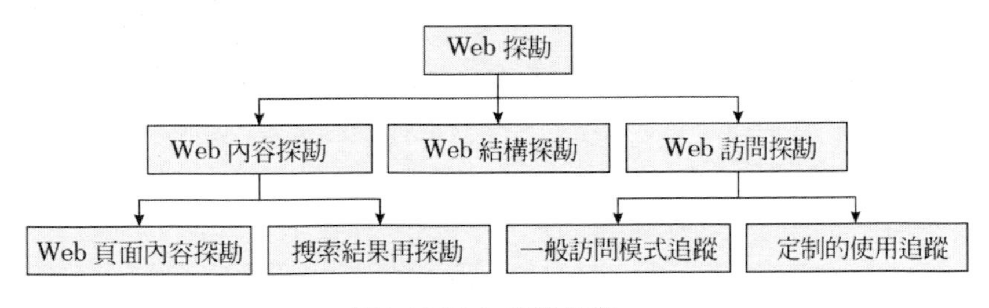

圖 1-14 Web 資訊分類

表 1-3 Web 資訊分類對比

	Web 內容探勘		Web 結構探勘	Web 訪問探勘
處理資料類型	IR 方法	資料庫方法	Web 結構探勘	使用者訪問探勘
	無結構和半結構話資料	半結構化資料		
主要資料	自由文本、HTML 標記的超連結	HTML 標記的超連結	文件內及文件間的超連結	Serverlog, proxyserverlog, clientlog
表示方法	詞集、段落、概念、IR 的三種經典模型	OEM 關係	圖	關係圖、圖
處理方法	TFIDF、統計、機器學習、自然語言理解	資料庫技術	機器學習、專有演算法	統計、機器學習、關聯規則
主要應用	分類、聚類、模式發現	模式發現、資料嚮導、多維資料庫、站點創建與維護	頁面權重分類聚類、模式發現	使用者個性化、響應式 Web 站點、商業決策

1.5.5.2 空間群資料探勘

空間資料探勘（Spatial Data Mining， SDM）是指從空間資料中抽取隱含的知識、空間關係、空間及與非空間之間有意義的特徵或模式。空間資料探勘功能可用於分析和解釋地理特徵間的相互關係及空間模式。大量的空間資料、複雜的空間資料類型和空間訪問方法及對空間特徵間關係能力的描述都是空間資料探勘的難點。

1．空間分析的層次

第一是空間檢索，包括從空間位置檢索空間物體及其屬性和從屬性條件集檢索空間物體。一方面，「空間索引」是空間檢索的關鍵技術，是否能有效地從大型 GIS 資料庫中檢索出所需資訊，將影響 GIS 的分析能力。另一方面，空間物體的圖形表達也是空間檢索的重要部分。

第二是空間拓撲疊加分析，空間拓撲疊加實現了輸入特徵屬性的合併以及特徵屬性在空間上的連接。

第三是空間模擬分析，這方面的研究剛剛起步。

2 · 空間模型分析

目前多數研究工作著重於如何將 GIS 與空間模型分析相結合，其研究可分三類：

第一類是 GIS 外部的空間模型分析，將 GIS 當作一個通用的空間資料庫，而空間模型分析功能則借助於其他軟體。

第二類是 GIS 內部的空間模型分析，試圖利用 GIS 軟體來提供空間分析模擬以及發展適用於問題解決模型的宏觀語言。這種方法一般基於空間分析的複雜性與多樣性，易於理解和應用，但由於 GIS 軟體所能提供的空間分析功能極為有限，這種緊密結合的空間模型分析方法在實際 GIS 的設計中較少使用。

第三類是混合型的空間模型分析，其宗旨在於盡可能地利用 GIS 所提供的功能，同時也充分發揮 GIS 使用者的能動性。

3 · 空間資料探勘

空間資料探勘的知識類型大體包括如下內容。

(1) 一般幾何知識：目標的數量、大小、特徵的統計特徵值及直方圖等視覺化描述。

(2) 空間分布規律：垂直向、水平向及其聯合向的分布規律。

(3) 空間關聯規則：空間相鄰、相連、共生、包含等空間關聯規則，空間聚類規則、空間特徵規則、空間區分規則、空間演變規則、空間序貫模式、空間混沌模式。

空間資料探勘的具體方法有：統計方法、泛化方法、聚類方法、空間分析方法、探測性的資料分析、粗集方法、雲理論、圖像分析和模式識別。

1.6 資料探勘與機器學習、深度學習、人工智慧及雲端計算

資料探勘、機器學習、深度學習和人工智慧四者之間既有交集也有不同，

彼此之間既有聯繫和互相運用，也有各自不同的領域和應用。而雲端計算的分布式儲存和分布式計算促使了新一代資料探勘平台的變革。資料探勘是一門交叉性很強的學科，可以用到機器學習演算法以及傳通通計的方法，最終目的是要從資料中資訊到需要的知識，從而指導人們的活動。資料探勘的重點在於應用，用何種演算法並不是很重要，關鍵是要能夠滿足實際應用背景。而機器學習則偏重於演算法本身的設計，通俗來說就是讓機器自己去學習然後透過學習到的知識來指導進一步的判斷。用一堆樣本資料讓電腦進行運算，樣本資料可以是有類標籤並設計懲罰函數，透過不斷的疊代，機器就學會了怎樣進行分類，使得懲罰最小，然後用學習到的分類規則進行預測等活動。深度學習是機器學習領域的一類方法，很多時候都是指深度神經網路方法，例如深度卷積神經網路、自動編碼器、深度玻爾茲曼機。很多有關深度學習的應用是在圖像識別／語音辨識領域。而人工智慧是四個概念中範圍最廣的一個，是一種科技領域，囊括了各類方法與演算法。四者關係如圖 1-15 所示。

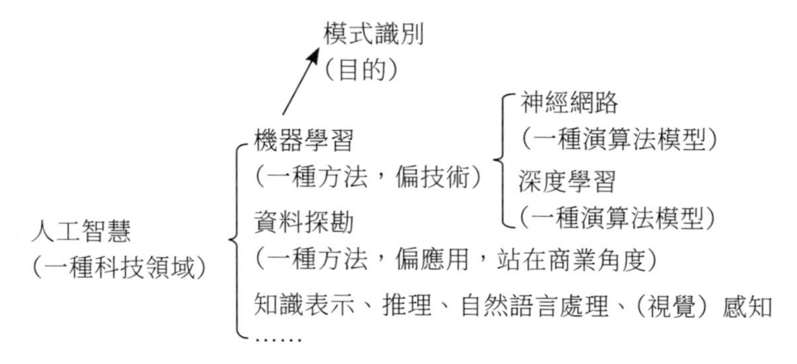

圖 1-15 資料探勘、機器學習、深度學習和人工智慧四者關係

1.6.1 機器學習

機器學習考察電腦如何基於資料學習（或提高它們的效能）。其主要研究領域之一是電腦程式基於資料自動地學習識別複雜的模式，並做出智慧的決斷。例如，一個典型的機器學習問題是為電腦編製程式，使之從一組實例學習之後，能夠自動地識別郵件上的手寫體郵政編碼。

機器學習是一個快速成長的學科。這裡，我們介紹一些與資料探勘高度相關的、經典的機器學習問題。

1 · 監督學習（Supervised Learning）

監督學習，基本上是分類的同義詞。學習中的監督來自訓練資料集中標記的實例。例如，在郵政編碼識別問題中，一組手寫郵政編碼圖像與其對應的機器可讀的轉換物用作訓練實例，監督分類模型的學習。

2 · 無監督學習（Unsupervised Learning）

無監督學習，本質上是聚類的同義詞。學習過程是無監督的，因為輸入實例沒有此類標記。典型的，我們可以使用聚類發現資料中的類。例如，一個無監督學習方法可以取一個手寫數位圖像集合作為輸入。假設它找出了 10 個資料叢集，這些叢集可以分別對應於 0 ～ 9 這 10 個不同的數字。然而，由於訓練資料並無標記，因此學習到的模型並不能告訴我們所發現叢集的語義。

3 · 半監督學習（Semi-supervised Learning）

半監督學習，是一類機器學習技術，在學習模型時，它使用標記的和未標記的實例。在一種方法中，標記的實例用來學習類模型，而未標記的實例用來進一步改進類邊界。對於兩類問題，我們可以把屬於一個類的實例看作正實例，而屬於另一個類的實例為負實例。在圖 1-16 中，如果我們不考慮未標記的實例，則虛線是分隔正實例和負實例的最佳決策邊界。使用未標記的實例，我們可以把該決策邊界改進為實線邊界。此外，我們能夠檢測出右上角的兩個正實例可能是雜訊或離群值，儘管它們被標記了。

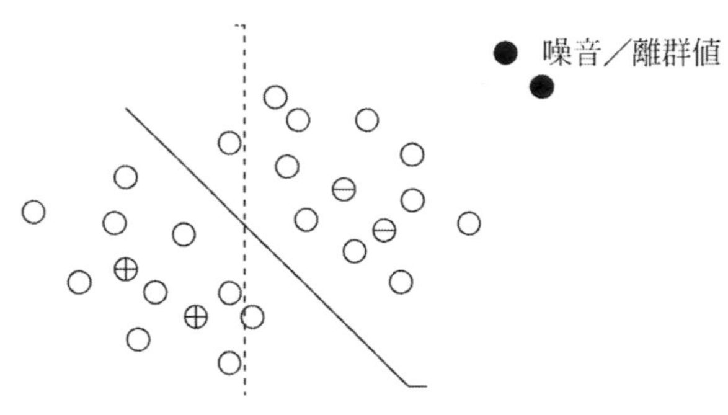

圖 1-16 半監督學習實例

4．主動學習（Active Learning）

主動學習，是一種機器學習方法，它讓用戶在學習過程中扮演主動角色。主動學習方法可能要求用戶（如領域專家）對一個可能來自未標記的實例集或由學習程式合成的實例進行標記。給定可以要求標記的實例數量的約束，目的是透過主動地從用戶獲取知識來提高模型品質。

你可能已經看出，資料探勘與機器學習有許多相似之處。對於分類和聚類任務，機器學習研究通常關注模型的準確率。除準確率之外，資料探勘研究非常強調資訊方法在大型資料集上的有效性和可伸縮性，以及處理複雜資料類型的辦法，開發新的、非傳統的方法。

實際上，機器學習和資料探勘技術已經開始在多媒體、電腦圖形學、電腦網路乃至操作系統、軟體工程等電腦科學的眾多領域中發揮作用，特別是在電腦視覺和自然語言處理領域，機器學習和資料探勘已經成為最流行、最熱門的技術，以至於在這些領域的頂級會議上很多的論文都與機器學習和資料探勘技術有關。總的來看，引入機器學習和資料探勘技術在電腦科學的眾多分支領域中都是一個重要趨勢。

機器學習和資料探勘技術還是很多交叉學科的重要支撐技術。例如，生物資訊學是一個新興的交叉學科，它試圖利用資訊科學技術來研究從 DNA 到基因、基因表達、蛋白質、基因電路、細胞、生理表現等一系列環節上的現象和規律。隨著人類基因組計劃的實施，以及基因藥物的美好前景，生物資訊學得到了蓬勃發展。實際上，從資訊科學技術的角度來看，生物資訊學的研究是一個從「資料」到「發現」的過程，這中間包括資料獲取、資料管理、資料分析、仿真實驗等環節，而「資料分析」這個環節正是機器學習和資料探勘技術的舞台。

1.6.2 深度學習

機器學習是人工智慧的一個分支，而在很多時候，幾乎成為人工智慧的代名詞。簡單來說，機器學習就是透過演算法，使得機器能從大量歷史資料中學習規律，從而對新的樣本做智慧識別或對未來做預測。自 20 世紀 80 年代末期以來，機器學習的發展大致經歷了兩次浪潮：淺層學習（Shallow Learning）和深度學習（Deep Learning）。

1．第一次浪潮：淺層學習

1980 年代末期，用於人工神經網路的反向傳播演算法（也叫 Back Propagation 演算法或者 BP 演算法）的發明，讓機器學習帶來了希望，掀起了基於統計模型的機器學習熱潮。這個熱潮一直持續到今天。人們發現，利用 BP 演算法可以讓一個人工神經網路模型從大量訓練樣本中學習出統計規律，從而對未知事件做預測。這種基於統計的機器學習方法比起過去基於人工規則的系統，在很多方面顯示出優越性。這個時候的人工神經網路，雖然也被稱作多層感知機器（Multi-layer Perceptron），但實際上是一種只含有一層隱層節點的淺層模型。

90 年代，各種各樣的淺層機器學習模型相繼被提出，比如支撐向量機（SVM, Support Vector Machines）、Boosting、最大熵方法（如 LR, Logistic Regression）等。這些模型的結構基本上可以看成帶有一層隱層節點（如 SVM、Boosting），或沒有隱層節點（如 LR）。這些模型無論是理論分析還是應用都獲得了巨大的成功。相比之下，由於理論分析的難度，加上訓練方法需要很多經驗和技巧，所以這個時期淺層人工神經網路反而相對較為沉寂。

2000 年以來互聯網的高速發展，對大數據的智慧化分析和預測提出了巨大需求，淺層學習模型在互聯網應用上獲得了巨大成功。最成功的應用包括搜尋廣告系統（比如 Google 的 AdWords、百度的鳳巢系統）的廣告點擊率 CTR 預估、網頁搜尋排序（例如 Yahoo 和微軟的搜尋引擎）、垃圾郵件過濾系統、基於內容的推薦系統等。

2．第二次浪潮：深度學習

2006 年，加拿大多倫多大學教授、機器學習領域泰——Geoffrey Hinton 和他的學生 Ruslan Salakhutdinov 在頂尖學術刊物《科學》上發表了一篇文章，開啟了深度學習在學術界和工業界的浪潮。這篇文章有以下兩個主要的資訊。

(1) 很多隱層的人工神經網路具有優異的特徵學習能力，學習得到的特徵對資料有更本質的刻畫，從而有利於視覺化或分類。

(2) 深度神經網路在訓練上的難度，可以透過「逐層初始化」（Layer-wise Pretraining）來有效克服。在這篇文章中，逐層初始化是透過無監督學習來實現的。

自 2006 年以來，深度學習在學術界持續升溫。美國史丹佛大學、紐約大學、加拿大蒙特羅大學等成為研究深度學習的重鎮。2010 年，美國國防部 DARPA 計劃首次資助深度學習項目，參與方有美國史丹佛大學、紐約大學和 NEC 美國研究院。支持深度學習的一個重要依據，就是腦神經系統的確具有豐富的層次結構。一個最著名的例子就是 Hubel-Wiesel 模型，由於揭示了視覺神經的機理而曾獲得諾貝爾醫學或生理學獎。除了仿生學的角度，目前深度學習的理論研究還基本處於起步階段，但在應用領域已顯現出巨大能量。2011 年以來，微軟研究院和 Google 的語音辨識研究人員先後採用 DNN 技術降低語音辨識錯誤率 20%~30%，是語音辨識領域十多年來最大的突破性進展。2012 年，DNN 技術在圖像識別領域取得驚人的效果，在 ImageNet 評測上將錯誤率從 26% 降低到 15%。在這一年，DNN 還被應用於製藥公司的 Druge Activity 預測問題，並獲得世界最好成績，這一重要成果被《紐約時報》報導。今天 Google、微軟、百度等知名的擁有大數據的高科技公司爭相投入資源，占領深度學習的技術制高點，正是因為它們都看到了在大數據時代，更加複雜且更加強大的深度模型能深刻揭示大量資料裡所承載的複雜而豐富的資訊，並對未來或未知事件做更精準的預測。

深度學習和機器學習的區別是：深度學習是機器學習研究中的一個新的領域，其動機在於建立、模擬人腦進行分析學習的神經網路，它模仿人腦的機制來解釋資料，例如圖像、聲音和文字。

同機器學習方法一樣，深度機器學習方法也有監督學習與無監督學習之分。不同的學習框架下建立的學習模型很是不同。例如，卷積神經網路（Convolutional Neural Networks, CNNs）就是一種深度監督學習下的機器學習模型，而深度信賴網（Deep Belief Nets，DBNs）是一種無監督學習下的機器學習模型。

1.6.3 人工智慧

人工智慧，即機器所賦予人的智慧。

1956 年，幾個電腦科學家相聚在達特茅斯會議（Dartmouth Conferences），提出了「人工智慧」的概念。其後，人工智慧就一直縈繞於人們的腦海之中，並在科學研究實驗室中慢慢孵化。之後的幾十年，人工智慧一直在兩極反轉，或被稱作人類文明耀眼未來的預言，或被當成技術瘋子的狂想扔到垃圾堆裡。坦白說，直到 2012 年，這兩種聲音還同時存在。

過去幾年，尤其是 2015 年以來，人工智慧開始大爆發。很大一部分是由於 GPU 的廣泛應用，使得平行計算變得更快、更便宜、更有效。當然，無限拓展的儲存能力和驟然爆發的資料洪流（大數據）的組合拳，也使得圖像資料、文字資料、交易資料、映射資料全面大量爆發。

人工智慧可主要分為人類的人工智慧和非人類的人工智慧。人類人工智慧的思考和推理就像人的思維，可以透過實踐和學習獲得知識和能力。非人類人工智慧主要透過感知、知覺等專業技能執行特定任務，解決問題的重要途徑是將所有可能構建成搜尋樹，透過比對、決策尋找最優方案。對於這類人工智慧來說，背後的資料庫越強大，它的「水」就越深，但能力也基本在預期範圍之內。

與人工規則構造特徵的方法相比，利用大數據來學習的特徵，更能夠刻畫資料的豐富內在資訊。深度學習，讓人工智慧有一個光明的未來。

深度學習已經實現了許多機器學習方面的實際應用和人工智慧領域的全面推廣。深度學習解決了許多任務讓各種機器助手看起來有可能實現。無人駕駛機車、更好的預防醫療，甚至是更好的推薦電影，如今都已實現或即將實現(Google 超級人工智慧系統 AlphaGo)。有了深度學習，人工智慧甚至可以達到我們長期所想像的、科幻小說中呈現的狀態。

Google 超級人工智慧系統 Alpha Go，在與頂尖圍棋高手李世石的較量中取得勝利，是人工智慧發展史上重要的里程碑，顯示出人工智慧在複雜的博弈遊戲中開始挑戰最高級別的人類選手。「深度學習」將為人工智慧打開一扇新的大門。

1.6.4 雲端計算

雲端計算(Cloud Computing)，是一種基於互聯網的計算方式，透過這種方式，共享的軟硬體資源和資訊可以按需求提供給電腦各種終端和其他設備。雲端計算是繼 20 世紀 80 年代大型電腦到客戶端－服務器的大轉變之後的又一種巨變。用戶不再需要瞭解「雲」中基礎設施的細節，不必具有相應的專業知識，也無須直接進行控制。雲端計算描述了一種基於互聯網的新 IT 服務增加、使用和交付模式，通常涉及透過互聯網來提供動態易擴展而且經常是虛擬化的資源。

雲是互聯網的一種比喻說法。過去往往用雲來表示電信網，後來也用來表示互聯網和底層基礎設施的抽象。因此，雲端計算甚至可以讓你體驗每秒 10 萬億次的運算能力，擁有這麼強大的計算能力可以模擬核爆炸、預測氣候變化和市場發展趨勢。

互聯網上的雲端計算服務特徵和自然界的雲、水循環具有一定的相似性，因此，雲是一個相當貼切的比喻。根據美國國家標準和技術研究院的定義，雲端計算服務應該具備以下幾條特徵。

(1) 隨機應變自助服務。

(2) 隨時隨地用任何網路設備訪問。

(3) 多人共享資源池。

(4) 快速重新部署靈活度。

(5) 可被監控與量測的服務。

1. 三種服務模式

美國國家標準和技術研究院的雲端計算定義中明確了三種服務模式：

(1) 軟體即服務（SaaS）：消費者使用應用程式，但並不掌控操作系統、硬體或運作的網路基礎架構。它是一種服務觀念的基礎。軟體服務供應商，以租賃的概念提供客戶服務，而非購買，比較常見的模式是提供一組帳號密碼。例如：Microsoft CRM 與 Salesforce.com。

(2) 平台即服務（PaaS）：消費者使用主機操作應用程式。消費者掌控運作應用程式的環境（也擁有主機部分掌控權），但並不掌控操作系統、硬體或運作的網路基礎架構。平台通常是應用程式基礎架構。例如：Google App Engine。

(3) 基礎設施即服務（IaaS）：消費者使用「基礎計算資源」，如處理能力、儲存空間、網路組件或中間件。消費者能掌控操作系統、儲存空間、已部署的應用程式及網路組件（如防火牆、負載平衡器等），但並不掌控雲基礎架構。例如：Amazon AWS、Rackspace。

2. 四種部署模式

美國國家標準和技術研究院的雲端計算定義中也涉及了關於雲端計算的部署模型。

(1) 公共雲（Public Cloud）。簡而言之，公共雲服務可透過網路及第三方服務供應者，開放給客戶使用。「公共」一詞並不一定代表「免費」，但也可能代表免費或相當廉價。公共雲並不表示用戶資料可供任何人查看，公共雲供應者通常會對用戶實施使用訪問控制機制。公共雲作為解決方案，既有彈性，又具備成本效益。

(2) 私有雲（Private Cloud）。私有雲具備許多公共雲環境的優點，例如彈性、適合提供服務。兩者差別在於私有雲服務中，資料與程式皆在組織內管理，且與公共雲服務不同，不會受到網路帶寬、安全疑慮、法規限制影響。此外，私有雲服務讓供應者及用戶更能掌控雲基礎架構、改善安全與彈性，因為用戶與網路都受到特殊限制。

(3) 社區雲（Community Cloud）。社區雲由眾多利益相仿的組織掌控及使用，例如特定安全要求、共同宗旨等。社區成員共同使用雲資料及應用程式。

(4) 混合雲（Hybrid Cloud）。混合雲結合公共雲及私有雲，在這個模式中，用戶通常將非企業關鍵資訊外包，並在公共雲上處理，但同時掌控企業關鍵服務及資料。

3．關鍵技術

(1) 虛擬化技術。虛擬化技術，是指計算元件在虛擬的基礎上而不是真實的基礎上運行，它可以擴大硬體的容量，簡化軟體的重新配置過程，減少軟體虛擬化相關開銷和支持更廣泛的操作系統。透過虛擬化技術可實現軟體應用與底層硬體相隔離，它包括將單個資源劃分成多個虛擬資源的分裂模式，也包括將多個資源整合成一個虛擬資源的聚合模式。虛擬化技術根據對象可分成儲存虛擬化、計算虛擬化、網路虛擬化等。計算虛擬化又分為系統級虛擬化、應用級虛擬化和桌面虛擬化。在雲端計算實現中，計算系統虛擬化是一切建立在「雲」上的服務與應用的基礎。虛擬化技術目前主要應用在 CPU、操作系統、服務器等多個方面，是提高服務效率的最佳解決方案。

(2) 分布式大量資料儲存。雲端計算系統由大量服務器組成，同時為大量用戶服務，因此雲端計算系統採用分布式儲存的方式儲存資料，用冗餘儲存的方式（集群計算、資料冗餘和分布式儲存）保證資料的可靠性。冗餘的方式透過任務分解和集群，用低配機器替代超級電腦的效能來保證低成本，這種方式保證分布式資料的高可用、高可靠和經濟性，即為同一份資料儲存多個副本。雲端計算系統中廣泛使用的資料儲存系統是 Google 的 GFS 和 Hadoop 團隊開發的 GFS 的開源實現 HDFS。

(3) 大量資料管理技術。雲端計算需要對分布的、大量的資料進行處理、分析，因此，要求資料管理技術必需能夠高效地管理大量的資料。雲端計算系統中的資料管理技術主要是 Google 的 BT（Big Table）資料管理技術和 Hadoop 團隊開發的開源資料管理模組 HBase。由於雲資料儲存管理形式不同於傳統的 RDBMS 資料管理方式，如何在規模巨大的分布式資料中找到特定的資料，也是雲端計算資料管理技術所必須解決的問題。同時，由於管理形式的不同造成傳統的 SQL 資料庫介面無法直接移植到雲管理系統中來，目前一些研究在關注為雲資料管理提供 RDBMS 和 SQL 的介面，如基於 Hadoop 子項目 HBase 和 Hive 等。另外，在雲資料管理方面，如何保證資料安全性和資料訪問的高效性也是研究關注的重點問題之一。

(4) 編程方式。雲端計算提供了分布式的計算模式，客觀上要求必須有分布式的編程模式。雲端計算採用了一種思想簡潔的分布式進行程式模型 Map-Reduce。Map-Reduce 是一種程式模型和任務調度模型，主要用於資料集的平行運算和平行任務的調度處理。在該模式下，用戶只需要自行編寫 Map 函數和 Reduce 函數即可進行平行計算。其中，Map 函數中定義各節點上的分塊資料的處理方法，而 Reduce 函數中定義中間結果的保存方法以及最終結果的歸納方法。

(5) 雲端計算平台管理技術。雲端計算資源規模龐大，服務器數量眾多並分布在不同的地點，同時運行著數百種應用，如何有效地管理這些服務器，保證其為整個系統提供不間斷的服務是一項巨大的挑戰。雲端計算系統的平台管理技術能夠使大量的服務器協同工作，方便地進行業務部署和開通，快速發現和恢復系統故障，透過自動化、智慧化的手段實現大規模系統的可靠營運。

4．應用現狀

(1) 企業發展現狀。

微軟在 2013 年推出 Cloud OS 雲操作系統，包括 Windows Server 2012 R2、System Center 2012 R2、Windows Azure Pack 在內的一系列企業級雲端計算產品及服務。Windows Azure 是雲服務操作系統，可用於 Azure Services 平台的開發、服務託管以及服務管理環境。Windows Azure 為開發人員提供隨選的計算和儲存環境，以便在互聯網上透過微軟資料中心來託管、擴充及管理 Web 應用程式。

IBM 在 2013 年推出基於 OpenStack 和其他現有雲標準的私有雲服務，並開發出一款能夠讓客戶在多個雲之間遷移資料的雲儲存軟體——InterCloud，並正在為 InterCloud 申請專利。這項技術旨在向雲端計算中增加彈性，並提供更好的資訊保護。IBM 在 2013 年 12 月收購位於加州埃默裡維爾市的 Aspera 公司。在提供安全性、寬控制和可預見性的同時，Aspera 使基於雲端計算的大數據傳輸更快速，更可預測和更具性價比，比如企業儲存備份、虛擬圖像共享或者快速進入雲來增加處理事務的能力。FASP 技術將與 IBM 收購的 SoftLayer 雲端計算基礎架構進行整合。

甲骨文公司宣布成為 OpenStack 基金會贊助商，計劃將 OpenStack 雲管理組件整合到 Oracle Solaris、Oracle Linux、Oracle VM、Oracle 虛擬計算設備、Oracle 基礎架構即服務（IaaS）、Oracle ZS3 系列、Axiom 儲存系統和 StorageTek 磁帶系統中。並將努力促成 OpenStack 與 Exalogic、Oracle 雲端計算服務、Oracle 儲存雲服務的相互兼容。OpenStack 已經在業界獲得了越來越多的支持，包括惠普、戴爾、IBM 在內的眾多傳統硬體廠商已經宣布加入，並推出了基於 OpenStack 的雲操作系統或類似產品。

惠普在 2013 年推出基於惠普 HAVEn 大數據分析平台新的基於雲的分析服務。惠普企業服務包括大數據和分析的端對端的解決方案，覆蓋客戶智慧、供應鏈和營運、傳感器資料分析等領域。

蘋果 iCloud 是美國消費者使用量最大的雲端計算服務。蘋果公司在 2011 年就推出了在線儲存雲服務 iCloud。

在 2013 年 8 月，戴爾公司雲客戶端計算產品組合全新推出 Dell Wyse ThinOS 8 固件和 Dell Wyse D10D 雲端計算客戶端。依託 Dell Wyse，戴爾可為使用 Citrix、微軟、VMware 和戴爾軟體的企業提供各類安全、可管理、高效能的端到端桌面虛擬化解決方案。

(2) 中國雲端計算產業發展現狀。

阿里雲於 2013 年 12 月在「飛天」平台之上啟動一系列舉措，括低門檻入雲策略、一億元扶持計劃、開發全新開發者服務平台等多項內容。從產品、價格、服務以及第三方合作等多個角度，打破傳統商業模式，以用戶第一的思維，創新雲服務，構建更加健康的雲端計算生態圈。2013 年 10 月，阿里雲推出「飛天 5K 集群」項目，取得技術上的重大突破，擁有了只有 Google、Facebook 這樣的頂級技術型 IT 公司的單集群規模才能達到 5 000 臺服務器的通用計算平台。

百度在 2011 年 9 月正式開放其雲端計算平台，在雲端計算基礎架構和大量資料處理能力方面已較為成熟，將陸續開放 IaaS、PaaS 和 SaaS 等多層面的雲平台服務，如雲儲存和虛擬機、應用執行引擎、智慧資料分析和事件通知服務、網盤、地圖、帳號和開放 API 等。百度雲 OS 是雲和端結合的通用性平台，以個人為中心來組織資料和應用，形成產品研發的統一、應用終端的統一和營運渠道的統一。雲 OS 提供網頁 App 化的功能，還將支持新型的 WebApp。

浪潮集團已形成涵蓋 IaaS、PaaS、SaaS 三個層面的雲端計算整體解決方案服務能力，建立包括 HPC/IDC、媒體雲、教育雲等跨越十餘個行業的雲應用並成功在非洲、東南亞等地區進行推廣。承擔「高端容錯」和「大量儲存」這兩個國家「863 計劃」重大專項，「浪潮天梭 K1 關鍵應用主機」和「浪潮 PB 級高效能大量儲存系統」均透過國家驗收，並已成功在金融、稅務等核心領域部署。2013 年，浪潮發佈了其全新升級的雲資料中心操作系統雲海 OS V3.0，該產品基於開放、融合的技術理念，能夠幫助用戶從孤立低效的傳統資料中心向智慧高效的雲資料中心轉變。

華為公司秉承開放的彈性雲端計算的理念，如推出了 FusionCloud 雲策略，提供雲資料中心、雲端計算產品、雲服務解決方案。「ICT 軟硬體基礎設施、頂層設計諮詢服務和聯閤第三方開發智慧城市應用」是華為企業業務的三個主要方向，在雲資料中心的基礎上，實現「雲—管—端」的分層建設，打造可以面向未來的城市系統框架。華為在 2013 年的應用案例，如天津 LTE 政務網（可為政府、公安等行業用戶提供），採用的是華為基於 TD-LTE 技術的方案，直接支持資料、影片業務，並為未來專業集群、應急通訊車等提供資源預留。

騰訊公司在 2013 年 9 月宣布騰訊雲生態系統構建完成，將借助騰訊社交網路以及開放平台來專門推廣騰訊雲。

聯想公司在 2013 年 9 月與虛擬化和雲基礎架構解決方案的領導廠商 VMware 共建的「聯想威睿技術聯合實驗室」正式落成，將在服務器虛擬化、桌面虛擬化、雲端計算資料中心建設、基礎架構管理與運維、資料容災等技術領域進行合作，共同開發適合中國客戶的解決方案。

中國移動在 2013 年發佈「大雲」2.5 版本，實現從私有雲向混合雲性質轉變，系統容量也從小規模試點發展到規模化商用，而在應用方面，也從原來的邊緣性業務滲透到了關鍵核心業務中。

華雲資料公司在中國擁有超過 15 個城市 20 個資料中心上萬臺物理服務器集群，網路覆蓋中國電信、中國聯通以及華雲自有邊界網關協議（BGP）網路，實現從邊緣到核心網路的全覆蓋。華雲資料自主研發並推出中國首個營運型 PaaS 平台——中國雲應用平台。

易雲捷訊在 2013 年 10 月成功發佈易雲雲操作系統最新版本 EayunOS 3.2，標誌著中國首款基於 OpenStack 的商業化雲端計算平台成功應用。易雲雲操作系統提供包括服務器虛擬化、網路虛擬化、儲存虛擬化、大數據儲存以及雲服務營運在內的平台級整體解決方案。

杭州華三通訊公司（H3C）在 2013 年 9 月推出 CloudPack 雲業務系統。H3C 雲端計算解決方案目前已在天津政務雲、南京市教育雲、北京電力、廣鐵集團、海南航空等眾多項目中應用，H3C 也已成為當前雲端計算應用領域最重要的廠商之一。

1.7　現有資料探勘的主要分析軟體與系統

1.7.1　Hadoop

提到大數據和資料探勘，很多人馬上想到的就是 Hadoop。說到 Hadoop 就不能不說 Google 的三篇論文。Google 在 2003 年到 2006 年間發表了三篇非常有名的論文，它們分別是 2003 年 SOSP 的 GFS（Google File System），2004 年 OSDI 的 MapReduce 以及 2006 年 OSDI 的 BigTable。這三篇論文奠定了現在主流大數據分析處理系統的理論基礎。基於這些，現今演化出各式各樣的大數據處理和分析系統。

Hadoop 最開始起源於 Apache Nutch，後者是一個開源的網路搜尋引擎，本身也是由 Lucene 項目的一部分。Nutch 項目開始於 2002 年，一個可工作的抓取工具和搜尋系統很快浮出水面。但工程師們意識到，他們的架構將無法擴展到擁有數十億網頁的網路。到了 2003 年，Google 發表了一篇描述 Google 分布式文件系統（簡稱 GFS）的論文，這篇論文為他們提供了及時的幫助，文中稱 Google 正在使用此文件系統。GFS 或類似的東西，可以解決他們在網路抓取和索引過程中產生的大量文件的儲存需求。具體而言，GFS 會省掉管理所花的時間，如管理儲存節點。於是在 2004 年，Nutch 開始寫一個開放源碼的應用，即 Nutch 的分布式文件系統（NDFS）。

Hadoop 是一個能夠讓用戶輕鬆架構和使用的分布式計算平台，基礎架構如圖 1-17。用戶可以輕鬆地在 Hadoop 上開發和運行處理大量資料的應用程式。它主要有以下幾個優點：

(1) 高可靠性。Hadoop 按位儲存和處理資料的能力值得人們信賴。

(2) 高擴展性。Hadoop 是在可用的電腦集叢集間分配資料並完成計算任務的，這些集叢集可以方便地擴展到數以千計的節點中。

(3) 高效性。Hadoop 能夠在節點之間動態地移動資料，並保證各個節點的動態平衡，因此處理速度非常快。

(4) 高容錯性。Hadoop 能夠自動保存資料的多個副本，並且能夠自動將失敗的任務重新分配。

(5) 低成本。與一體機、商用資料倉儲以及 QlikView、Yonghong Z-Suite 等資料集市相比，Hadoop 是開源的，項目的軟體成本因此會大大降低。

圖 1-17 Hadoop 圖標及其框架

Hadoop 對大數據的意義：

Hadoop 得以在大數據處理應用中廣泛應用得益於其自身在資料提取、變形和加載（ETL）方面上的天然優勢。Hadoop 的分布式架構，將大數據處理引擎盡可能地靠近儲存，對例如像 ETL 這樣的批處理操作相對合適，因為類似這樣操作的批處理結果可以直接走向儲存。Hadoop 的 MapReduce 功能實現了將單個任務打碎，並將碎片任務（Map）發送到多個節點上，之後再以單個資料集的形式加載（Reduce）到資料倉儲裡。

2004 年，Google 的 MapReduce 論文發表，開發者在 Nutch 上有了一個可工作的 MapReduce 應用。到 2005 年年中，所有主要的 Nutch 演算法被移植到使用 MapReduce 和 NDFS 來運行。

Nutch 中的 NDFS 和 MapReduce 實現的應用遠遠不只是搜尋領域，在 2006 年 2 月，Nutch 中轉移出來一部分建立了一個獨立的 Lucene 子項目，稱為 Hadoop。Yahoo 對 Hadoop 非常感興趣，在這個時候，Doug Cutting 加入了 Yahoo，Yahoo 為此專門提供了一個團隊和資源將 Hadoop 發展成一個可在網路上運行的系統。2008 年 2 月，Yahoo 宣布其搜尋引擎產品部署在一個擁有 1 萬個內核的 Hadoop 集群上。

2008 年 1 月，Hadoop 已成為 Apache 頂級項目，之前的無數事例證明它是成功的項目。同時圍繞 Hadoop 產生了一個多樣化、活躍的社區。隨後 Hadoop 成功地被 Yahoo 之外的很多公司應用，如 Last.fm、Facebook 和《紐約時報》《紐約時報》使用 100 臺機器，並基於亞馬遜的 Hadoop 產品 EC2 將 4TB 的報紙掃描文檔壓縮，轉換為用於 Web 的 PDF 文件，這個過程歷時不到 24 小時。

2008 年 4 月，Hadoop 打破世界紀錄，成為最快排序 1TB 資料的系統。運行在一個 910 節點的集群，Hadoop 在 209 秒內排序了 1TB 的資料（還不到三分半鐘），擊敗了前一年的 297 秒冠軍。同年 11 月，Google 在報告中聲稱，它的 MapReduce 實現執行 1TB 資料的排序只用 68 秒。2009 年 5 月，有報導宣稱 Yahoo 的團隊使用 Hadoop 對 1TB 的資料進行排序只花了 62 秒。

1.7.2 Storm

2008 年一家名叫 BackType 的公司在矽谷悄然成立，它們主攻領域是資料分析，透過即時收集的資料幫助客戶瞭解其產品對社交媒體的影響。其中有一項功能就是能夠查詢歷史記錄，當時 BackType 用的是標準的佇列和類似 Hadoop 的 worker 方法。很快，工程師 Nathan Marz 發現了其中巨大的缺點。第一，要保證所有佇列一直在工作；第二，在構建應用程式時候，不夠靈活，顯得過於重量級；第三，在部署方面也非常不方便。於是 Nathan Marz 開始嘗試新的解決方案，並在 2010 年 12 月提出了流（stream）的概念，將流作為分布式抽象的方法，資料之間的傳遞為流。緊接著，對於流的處理的兩個概念體「spout」和「bolt」也產生了。spout 生產全新的流，而 bolt 將產生的流作為輸入並產出流。這就是 spout 和 bolt 的平行本質，它與 Hadoop 中 mapper 和 reducer 的平行原理相似。bolt 只需簡單地對其要進行處理的流進行註冊，並指出接入的流在 bolt 中的劃分方式。最後，Nathan Marz 對分布式系統頂級抽象就是「topology（拓撲圖）」——由 spout 和 bolt 組成的網路。此時，新的大數據分析和處理系統浮出水面，這就是 Storm。只是在這個時候，Storm 還並不出名。

接下來，Storm 的設計採用了不少 Hadoop 的理念。由於 Hadoop 自身的缺陷性，它運行一段時間後經常會出現不少的「殭屍進程」，最終導致整個集群資源耗盡，而不能工作。針對這點，Storm 做了額外的設計，避免「殭屍進程」，從而使得整個系統的可用性和可靠性大大提高。

2011 年 5 月對 BackType 是個重要的日子，因為他們被 Twitter 收購了。借助 Twitter 的品牌效應，2011 年 9 月 19 日 Storm 正式發佈。發佈會獲得了巨大的成功，Storm 當時登上了 Hacker News 的頭條。由於其良好的即時處理和分析的表現，人們稱 Storm 為「即時的 Hadoop」。

開源的短短的三年後，Storm 在 2014 年 9 月 17 日正式步入 Apache 頂級項目的行列。到如今，Storm 已被廣泛應用在醫療保健、天氣、新聞、分析、拍賣、廣告、旅遊、報警、金融等諸多領域。

Storm 的優點：

(1) 簡單的程式模型。類似 MapReduce 降低了平行批處理的複雜性，Storm 降低了進行即時處理的複雜性。

(2) 可以使用各種程式語言。你可以在 Storm 上使用各種程式語言。預設支持 Clojure、Java、Ruby 和 Python。要增加對其他語言的支持，只需實現一個簡單的 Storm 通訊協議即可。

(3) 容錯性。Storm 會管理工作進程和節點的故障。

(4) 水平擴展。計算是在多個線程、進程和服務器之間平行進行的。

(5) 可靠的消息處理。Storm 保證每個消息至少能得到一次完整處理。任務失敗時，它會負責從消息源重試消息。

(6) 快速。系統的設計保證了消息能得到快速處理，使用 ?MQ 作為其底層消息佇列。

(7) 本地模式。Storm 有一個「本地模式」，可以在處理過程中完全模擬 Storm 集群。這讓你可以進行快速開發和單元測試。

1.7.3 Spark

相對於 Storm 作為另一個專門面向即時分布式計算任務的項目，Spark 最初由加州大學柏克萊分校的 APMLab 實驗室於 2009 年開始打造，而後又加入

Apache 孵化器項目，並最終於 2014 年 2 月成為其中的頂尖項目之一，整個過程歷時不到 5 年。由於 Spark 出自伯克利大學，使其在整個發展過程中都烙上了學術研究的標記，對於一個在資料科學領域的平台而言，這也是題中應有之意，它的出身甚至決定了 Spark 的發展動力。它的天生環境導致 Spark 的核心 RDD（Resilient Distributed Datasets），以及流處理、SQL 智慧分析、機器學習等功能，都脫胎於學術研究論文。與 Storm 類似，Spark 也支持面向流的處理機制，不過這是一套更具泛用性的分布式計算平台，如圖 1-18 所示。

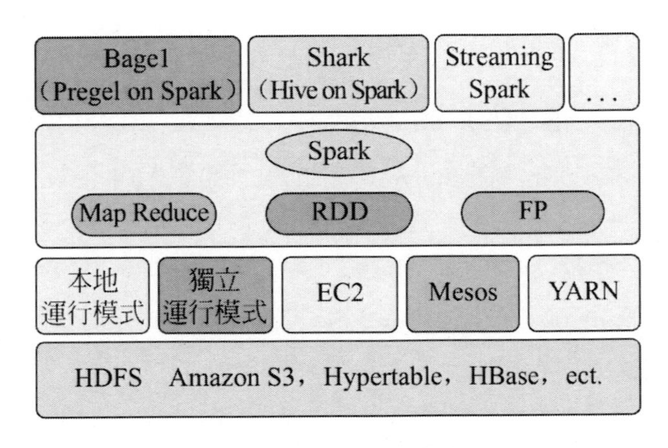

圖 1-18 Spark 圖標及其框架

AMPLab 開發以 Spark 為核心的伯克利資料分析棧（BDAS）時提出的目標是：one stack to rule them all，也就是說在一套軟體棧內必須完成各種大數據分析任務。相對於 MapReduce 上的批量計算、疊代型計算以及基於資料庫 Hive 的 SQL 查詢，Spark 可以帶來上百倍的效能提升。目前 Spark 的生態系統日趨完善，Spark SQL 的發佈、Hive on Spark 項目的啟動以及大量資料公司對 Spark 全面的支持，讓 Spark 的資料分析範式更加豐富。

在大數據領域，只有深挖資料科學領域，走在學術前沿，才能在底層演算法和模型方面走在潮流的前面，從而占據領先地位。Spark 的這種學術基因，使得它從一開始就在大數據領域建立了一定優勢。無論是其效能，還是方案的統一性，相對於傳統的 Hadoop，優勢都非常明顯。Spark 提供的基於 RDD 的一體化解決方案，將 MapReduce、Streaming、SQL、Machine Learning、Graph Processing 等模型統一到同一個平台下，以一致的 API 公開，並提供相同的部署方案，使得 Spark 的工程應用領域變得更加廣泛。

Spark Streaming，構建在 Spark 上處理 Stream 資料的框架，基本的原理是將 Stream 資料分成小的時間片段（幾秒），以類似 batch 批量處理的方式來處理這小部分資料。Spark Streaming 構建在 Spark 上，一方面是因為 Spark 的低延遲執行引擎（100ms+），雖然比不上專門的流式資料處理軟體，但也可以用於即時計算；另一方面，相比基於 Record 的其他處理框架（如 Storm），一部分依賴的 RDD 資料集可以從源資料重新計算以達到容錯處理目的。此外小批量處理的方式使得它可以同時兼容批量和即時資料處理的邏輯和演算法，方便了一些需要歷史資料和即時資料聯合分析的特定應用場合。

1.7.4 SPASS（SPSS）

除了 Hadoop、Spark、Storm 這些新興的大數據探勘／分析系統，現今還存在一些已經存在很多年，且在很多專業領域應用的資料探勘軟體。嚴格來說，它們應該不屬於「大數據」的資訊，其中就有 SAPSS 和 SAS。

SPASS（Statistical Product and Service Solutions），全稱「統計產品與服務解決方案」軟體。它是世界上第一個在微機上發佈的統計分析軟體。由美國史丹佛大學的三位研究生 Norman H. Nie、C. Hadlai （Tex）Hull 和 Dale H. Bent 於 1968 年研究開發成功，同時成立了 SPSS 公司，並於 1975 年成立法人組織，在芝加哥組建了 SPSS 總部。2009 年，IBM 公司收購了 SPASS。

SPASS 並不是一套完整的資料採集、計算分析的分布式資訊系統，而且對於大數據的處理也是力不從心，但作為一套存在了幾十年的資料探勘和分析軟體，其資料分析和資訊實力對於靜態資料來說，還是具有很好的口碑。

SPASS（SPSS）優點。

(1) 操作簡便：介面非常友好，除了資料錄入及部分命令程式等少數輸入工作需要鍵盤鍵外，大多數操作可透過滑鼠拖曳、點擊「目錄」「按鈕」和「對話框」來完成。

(2) SPSS 編程方便：具有第四代語言的特點，告訴系統要做什麼，無須告訴怎樣做。只要瞭解統計分析的原理，無須通曉統計方法的各種演算法，即可得到需要的統計分析結果。對於常見的統計方法，SPSS 的命令語句、子命令及選擇項的選擇絕大部分由「對話框」的操作完成。

因此，用戶無須花大量時間記憶大量的命令、過程和選擇項。

(3) SPSS 功能強大：具有完整的資料輸入、編輯、統計分析、報表、圖形製作等功能。自帶 11 種類型 136 個函數。SPSS 提供了從簡單的統計描述到複雜的多因素統計分析方法，比如資料的探索性分析、統計描述、列聯表分析、二維相關、秩相關、偏相關、變異數分析、非參數檢驗、多元迴歸、生存分析、共變異數分析、判別分析、因子分析、集群分析、非線性迴歸、Logistic 迴歸等。

(4) SPSS 資料介面：能夠讀取及輸出多種格式的文件。比如由 dBASE、FoxBASE、FoxPRO 產生的 *.dbf 文件，文字編輯器軟體生成的 ASC Ⅱ資料文件，Excel 的 *.xls 文件等均可轉換成可供分析的 SPSS 資料文件。能夠把 SPSS 的圖形轉換為 7 種圖形文件。結果可保存為 *.txt 及 html 格式的文件。

(5) SPSS 模組組合：SPSS for Windows 軟體分為若干功能模組。用戶可以根據自己的分析需要和電腦的實際配置情況靈活選擇。

(6) SPSS 針對性強：SPSS 針對初學者、熟練者及精通者都比較適用。

1.7.5 SAS

SAS 是「統計分析系統」(Statistical Analysis System) 的縮寫。它最早由美國北卡羅來納州大學於 1964 年研製，1976 年成立公司正式開始發佈軟體。經過多年的發展，SAS 已被全世界 120 多個國家和地區的近三萬家機構所採用，直接用戶則超過三百萬人，遍及金融、醫藥衛生、生產、運輸、通訊、政府和教育科學研究等領域。在資料處理和統計分析領域，SAS 系統被譽為國際上的標準軟體系統，並在 1996—1997 年度被評選為建立資料庫的首選產品。SAS、SPASS、BMDP (Biomedical Programs，生物醫學程式) 並稱為國際統計軟體的「三劍客」。

SAS 系統是一個組合軟體系統，它由多個功能模組組合而成，其基本部分是 BASE SAS (基礎模組) 模組。BASE SAS 模組是 SAS 系統的核心，承擔著主要的資料管理任務，並管理用戶的使用環境，進行用戶的語言處理，調用其他 SAS 模組和產品。也就是說，SAS 系統的運行，首先必須啟動 BASE

SAS 模組，它除了本身所具有資料管理、程式設計及描述統計計算功能以外，還是 SAS 系統的中央調度室。它除可單獨存在運行外，也可與其他產品或模組共同構成一個完整的生態系統。各模組的安裝、卸載及更新都可透過其安裝程式非常方便地進行。SAS 系統具有靈活的功能擴展介面和強大的功能模組，在 BASE SAS 的基礎上，還可以增加如下不同的模組而增加不同的功能：SAS/STAT（統計分析模組）、SAS/GRAPH（繪圖模組）、SAS/QC（品質控制模組）、SAS/ETS（經濟計量學和時間序列分析模組）、SAS/OR（運籌學模組）、SAS/IML（交互式矩陣程式設計語言模組）、SAS/FSP（快速資料處理的交互式目錄系統模組）、SAS/AF（交互式全螢幕軟體應用系統模組）等。SAS 有一個智慧型繪圖系統，不僅能繪各種統計圖，還能繪出地圖。SAS 提供多個統計過程，每個過程均含有極豐富的任選項。用戶可以透過對資料集的一連串加工，實現更為複雜的統計分析。此外，SAS 還提供了各類機率分析函數、分位數函數、樣本統計函數和隨機數生成函數，使用戶能方便地實現特殊統計要求。

SAS 更注重對資料倉儲裡面的內容進行分析，而且價格不菲，對於使用者也有很高的要求，因此面對如今洶湧的開源大潮確實有點力不從心。

SAS 的優點如下所述。

(1) 功能強大，統計方法齊、全、新。SAS 提供了從基本統計數的計算到各種試驗設計的變異數分析，相關迴歸分析以及多變數分析的多種統計分析過程，幾乎包括了所有最新分析方法，其分析技術先進、可靠。分析方法的實現透過過程調用完成。許多過程同時提供了多種演算法和選項。例如變異數分析中的多重比較，提供了包括 LSD、DUNCAN、TUKEY 測驗在內的 10 余種方法；迴歸分析提供了 9 種自變數選擇的方法（如 STEPWISE、BACKWARD、FORWARD、RSQUARE 等）。

    迴歸模型中可以選擇是否包括截距，還可以事先指定一些包括在模型中的自變數字組（SUBSET）等。對於中間計算結果，可以全部輸出、不輸出或選擇輸出，也可儲存到文件中供後續分析過程調用。

(2) 使用簡便，操作靈活。SAS 以一個通用的資料（Data）產生資料集，而後以不同的過程調用完成各種資料分析。其編程語句簡潔，短小，通常只需很小的幾個語句即可完成一些複雜的運算，得到令人滿意的結果。結果輸出以簡明的英文給出提示，統計術語規範易懂，只需使用者具有初步英語和統計基礎即可。使用者只要告訴 SAS「做什麼」，而不必告訴其「怎麼做」。同時 SAS 的設計，使得任何 SAS 能夠「猜」出的東西用戶都不必告訴它（即無須設定），並且能自動修正一些小的錯誤（例如將 DATA 語句的 DATA 拼寫成 DATE，SAS 將假設為 DATA 繼續運行，僅在 LOG 中給出註釋說明）。

對運行時的錯誤，它盡可能地給出錯誤原因及改正方法。因而 SAS 將統計的科學、嚴謹和準確與便於使用者有機結合起來，極大地方便了使用者。

(3) 提供聯機幫助功能。使用過程中按下功能鍵 F1，可隨時獲得幫助資訊，得到簡明的操作指導。

參考文獻

[1] 百度百科．資料探勘 [OL].http：//baike.baidu.com/subview/7893/7893.htm.

[2] 範明，範宏建．資料探勘導論 [M]. 北京：人民郵電出版社 ,2011.

[3] 盧輝．資料探勘與資料化營運實戰思路方法技巧與應用 [M]. 北京：機械工業出版社 ,2013．

[4] 李雄飛，李軍．資料探勘與知識發現 [M]. 北京：高等教育出版社 ,2003．

[5] Quinlan, J. R. 1993. C4.5： Programs for Machine Learning.Morgan Kaufmann Publishers Inc.Google Scholar Count in October 2006： 6907.

[6] Breiman, J. Friedman, R. Olshen, and C. Stone. Classification and Regression Trees. Wadsworth,Belmont, CA, 1984.

[7] Hastie, T. and Tibshirani, R. Discriminant Adaptive Nearest Neighbor Classification. IEEE Trans. Pattern Anal. Mach. Intell. (TPAMI). 18, 6 (Jun. 1996), 607-616.

[8] Hand D.J., Yu, K. Idiot's Bayes： Not So Stupid After All Internat. Statist. Rev. 69, 385-398, 2001.

[9] Freund, Y. and Schapire, R. E. A decision-theoreticgeneralization of on-line learning and an application to boosting. J. Comput. Syst. Sci. 55, 1, 119-139, Aug. 1997.

[10] Liu, B., Hsu, W. and Ma, Y. M. Integrating classification and association rule mining. KDD 98,1998： 80-86.

[11] Zhang, T., Ramakrishnan, R., and Livny, M. 1996. BIRCH： an efficient data clustering method for very large databases. In Proceedings of the1996 ACM SIGMOD international Conference on Management of Data, 1996.

[12] 童曉渝，張雲勇，房秉毅，等．大數據時代電信業者的機遇．Science, 2013(3)：4．

[13] 王小鵬．大數據技術在精準行銷中的應用 [J]. 資訊通訊技術 ,2014, 8 (6)：21-26．

[14] 郭川．拒絕邊緣化營運商仍大有可為 [OL]. http：//tech.huanqiu.com/news/2015-09/7494788.html.

[15] 百度百科．大數據 [OL]. http：//baike.baidu.com/item/大數據/20117833#viewPageContent.

[16] 王繼成，潘金貴．Web 文字探勘技術研究 [J]. 電腦研究與發展 ,2000, 37(5)：513-520．

[17] 王紅濱，劉大昕，王念濱，等．基於非結構化資料的本體學習研究 [J]. 電腦工程與應用 ,2008, 44(26)：30-33．

[18] 廖鋒，成靜靜．大數據環境下 Hadoop 分布式系統的研究與設計 [J]. 廣東通訊技術 ,2013,33(10)：22-27．

[19] Coakes S J, Steed L. SPSS： Analysis without anguish using SPSS version 14.0 for Windows.John Wiley & Sons, Inc., 2009.

[20] 汪遠征，徐雅靜．SAS 軟體與統計應用教程 [M]. 北京：機械工業出版社 ,2007．

第 2 章 資料統計與資料前處理

本章將圍繞資料統計與前處理工作展開討論。資料前處理是資料探勘的基礎，對後續的資料探勘工作有至關重要的意義。首節介紹不同的資料屬性類型。2.2 節介紹資料的統計特性，這對我們找出資料對象之間的聯繫有很大的幫助。2.3 節介紹關於資料淨化、整合、歸約、變換和離散化等資料前處理的內容。2.4 節介紹如何從源欄位中創造一些包含重要資訊的新欄位集，以滿足建模需求。2.5 節詳細講述了如何在 SPSS 軟體中處理有缺失值、有雜訊的資料以及如何進行主成分分析。

2.1 資料屬性類型

資料集由資料對象構成，一個資料對象代表一個實體。資料對象又稱樣本、實例、資料點或對象。例如，在銷售資料庫中，對象可以是顧客、商品或銷售；又例如，在大學的資料庫中，對象可以是學生、教授和課程。通常，資料對象用屬性描述。如果資料對象存放在資料庫中，則他們是資料元組。也就是說，資料庫的行對應資料對象，而列對應屬性。本節我們將定義屬性，並且考察各種屬性類型。

2.1.1 資料屬性定義

屬性（Attribute）是一個資料欄位，表示資料對象的一個特徵。在文獻中，屬性、維度（Dimension）、特徵（Feature）和變數（Variable）被廣泛的交替使用，其意義基本一致，本文將不加區分的交替使用上述概念。給定屬性的觀測值叫做觀測。屬性向量（或特徵向量）是用來描述一個給定對象的一組屬性。涉及一個屬性的資料稱為單變數（Univariate），涉及兩個屬性的資料稱為雙變數（Bivariate），等等。

一個屬性的類型由該屬性可能具有值的集合決定。屬性可以是標稱的、二元的、序數的或數值的。可以用許多方法來組織屬性類型，這些類型不是互斥的。機器學習領域開發的分類演算法通常把屬性分成離散的或連續的。每種類型都可以用不同的方法處理。下面我們將為大家分別介紹離散屬性和連續屬性。

2.1.2 離散屬性

離散屬性（Discrete Attribute）具有有限或無限可數個可取值，可以用整數表示。注意離散屬性可以具有數值。例如，對於二元屬性「是否 4G 用戶」取值 0 和 1，對於年齡屬性取值 0 到 120。如果一個屬性可能值的集合是無限的，但可以建立一個與自然數的一一對應，則這個屬性又稱為無限可數的。例如，移動公司中客戶的編號是無限可數的。雖然客戶數量是無限增長的，但可以建立這些值與整數集合的一一對應。

離散屬性在二維坐標系中表現為分離、不連續的散點。離散屬性可分為無大小關係的離散屬性，如圖 2-1 所示，終端制式分布條形圖；有大小關係的離散屬性，如圖 2-2 所示，信用等級分布條形圖。

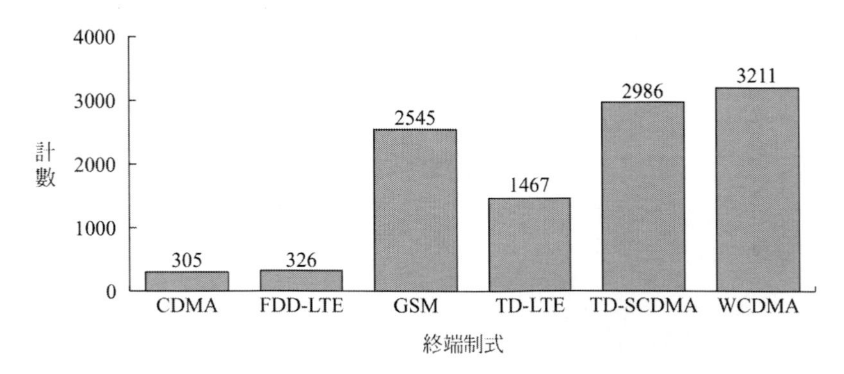

圖 2-1 終端制式分布條形圖

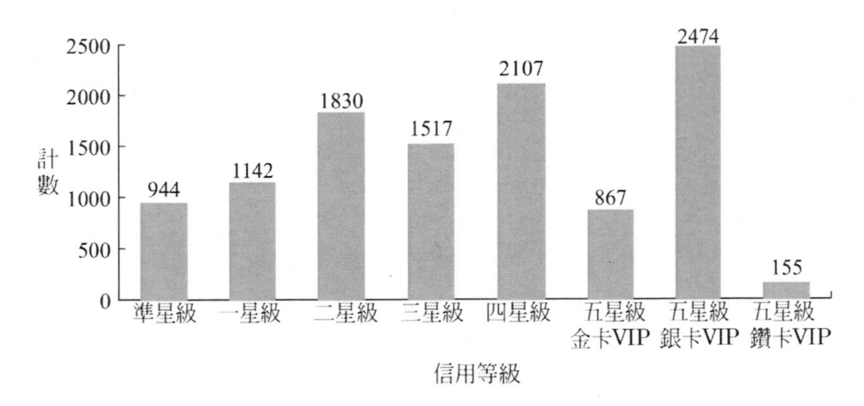

圖 2-2 信用等級分布條形圖

2.1.3 連續屬性

連續屬性（Continuous Attribute）是在一定區間內可以任意取值的資料屬性。它的數值是連續不斷的，相鄰兩個數值可做無限分隔，即可取無限個可能數值。如果屬性不是離散的，則它是連續的。例如，電信用戶的每月 ARPU（Average Revenue Per User，每用戶平均收入）、每月 DOU（Dataflow of usage，每用戶使用流量）和每月 MOU（Minutes of Usage，每用戶通話時間）等具有連續屬性。在文獻中，術語「數值屬性」與「連續屬性」通常可以互換使用（因為在經典意義下，連續值是實數，而數值值可以是整數或實數）在實踐中，實數值用有限位數字表示，可以有小數點，可以直接錄入。連續屬性一般用浮點變數表示。

一般連續屬性在二維坐標系中可以表現為曲線形式，但在實際應用中，被視為具有連續屬性的欄位，所能採集到的值為離散值。如圖 2-3 所示，電信用戶當月 ARPU 的直方圖。

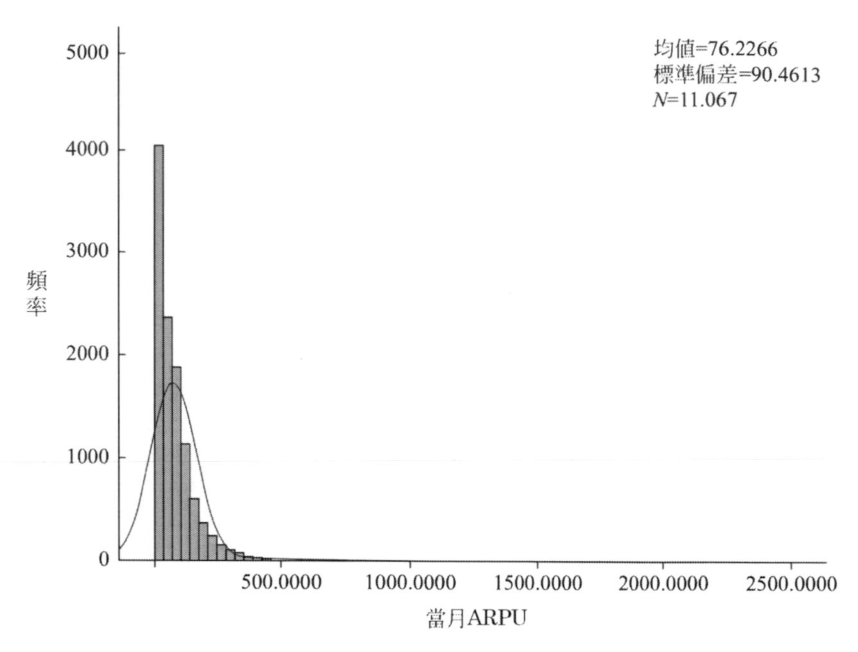

圖 2-3 電信用戶當月 ARPU 的直方圖

在坐標系中，連續屬性是一段區間，而離散屬性則是很多離散的點。在統計圖表中，離散屬性通常用條形圖來表示，連續屬性可以用直方圖來表示。在資料探勘的應用中，連續屬性一般要經過離散化處理後才能應用於建模分析，具體離散化處理方式詳見 2.3.6 節。

2.2 資料的統計特性

2.2.1 中心趨勢度量

對於許多資料前處理任務，用戶希望知道關於資料的中心趨勢和離中趨勢特徵。中心趨勢度量包括均值（Mean）、中位數（Median）、眾數（Mode）、中列數（Midrange），而資料離中趨勢度量包括四分位數（Quartiles）、四分位數極差（Interquartile Range， IQR）和變異數（Variance）。

資料集的「中心」最常用、最有效的數值度量是（算術）均值。設 $x_1, x_1, \ldots,$

x_N 是某 N 個值或觀測的集合。該值集的均值是

$$\bar{x} = \frac{\sum_{i=1}^{n} x_i}{N} = \frac{x_1 + x_2 + \ldots + x_N}{N}$$

有時，對於 i=1, ..., N，每個值 x_i 可以與一個權重 w_i 相關聯。權重反映它們所依附的對應值的意義、重要性或出現的頻率。在這種情況下，我們可以計算

$$\bar{x} = \frac{\sum_{i=1}^{n} x_i}{\sum_{i=1}^{n} w_i} = \frac{w_1 x_1 + w_2 x_2 + \ldots + w_N x_N}{w_1 + w_2 + \ldots + w_N}$$

這稱作加權算術均值或加權平均。

儘管均值是描述資料集的最有用的單個量，但它並非總是度量資料中心的最佳方法。主要問題是均值對極端值（如離群值）很敏感。為了抵消少數極端值的影響，我們可以使用截尾均值（Trimmed Mean）。截尾均值是丟棄高低極端值後的均值。例如，我們可以對一個資料集的觀測值排序，並且在計算均值之前去掉高端和低端的 2%。我們應該避免在兩端截去太多（如 20%），因為這可能導致丟失有價值的資訊。

對於傾斜（非對稱）資料，資料中心的更好度量是中位數（Median）。中位數是有序資料值的中間值。它是把資料較高的一半與較低的一半分開的值。

假設給定某屬性 X 的 N 個值按遞增序排序。如果 N 是奇數，則中位數是該有序集的中間值；如果 N 是偶數，則中位數不唯一，它是最中間的兩個值和它們之間的任意值。在 X 是數值屬性的情況下，根據約定，中位數取作最中間兩個值的平均值。

眾數是另一種中心趨勢度量。資料集的眾數（Mode）是集合中出現最頻繁的值。因此，可以對定性和定量屬性確定眾數。可能最高頻率對應多個不同值，導致多個眾數。具有一個、兩個、三個眾數的資料集合分別稱為單峰的（Unimodal）、雙峰的（Bimodal）和三峰的（Trimodal）。一般地，具有兩個或更多眾數的資料集是多峰的（Multimodal）。在另一種極端情況下，如果每個資料值僅出現一次，則它沒有眾數。

中列數（Midrange）也可以用來評估數值資料的中心趨勢。中列數是資料集的最大值和最小值的平均值。中列數可以用 SQL 的聚集函數 max() 和

min() 計算。

2.2.2 資料散佈度量

2.2.2.1 等分位數

把所有數值由小到大排列，並等分成 n 等分，處於（n-1）個分割點位置的數值就是等分位數。常用的等分位數有四分位數和百分位數。

1 · 四分位數

（1）概念。

統計學中，把所有數值由小到大排列並分成四等份，處於三個分割點位置的數值就是四分位數。

第一四分位數（Q1），又稱「較小四分位數」，等於該樣本中所有數值由小到大排列後排名 25% 的數字。

第二四分位數（Q2），又稱「中位數」，等於該樣本中所有數值由小到大排列後排名 50% 的數字。

第三四分位數（Q3），又稱「較大四分位數」，等於該樣本中所有數值由小到大排列後排名 75% 的數字。

第三四分位數與第一四分位數的差距又稱四分位距。

（2）應用。

不論 Q1、Q2、Q3 的變異量數數值為何，均視為一個分界點，以此將總數分成四個相等部分，可以透過 Q1、Q3 比較，分析其資料變數的趨勢。

四分位數在統計學中的箱線圖繪製方面應用也很廣泛。所謂箱線圖就是由一組資料 5 個特徵繪製的一個箱子和兩條線段的圖形，這種直觀的箱線圖不僅能反映出一組資料的分布特徵，而且還可以進行多組資料的分析比較。這五個特徵值，即資料的最大值、最小值、中位數和兩個四分位數。

2 · 百分位數

統計學術語，如果將一組資料從小到大排序，並計算相應的累計百分位，則某一百分位所對應資料的值就稱為這一百分位的百分位數。

對於有序資料，考慮值集的百分位數更有意義。具體來說，給定一個有序的或連續的屬性 x 和 0 與 100 之間的數 p，第 p 個百分位數 x_p 是一個 x 值，使得 x 的 p% 的觀測值小於 x_p。例如，第 50 個百分位數是值 $x_{50\%}$，使得 x 的所有值的 50% 小於 $x_{50\%}$。

2.2.2.2 均值

資料集「中心」的最常見、最有效的數值度量是（算數）均值。考慮 m 個對象的集合和屬性 x，設 $\{x_1, x_2, ..., x_m\}$ 是這 m 個對象的 x 屬性值，設 $\{x_{(1)}, x_{(2)}, ..., x_{(m)}\}$ 代表以非遞減序排序後的 x 值，這樣，$x_{(1)}=\min(x)$，而 $x_{(m)}=\max(x)$，於是均值的定義如下：

$$mean(x) = \bar{x} = \frac{1}{m}\sum_{i=1}^{m} x_i$$

儘管有時將均值解釋為極值的中間，有時使用截斷均值概念。指定 0 和 100 之間的百分位數 p，丟棄高端和低端（p/2）% 的資料，然後用常規的方法計算均值，所得的結果即是截斷均值。例如，考慮值集 {1, 2, 3, 4, 5, 90}。這些值的均值是 17.5，p=40% 時的截斷均值是 3.5。

2.2.2.3 變異數與標準差

連續資料的另一組常用的彙總統計是值集的瀰散或散佈度量。這種度量表明屬性值是否散佈很寬，或者是否相對集中在單個點（如均值）附近。

最簡單的散佈度量是極差。給定屬性 x，它具有 m 個值 $\{x_1, x_2, ..., x_m\}$，x 的極差定義為：

$$range(x) = max(x) - min(x) = x_{(m)} - x_{(1)}$$

儘管極值標識最大散佈，但是如果大部分值都集中在一個較窄的範圍內，並且更極端的值個數相對較少，則可能會引起誤解。因此作為散佈的度量，變異數更可取。通常，屬性 x 的（觀測）值的變異數記作 s^2_x，並在下面定義。標準差是變異數的平方根，記作 s_x，他與 x 有相同的單位。

$$variance(x) = s_x^2 = \frac{1}{m-1}\sum_{i=1}^{m}(x_i - \bar{x})^2$$

均值可能被離群值扭曲，並且由於變異數用均值計算，因此它對離群值敏感。確實，變異數對離群值特別敏感，因為它使用均值與離群值差的平方。這樣常常需要使用比值集散佈更穩健的估計。下面是三種：絕對平均偏差（AAD）、中位數絕對偏差（MAD）和四分位數極差（IQR）。

$$AAD(x) = \frac{1}{m}\sum_{i=1}^{m}|x_i - \bar{x}|$$

$$MAD(x) = median(\{|x_1 - \bar{x}|, \ldots, |x_1 - \bar{x}|\})$$

$$IQR(x) = x_{75\%} - x_{25\%}$$

2.2.2.4 高階統計特性

1．基礎知識

（1）隨機變數的特徵函數

若隨機變數 x 的分布函數為 F(x)，則稱

$$\Phi(\omega) = E\left[e^{j\omega x}\right] = \int_{-\infty}^{x} e^{j\omega x} dF(x) = \int_{-\infty}^{x} e^{j\omega x} f(x) dx$$

為 x 的特徵函數。其中 f(x) 為機率密度函數。

離散情況：

$$\Phi(\omega) = E\left[e^{j\omega x}\right] = \sum_{k} e^{j\omega x_k} p_k,\ \ p_k = p\{x = x_k\}$$

其中，特徵函數 F(x) 是機率密度 f(x) 的傅立葉變換。

（2）多維隨機變數的特徵函數

設隨機變數 $x_1, x_2, \ldots, x_n$，聯合機率分布函數為 $F(x_1, x_2, \ldots, x_n)$，則聯合特徵函數為

$$\Phi(\omega_1,\omega_2,\ldots,\omega_n) = E\left[e^{j(\omega_1x_1+\omega_2x_2+\ldots+\omega_nx_n)}\right]$$
$$= \int_{-\infty}^{+\infty}\cdots\int_{-\infty}^{+\infty} e^{j(\omega_1x_1+\omega_2x_2+\ldots+\omega_nx_n)}dF(x_1,x2,\ldots,x_n)$$

令 $x=[x_1, x_2, ..., x_n]^T$，$\omega=[\omega_1, \omega_2, ..., \omega_n]^T$，則矩陣形式為

$$\Phi(\omega) = \int e^{j\omega^T x} f(x)dX$$

標量形式為

$$\Phi(\omega_1,\omega_2,\ldots,\omega_n) = \int_{-?-?}^{+¥}\cdots\int^{+¥} e^{j\sum_{k=1}^{n}\omega_kx_k} f(x_1,\ldots,x_n)dx_1,\ldots,dx_n$$

其中，$f(x)=f(x_1, x_2, ..., x_n)$ 為聯合機率密度函數。

(3) 隨機變數的第二特徵函數

定義：特徵函數的對數為第二特徵函數的是

$$\Psi(\omega) = ln\ \ \Phi(\omega)$$

1) 單變數高斯隨機過程的第二特徵函數

$$\Psi(\omega) = lne^{j\omega a-\frac{1}{2}\omega^2\sigma^2} = j\omega a - \frac{1}{2}\omega^2\sigma^2$$

2) 多變數情形

$$\Psi(\omega_1,\omega_2,\ldots,\omega_n) = j\sum_{i=1}^{n}a_i\omega_i - \frac{1}{2}\sum_{i=1}^{n}\sum_{i=1}^{n}C_{ij}\omega_i\omega_j$$

2 · 高階矩與高階累積量的定義

(1) 高階矩定義。

隨機變數 x 的 k 階矩定義為

$$m_k = E\left[x^k\right] = \int_{-\infty}^{+\infty} x^k p(x)dx$$

顯然 $m_0=1$，$m_1=\eta=E(x)$。隨機變數 x 的 k 階中心矩定義為

$$\mu_k = E\left[(x-\eta)^k\right] = \int_{-\infty}^{+\infty} (x-\eta)^k p(x)dx$$

由上式可見，$\mu_0=1$，$\mu_1=0$，$\mu_2=\sigma^2$。

若 $m_k(k=1, 2, ..., n)$ 存在，則 x 的特徵函數 $\Phi(\omega)$ 可按泰勒級數展開，即

$$\Phi(\omega) = 1 + \sum_{k=1}^{n} \frac{m_k}{k!}(jw)^k + O(\omega^n)$$

並且 m_k 與 $\Phi(\omega)$ 的 k 階導數之間的關係為

$$m_k = (-j)^k \frac{d^k\Phi(\omega)}{dw^k}|_{\omega=0} = (-j)^k \Phi^k(o),\ \ k \le n$$

，

（2）高階累積量定義

x 的第二特徵函數 $\Psi(\omega)$ 按泰勒級數展開，有

$$\Phi(\omega) = ln\Phi(\omega) = \sum_{k=1}^{n} \frac{c^k}{k!} + O(\omega^n)$$

並且 c_k 與 $\Psi(\omega)$ 的 k 階導數之間的關係為

$$c_k = \frac{1}{j^k}\left[\frac{d^k}{dw^k} ln\Phi(\omega)\right] |_{\omega=o} = \frac{1}{j^k}\left[\frac{d^k\Psi(\omega)}{d\omega^k}\right] |_{\omega=o} = (-j)^k \Psi^k(0),\ \ k \le n$$

c_k 稱為隨機變數 x 的 k 階累積量，實際上由 $\Phi(O)=1$ 及 $\Phi(\omega)$ 的連續性，存在 $\delta>0$，使 $\omega<\delta$ 時，$\Phi(\omega) \neq 0$，故第二特徵函數 $\Psi(\omega)=\ln \Phi(\omega)$ 對 $\omega<\delta$ 有意義且單值（只考慮對數函數的主值），$\ln \Phi(\omega)$ 的前 n 階導數在 $\omega=0$ 處存在，故 c_k 也存在。

3 · 高階累積量的性質

高階累積量具有下列重要特性：

（1）設 $\lambda_i(i=1, 2, ..., k)$ 為常數，$x_i(i=1, 2, ..., n)$ 為隨機變數，則

$$cum(\lambda_1 x_1, \ldots, \lambda_k x_k) = \prod_{i=1}^{k} \lambda_i cum(x_1, \ldots, x_k)$$

(2) 累積量關於變數對稱，即

$$cum(x_1, \ldots, x_k) = cum(x_i, x_2, \ldots, x_k)$$

其中 ($i_1, \ldots, i_k$) 為 (1, ..., k) 中的任意一種排列。

(3) 累積量關於變數具有可加性，即

$$cum(z_0 + y_o, z_1, \ldots, z_k) = cum(z_o, z_1, \ldots, z_k) + cum(y_o, z_1, \ldots, z_k)$$

(4) 如果 α 為常數，則

$$cum(\alpha + z_1, \ldots, z_k) = cum(z_1, \ldots, z_k)$$

(5) 如果隨機變數 x_i(i=1, 2, ..., k) 與隨機變數 y_i(i=1, 2, ..., k) 相互獨立，則

$$cum(x_1 + y_1, \ldots, x_k + y_k) = cum(x_1, \ldots, x_k) + cum(y_1, \ldots, y_k)$$

(6) 如果隨機變數 x_i(i=1, 2, ..., k) 中某個子集與補集相互獨立，則

$$cum(x_1, \ldots, x_k) = 0$$

2.2.3 資料相關性

2.2.3.1 卡方相關性

兩個屬性 A 和 B 之間的相關聯繫可以透過卡方檢驗發現。

假設 A 有 m 個不同值 $a_1, a_2, \ldots, a_m$，B 有 n 個不同值 $b_1, b_2, \ldots, b_n$。用 A 和 B 描述的資料元組可以用一個相依表顯示，其中 A 的 m 個值構成列，B 的 n 個值構成行。令 (A_i, B_j) 表示屬性 A 取值 a_i，屬性 B 取值 b_j 的聯合事件，即 $(A=a_i, B=b_j)$。每個可能的 (a_i, b_j) 聯合事件都在表中有自己的單元。卡方值可以用下式計算：

$$x^2 = \sum_{i=1}^{m} \sum_{j=1}^{n} \frac{(k_{ij} - e_{ij})^2}{e_{ij}}$$

其中 k_{ij} 是聯合事件 (A_i, B_j) 的觀測頻度（即實際計數），而 e_{ij} 是 (A_i, B_j) 的期望頻度，公式如下：

$$e_{ij} = \frac{count(A = a_i) \times count(B = b_j)}{n}$$

其中，n 是資料元組的個數，$count(A=a_i)$ 是 A 上具有值 a_j 的元組個數，而 $count(B=b_j)$ 是 B 上具有 b_j 的元組個數。卡方值公式中的和在左右 n×m 個單元上計算。注意，對卡方值貢獻最大的單元是其實際計數與期望計數很不同的單元。

卡方統計檢驗假設 A 和 B 是獨立的。檢驗基於顯著水平，具有自由度 (n-1)×(m-1)。如果可以拒絕該假設，則我們說 A 和 B 是統計相關的。

	男	女	合計
4G 資費	800 (700)	250 (350)	1,050
非 4G 資費	200 (300)	250 (150)	450
合計	1,000	500	1,500

【例 2.1】卡方相關分析

假設調查了 1500 個電信用戶，記錄了每位用戶的性別。對每位用戶是否 4G 資費進行調研，這樣我們有兩個屬性「性別」和「是否 4G 資費」。每種可能的聯合事件的觀測頻率彙總在下面，其中括號中的數是期望頻率。期望頻率根據兩個屬性的資料分布用期望頻率公式計算。

事實上，我們可以驗證每個單元的期望頻率，例如單元（男，4G 資費）的期望頻率是

$$e_{ij}=\frac{count(\text{男})\times count(4G\text{資費})}{n}=\frac{1,000\times 1,050}{1,500}=700$$

如此，等等。注意，在任意行，期望頻率的和必須等於該總行觀測頻率，並且任意列的期望頻率的和也必須等於該列的總觀測頻率。

$$\begin{aligned}X^2&=\frac{(800-700)^2}{700}+\frac{(200-300)^2}{300}+\frac{(250-350)^2}{350}+\frac{(250-150)^2}{150}\\&=14.29+33.33+28.57+66.67\\&=142.86\end{aligned}$$

對於這個 2×2 的表，自由度為 (2-1)×(2-1)=1。對於自由度 1，在 0.001 的信賴水平下，拒絕假設的值是 10.828。由於我們計算的值大於該值，因此我們可以拒絕「性別」和「是否 4G 資費」獨立的假設，並斷言對於給定的人群，這兩個屬性是（強）相關的。

2.2.3.2 雙變數相關

雙變數相關分析中有三種資料分析：Pearson 相關係數、Spearman 相關係數和 Kendall 相關係數。

Pearson：皮爾森相關係數，計算連續變數或等間距測度的變數間的相關分析；也可以用來分析分布不明，非等間距測度的連續變數。

皮爾森相關係數用來衡量兩個資料集合是否在一條線上面，它用來衡量定距變數間的線性關係。如衡量國民收入和居民儲蓄存款、身高和體重等變數間關係的密切程度。當兩個變數都是正態連續變數，而且兩者之間呈線性關係時，表現這兩個變數之間相關程度用積差相關係數，記為 r，它定義為

$$r=\frac{\sum_{i=1}^{n}(x_i-\bar{x})(y_i-\bar{y})}{\sqrt{\sum_{i=1}^{n}(x_i-\bar{x})^2}\sqrt{\sum_{i=1}^{n}(y_i-\bar{y})^2}}$$

r 稱為隨機變數 x 與 y 的樣本相關係數。

根據觀察到的樣本資料，可以計算相關係數 r；根據 r 值的大小，就能夠

反映變數 x 與 y 之間線性關係的密切程度。r 值不同，兩個變數的相關密切程度也不同，這就是相關係數的性質，具體內容如下：

(1) 當 $r=\pm1$ 時，各個點完全在一條直線上，這時稱兩個變數完全線性相關。

(2) 當 $r=0$ 時，這時當 x 的值增加時，y 的值也有增加的趨勢。兩個變數不相關，這時散點圖上 n 個點可能毫無規律，不過也可能兩個變數間存在某種線性的趨勢。

(3) 當 $r>0$ 時，兩個變數正相關，這時當 x 的值增加時，y 的值也有增加的趨勢。

(4) 當 $r<0$ 時，兩個變數負相關，這時當 x 的值增加時，y 的值有減小的趨勢。

Spearman：斯皮爾曼相關係數，是根據秩而不是根據實際值計算的。可用來分析資料資料不服從雙變數正態分布或總體分布型未知的情況。

斯皮爾曼相關係數又稱秩相關係數，是利用兩變數的秩次大小做線性相關分析，對原始變數的分布不做要求，屬於非參數統計方法，適用範圍較廣。對於服從 Pearson 相關係數的資料亦可計算斯皮爾曼相關係數，但統計效能要低一些。斯皮爾曼相關係數的計算公式可以完全套用皮爾森相關係數計算公式，公式中的 x 和 y 用相應的秩次代替即可。

設有 n 組觀察對象，將 x_i、$y_i(i=1, 2, ..., n)$ 分別由小到大編秩。並用 P_i 表示 x_i 的秩，Q_i 表示 y_i 的秩。

兩者秩和為

$$\sum P_i = \sum Q_i = \frac{n(n+1)}{2}$$

兩者平均秩為

$$P_{ave} = Q_{ave} = \frac{(n+1)}{2}$$

秩相關係數 r_s 計算公式為

$$r_s = \frac{\sum_{i=1}^{n}(P_i - P_{ave})(Q_i - Q_{ave})}{\sqrt{\sum_{i=1}^{n}(P_i - P_{ave})^2}\sqrt{\sum_{i=1}^{n}(Q_i - Q_{ave})^2}}$$

Kendall：肯德爾相關係數統計量，計算等級變數間的秩相關。肯德爾相關係數可用來分析以下三種情況：

(1) 分布不明，非等間距測度的連續變數；

(2) 完全等級的離散變數；

(3) 資料資料不服從雙變數正態分布。

肯德爾相關係數又稱作和諧係數，也是一種等級相關係數，其計算方法如下：

對於 X，Y 的兩對觀察值 X_i，Y_i 和 X_j，Y_j，如果 $X_i<Y_i$ 並且 $X_j<Y_j$，或者 $X_i>Y_i$ 並且 $X_j>Y_j$，則稱這兩對觀察值是和諧的，否則就是不和諧的。

肯德爾相關係數的計算公式如下：

$$\tau = \frac{n_{\text{和諧}} - n_{\text{不和諧}}}{\frac{1}{2}n(n-1)}$$

所有觀察值對中 [總共有 0.5×n×(n-1) 對]，和諧的觀察值對減去不和諧的觀察值對的數量，除以總的觀察值對數。

2.2.3.3 偏相關

偏相關分析的任務是在控制其他變數的線性影響的條件下，分析兩個變數之間的線性相關關係，所採用的工具除了簡單相關係數外，還有偏相關係數。

在多變數的情況下，變數之間的相關關係是很複雜的。相關分析計算兩個變數間的相關係數，分析兩個變數間線性關係的程度，往往會因為第三個變數的作用，使相關係數並不能真正反映兩個變數間的線性程度。例如，電信用戶的每月 ARPU、每月 DOU 和每月 MOU 之間的關係。使用皮爾森相關計算其相關係數，可以得出每月 ARPU 與每月 DOU 和每月 MOU 均存在較強的線性關係。但實際上，如果對每月 ARPU 相同的人，分析每月 DOU 和每月

MOU，是否每月 DOU 值越大，每月 MOU 越大呢？結論是否定的。正因為每月 DOU 與每月 ARPU 有著線性關係，每月 MOU 與每月 ARPU 存在線性關係，從而得出每月 DOU 與每月 MOU 之間存在較強的線性關係的錯誤結論。因此，多變數相關分析還要採用偏相關係數。以下則是偏相關係數定義：

設 x，y，z 彼此相關，則剔除變數 z 的影響後，變數 x，y 的偏相關係數為

$$r_{xy(z)} = \frac{r_{xy} - r_{xz}r_{yz}}{\sqrt{\left(1 - r_{xz}^2\right)}\sqrt{\left(1 - r_{yz}^2\right)}}$$

同理，設 x，y，z_1，z_2 彼此相關，則剔除變數 z_1，z_2 的影響後，變數 x，y 的偏相關係數為

$$r_{xy(z_1z_2)} = \frac{r_{xy(z_1)} - r_{xz_2(z_1)}r_{yz_2(z_1)}}{\sqrt{\left(1 - r_{xz_2(z_1)}^2\right)}\sqrt{\left(1 - r_{yz_2(z_1)}^2\right)}}$$

偏相關係數檢驗統計量：

$$t = \frac{r\sqrt{n-k-2}}{1-r^2}$$

它是服從自由度為 n-k-2 的 t 分布，記為 t:t(n-k-2) (k 為控制變數個數)。

【例 2.2】偏相關分析

考察客戶每月 DOU，每月 MOU 與每月 ARPU 之間的相關性。

相關性

		當月 ARPU	當月 MOU	當月 DOU
當月 APRU	皮爾森相關係數	1	0.694**	0.360**
	顯著性（雙側）		0.000	0.000
	N	11,067	11,067	11,067
當月 MOU	皮爾森相關係數	0.694**	1	0.265**
	顯著性（雙側）	0.000		0.000
	N	11,067	11,067	11,067

當月 DOU	皮爾森相關係數	0.360**	0.265**	1
	顯著性（雙側）	0.000	0.000	
	N	11,067	11,067	11,067
**. 在 0.01 水平（雙側）上顯著相關				

經抽樣的 N=11067 的一組樣本如果使用皮爾森相關係數進行分析，所得結果每月 DOU 與每月 MOU 相關係數為 0.265，兩者顯著相關（p- 值為 0）。

如果以每月 ARPU 作為控制變數，計算每月 MOU 與每月 DOU 之間的偏向關係，並對其進行檢驗，所得結果如下：

相關性

控制變數			當月 MOU	當月 DOU
當月 APRU	當月 MOU	相關性	1.000	0.024
		顯著性（雙側）	0	0.012
		df	0	11,064
	當月 DOU	相關性	0.024	1.000
		顯著性（雙側）	0.012	0
		df	11,064	0

偏相關係數為 0.024，p- 值為 0.012。表明不相關。

2.3 資料前處理

2.3.1 資料前處理概述

資料前處理，是指在主要的處理以前對資料進行的一些處理。現實世界中資料大體上都是不完整、不一致的髒資料（因為資料庫太大，而且多半來自多個異種資料源），它們無法直接進行資料探勘，或資訊結果不盡如人意，而低品質的資料將導致低品質的資料探勘結果。

資料前處理有多種方法：資料淨化、資料整合、資料變換、資料縮減等。

資料淨化可以用來清理資料探勘中的雜訊。資料整合將資料由多個資料源合併成一個一致的資料儲存，如資料倉儲。資料縮減可以透過如聚集、刪除冗餘特徵或聚類來降低資料的規模。資料變換（如規範化）可以用來把資料壓縮到較小的區間，如 [0.0, 1.0]。這可以提高涉及距離度量的資訊演算法的準確率和效率。

這些資料處理技術在資料探勘之前使用，大大提高了資料探勘模式的品質，減少實際資訊所需要的時間。

2.3.2 資料前處理的主要任務

資料前處理的主要任務可以概括為四個內容，即資料淨化、資料整合、資料縮減和資料變換。

在這裡我們將對這四個內容做一個大致的介紹。

(1) 資料淨化（Data Cleaning），例程透過填寫缺失的值，光滑雜訊資料，識別或刪除離群值，並解絕不一致性來「清理」資料。如果用戶認為資料是髒的，則他們可能不會相信這些資料上的資訊結果。此外，髒資料可能使資訊過程陷入混亂，導致不可靠的輸出。

(2) 資料整合（Data Integration），是把不同來源、格式、性質的資料在邏輯上或物理上有機地集中，以更方便地進行資料探勘工作。資料整合透過資料交換而達到，主要解決資料的分布性和異構性問題。資料整合的程度和形式也是多種多樣的，對於小的項目，如果原始的資料都存在不同的表中，資料整合的過程往往是根據關鍵欄位將不同的表整合到一個或幾個表格中，而對於大的項目則有可能需要整合到單獨的資料倉儲中。

(3) 資料縮減（Data Reduction），得到資料集的簡化表示，雖小得多，但能夠產生同樣的（或幾乎同樣的）分析結果。資料縮減策略包括維歸約和數值歸約。在維歸約中，使用減少變數方案，以得到原始資料的簡化或「壓縮」表示。比如，採用主成分分析技術減少變數，或透過相關性分析去掉相關性小的變數。數值歸約，則主要指透過樣本篩選，減少資料量，這也是常用的資料縮減方案。

(4) 資料變換，（Data Transformation）是將資料從一種表現變為另一種表現形式的過程。假設你決定使用諸如神經網路、最近鄰分類或聚類這樣的基於距離的資訊演算法進行建模或資訊，如果待分析的資料已經規範化，即按比例映射到一個較小的區間，如 [0.0, 1.0]，則這些方法將得到更好的結果。問題是往往各變數的標準不同，資料的數量級差異比較大，在這樣的情況下，如果不對資料進行轉化，顯然模型反映的主要是大數量級資料的特徵，所以通常還需要靈活地對資料進行轉換。

值得一提的是，雖然資料前處理主要分為以上四個方面的內容，但它們之間並不是互斥的。例如，冗餘資料的刪除既是一種資料淨化，也是一種資料縮減。資料淨化可能涉及糾正錯誤資料的變換，如透過把一個資料欄位的所有項都變換公共格式進行資料淨化。

2.3.3 資料淨化

資料淨化例程透過填寫缺失的值、光滑雜訊資料、識別或刪除離群值並解絕不一致性來「清理」資料，主要是達到如下目標：格式標準化、異常資料清除、錯誤糾正、重複資料清除。

2.3.3.1 缺失值

對資料探勘的實際應用而言，即使資料量很大，具有完整資料的案例子集仍可能相對較小，可用的樣本和將來的事件都可能有缺失值。一個明顯的問題是，在應用資料探勘方法之前的資料準備階段，能否把這些缺失值補上。

最簡單的解決辦法是去除包含缺失值的所有樣本。但如果不想去除有缺失值的樣本，就必須找到它們的缺失值。這可以採用什麼實用方法呢？

資料探勘者和領域內專家可手動檢查缺失值樣本，再根據經驗加入一個合理的、可能的、預期的值。對缺失值較少的小資料集，這種方法簡單明瞭。但是，對於缺失程度較嚴重的情形，依靠經驗來手動添補缺失值是十分困難的，並且可能引入較大雜訊。

另一種方法，是消除缺失值的一個更簡單的解決方案，這種方法基於一種形式，常常是用一些常數自動替換缺失值。如：

(1) 用一個全局常數（全局常數的選擇與應用有很大關係）替換所有的缺失值。

(2) 用特徵平均值替換缺失值。

(3) 用給定種類的特徵平均值替換缺失值（此方法僅用於樣本預先分類的分類問題）。

這些簡單方法都具有誘惑力。它們的主要缺點是替代值並不正確。用常數替換缺失值或改變少數不同特徵的值，資料就會有誤差。替代值會均化帶有缺失值的樣本，給缺失值最多的類別（人工類別）生成一致的子集。如果所有特徵的缺失值都用一個全局常數來替代，一個未知值可能會暗中形成一個未經客觀證明的正因數。

對缺失值的一個可能的解釋是，它們是「無關緊要」的。換句話說，我們假定這些值對最終的資料採勘結果沒有任何影響。這樣，一個有缺失值的樣本可以擴展成一組人工樣本，對這組樣本中的每個新樣本，都用給定區域中一個可能的特徵值來替換缺失值。這樣的解釋也許看起來更加自然，但這種方法的問題在於人工樣本的組合爆炸。例如，如果有個三維樣本 x={1, 2, 3}，其中第二個特徵的值缺失，這種處理會在特徵域 [0, 1, 2, 3, 4] 內產生 5 個人工樣本：

$$X_1=\{1, 0, 3\}, X_2=\{1, 1, 3\}, X_3=\{1, 2, 3\}, X_4=\{1.3, 3\}, X_5=\{1, 4, 3\}$$

資料採勘者可以生成一個預測模型，來預測每個缺失值。例如，如果每個樣本給定 3 個特徵 A、B、C，則資料採勘者可以根據把 3 個值全都作為一個訓練集的樣本，生成一個特徵之間的關係模型。不同技術的選擇取決於資料類型，如衰減、貝氏形式體系、聚類、決策樹歸納法。一旦有了訓練好的模型，就可以提出一個包含缺失值的新樣本，並產生「預測」值。如果缺失值與其他已知特徵高度相關，這樣的處理就可以為特徵生成最合適的值。當然，如果缺失值總是能準確地預測，就意味著這個特徵在資料集中是冗餘的，在進一步的資料採勘中是不必要的。在現實的應用中，帶有缺失值的特徵和其他特徵之間的關聯應是不完全的。因此，不是所有的自動方法都可以補上正確的缺失值。但這樣的自動方法在資料採勘界最受歡迎。與其他方法相比，它們能最大限度地使用當前資料的資訊預測缺失值。

一般來講，用簡單的人工資料準備模式來替代缺失值是有風險的，常常會有誤導。最好對帶有和不帶有缺失值的特徵生成多種資料探勘解決方案，然後對它們進行分析和解釋。

2.3.3.2 雜訊資料

雜訊資料（Noisy Data）是資料觀測的過程中隨機誤差產生的，包括孤立點和錯誤點。引起雜訊資料的原因可能是硬體故障、程式錯誤或者語音或光學字符識別程式（OCR）中的亂碼。拼寫錯誤、行業簡稱和俚語也會阻礙機器讀取。雜訊資料的存在是正常的，但會影響變數真值的反映，所以有時候需要對這些雜訊資料進行過濾。

雜訊資料處理是資料前處理的一個重要環節，我們通常採用分箱、迴歸、離群值分析等方法來平滑處理資料。

(1) 分箱（Binning），透過考察屬性值的周圍值來平滑屬性的值。屬性被分布到一些等深或等寬的箱中，用箱中屬性值的平均值或邊界值來替換箱中的屬性值。圖 2-4 展示了幾種資料平滑技術。Price 資料首先排序並被劃分到大小為 4 的等頻的箱中（即每個箱包含 4 個值）。對於用箱均值平滑，箱中每一個值都被替換為箱中的均值，例如：箱 1 中的值 2，7，12，15 的均值是 9，因此，該箱中的每一個值都被替換為 9。對於用箱邊界光滑，給定箱中的最大值和最小值被視為箱邊界，而箱中的每個值都被替換為最近的邊界值。一般而言，寬度越大，光滑效果越明顯。箱也可以是等寬的，每個箱的區間寬度均相同。分箱也是一種散化技術。

(2) 迴歸（Regression）：透過觀測資料擬合某一函數來平滑資料，這種技術稱為迴歸。線性迴歸涉及找出擬合兩個屬性的「最佳」直線，使得一個屬性可以用來預測另一個屬性。多元線性迴歸是線性迴歸的擴充，其中涉及的屬性多於兩個，並且資料擬合到一個多維曲面。

排序後的資料為：2, 7, 12, 15, 19, 19, 24, 28, 34, 35, 37, 46
劃分為（等頻的）箱：
箱 1：2, 7, 12, 15
箱 2：19, 19, 24, 28
箱 3：34, 35, 37, 46
用箱均值光滑：
箱 1：9, 9, 9, 9
箱 2：22.5, 22.5, 22.5, 22.5
箱 3：38, 38, 38
用箱邊界光滑：
箱 1：2, 2, 15, 15
箱 2：19, 19, 28, 28
箱 3：34, 34, 34, 46

圖 2-4 分箱法

（3）離群值分析（Outlier Analysis）：可以透過如聚類來檢測離群值。聚類將類似的值組織成「叢集」。如圖 2-5 所示，顯示 3 個資料叢集，很直觀，落在叢集集合之外的值被視為離群值。

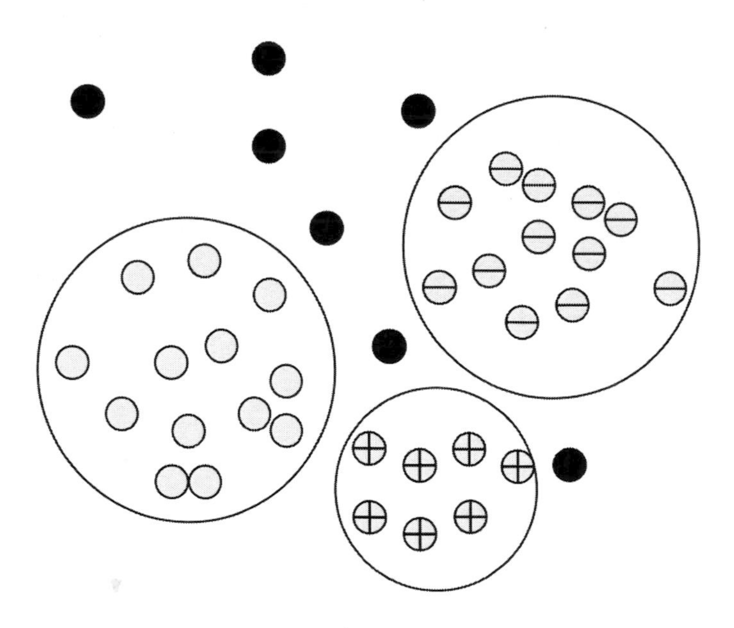

圖 2-5 離群值分析

2.3.4 資料整合

資料透過應用間的資料交換從而達到整合，主要解決資料的分布性和異構性的問題，其前提是被整合應用必須公開資料結構，即必須公開表結構、表間關係、編碼的含義等。

在企業中，由於開發時間或開發部門的不同，往往有多個異構的、運行在不同的軟硬體平台上的資訊系統同時運行，這些系統的資料源彼此獨立、相互封閉，使得資料難以在系統之間交流、共享和融合，從而形成了「資訊孤島」。隨著資訊化應用的不斷深入，企業內部、企業與外部資訊交互的需求日益強烈，急切需要對已有的資訊進行整合，聯通「資訊孤島」，共享資訊。而在共享資料整合資料的同時，就會出現資料冗餘、重複元組等問題。

2.3.4.1 資料冗餘

資料冗餘是指同一個資料在系統中多次重複出現。簡單來說，就是多個地方重複儲存相同資料。這種情況一般在資料庫上表現明顯。比如一個表 A 結構為：班級，學號，姓名。另一表 B 結構為：姓名，科目，成績。這樣的兩張表格就有「姓名」欄位的資料冗餘。

在文件系統中，由於文件之間沒有聯繫，有時一個資料在多個文件中出現；而資料庫系統則克服了文件系統的這種缺陷，但仍然存在資料冗餘問題。消除資料冗餘的目的是為了避免更新時可能出現的問題，以便保持資料的一致性。

1 · 資料冗餘的類型

一般而言圖像、影片、音頻資料中存在的資料冗餘類型主要有以下六種。

(1) 空間冗餘：圖像資料中經常出現的一種冗餘。空間冗餘是靜態圖像中存在的最主要的一種資料冗餘。在同一幅圖像中，規則物體和規則背景（所謂規則，是指表面是有序的而不是完全雜亂無章的排列）的表面物理特性具有相關性，數位化圖像中表現為資料冗餘。例如一幅靜態圖像中的一大片藍天、草地，其中每個像素的資料完全相同，如果逐點儲存，就會產生所謂的空間冗餘。完全一樣的資料當然可以壓縮，十分接近的資料也可以壓縮，因為被壓縮的資料恢復後人眼也分辨不出與原來的圖片有什麼區別，這種壓縮就是對空間冗餘的壓縮。

(2) 時間冗餘：這是序列圖像（電視圖像、運動圖像）和語音資料中經常包含的冗餘。在電視、動畫圖像中，在相鄰幀之間往往包含了相同的背景，只不過運動物體的位置略有變換。因此對於序列圖像中的相鄰兩幀僅記錄它們之間的差異，去掉其中重複的、稱為時間冗餘的那部分資訊。同樣，由於人在說話時產生的音頻也是連續和漸變的，因此聲音資訊中也會存在時間冗餘。

(3) 結構冗餘：有些圖像大體上看存在非常強的紋理結構，例如草蓆圖像，我們稱之為結構冗餘。

(4) 知識冗餘：有許多圖像的理解與某些基礎知識有相當大的相關性。例如：人臉的圖像有固定的結構。比如說嘴的上方有鼻子，鼻子的上方有眼睛，鼻子位於臉的中線上，等等。這類規律性的結構可由先驗知識和背景知識得到，我們稱之為知識冗餘。

(5) 視覺冗餘：是由於人體器官的不敏感性造成的。例如在高亮度下，人的視覺靈敏度下降，對灰度值的表示就可以粗糙一些。對於太強太弱的聲音，如果超出了「閾值」，人們聽覺感受也會被掩蔽。利用感官上的這些特性，也可以壓縮掉部分資料而不被人們感知（覺察）。

(6) 資訊冗餘：又可稱為冗餘編碼，是指一組資料攜帶的平均資訊量。正因為多媒體資料中存在著上述的各種各樣的冗餘，所以多媒體資料是可以被壓縮的。針對不同的冗餘，人們已經提出各種各樣的方法實施對多媒體資料的壓縮。

2 · 增加資料冗餘的目的

一般情況下，應儘量減少資料冗餘，保證資料的一致性，但在某些情況下，也需要適當增加資料冗餘度。其目的有以下九種。

(1) 對資料進行冗餘性的編碼來防止資料的丟失或錯誤，並提供對錯誤資料進行反變換以得到原始資料的功能。

(2) 為簡化流程所造成額資料冗餘。例如，向多個目的發送同樣的資訊、在多個地點存放同樣的資訊，而不對資料進行分析以減少工作量。

(3) 為加快處理過程而將同一資料存放在不同地點。例如平行處理同一資訊的不同內容，或用不同方法處理同一資訊等。

(4) 為方便處理而使同一資訊在不同地點有不同表現形式。例如一本書的不同語言的版本。

(5) 大量資料的索引，一般在資料庫中經常使用。其目的類似第點。

(6) 方法類的資訊冗餘：比如：每個司機都要記住同一城市的基本交通資訊；大量個人電腦都安裝類似的操作系統或軟體。

(7) 為了完備性而配備的冗餘資料。例如：字典裡的字很多，但我們只查詢其中很少的一些字。軟體功能很多，但我們只使用其中一部分。

(8) 規則性的冗餘。根據法律、制度、規則等約束進行的。例如合約中大量的模式化的內容。

(9) 為達到其他目的所進行的冗餘。例如，重覆資訊以達到被重視等。

資料冗餘或者資訊冗餘是生產、生活必然存在的行為，沒有好與不好的說法。冗餘是資料整合的一個重要問題。一個屬性（如年收入）如果能由另一個或另一組屬性「導出」，則這個屬性可能是冗餘的。屬性或維命名的不一致也可能導致資料集中的冗餘。

有些冗餘可以被相關分析檢測到。例如，給定兩個屬性，根據可用的資料，這種分析可以度量一個屬性能在多大程度上蘊含另一個。對於標稱資料，我們使用卡方檢驗。對於數值屬性，我們使用相關係數和共變異數，它們都評估一個屬性的值如何隨另一個變化。

2.3.4.2 重複元組

除了檢測屬性間的冗餘外，還應當在元組級檢測重複（例如，對於給定的唯一資料實體，存在兩個或多個相同的元組）。

元組是關係資料庫中的基本概念，關係是一張表，表中的每行（即資料庫中的每條記錄）就是一個元組，每列就是一個屬性。在二維表裡，元組也稱為記錄。

去規範化表的使用（這樣做通常是透過避免連接來改善效能）是資料冗餘的另一個來源。不一致通常出現在各種不同的副本之間，由於不正確的資料輸入，或者由於更新了資料的某些出現，但未更新所有的出現。例如：如果訂單資料庫包含訂貨人的姓名和地址屬性，而不是這些資訊在訂貨人資料庫中的碼，則差異就可能出現，如同一訂貨人的名字可能以不同的地址出現在訂單資料庫中。

2.3.5 資料縮減

對於中小型資料集而言，之前提到的資料探勘準備中的前處理步驟通常足夠了。但對於真正意義上的大型資料集，在應用資料探勘技術之前，還需要執行一個中間的、額外的步驟——資料縮減。雖然大型資料集可能得到更佳的資訊結果，但未必能獲得比小型資料集更好的資訊結果。

資料縮減就是從特徵、樣本和特徵值三個方面考慮，透過刪除行、刪除列、減少特徵取值來達到壓縮資料規模的目的。透過資料縮減技術可以得到資料集的規約表示，它小得多，但仍更接近保持原始資料的完整性，包含的資訊和原始資料差不多。這樣，對規約後的資料進行資訊將更有效，並產生相同（或幾乎相同）的分析結果。

2.3.5.1 主成分分析

主成分分析（Principal Component Analysis, PCA），將多個變數透過線性變換以選出較少個數重要變數的一種多元統計分析方法。又稱主份量分析。

假設待歸納的資料由用 n 個屬性或維描述的元組或資料向量組成。主成分分析搜尋 k 個最能代表資料 n 的維正交向量，其中 $k \leq n$，原資料投影到一個小得多的空間上，導致維歸約。與屬性子集選擇（2.3.5.3 節）透過保留原屬性集的一個子集來減少屬性集的大小不同，PCA 透過創建一個替換的、較小的變數集「組合」屬性的基本要素。原資料可以投影到該較小集合中。PCA 常常能夠揭示先前未曾察覺的聯繫，並因此允許解釋不尋常的結果。

基本過程如下：

(1) 對輸入資料規範化，使得每個屬性都落入相同的區間。此步有助於確保具有較大定義區域的屬性不會支配具有較小定義區域的屬性。

(2) PCA 計算 k 個標準正交向量，作為規範化輸入資料的基。這些是單位向量，每一個都垂直於其他向量。這些向量稱為主成分。輸入資料是主成分的線性組合。

(3) 對主成分按「重要性」或強度降序排列。主成分本質上充當資料的新坐標系，提供關於變異數的重要資訊。也就是說，對坐標軸進行排序，使得第一個坐標軸顯示資料的最大變異數，第二個顯示資料的次大變異數，依次下去。

(4) 既然主成分根據「重要性」降序排列，那麼就可以透過去掉較弱的成分（即變異數較小的那些）來歸納資料。使用最強的主成分，應當能夠重構原資料。

PCA 可以用於有序和無序的屬性，並且可以處理稀疏和傾斜資料。多於二維的多維資料可以透過將問題歸約為二維問題來處理。主成分可以用作多元迴歸和集群分析的輸入。與小波變換相比，PCA 能夠更好地處理稀疏資料，而小波變換更適合高維資料。

2.3.5.2 小波變換

離散小波變換（DWT）是一種線性訊號處理技術，用於資料向量 X 時，將它變換成不同的數值小波係數向量 X′。兩個向量具有相同的長度。當這種技術用於資料縮減時，每個元組看作一個 n 維資料向量，即 $X=(x_1, x_2, ..., x_n)$，描述 n 個資料庫屬性在元組上的 n 個測量值 1。

離散小波變換的一般過程使用一種層次金字塔演算法（Pyramid Algorithm），它在每次疊代時將資料減半，導致計算速度很快。該方法如下：

(1) 輸入資料向量的長度必須是 2 的整數冪。必要時，透過在資料向量後添加 0 補足資料。

(2) 每個變換涉及應用兩個函數。第一個使用某種資料光滑，如求和或加權平均。第二個進行加權差分，提取資料的細節特徵。

(3) 兩個函數作用於 X 中的資料點對，即作用於所有的測量對（x_{2i}, x_{2i+1}）這導致兩個長度為 L/2 的資料集。一般而言，它們分別代表輸入資料的光滑後的版本或低頻版本和它的高頻內容。

(4) 兩個函數遞歸地作用於前面循環得到的資料集，直到得到的結果資料集的長度為 2。

(5) 由以上疊代得到的資料集中選擇的值被指定為資料變換的小波係數。

離散小波變換與離散傅立葉變換相近，後者也是一個訊號處理技術。但一般來講，小波變換具有更高的有損壓縮性能。也就是給定同一組資料向量（相關係數），利用小波變換所獲得的（恢復）資料更接近原始資料。

2.3.5.3 屬性子集選擇

降低維度的另一種方法是僅使用一個子集。儘管看起來這種方法可能丟失資訊，但存在冗餘或不相關特徵的時候，情況並非如此。冗餘特徵重複了包含在一個或多個其他屬性中的許多或所有資訊。例如，客戶所使用的方案名稱與方案 ID 包含許多相同的資訊。不相關特徵包含對於手頭的資料探勘任務幾乎完全沒用的資訊，例如，客戶的 ID 號碼對於預測客戶的信用等級是不相關的。冗餘和不相關的特徵可能降低分類的準確率，影響所發現的聚類的品質。

屬性子集選擇透過刪除不相關或冗餘的屬性（或維）減少資料量。屬性子集選擇的目標是找出最小屬性集，使得資料類的機率分布盡可能地接近使用所有屬性得到的原分布。在縮小的屬性集上資訊還有其他的優點：它減少了出現在發現模式上的屬性數目，使得模式更易於理解。

(1) 逐步向前選擇：該過程由空屬性集作為歸約集開始，確定原屬性集中最好的屬性，並將它添加到歸約集中。在其後的每一次疊代，將剩下的原屬性集中的最好的屬性添加到該集合中。

(2) 逐步向後刪除：該過程由整個屬性集開始。在每一步中，刪除尚在屬性集中最差的屬性。

(3) 逐步向前選擇和逐步向後刪除的組合：可以將逐步向前選擇和逐步向

後刪除方法結合在一起，每一步選擇一個最好的屬性，並在剩餘屬性中刪除一個最差的屬性。

(4) 決策樹歸納：決策樹演算法（例如，ID3、C4.5 和 CART）最初是用於分類的。決策樹歸納構造一個類似於流程圖的結構，其中每個內部（非樹葉）節點表示一個屬性上的測試，每個分枝對應測試的一個結果；每個外部（樹葉）節點表示一個類預測。在每個節點上，演算法選擇「最好」的屬性，將資料劃分成類。

當決策樹歸納用於屬性子集選擇時，由給定的資料構造決策樹。不出現在樹中的所有屬性假定是不相關的。出現在樹中的屬性形成歸約後的屬性子集。

這些方法的結束條件可以不同。該過程可以使用一個度量閾值來決定何時停止屬性選擇過程。在某些情況下，我們可能基於其他屬性創建一些新屬性。這種屬性構造可以幫助提高準確性和對高維資料結構的理解。透過組合屬性，屬性構造可以發現關於資料屬性間聯繫的缺失資訊，這對知識發現是有用的。

2.3.6 資料變換和離散化

2.3.6.1 資料正規化／標準化的主要方法

資料正規化／標準化處理是資料探勘的一項基礎工作，是一種常見的變數變換類型。

不同評價指標往往具有不同的量綱和數量級，而所用的度量單位可能影響資料分析，導致完全不同的結果。一般而言，用較小的單位表示屬性將導致該屬性具有較大值域，因此趨向於使這樣的屬性具有較大的影響或較高的「權重」。為了幫助避免對度量單位選擇的依賴性，資料應該標準化。這涉及變換資料，使之落入較小的共同區間，如 [0.0, 1.0]。

標準化資料試圖賦予所有屬性相等的權重。對於涉及神經網路的分類演算法或基於距離度量的分類和聚類，標準化特別有用。對於基於距離的方法，標準化可以幫助防止具有較大初始值的屬性與具有較小初始值域的屬性相比權重過大。標準化也適用於沒有資料的先驗知識情況。

有許多資料規範化的方法，如 min-max 標準化、z-score 標準化和小數定標標準化等。經過上述標準化處理，去除資料的單位限制，原始資料均轉換為無量綱的純數值，即各指標值都處於同一個數量級別上，便於不同單位或量級的指標能夠進行比較、加權等綜合測評分析。

令 A 是數值屬性，具有 n 個觀測值 $x_1+x_2+\cdots+x_n$。

以下是三種主要方法。

1 · min-max 標準化

min-max 標準化，也叫離差標準化，對原始資料進行線性變換。假設 min_A 和 max_A 分別為屬性 A 的最小值和最大值。min-max 標準化透過計算：

$$x'_i = \frac{x_i - min_A}{max_A - min_A}(new\_max_A - new\_min_a) + new\_min_A$$

把 A 的值 x_i 映射到區間 $[new\_min_A, new\_max_A]$ 中的 x_i'。這種方法有一個缺陷就是當有新資料加入時，可能導致 max 和 min 的變化，需要重新定義。

【例 2.3】

假設每月 DOU 的最小值與最大值分別為 12000 和 89000。我們想把每月 DOU 映射到區間 [0.0, 1.0]。根據 min-max 標準化，每月 DOU 值 85000 將變換為：

$$\frac{8500 - 1200}{8900 - 12000}(1.0 - 0) + 0 = 0.948$$

2 · z-score 標準化

z-score 標準化，是最常見的標準化方法，也叫標準差標準化，SPSS 預設的標準化方法就是 z-score 標準化。在 z-score 標準化中，屬性 $\overline{A}$ 的值基於 A 的均值（即平均值）和標準差標準化。A 的值 x_i 被標準化為 x_i'，經過處理的資料符合標準正態分布，即均值為 0，標準差為 1，由下式計算：

$$x_i' = \frac{x_i - \bar{A}}{\sigma_A}$$

其中，$\overline{A}$ 和 σ_A 分別為屬性 A 的均值和標準差。其中

$$\bar{A} = \frac{1}{n}(x_1 + x_2 + \ldots + x_n)$$

而 σ_A 用 A 的變異數平方根計算。z-score 標準化方法適用於屬性 A 的實際最大值和最小值未知的情況，或有超出取值範圍的離群資料情況。

【例 2.4】

假設每月 DOU 的均值和標準差分別為 54000 和 16000。使用 z-score 標準化，每月 DOU 值 85000，被轉換為 (85000-54000)/16000=1.938。

上式的標準差可以用均值絕對偏差替換。A 的均值絕對偏差 s_A 定義為

$$s_A = \frac{1}{n}\left(\left|v_1 - \bar{A}\right| + \left|v_2 - \bar{A}\right| + \ldots + \left|v_n - \bar{A}\right|\right)$$

這樣，使用均值絕對差的 z 分數規劃為

$$v_i' = \frac{v_i - \bar{A}}{s_a}$$

3．小數點標準化

透過移動屬性 A 的值的小數點位置進行標準化。小數點的移動位數依賴於 A 的最對絕對值。A 的值 x_i 被標準化為 x_i'，由下式計算：

$$x_i' = \frac{x_i}{10^j}$$

其中，j 是滿足條件，即 $\max(|x_i'|)<1$ 的最小整數。

【例 2.5】

假設 A 的取值由 -886 到 654。A 的最大絕對值為 886。因此，為使小數定

標標準化，我們用 1000（即 j=3）除每個值。因此，-886 被標準化為 -0.886，而 654 被標準化為 0.654。

註：標準化會對原始資料做出改變，因此需要保存所使用的標準化方法的參數，以便對後續的資料進行統一的標準化。

2.3.6.2 資料離散化的主要方法

離散化方法可以根據如何進行離散化加以分類，如根據是否使用類資訊。如果離散過程使用類資訊，則稱他為監督的離散化；否則是非監督的離散化。主要方法如下：

1 · 非監督離散化的方法

如果不使用類資訊，則主要使用一些相對簡單的方法。如，等寬方法將屬性的值域劃分成具有相同寬度的區間，而區間的個數由用戶指定。這種方法可能受離群值的影響而效能不佳，因此等頻率或等深方法通常更為可取。等頻率方法試圖將相同數量的對象放進每個區間。作為非監督離散化的另一個例子，可以使用諸如 K 均值等聚類方法。最後，目測檢查資料有時也是一種有效的方法。

2 · 監督離散化的方法

熵是最常用於確定分割點的度量，基於熵的方法是最有前途的離散化方法之一，以下將給出一種簡單的基於熵的方法。

首先，定義熵。設 k 是不同的類標號數，m_i 是某劃分的第 i 個區間中值的個數，而 m_{ij} 是區間 i 中類 j 的值的個數。第 i 個區間的熵 e_i 由如下等式給出：

$$e_i = -\sum_{j=1}^{h} p_{ij} log_2 p_{ij}$$

其中，$p_{ij} = \frac{m_{ij}}{m_i}$ 是第 i 個區間中類 j 的值的比例。該劃分的中熵 e 是每個區間熵的加權平均，即

$$e = \sum_{i=1}^{n} w_i e_i$$

其中，m 是指的個數，$w_i = \frac{m_i}{m}$ 是第 i 個區間的值的比例，而 n 是區間個數。直觀上，區間的熵是區間純度的度量。如果一個區間只包含一個類的值（該區間非常純），則其熵為 0 並且不影響總熵。如果一個區間中的值類出現的頻率相等（該區間盡可能不純），則其熵最大。

開始，將初始值切分成兩部分，讓兩個結果區間產生最小的熵。該技術只需要把每個值看作可能的分割點即可，因為假定區間包含有序值的集合。然後，取一個區間，通常選取具有較大熵的區間，重複此分割過程，直到區間的個數達到用戶指定的個數，或滿足終止條件。

2.4 資料欄位的衍生

資料相對於資料探勘的成敗至關重要。通常，原始資料經過基礎的前處理操作就能應用於資訊分析，但也存在經過基礎資料前處理後仍不能滿足建模需求或者原始欄位所包含資訊量不能直接展現的情況。在這種情況下，資料欄位的衍生和資料的重新採集是兩種較為有效的解決方案，其中資料欄位衍生相比於資料重新採集在時間成本和人工成本上更具優勢。資料欄位的衍生，即從源欄位中創造一些包含重要資訊的新欄位集。這也是改善資料品質的一種高效的方法。新的欄位數量一般要比源欄位少，這也使我們可以獲得欄位約減所有的好處。同時，欄位衍生更有效地捕獲資料集中的重要資訊，為後期的資訊分析提供了良好的資料基礎。

以分類預測演算法為例，在實際應用中，如何判斷一般的資料前處理操作不能滿足建模分析需求呢？相關性分析是比較常用的判斷方法。在 2.2 節中我們已經詳細闡述了相關性的基礎概念與計算方法，這裡就不再贅述。我們主要是透過計算原始資料欄位與目標欄位的相關性來判斷，當大部分欄位的相關性低於判決閾值，而資料欄位又難以擴張採集時，資料欄位的衍生就成了此類困境的有效解決方案。本節著重介紹資料欄位衍生的幾種常用方法：資料欄位的拆分、統計特徵的構造和資料區的變換。

2.4.1 資料欄位的拆分

資料欄位的拆分是對包含多重資訊量欄位的拆分，以實現隱含資訊量的顯現化。這不同於傳統資料庫中資料拆分的概念，資料庫中的資料拆分是指透過某種特定的條件，將存放在同一個資料庫中的資料分散存放到多個資料庫（主機）上面，以達到分散單臺設備負載的效果。資料拆分的同時還可以提高系統的總體可用性，因為單臺設備出現故障之後，只有總體資料的某部分不可用，而不是所有的資料。資料拆分也是實現資料庫分布式設計的一種有效方案。但本文中的資料欄位的拆分是針對資料探勘中資料前處理部分而言，對蘊含多重資訊的欄位直接進行拆解，以獲取更大的資訊量。

2.4.2 統計特徵的構造

資料集中的某些原始欄位有必要的資訊，但並不適合直接應用於資料探勘演算法。這種情況通常需要從原始欄位中構造一個或多個新欄位使用。採用線性或非線性的數學變換方法將資料欄位進行轉換，衍生出新的欄位，消除它們在時間、空間、屬性及精度等特徵表現方面的差異。這類方法雖然對原始資料都有一定的損害，但其結果往往具有更大的實用性。透過統計特徵構造新的欄位是常用的方法之一，日常工作中行之有效的特徵欄位構造的方法主要有微分法、均值法和變異數法等。

(1) 微分法。針對連續變數，當原始變數值在資訊中意義不夠突出時，可考慮微分法。一階段微分表徵資料欄位取值增加或減小的快慢；二階段微分表徵資料欄位取值增加或減小速度的大小，以此增加欄位實用性。

(2) 均值法。對於欄位屬性較多，不考慮資料欄位變化的潮汐效應時，一般可以透過求取均值的方法對同一類型屬性欄位實現降維處理。

(3) 變異數法。變異數是反映隨機變數與其期望值的偏離程度的數值，是隨機變數各個可能值對其期望值的離差平方的數學期望。

2.4.3 資料區的變換

學過通訊原理的人大多對資料區變換有比較深入的瞭解，但資料區變換到底是怎麼回事呢？簡單來說，就是資料映射到新的空間。舉個例子，時間序列資料經常包含週期模式，如果只有一種週期模式，並且雜訊不多，這樣的週期模式就比較容易被偵測到。相反，如果有很多週期模式且存在大量雜訊資料，這就很難偵測。在這樣的情況下，通常對時間序列使用傅立葉變換（Fourier Transform）轉換表示方法，將它轉成頻率資訊明顯的表示特徵，這樣就能偵測到這些模式的明顯特徵，如圖 2-6。

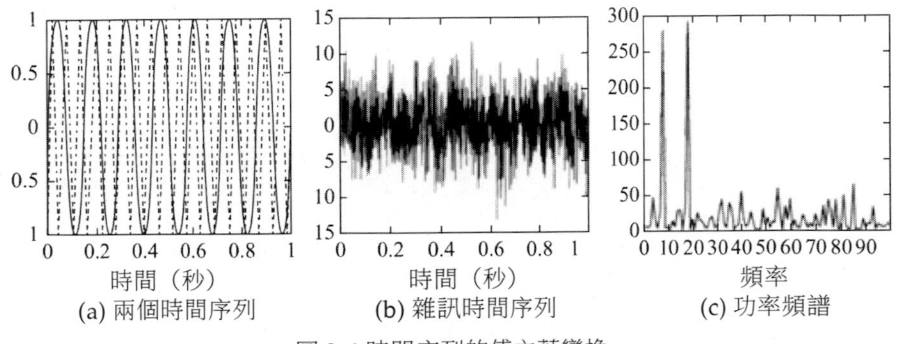

(a) 兩個時間序列　(b) 雜訊時間序列　(c) 功率頻譜

圖 2-6 時間序列的傅立葉變換

這就是使用一種完全不同的角度資訊分析資料潛在的有趣和關鍵特徵。再舉個電信業者實際應用的例子，各種流量方案種類繁雜，各類方案均有其存在價值與意義。以流量包年包和包季包為例，尤其是流量不清零政策發表以來，用戶對流量包的選取日益細化。對於流量包年包或包季包，從時間上入手分析其適用人群，客戶特徵不易抓取，但從頻域角度看，即進行傅立葉變換後，離散的頻域點則對客戶有很好的區分。如某用戶的流量使用情況呈現時間上的週期性變化，一週內週六和週日流量使用明顯高於工作日，但從時域出發，流量的週期性特徵不易描述，此時將流量的使用經傅立葉變化轉化到頻域則能夠得到流量使用的特徵。

資料區的變換也可以採用其他類型的變換。除了傅立葉變換以外，對於時間序列和其他類型的資料，經過驗證小波變換也是非常實用的。

2.5 SPSS 軟體中的資料前處理案例

2.5.1 缺失值的實際處理

對於含有缺失值的資料，我們在實際處理的時候，主要有兩種處理方法：一是直接刪除該屬性，二是補充缺失值。刪除欄位的方法一般不推薦使用，因為會減少原始資料的資訊量，只有當該屬性缺失值比例確實過高或者確定該欄位與所研究的問題不相關時，才可以使用刪除欄位的方法處理缺失值。

關於補充缺失值，有很多方法，比如用均值、中位數補充，線性插值法補充，缺失點的線性趨勢等。下面用「當月可用餘額」為例，講解如何用 SPSS 中的均值法補充缺失值。

1．發現缺失值

(1) 對於每一個欄位，都應該先觀察是否有缺失值。具體做法為：點擊「分析＞描述統計＞頻率」，見圖 2-7。

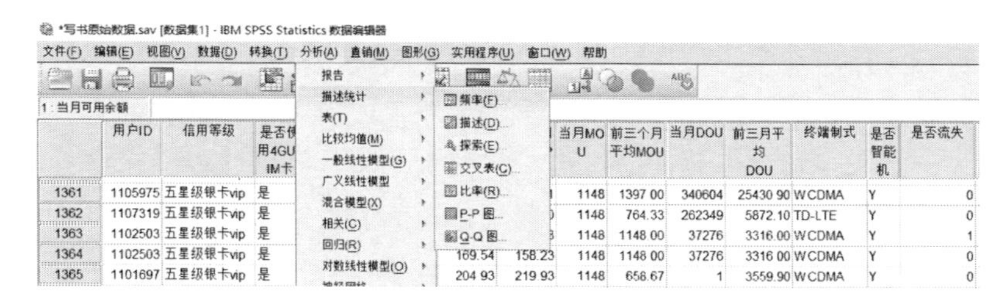

圖 2-7 點擊「頻率」

(2) 觀察「當月可用餘額」在「頻率」中的輸出結果。

統計量

當月可用餘額		
N	有效	11,066
	缺失	3

由結果可知，該欄位有 3 個缺失值。

2 · 填補缺失值

點擊「轉換＞替換缺失值」，將「當月可用餘額」放在「新變數 (N)」中，「名稱 (A)」中顯示的「當月可用餘額 _1」即為補充過缺失值之後新生成欄位的名稱。「方法 (M)」選擇「序列均值」，點擊「確定」，如圖 2-8 所示。

新生成的「當月可用餘額 _1」即為用均值法補充缺失值後的欄位。

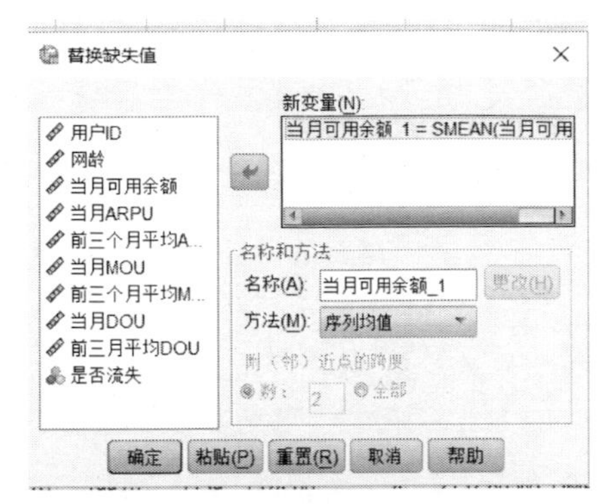

圖 2-8 「替換缺失值」對話框

2.5.2 雜訊資料的實際處理

對於雜訊資料，我們一般的處理方法就是找出雜訊資料並刪除，以減少其對於資料分析的影響。

(1) 觀察資料分布散點圖，看是否有離群值存在。以「當月 DOU」為例。

畫出以「用戶 ID」為橫軸，「當月 DOU」為縱軸的散點圖。具體操作為：點擊「圖形＞圖表構建程式」，如圖 2-9 所示。

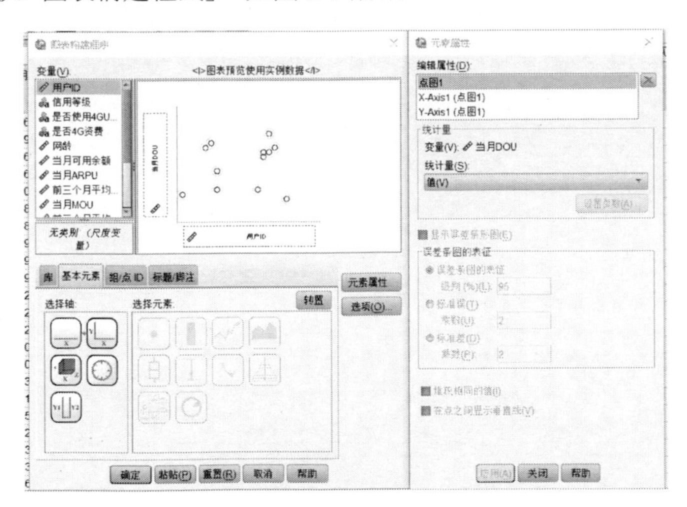

圖 2-9 「圖表構建程式」對話框

觀察「當月 DOU」的數學分布情況，如圖 2-10 所示，即可觀察到明顯的離群值。

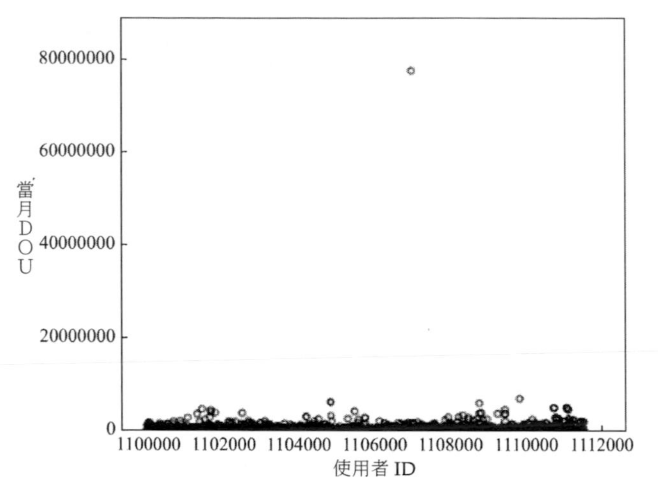

圖 2-10 「當月 DOU」的數學分布情況

(2) 右鍵點擊該離群值，點擊「轉至個案」。找到奇異值個案，右鍵刪除即可。

2.5.3 主成分分析的實際處理

(1) 點擊「分析＞降維＞因子分析」，如圖 2-11 所示。

文件(F) 编辑(E) 视图(V) 数据(D) 转换(T) 分析(A) 直销(M) 图形(G) 实用程序(U) 窗口(W) 帮助

报告 / 描述统计 / 表(T) / 比较均值(M) / 一般线性模型(G) / 广义线性模型 / 混合模型(X) / 相关(C) / 回归(R) / 对数线性模型(O) / 神经网络 / 分类(F) / 降维 / 度量(S) / 非参数检验(N) / 预测(T)

因子分析(F)... / 对应分析(C)... / 最优尺度(O)...

	用户ID	信用等级	是否使用4GUIM卡	当月ARPU	前三个月平均ARPU	当月MOU	前三个月平均MOU	当月DOU	前三月平均DOU	终端制式	是否智能机	是否流失
1	1107455	五星级钻卡vip	是	743 13	681 99	123000	9721.67	336918	24231.50	FDD-LTE	Y	0
2	1101725	五星级钻卡vip	是	1182.89	1248.28	9176	10186 00	322861	14300 40	WCDMA	Y	0
3	1102537	五星级钻卡vip	是	682.55	515.86	7495	5258 00	498897	52761 60	FDD-LTE	Y	0
4	1102484	五星级银卡vip	是	114 04	124 83	7055	4730.67	300019	18229.10	TD-SCDMA	Y	1
5	1102484	五星级银卡vip	是	114.04	124.83	7055	4730.67	300019	18229.10	TD-SCDMA	Y	1
6	1102484	五星级银卡vip	是	114.04	124.83	7055	4730 67	300019	18229 10	TD-SCDMA	Y	0
7	1109836	五星级钻卡vip	是	2055 60	1292.52	6913	6812.00	6894015	568442.60	TD-LTE	Y	0
8	1106344	五星级金卡vip	是			5339	4559.67	34570	3835.10	TD-SCDMA	Y	0
9	1104427	五星级钻卡vip	是			5130	6304 00	316761	25774 50	WCDMA	Y	1
10	1104427	五星级钻卡vip	是			5130	6304.00	316761	25774.50	WCDMA	Y	0
11	1101635	五星级钻卡vip	否	[illegible]	[illegible]	5086	5689.67	332442	35965.20	WCDMA	Y	0

圖 2-11 點擊「因子分析」

(2) 將需要降維分析的變數放入「變數 (V)」，右邊的「抽取」中，勾選「碎石圖」，「因子的固定數量」即為希望尋找的主成分的個數，點擊「確定」，如

圖 2-12 所示。

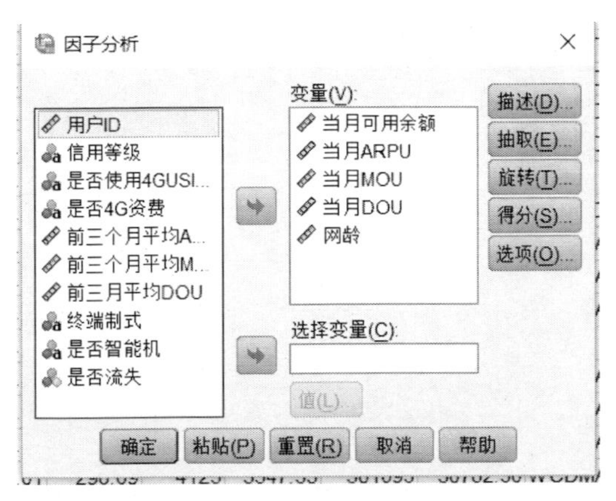

圖 2-12 「因子分析」對話框

3．結果解讀

(1) 解釋的總變異數

解釋的總變異數

成分	初始特徵值			提取平方和載入		
	合計	變異數的百分比 %	累積百分比 %	合計	變異數的百分比 %	累積百分比 %
1	1.767	35.341	35.341	1.767	35.341	35.341
2	1.012	20.237	55.578	1.012	20.237	55.578
3	0.956	19.119	74.697	0.956	19.119	74.697
4	0.723	14.458	89.154	0.723	14.458	89.154
5	0.542	10.846	100.000			

提取方法：主成分分析。

成分 1-5 即為降維後新生成的主成分，每個成分對應的變異數，反映的是對應成分對於原始資料資訊量的貢獻程度。變異數的百分比越大，證明該主成分能更好地解釋原始資料的資訊。原始為 5 個變數，如果使用 5 個新生成的主成分表示，那麼就是沒有降維，也就是沒有資訊損失，所以當降維前後變數個數一樣時，累計的反差為 100%。

(2) 碎石圖

圖 2-13 碎石圖反映的也是對應的主成分的「價值」，即對於原始資料資訊的反映程度，用特徵值來表示。特徵值越大，對於主成分越能反映原始資訊。

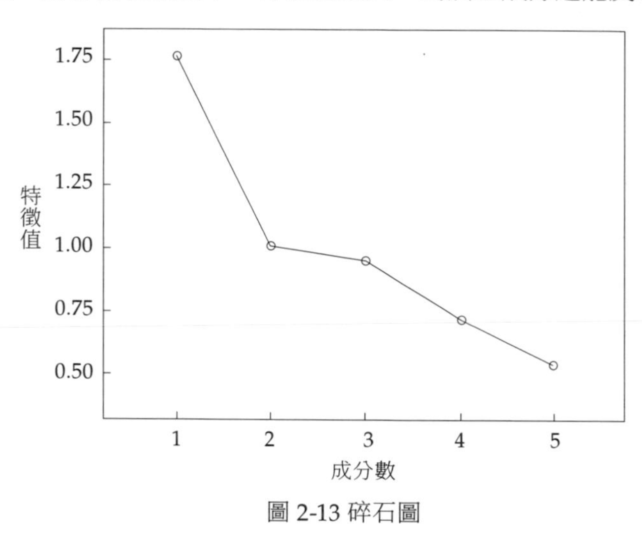

圖 2-13 碎石圖

(3) 成分矩陣

成分矩陣 [a]

	成分			
	1	**2**	**3**	**4**
當月可用餘額	0.182	0.835	0.490	0.165
當月 ARPU	0.806	-0.110	-0.056	-0.005
當月 MOU	0.700	-0.040	-0.290	0.570
當月 DOU	0.314	-0.517	0.783	0.011
網齡	0.704	0.181	-0.124	-0.609

提取方法：主成分。

a. 已提取了 4 個成分。

該表反映的是新生成的主成分是如何計算出來的。例如，主成分 1 就是用表中的係數乘以對應的原始變數後再求和相加得到的。

參考文獻

[1] 範明，範宏建．資料探勘導論 [M]. 北京：人民郵電出版社 ,2011．

[2] 範明．資料探勘概念與技術 [M]. 北京：機械工業出版社 ,2012．

[3] 邵峰晶，於忠清．資料探勘原理與演算法 [M]. 北京：中國水利水電出版社 ,2003．

[4] 劉明吉，王秀峰．資料探勘中的資料前處理 [J]. 電腦科學 ,2000, 27(4)：54-57．

[5] M. R. Anderberg. Cluster Analysis for Applications[M]. Academic Press, New York, December 1973.

[6] I. Boeg and P. Groenen. Modern Multidimensional Scaling[J]. Theory and Applications. Springer Verlag, February 1997.

[7] Azoff E M. Neural Network Ttime Series Forecasting of Financial Markets. John Wiley & Sons,Inc., 1994.

[8] Crawley M J. Statistical Computing：An introduction to Data Analysis Using. 2002.

[9] Muthén L K, Muthén B O. Mplus：Statistical Analysis with Latent Variables： User's Guide[M].Los Angeles： Muthén & Muthén, 2005.

[10] Tanasa D, Trousse B. Advanced Data Preprocessing for Intersites Web Usage Mining. IEEE Intelligent Systems, 2004, 19(2)： 59-65.

[11] Gutierrez-Osuna R, Nagle H T. A Method for Evaluating Data-preprocessing Techniques for Odour Classification with An Array of Gas Sensors. IEEE Transactions on Systems, Man, and Cybernetics, Part B (Cybernetics), 1999, 29(5)： 626-632.

[12] Kotsiantis S B, Kanellopoulos D, Pintelas P E. Data Preprocessing for Supervised Leaning[J]. International Journal of Computer Science, 2006, 1(2)： 111-117.

[13] Johnson R A, Wichern D W. Applied Multivariate Statistical Analysis. Upper Saddle River, NJ：Prentice hall, 2002.

[14] Little R J A, Rubin D B. Statistical Analysis with Missing Data. John Wiley & Sons, 2014.

[15] Kalbfleisch J D, Prentice R L. The Statistical Analysis of Failure Time Data. John Wiley & Sons,2011.

[16] 章文波，陳紅豔．實用資料統計分析及 SPSS 12.0 應用 [M]. 北京：人民郵電出版社 ,2006．

[17] 鄧松，李文敬，等．資料探勘原理與 SPSS Clementine 應用寶典 [M]. 北京：電子工業出版社 ,2009．

第 3 章
集群分析

所謂聚類，就是將相似的事物聚集在一起，而將不相似的事物劃分到不同的類別的過程，是資料分析中十分重要的一種手段。「物以類聚，人以群分」，在自然科學和社會科學中，存在著大量的分類問題。集群分析又稱群分析，它是研究（樣品或指標）分類問題的一種統計分析方法。集群分析起源於分類學，但聚類不等於分類。聚類與分類的不同在於，聚類所要求劃分的類是未知的。集群分析內容非常豐富，本章 3.1 節概括敘述了聚類演算法，以便讀者對聚類演算法有總體認識；3.2 節介紹了幾種叢集評估的方法和度量標準；3.3 節詳細介紹了經典的聚類演算法——K-means 的原理、優缺點、優化辦法以及在 SPSS 軟體中的操作過程；3.4 節、3.5 節、3.6 節分別對基於層次化、密度和網格的聚類演算法闡述了演算法原理和各自的優缺點。

3.1 概述

在討論具體的聚類技術之前，我們先提供必要的背景知識。首先，我們進一步定義集群分析，解釋它的困難所在，並闡述它與其他資料分組技術之間的關係。然後，考察兩個重要問題：(1) 將資料對象集劃分成叢集集合的不同方法；(2) 叢集的類型。

1．什麼是集群分析

集群分析僅根據在資料中發現的描述對象及其關係的資訊，將資料對象分組。其目標是，組內的對象相互之間是相似的（相關的），而不同組中的對象是不同的（不相關的）。組內的相似性（同質性）越大，組間差別越大，聚類就越好。

在許多應用中，叢集的概念都沒有很好地加以定義。為了理解確定叢集構造的困難性，圖 3-1 顯示了相同點集的不同聚類方法。該圖顯示了 20 個點和將它們劃分成叢集的 3 種不同方法。標記的形狀指示叢集的隸屬關係。然而，將 2 個較大的叢集都劃分成 3 個子叢集可能是人的視覺系統造成的假象。此外，說這些點形成 4 個叢集可能也不無道理。該圖表明叢集的定義是不精確的，而最好的定義依賴於資料的特性和期望的結果。

集群分析與其他將資料對象分組的技術相關。如，聚類可以看作一種分類，它用類（叢集）標號創建對象的標記。然而，只能從資料導出這些標號。相比之下，第 4 章的分類是監督分類（Supervised Classification），即使用出類標號已知的對象開發的模型，對新的、無標記的對象賦予類標號。為此，有時稱集群分析為非監督分類（Unsupervised Classification）。在資料探勘中，不附加任何條件使用術語分類時，通常是指監督分類。此外，儘管術語分割（Segmentation）和劃分（Partitioning）有時也用作聚類的同義詞，但這些術語通常用來表示傳統的集群分析之外的方法。例如，術語劃分通常用在將圖分成子圖相關的技術，與聚類並無太大聯繫。分割通常指使用簡單的技術將資料分組。例如，圖像可以根據像素亮度或顏色分割，人可以根據他們的收入分組。儘管如此，圖劃分、圖像分割和市場分割的許多工作都與集群分析有關。

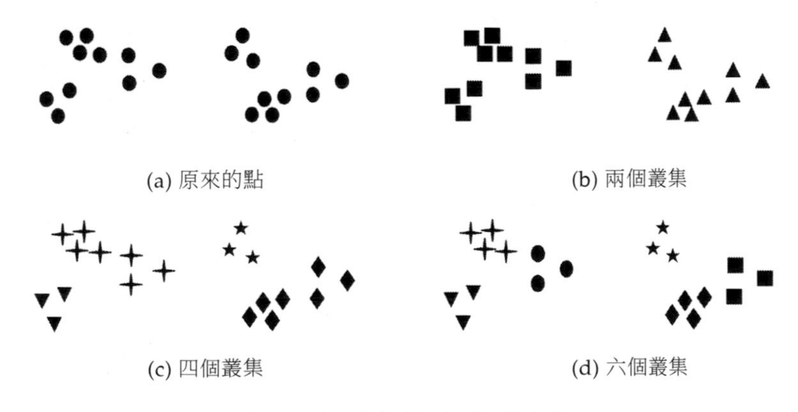

圖 3-1 相同點集的不同聚類方法

2‧不同的聚類類型

整個叢集集合通常稱作聚類，本節我們將區分不同類型的聚類：層次的（嵌套的）與劃分的（非嵌套的），互斥的、重疊的與模糊的，完全的與部分的。

層次的與劃分的不同類型的聚類之間最常討論的差別是：叢集的集合是嵌套的，還是非嵌套的；或者用更傳統的術語，是層次的還是劃分的。劃分聚類（Partitional Clustering）簡單地將資料對象集劃分成不重疊的子集（叢集），使得每個資料對象恰在一個子集中。如果允許叢集具有子叢集，則我們得到一個層次聚類（Hierarchical Clustering）。層次聚類是嵌套叢集的集叢集，組織成一棵樹。除葉節點外，樹中每一個節點（叢集）都是其子女（子叢集）的並集，而樹根是包含所有對象的叢集。通常（但並非總是），樹葉是單個資料對象的單元素叢集。如果允許叢集嵌套，最後，層次聚類可以看作劃分聚類的序列，劃分聚類可以透過取序列的任意成員得到，即透過在一個特定層剪斷層次樹得到。

互斥的、重複的與模糊的：圖 3-1 顯示的叢集都是互斥的（Exclusive），因為每個對象都指派到單個叢集。在有些情況下，可以合理地將一個點放到多個叢集中，這種情況可以被非互斥聚類更好地處理。在最一般的意義下，重疊的（Over Lapping）或非互斥的（Non-Exclusive）聚類用來反映個對象同時屬於多個組（類）這一事實。例如，在大學裡，一個人可能既是學生，又是僱員。當對象在兩個或多個叢集之間，並且可以合理地指派到這些叢集中的任何一個時，也常常可以使用非互斥聚類。

在模糊聚類（Fuzzy Clustering）中，每個對象以一個 0（絕對不屬於）和 1（絕對屬於）之間的隸屬權值屬於每個叢集。換言之，叢集被視為模糊集（從數學上講，在模糊集中，每個對象以 0 和 1 之間的權值屬於任何一個集合。在模糊聚類中，通常施加一個約束條件：每個對象的權值之和必須等於 1）。同理，機率聚類技術計算每個點屬於每個叢集的機率，並且這些機率的和必須等於 1。由於任何對象的隸屬權值或機率之和等於 1，因此模糊和機率聚類並不能真正地解決一個對象屬於多個類的多類問題，例如學生僱員。這些方法最適合如下情況：當對象接近多個叢集時，避免將對象隨意地指派到一個叢集。實踐中，通常透過將對象指派到具有最高隸屬權值或機率的叢集，將模糊或機率聚類轉換成互斥聚類。

完全的與部分的完全聚類（Complete Clustering）將每個對象指派到一個叢集，而部分聚類（Partial Clustering）不是這樣。促進部分聚類的因素是，資料集中某些對象可能屬於明確定義的組。資料集中的一些對象可能代表雜訊、離群值或「不感興趣的背景」。例如，一些報刊報導可能涉及公共主題，如全球變暖，而其他報導則報導一般的一類事。這樣，為了發現上月報導最重要的主題，我們可能希望只搜尋與公共主題緊密相關的文檔叢集。在其他情況下，需要對象的完全聚類。例如，使用聚類組織用於瀏覽文檔的應用，必須保證能夠瀏覽所有的文檔。

3．不同的叢集類型

聚類旨在發現有用的對象組（叢集），這裡有用性由資料探勘目標定義。毫無疑問，有許多不同的叢集概念，實踐證明都是有用的。為了以可視方式說明這些叢集類型之間的差別，我們使用二維資料點作為我們的資料對象。然而，我們強調的是，這裡介紹的叢集類型同樣適用於其他資料。

明顯分離的叢集是對象的集合，其中每個對象到同叢集中每個對象的距離比到不同叢集中任意對象的距離都近（或更加相似）。有時，使用一個閾值來說明叢集中所有對象相互之間必須充分接近（或相似）。僅當資料包含相互遠離的自然叢集時，叢集的這種理想定義才能滿足。

基於原型的叢集是對象的集合，其中每個對象到定義該叢集的原型的距離比到其他叢集的原型距離更近（或更加相似）。對於具有連續屬性的資料，叢集的原型通常是質心，即叢集中所有點的平均值。當質心沒有意義時（如當資料具有分類屬性時），原型通常是中心點，即叢集中最有代表性的點。對於許多資料類型，原型可以視為最靠近中心的點：在這種情況下，通常把基於原型的叢集看作基於中心的叢集（Center-Based Cluster）。毫無疑問，這種叢集趨向於呈球狀。基於圖的叢集如果資料用圖表示，其中節點是對象，而邊代表對象之間的聯繫，則叢集可以定義為連通分支（Connected Component），即互相連通但不與組外對象連通的對象組。

基於圖的叢集的一個重要例子是基於鄰近的叢集（Contiguity-Based Cluster），其中兩個對象是相連的，僅當它們的距離在指定的範圍之內。也就是說在基於鄰近的叢集中，每個對象到該叢集某個對象的距離比到不同叢集中任意點的距離更近。當叢集不規則或纏繞時，叢集的這種定義是有用的。但是，當資料有雜訊時就可能出現問題，一個小的點橋就可能合併兩個不同的叢集。也存在其他類型的基於圖的叢集。一種方法是定義叢集為團（Clique），即圖中相互之間完全連接的節點的集合。具體來說，如果我們按照對象之間的距離添加連接，當對象集形成團時就形成一個叢集。與基於原型的叢集一樣，這樣的叢集也趨向於呈球形。

基於密度的叢集是對象的稠密區域，被低密度的區域環繞。共同性質的（概念叢集）可以把叢集定義為有某種共同性質的對象的集合。這個定義包括前面的所有叢集定義。例如，基於中心叢集中的對象都具有共同的性質：它們都離相同的質心或中心點最近。然而，共享性質的方法還包含新的叢集類型。在這兩種情況下，聚類演算法都需要非常具體的叢集概念來成功地檢測出這些叢集。發現這樣的叢集的過程稱作概念聚類。然而，過於複雜的叢集概念將涉及模式識別領域。因此，本書只考慮較簡單的叢集類型。

本章我們使用如下三種簡單但重要的技術來介紹集群分析涉及的一些概念。

(1) 基於劃分的聚類：K-means（K 均值）演算法。K 均值是基於原型的、劃分的聚類技術。它試圖發現用戶指定個數 (K) 的叢集（由質心代表）。

(2) 基於凝聚的層次聚類 BIRCH 演算法。這種聚類方法涉及一組密切相關的聚類技術，它們透過如下步驟產生層次聚類：開始，每個點作為一個單點叢集；然後，重複地合併兩個最靠近的叢集，直到產生單個的、包含所有點的叢集。其中某些技術可以用基於圖的聚類解釋，而另一些則可以用基於原型的方法解釋。

(3) 基於密度的聚類 DBSCAN。這是一種產生劃分聚類的基於密度的聚類演算法，叢集的個數由演算法自動確定。低密度區域中的點被視為雜訊而忽略，因此 DBSCAN 不產生完全聚類。

(4) 基於網格的聚類 CLIQUE。

3.2 聚類演算法的評估

假設你已經評估了給定資料集的聚類趨勢，可能已經試著確定資料集的叢集數。現在，你可以使用一種或多種聚類方法來得到資料集的聚類。「一種方法產生的聚類好嗎？如何比較不同方法產生的聚類？」

對於測定聚類的品質，我們有幾種方法可供選擇。一般而言，根據是否有基準可用，這些方法可以分成兩類。這裡，基準是一種理想的聚類，通常由專家構建。

如果有可用的基準，則外在方法（Extrinsic Method）可以使用它。外在方法比較聚類結果和基準。如果沒有基準可用，則我們可以使用內在方法（Intrinsic Method），透過考慮叢集的分離情況評估聚類的好壞。基準可以看作一種「叢集標號」形式的監督。因此，外在方法又稱監督方法，而內在方法是無監督方法。

我們針對每類考察一些簡單的方法。

1. 外在方法

當有基準可用時，我們可以把它與聚類進行比較，以評估聚類。這樣，外在方法的核心任務是，給定基準 C_g，對聚類 C 賦予一個評分 $Q(C, C_g)$。一種外在方法是否有效很大程度依賴於該方法使用的度量 Q。

一般而言，一種聚類品質度量Q是有效的，如果它滿足如下4項基本標準：

(1) 叢集的同質性（cluster homogeneity）。這要求，聚類中的叢集越純，聚類越好。假設基準是說資料集 D 中的對象可能屬於類別 $L_1, ..., L_n$。考慮一個聚類 C_1，其中叢集 $C \in C_1$ 包含來自兩個類 L_i 和 $L_j (1 \le i \le j \le n)$ 的對象。再考慮一個聚類 C_2，除了把 C 劃分成分別包含 L_i 和 L_j 中對象的兩個叢集之外，它等價於 C_1。關於叢集的同質性，聚類品質度量 Q 應該賦予 C_2 比 C_1 更高的得分，即 $Q(C_2, C_g) > Q(C_1, C_g)$。

(2) 叢集的完全性（cluster completeness）。這與叢集的同質性相輔相成。叢集的完全性要求對於聚類來說，根據基準，如果兩個對象屬於相同的類別，則它們應該被分配到相同的叢集。叢集的完全性要求聚類把

（根據基準）屬於相同類別的對象分配到相同的叢集。考慮聚類 $\mathcal{C}_1$，它包含叢集 C_1 和 C_2，根據基準，它們的成員屬於相同的類別。假設 $\mathcal{C}_2$ 除 C_1 和 C_2 在 $\mathcal{C}_2$ 中合併到一個叢集之外，它等價於聚類 $\mathcal{C}_1$。關於叢集的完全性，聚類品質度量應該賦予 $\mathcal{C}_2$ 更高的得分，即 Q（$\mathcal{C}_2, \mathcal{C}_g$）> Q（$\mathcal{C}_1, \mathcal{C}_g$）。

(3) 碎布袋（rag bag）。在許多實際情況下，常常有一種「碎布袋」類別，包含一些不能與其他對象合併的對象。這種類別通常稱為「雜項」「其他」等。碎布袋準則是說，把一個異種對象放入一個純的叢集中應該比放入碎布袋中受更大的「處罰」。考慮聚類 $\mathcal{C}_1$，和叢集 $C \in \mathcal{C}_1$，使得根據基準，除一個對象（記作 o）之外，C 中所有的對象都屬於相同的類別。考慮聚類 $\mathcal{C}_2$，它幾乎等價於 $\mathcal{C}_1$，唯一例外是在 $\mathcal{C}_2$ 中，o 被分配給叢集 $C' \neq C$，使得 C'包含來自不同類別的對象（根據基準），因而是雜訊。換言之，$\mathcal{C}_2$ 中的 C'是一個碎布袋。於是，關於碎布袋準則，聚類品質度量應該賦予 $\mathcal{C}_2$ 更高的得分，即 $Q(\mathcal{C}_2, \mathcal{C}_g) > Q(\mathcal{C}_1, \mathcal{C}_g)$。

(4) 小叢集保持性（small cluster preservation）。如果小的類別在聚類中被劃分成小片，則這些小片很可能成為雜訊，從而小的類別就不可能被該聚類發現。小叢集保持準則是說，把小類別劃分成小片比將大類別劃分成小片更有害。考慮一個極端情況，設 D 是 n+2 個對象的資料集，根據基準，n 個對象 $o_1, \ldots, o_n$ 屬於一個類別，而其他兩個對象 o_{n+1}，o_{n+2} 屬於另一個類別。假設聚類 $\mathcal{C}_1$ 有 3 個叢集：$C_1=\{o_1, \ldots, o_n\}$，$C_2=\{o_{n+1}\}$，$C_3=\{o_{n+2}\}$。設聚類 $\mathcal{C}_2$ 也有 3 個叢集 $C_1=\{o_1, \ldots, o_{n+1}\}$，$C_2=\{o_n\}$，$C_3=\{o_{n+1}, o_{n+2}\}$。換言之，$\mathcal{C}_1$ 劃分了小類別，而 $\mathcal{C}_1$ 劃分了大類別。保持小叢集的聚類品質度量 Q 應該賦予 $\mathcal{C}_2$ 更高的得分，即 $Q(\mathcal{C}_2, \mathcal{C}_g) > Q(\mathcal{C}_1, \mathcal{C}_g)$。

許多聚類品質度量都滿足這 4 個標準。這裡，我們介紹一種 BCubed 精度和召回率，它滿足這 4 個標準。

BCubed 根據基準，對給定資料集上聚類中的每個對象估計精度和召回率。一個對象的精度指示同一叢集中有多少個其他對象與該對象同屬一個類別。一個對象的召回率反映有多少同一類別的對象被分配在相同的叢集中。

設 D={o$_1$, ..., o$_2$} 是對象的集合，C 是 D 的一個聚類。設 L(o$_i$) (1≤i≤n) 是基準確定的 o$_i$ 的類別，C(o$_i$) 是 C 中 o$_i$ 的 cluster_ID。於是，對於兩個對象 o$_i$ 和 o$_j$ 之間在聚類 C 中的關係的正確性由下式給出

$$Correctness(o_i, o_j) = \begin{cases} 1 & L(o_i) = L(o_j) \iff C(o_i) = C(o_j) \\ 0 & \text{其他} \end{cases}$$

BCubed 精度定義為

$$Precision\ \ BCubed = \frac{1}{n}\sum_{i=1}^{n}\frac{\sum_{o_j: i\neq j, C(o_i)=C(o_j)} Correctness(o_i, o_j)}{\|\{o_j \mid i \neq j,\ \ C(o_i) = C(o_j)\}\|}$$

BCubed 召回率定義為

$$Recall\ \ BCubed = \frac{1}{n}\sum_{i=1}^{n}\frac{\sum_{o_j: i\neq j, L(o_i)=L(o_j)} Correctness(o_i, o_j)}{\|\{o_j \mid i \neq j,\ \ L(o_i) = L(o_j)\}\|}$$

2．內在方法

當沒有資料集的基準可用時，我們必須使用內在方法來評估聚類的品質。一般而言，內在方法透過考察叢集間的分離情況和叢集內的緊湊情況來評估聚類。許多內在方法都利用資料集的對象之間的相似性度量。

輪廓係數（silhouette coefficient）就是這種度量。對於 n 個對象的資料集 D，假設 D 被劃分成 K 個叢集 C$_1$, ..., C$_K$。對於每個對象 o ∈ D，我們計算 o 與 o 所屬的叢集的其他對象之間的平均距離 a(o)。類似的，b(o) 是 o 到不屬於 o 的所有叢集的最小平均距離。假設 o ∈ C$_i$（1≤i≤K），|C$_i$| 表示叢集 C$_i$ 中的對象數量，則

$$a(o) = \frac{\sum_{o' \in C_i, o \neq o'} dist(o, o')}{|C_i| - 1}$$

$$b(o) = min_{C_j: 1\leq j \leq K, j \neq i}\left\{\frac{\sum_{o' \in C_i} dist(o, o')}{|C_i| - 1}\right\}$$

對象 o 的輪廓係數定義為

$$s(o)=\frac{b(o)-a(o)}{max\,\{a(o),b(o)\}}$$

輪廓係數的值在 -1 和 1 之間。a(o) 的值反映 o 所屬的叢集的緊湊性。該值越小，叢集越緊湊。b(o) 的值捕獲 o 與其他叢集的分離程度。b(o) 的值越大，o 與其他叢集越分離。因此，當 o 的輪廓係數值接近 1 時，包含 o 的叢集是緊湊的，並且 o 遠離其他叢集，這是一種可取的情況。然而，當輪廓係數的值為負時 [即 $b(o)<a(o)$] 這意味在期望情況下，o 距離其他叢集的對象比距離與自己同在叢集的對象更近。在許多情況下，這是很糟糕的，應該避免。

為了度量聚類中的叢集的擬合性，我們可以計算叢集中所有對象的輪廓係數的平均值。為了度量聚類的品質，我們可以使用資料集中所有對象的輪廓係數的平均值。輪廓係數和其他內在度量也可以用在該方法中，透過啟發式地導出資料集的叢集數取代叢集內變異數之和。

v 函數是另外一種評估聚類品質的度量方法。

定義誤差平方和函數

$$SSE=\sum_{i=1}^{K}\sum_{x\in C_i}dist(c_i,x)^2$$

它表示第 i 個叢集中任意一個元素 x 到叢集中心 c_i 的距離的平方和。

再定義平均誤差平方和函數

$$\overline{SSE}=\frac{1}{K}\sum_{i=1}^{K}\sum_{x\in C_i}dist(c_i,x)^2$$

再定義叢集間平均距離

$$\overline{D}=\frac{2}{K(K-1)}\sum_{i\neq j}dist(c_i,c_j)$$

顯然 $\overline{SSE}$ 越小（各資料點離叢集心越近）、$\overline{D}$ 越大（叢集間的距離越大）則聚叢集效果越好，通常用下式評價聚叢集的整體效果（式 3-10）

$$v = \frac{\overline{SSE}}{\overline{D}} = \frac{\sum_{i=1}^{K}\sum_{x=\in C_i} dist(c_i, x)^2}{\frac{2}{K(K-1)}\sum_{i\neq j} dist(c_i, c_j)}$$

$$\overline{D} = \frac{2}{K(K-1)}\sum_{i\neq j} dist(c_i, c_j)$$

3.3 基於劃分的聚類：K-means

3.3.1 基於劃分的聚類演算法概述

集群分析最簡單、最基本的演算法是劃分，它把對象組織成多個互斥的組或叢集。為了使問題說明簡潔，我們假定叢集個數作為已知，這個參數是劃分方法的起點。

形式地，給定 n 個資料對象的資料集 D，以及要生成的叢集數 K，劃分演算法把資料對象組織成 K（K≤n）個分區，其中每個分區代表一個叢集。這些叢集的形成旨在優化一個客觀劃分準則，如基於距離的相異性函數，使得根據資料集的屬性，在同一個叢集中的對象是「相似的」，而不同叢集中的對象是「相異的」。

劃分方法（partitioning method）通常給定一個有 n 個對象的集合，劃分方法構建資料的 K 個分區，其中每個分區表示一個叢集，並且（K≤n）。也就是說，它把資料劃分為 K 個組，使得每個組至少包含一個對象。換言之，劃分方法在資料集上進行一層劃分。典型地，基本劃分方法採取互斥的叢集劃分，即每個對象必須恰好屬於一個組。這一要求，在模糊劃分技術中可以放寬。

大部分劃分方法是基於距離的。給定要構建的分區數 K，劃分方法首先創建一個初始劃分。然後，它採用一種疊代的重定位技術，透過把對象從一個組移動到另一個組來改進劃分。

一般來說，一個好的劃分準則是：同一個叢集中的對象盡可能相互「接近」或相關，而不同叢集中的對象盡可能「遠離」或不同。傳統的劃分方法可以擴展到子空間聚類，而不是搜尋整個資料空間。當存在很多屬性並且資料稀疏時，這是有用的。

為了達到全局最優，基於劃分的聚類可能需要窮舉所有可能的劃分，計算量極大。實際上，大多數應用都採用了流行的啟發式方法，如均值和中心點演算法，漸近地提高聚類品質，逼近局部最優解。這些啟發式聚類方法很適合發現中小規模的資料庫中的球狀叢集。

為了發現具有複雜形狀的叢集和對超大型資料集進行聚類，需要進一步擴展基於劃分的方法。

基於劃分的聚類技術很多，但最突出的是 K 均值和 K 中心點。K 均值用質心定義原型，其中質心是一組點的均值。通常，K 均值聚類用於連續空間中的對象。K 中心點使用中心點定義原型，其中中心點是一組點中最有代表性的點。K 中心點聚類可以用於廣泛的資料，因為它只需要對象之間的鄰近性度量。儘管質心幾乎從來不對應於實際的資料點，但根據定義，中心點必須是一個實際資料點。本節，我們只關注 K 均值，一種最老的、最廣泛使用的聚類演算法。

K-means 聚類演算法由 J. B. Mac Queen 於 1967 年提出，是最為經典的也是使用最為廣泛的一種基於劃分的聚類演算法，它屬於基於距離的聚類演算法。所謂的基於距離的聚類演算法是指採用距離作為相似性量度的評價指標，也就是說，當兩個對象離得近時，兩者之間的距離比較小，那麼它們之間的相似性就比較大。這類演算法通常是由距離比較相近的對象組成叢集，把得到的緊湊而且獨立的叢集作為最終目標，因此將這類演算法稱為基於距離的聚類演算法。K-means 聚類演算法就是其中比較經典的一種演算法。K-means 聚類是資料探勘的重要分支，同時也是實際應用中最常用的聚類演算法之一。

3.3.2 K-means 聚類演算法原理

K-means 聚類演算法的最終目標就是根據輸入參數 K（這裡的 K 表示需要將資料對象聚成多少個叢集），把資料對象分成 K 個叢集。該演算法的基本思想是：首先，指定需要劃分的叢集的個數 K 值；其次，隨機地選擇 K 個初始資料對象點作為初始的聚類中心；再次，計算其餘的各個資料對象到這 K 個初始聚類中心的距離（這裡一般採用距離作為相似性度量），把資料對象劃歸到距離它最近的那個中心所處的叢集類中；最後，調整新類並且重新計算出新類的中心，如果兩次計算出來的聚類中心未曾發生任何變化，就可以說明資料對象的調整已經結束，也就是說聚類採用的準則函數（這裡採用的是誤差平方和的準則函數）是收斂的，表示演算法結束。

K-means 聚類演算法屬於一種動態聚類演算法，也稱為逐步聚類法，該演算法的一個比較顯著的特點就是疊代過程，每次都要考察對每個樣本資料的分類正確與否，如果不正確，就要進行調整。當調整完全部的資料對象之後，再來修改中心，最後進入下一次疊代的過程中。若在一個疊代中，所有的資料對象都已經被正確地分類，那麼就不會有調整，聚類中心也不會改變，聚類準則函數也表明已經收斂，那麼該演算法就成功結束。

傳統的 K-means 演算法的基本工作過程是：首先隨機選擇 K 個資料作為初始中心，計算各個資料到所選出來的各個中心的距離，將資料對象指派到最近的叢集中。然後計算每個叢集的均值，循環往復執行，直到滿足聚類準則函數收斂為止，其具體的工作步驟如下。

演算法 3.1 K-means 演算法

輸入：初始資料集 DATA 和叢集的數目 K。

輸出：K 個叢集，滿足平方誤差準則函數收斂。

I．任意選擇 K 個資料對象作為初始聚類中心。

II．Repeat.

III．根據叢集中對象的平均值，將每個對象賦給最類似的叢集。

IV．更新每個叢集的聚類中心。

V．計算聚類準則函數 J_c 它可迭用 3.2 節中提到的任意一種聚類效果評估函數。

VI．Until 準則函數 J_c 值不再進行變化。

K-means 演算法的工作框架如下：

(1) 適當選擇 K 個初始中心點。對於每一維特徵，統計其最大值和最小值。每次選擇初始中心點時，在每個特徵的最大值和最小值中生成一個隨機值，作為該特徵的值。重複該步驟直到 K 個初始中心點生成完畢。

(2) 疊代地將剩下點劃分到各個聚類。對於剩下的每個點，計算其到 K 個中心點的距離，從中選擇距離最近的中心點，將其劃分到該中心點所屬的聚類中。

兩點間的距離計算，對歐式空間中的點使用歐式距離、對文檔用餘弦相似度、皮爾森相關度、Jaccard 相似係數等。

皮爾森相關度可定義為兩個向量之間的共變異數和標準差的商。

(3) 計算每個聚類新的中心點。計算方法是取聚類中所有點各自維度的算術平均值。

(4) 判斷本次疊代的聚類結果是否與上次一致。

比較 K 個聚類中的中心點是否發生了變化，依次比較每個聚類即可。如果兩次聚類結果沒有發生變化，則停止疊代，輸出聚類結果；如果發生了變化，則重複（2）和（3）步，繼續疊代。

從該演算法的框架能夠得出，K-means 演算法的特點是：調整一個資料樣本後就修改一次聚類中心以及聚類準則函數 J_c 的值，當 n 個資料樣本完全被調整完後表示一次疊代完成，這樣就會得到新的 J_c 和聚類中心的值。若在一次疊代完成之後，J_c 的值沒有發生變化，則表明該演算法已經收斂；在疊代過程中 J_c 值逐漸縮小，直到達到最小值為止。該演算法的本質是把每一個樣本點劃分到離它最近的聚類中心所在的類。

K-means 聚類演算法的本質是一個最優化求解的問題，目標函數雖然有很多局部最小值點，但只有一個全局最小值點。之所以只有一個全局最小值點，是由於目標函數總是按照誤差平方準則函數變小的軌跡來進行查找的。

K-means 演算法對聚類中心採取的是疊代更新的方法，根據 K 個聚類中心，將周圍的點劃分成 K 個叢集；在每一次的疊代中將重新計算的每個叢集的質心，即叢集中所有點的均值，作為下一次疊代的參照點。也就是說，每一次的疊代都會使選取的參照點越來越接近叢集的幾何中心，也就是叢集心，所以如果目標函數越來越小，那麼聚類的效果就會越來越好。

3.3.3 K-means 演算法的優勢與劣勢

1．K-means 演算法的優勢

(1) K-means 聚類演算法是解決聚類問題的一種經典演算法，演算法簡單、快速。

(2) 對處理大數據集，該演算法是相對可伸縮和高效率的，因為它的複雜度大約是（O（nKt））其中 n 是所有對象的數目；K 是叢集的數目；t 是疊代的次數，通常 K<n)，這個演算法經常以局部最優結束。

(3) 演算法嘗試找出使平方誤差函數值最小的 K 個劃分。當叢集是密集的，球狀或團狀的，而叢集與叢集之間的區別明顯時，它的聚類效果較好。

2．K-means 演算法的劣勢

(1) K-means 聚類演算法只有在叢集的平均值被定義的情況下才能使用，不適用於某些應用，如涉及有分類屬性的資料不適用。

(2) 要求用戶必須事先給出要生成的叢集的數目 K。

(3) 對初值敏感。不同的初始值，可能會導致不同的聚類結果。

(4) 不適合於發現非凸面形狀的叢集，或者大小差別很大的叢集。

(5) 對於「雜訊」和孤立點資料敏感，少量的該類資料能夠對平均值產生極大的影響。

3.3.4 K-means 演算法優化

1．處理空叢集

前面介紹的基本 K 均值演算法存在的問題之一是：如果所有的點在指派步驟都未分配到某個叢集就會得到空叢集。如果這種情況發生，則需要某種策略來選擇一個替補質心，否則的話，平方誤差將會偏大。一種方法是選擇一個距離當前任何質心最遠的點，這將消除當前對總平方誤差影響坡大的點。另一種方法是從具有最大 SSE 的叢集中選擇一個替補質心。這將分裂叢集並降低聚類的總 SSE。如果有多個空叢集，則該過程重複多次。

2．離群值

使用平方誤差標準時，離群值可能過度影響所發現的叢集。具體來說，

當存在離群值時，結果叢集的質心（原型）可能不如沒有離群值時那樣有代表性，並且 SSE 也比較高。正因為如此，提前發現離群值並刪除它們是有用的。然而，應當意識到有一些聚類應用，不能刪除離群值。當聚類用來壓縮資料吋，必須對每個點聚類。在某些情況下（如財經分析），明顯的離群值（如不尋常的有利可圖的顧客）可能是最令人感興趣的點。

一個明顯的問題是如何識別離群值。如果我們使用的方法在聚類前就刪除離群值，則我們就避免了對不能很好聚類的點進行聚類。當然也可以在後處理時識別離群值。例如，我們可以記錄每個點對 SSE 的影響，刪除那些具有異乎尋常影響的點（尤其是多次運行演算法時）。此外，我們還可能需要刪除那些很小的叢集，因為它們常常代表離群值的叢集。

3·用後處理降低 SSE

一種明顯降低 SSE 的方法是找出更多叢集，即使用較大的 K。然而，在許多情況下，我們希望降低 SSE，但並不想增加叢集的個數。這是可能的，因為 K 均值常常收斂於局部極小。可以使用多種技術來「修補」結果叢集，以便產生具有較小 SSE 的聚類。策略是關注每一個叢集，因為總 SSE 只不過是每個叢集的 SSE 之和。（為了避免混淆，我們將分別使用術語總 SSE 和叢集 SSE。）透過在叢集上進行諸如分裂和合併等操作，我們可以改變總 SSE。一種常用的方法是交替地使用叢集分裂和叢集合併。在分裂階段將叢集分開，而在合併階段將叢集合併。用這種方法，常常可以避開局部極小，並且仍然能夠得到具有期望個數叢集的聚類。下面是一些用於分裂和合併階段的技術。

(1) 透過增加叢集個數來降低總 SSE 的兩種策略如下。

① 分裂一個叢集：通常選擇具有最大 SSE 的叢集，但我們也可以分裂在特定屬性具有最大標準差的叢集。

② 引進一個新的質心通常選擇離所有叢集質心最遠的點。如果我們記錄每個點對 SSE 的貢獻，則可以容易地確定最遠的點。另一種方法是從所有的點或者具有最高 SSE 的點中隨機地選擇。

(2) 減少叢集個數，而且試圖最小化總 SSE 的增長的兩種策略如下。

① 拆散一個叢集：刪除叢集的對應質心，並將叢集中的點重新指派到其他叢集。理想情況下，被拆散的叢集應當是使總 SSE 增加最少的叢集。

② 合併兩個叢集：通常選擇質心最接近的兩個叢集，儘管另一種方法（合併兩個導致總 SSE 增加最少的叢集）或許更好。這兩種合併策略與層次聚類使用的方法相同，分別稱作質心方法和 Ward 方法。

4 · 增量地更新質心

可以在點到叢集的每次指派之後，增量地更新質心，而不是在所有的點都指派到叢集中之後才更新叢集質心。注意，每步需要零次或兩次叢集質心更新，因為一個點或者轉移到一個新的叢集（兩次更新），或者留在它的當前叢集（零次更新）。使用增設更新策略確保不會產生空叢集，因為所有的叢集都從單個點開始；並且如果一個叢集只有單個點，則該點總是被重新指派到相同的叢集。

此外，如果使用增量更新，則可以調整點的相對權值。例如，點的權值通常隨聚類的進行而減小。儘管這可能產生更好的準確率和更快的收斂性，但在千變萬化的情況下，選擇好的相對權值可能是困難的。這些更新問題類似於人工神經網路的權值更新。

增量更新的另一個優點是使用不同於「最小化 SSE」的目標。假設給定一個度量叢集集的目標函數。當處理某個點時，我們可以對每個可能的叢集指派計算目標函數的值，然後選擇優化目標的叢集指派。

缺點方面，增量地更新質心可能導致次序依賴性。換言之，所產生的叢集可能依賴於點的處理次序。儘管隨機地選擇點的處理次序可以解決該問題，但是，基本 K 均值方法在把所有點指派到叢集中之後才更新質心並沒有次序依賴性。此外，增量更新的開銷也稍微大一些。然而，K 均值收斂相當快，因此切換叢集的點數很快就會變小。

3.3.5 SPSS 軟體中的 K-means 演算法應用案例

根據項目需要選取欄位，假如需要制定適合用戶的方案，就可以選擇「當月本 DOU」和「當月 MOU」欄位，從而對方案進行畫像，達到方案精準行銷的目的。K-means 演算法的操作步驟如下：

1 · 去奇異值

K-means 是基於距離的聚類。為了避免不同屬性因度量值不同而對聚類產生不同的影響，我們需要先對每個屬性進行正規化，以保證每個屬性對聚類結果的影響相同，而不是某一個屬性占據壓倒性優勢。為避免某些異常的極大點對結果的影響，首先應該去除奇異值。

(1) 在目錄上依次選擇「圖形—圖表構建程式」。如圖 3-2 所示。

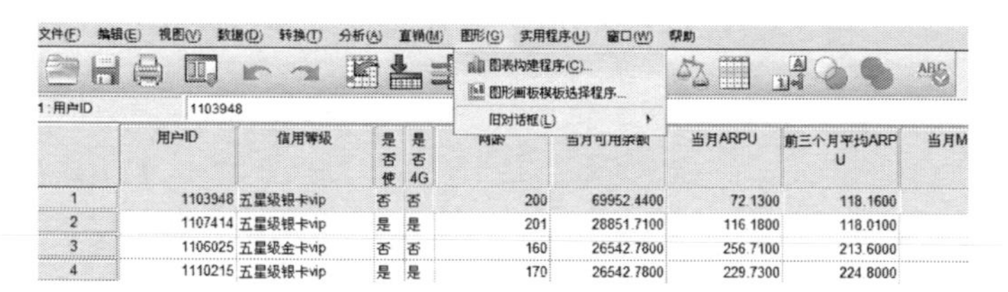

圖 3-2 去除奇異值操作 1

(2) 點擊之後，就會出現如圖 3-3 所示的介面，依次選擇「庫—雙軸」。

(3) 繼續點擊「基本元素—二維坐標」然後將變數中需要去除奇異值的屬性拖進左邊的坐標軸的虛線框內，如圖 3-4 所示。

(4) 完成上述操作步驟後點擊「確定」就可以在查看器中得到如圖 3-5 所示的「當用 DOU」和「當月 MOU」關係圖。

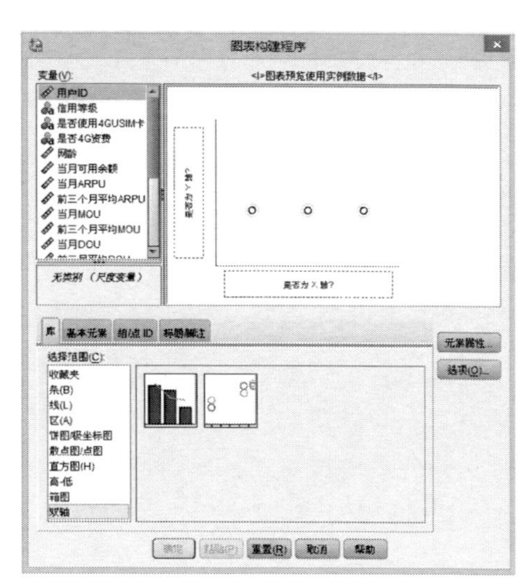

圖 3-3 去除奇異值操作 2

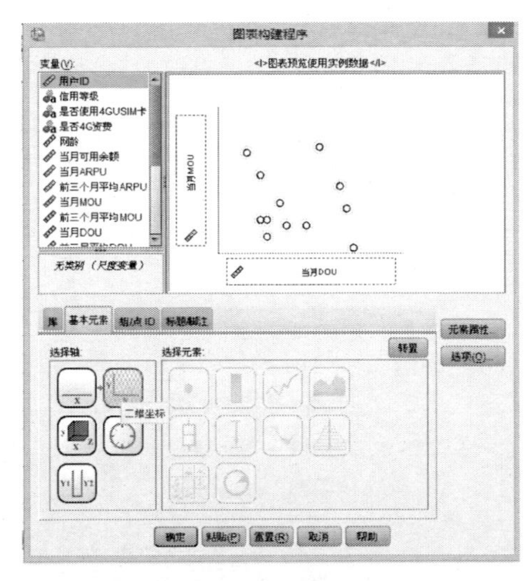

圖 3-4 去除奇異值操作 3

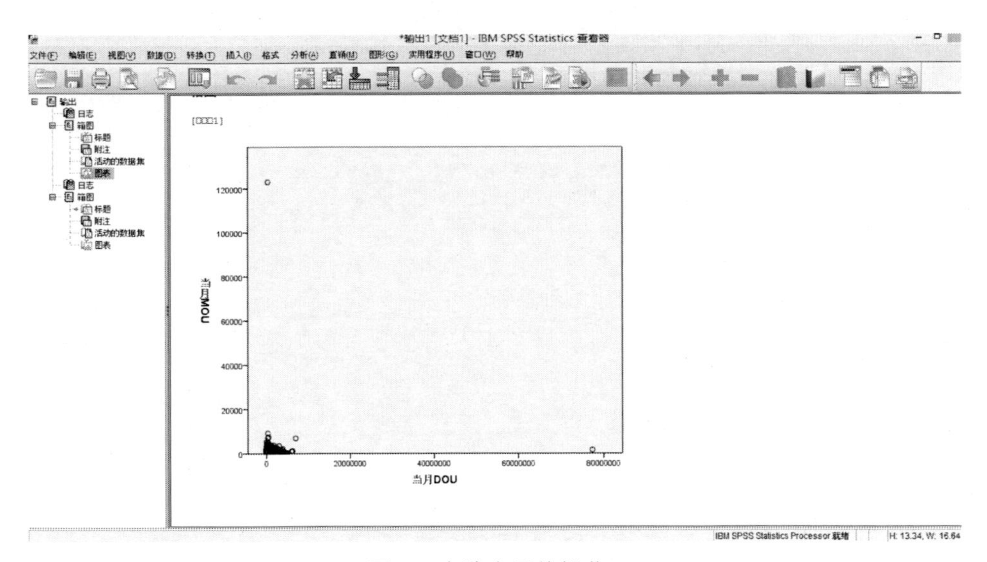

圖 3-5 去除奇異值操作 4

(5) 可以從圖中看出，有兩個明顯的離群值。接下來要做的就是找到這兩個點在資料表中對應的位置，並消除這兩個樣本資料。點擊「圖片」進入「圖標編輯器」介面，選中該點按右鍵「轉至個案」，如圖 3-6 所示。

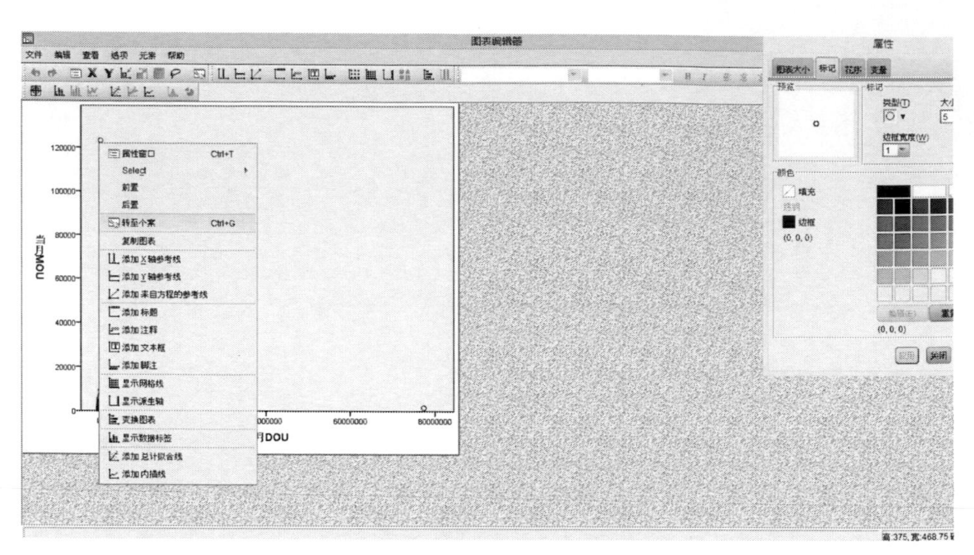

圖 3-6 去除奇異值操作 5

(6) 資料編輯器會將轉至個案的樣本資料標識出來，如圖 3-7 所示。選中後按右鍵「清除」。

文件(F) 編輯(E) 視圖(V) 數據(D) 轉換(T) 分析(A) 直銷(M) 圖形(G) 實用程序(U) 窗口(W) 幫助

10979 : 用户ID　1107455

	用户ID	信用等级	是否使	是否4G	网龄	当月可用余额	当月ARPU	前三个月平均ARPU
10974	1110614	三星级	是	否	20	-447.0200	5.9800	140.0000
10975	1110614	三星级	是	否	20	-447.0200	5.9800	140.0000
10976	1110614	三星级	是	否	20	-447.0200	5.9800	140.0000
10977	1110614	三星级	是	否	20	-447.0200	5.9800	140.0000
10978	1100822	五星级金卡vip	否	否	189	-454.7300	487.7300	281.8500
10979	1107455	五星级钻卡vip	是	是	203	-456.9400	743.1300	681.9900
10980	[illegible]	级银卡vip	是	是	174	-457.5400	98.9600	259.5500
10981	[illegible]	级金卡vip	是	是	213	-467.9300	222.5500	225.6400
10982	[illegible]	级	否	否	22	-470.9700	11.8700	288.0000
10983	[illegible]	级	否	否	22	-470.9700	11.8700	288.0000
10984	[illegible]	级	否	否	22	-470.9700	11.8700	288.0000
10985	[illegible]	级钻卡vip	是	是	214	-498.9300	388.3100	463.9000
10986	[illegible]	级钻卡vip	是	是	214	-498.9300	388.3100	463.9000
10987	1107709	五星级银卡vip	否	否	212	-507.3400	219.9000	200.8200

剪切(T)
复制(C)
粘贴(P)
清除(E)
网格字体
拼写(S)...

圖 3-7 去除奇異值操作 6

在圖 3-6 中可以看出至少有兩個奇異值，但上述操作只去除了其中一個。若要去除另一個則必須重新重複上述畫圖步驟。因為在清除了一個樣本資料之後，資料集中的序號就產生了變化，這時圖 3-6 中另一個奇異值的點就無法找到它所對應的樣本資料的位置。重複畫圖過程得到如圖 3-8 所示的結果，可以看出剛剛的奇異值已經成功去除。多次重複上述步驟可以去除所有的奇異值。

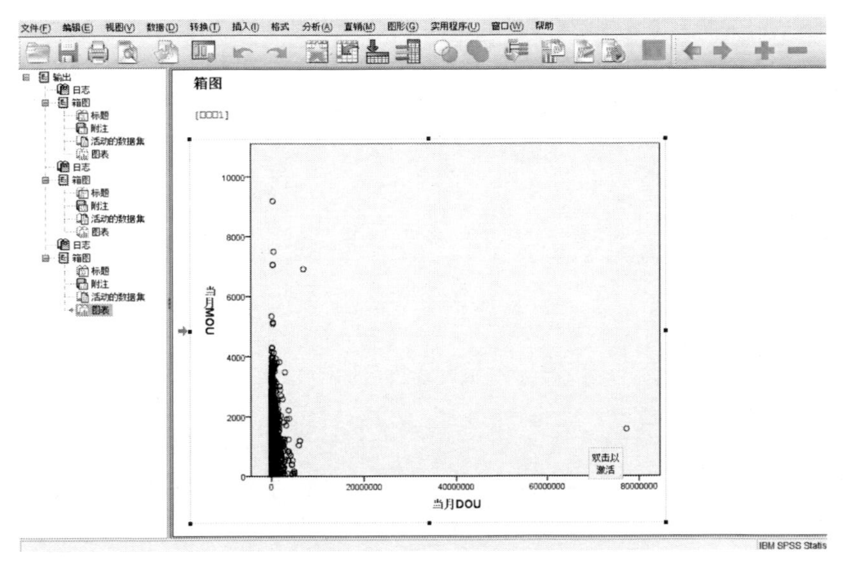

圖 3-8 去除奇異值操作 7

2 · 資料正規化

首先要找出最大值，選中一個欄位，以「當月 MOU」為例：

(1) 按右鍵「降序排列」，如圖 3-9 所示。

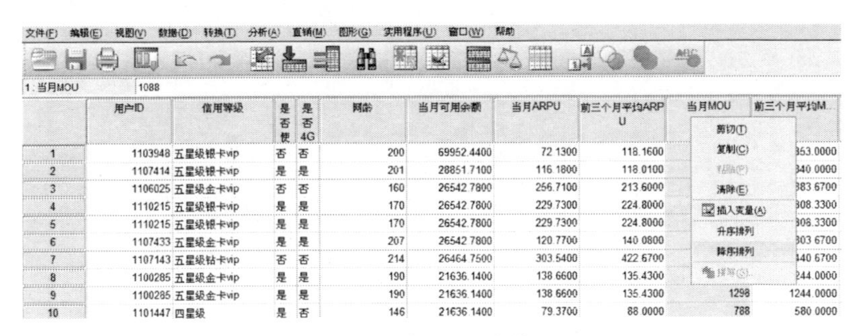

圖 3-9 找出最大值

(2) 降序排列之後，可以看出當月本 MOU 的最大值為 7495。接下來生成正規化後的當月 MOU，在目錄上依次選擇「轉換—計算變數」，如圖 3-10 所示。

圖 3-10 資料正規化操作 1

(3) 出現如圖 3-11 所示介面。目標變數即需要新生成的變數，在這裡我們將其命名為「正規化當月 MOU」，正規化當月 MOU= 當月 MOU/7495（最大值）。設定完成後點擊「確定」。

圖 3-11 資料正規化操作 2

(4) 在資料編輯器的最右邊就會多出一列，即生成的「正規化當月 MOU」欄位。如圖 3-12 所示。對欄位當月 DOU 重複上述操作完成正規化。

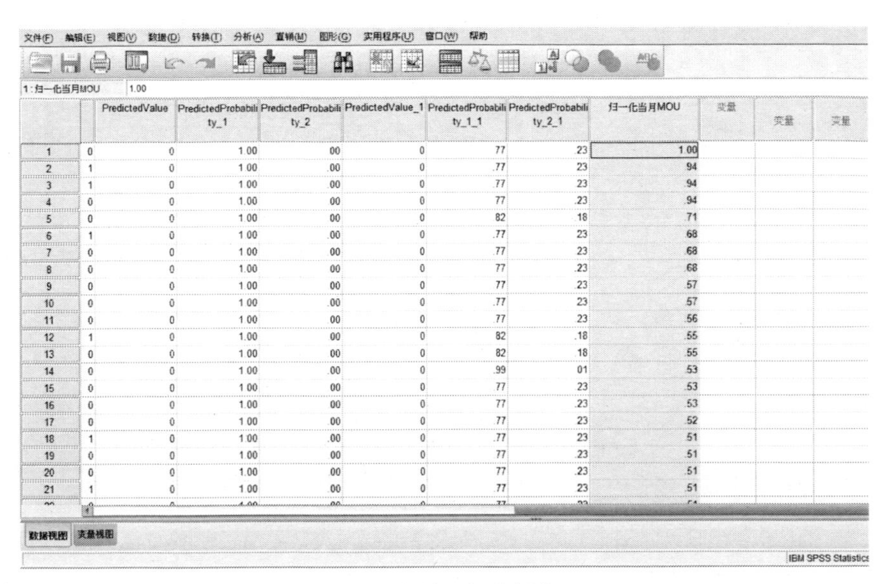

		PredictedValue	PredictedProbability_1	PredictedProbability_2	PredictedValue_1	PredictedProbability_1_1	PredictedProbability_2_1	归一化当月MOU
1	0	0	1.00	.00	0	.77	.23	1.00
2	1	0	1.00	.00	0	.77	.23	.94
3	1	0	1.00	.00	0	.77	.23	.94
4	0	0	1.00	.00	0	.77	.23	.94
5	0	0	1.00	.00	0	.82	.18	.71
6	1	0	1.00	.00	0	.77	.23	.68
7	0	0	1.00	.00	0	.77	.23	.68
8	0	0	1.00	.00	0	.77	.23	.68
9	0	0	1.00	.00	0	.77	.23	.57
10	0	0	1.00	.00	0	.77	.23	.57
11	0	0	1.00	.00	0	.77	.23	.56
12	1	0	1.00	.00	0	.82	.18	.55
13	0	0	1.00	.00	0	.82	.18	.55
14	0	0	1.00	.00	0	.99	.01	.53
15	0	0	1.00	.00	0	.77	.23	.53
16	0	0	1.00	.00	0	.77	.23	.53
17	0	0	1.00	.00	0	.77	.23	.52
18	1	0	1.00	.00	0	.77	.23	.51
19	0	0	1.00	.00	0	.77	.23	.51
20	0	0	1.00	.00	0	.77	.23	.51
21	1	0	1.00	.00	0	.77	.23	.51

圖 3-12 資料正規化操作 3

3 · K-means 聚類

(1) 在目錄上依次選擇「分析—分類—K-means 聚類」，如圖 3-13 所示。

(2) 出現如圖 3-14 所示的介面，把前面生成的「正規化當月 DOU」「正規化當月 MOU」欄位拖到變數欄中。

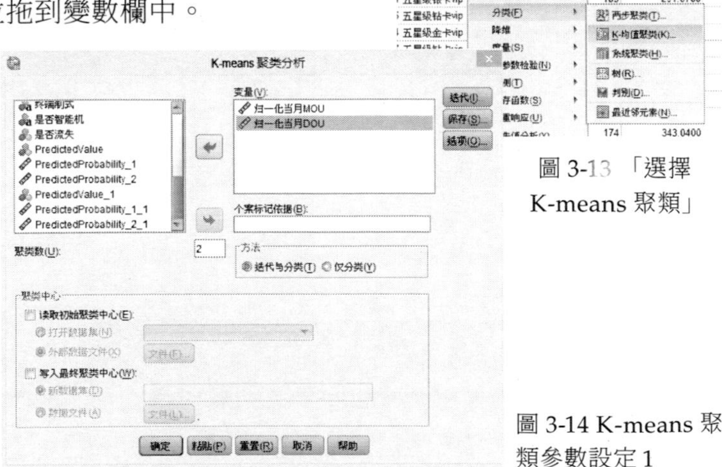

圖 3-13 「選擇 K-means 聚類」

圖 3-14 K-means 聚類參數設定 1

(3) 根據實際需要設定聚類數、最大疊代次數和收斂性標準，如圖 3-15 所示。在這裡我們設定「聚類數」為 5、「最大疊代次數」為 50、「收斂性標準」為 0。

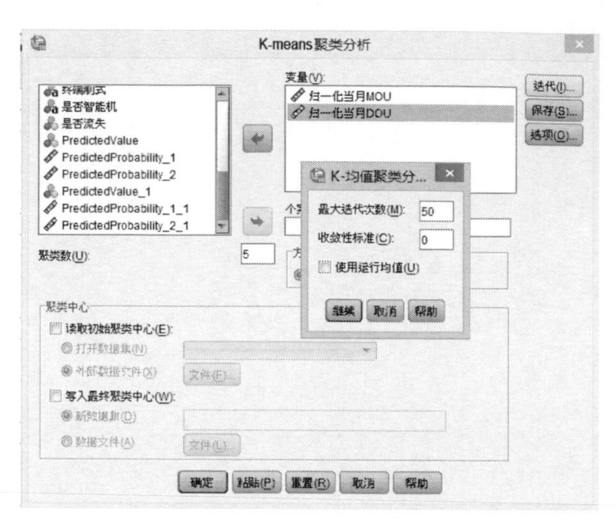

圖 3-15 K-means 聚類參數設定 2

(4) 在 SPSS 查看器中，得到聚類中心和每個類中的樣本個數，如圖 3-16 所示。

最終聚類中心

	聚類				
	1	**2**	**3**	**4**	**5**
正規化當月 MOU	0.10	0.02	0.31	0.12	0.11
正規化當月 DOU	0.54	0.01	0.04	0.02	0.17

每個聚類中的案例數

聚類	1	62.000
	2	7363.00
	3	686.000
	4	2586.000
	5	368.000
有效		11065.000
缺失		0.000

圖 3-16 K-means 聚類結果 1

(5) 在 K-means 聚類參數設定時可以點擊保存選項，如圖 3-17 所示。勾選「聚類成員」、「與聚類中心的距離」，完成聚類後在資料編輯器的最右邊會多生成兩列，分別是該樣本資料所屬的類編號和它到類中心的距離，如圖 3-18 所示。

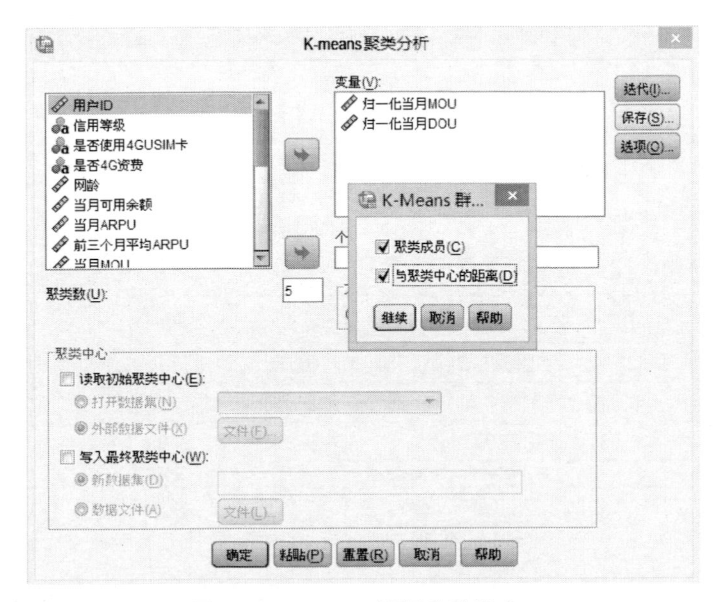

圖 3-17 K-means 聚類參數設定 3

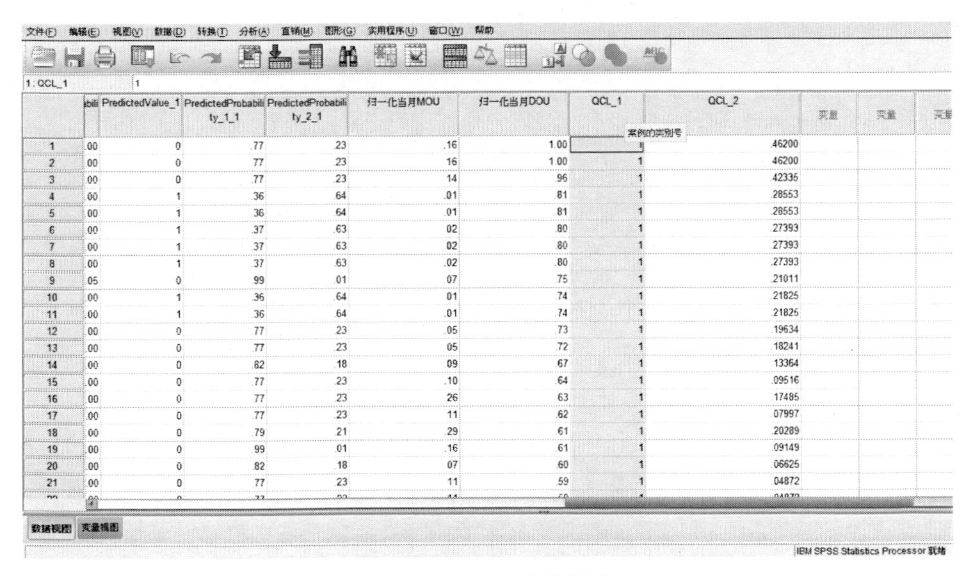

	bili	PredictedValue_1	PredictedProbability_1_1	PredictedProbability_2_1	归一化当月MOU	归一化当月DOU	QCL_1	QCL_2	变量	变量	变量
1	.00	0	.77	.23	.16	1.00	1	.46200			
2	.00	0	.77	.23	.16	1.00	1	.46200			
3	.00	0	.77	.23	.14	.96	1	.42335			
4	.00	1	.36	.64	.01	.81	1	.28553			
5	.00	1	.36	.64	.01	.81	1	.28553			
6	.00	1	.37	.63	.02	.80	1	.27393			
7	.00	1	.37	.63	.02	.80	1	.27393			
8	.00	1	.37	.63	.02	.80	1	.27393			
9	.05	0	.99	.01	.07	.75	1	.21011			
10	.00	1	.36	.64	.01	.74	1	.21825			
11	.00	1	.36	.64	.01	.74	1	.21825			
12	.00	0	.77	.23	.05	.73	1	.19634			
13	.00	0	.77	.23	.05	.72	1	.18241			
14	.00	0	.82	.18	.09	.67	1	.13364			
15	.00	0	.77	.23	.10	.64	1	.09516			
16	.00	0	.77	.23	.26	.63	1	.17485			
17	.00	0	.77	.23	.11	.62	1	.07997			
18	.00	0	.79	.21	.29	.61	1	.20289			
19	.00	0	.99	.01	.16	.61	1	.09149			
20	.00	0	.82	.18	.07	.60	1	.06625			
21	.00	0	.77	.23	.11	.59	1	.04872			

圖 3-18 K-means 聚類結果 2

(6) 在 K-means 聚類參數設定時可以點擊「選項」選項，如圖 3-19 所示。可以勾選「初始聚類中心」、「ANOVA 表」「每個個案的聚類資訊」，這樣在聚類完成後 SPSS 查看器中，不僅會顯示聚類中心和每個類中的樣本個數，還會顯示出每個類中心距離另外幾個類中心的距離，以及一個 ANOVA 表，如圖 3-20 所示。

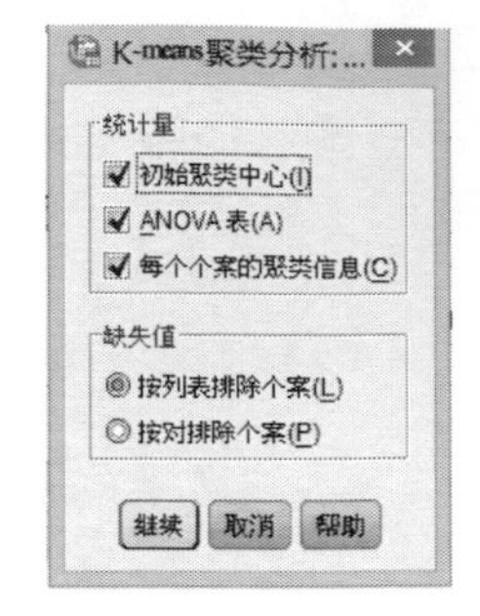

圖 3-19 K-means 聚類參數設定 4

最終聚類中心的距離

聚類	1	2	3	4	5
1		0.542	0.537	0.520	0.371
2	0.542		0.292	0.107	0.187
3	0.537	0.2292		0.185	0.237
4	0.520	0.107	0.185		0.150
5	0.371	0.187	0.237	0.150	

ANOVA

	聚類		誤差		F	Sig.
	均方	df	均方	df		
正規化當月 MOU	16.608	4	0.001	11,060	11,896.072	0.000
正規化當月 DOU	6.746	4	0.001	11,060	9,318.482	0.000

F 檢驗應僅用於描述性目的，因為選中的聚類將被用來最大化不同聚類中的案例間的差別。觀測到的顯著性水平並未據此進行更正，因此無法將其解釋為是對聚類均值相等這一假設的檢驗。

圖 3-20 K-means 聚類結果 3

根據資料表格中生成的當前樣本到聚類中心點的距離以及輸出窗口各聚類中心間的距離，以及聚類品質評價標準 v 值的公式 3-10。

可得此聚類的 v 值為 41.10759。由於聚類個數的不同和參數設定不同，其 v 值必然不同，v 值作為衡量聚類品質好壞的標準，其值越小，聚類品質越好。否則，聚類品質越差。

在前面的案例中，我們選擇聚類數為 5，計算出其 v 值為 41.10759，現在取 K 值即聚類數為 9，所有的步驟和前例一致，不同的是，在選擇聚類數時，選取的值為 9，如圖 3-21 所示。

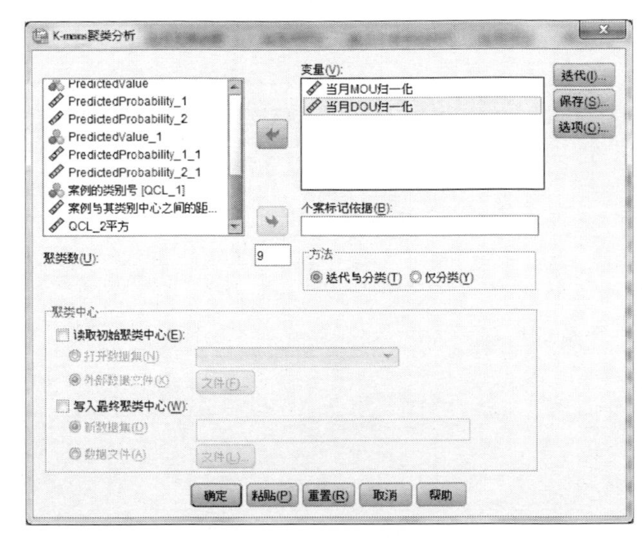

圖 3-21 不同聚類數設定

所有的步驟和參數設定和聚類數為 5 的步驟和參數設定一致，運行聚類演算法，在輸出窗口得到聚類結果如圖 3-22 所示。

根據資料表格中生成的當前樣本到聚類中心點的距離以及輸出窗口各聚類中心間的距離，以及聚類品質評價標準 v 值的公式，可得到聚類數為 9 的時候，其 v 值為 23.69967。由於 v 值越小，其聚類效果越好，可知當聚類數為 9 時，其聚類效果相比聚類數為 5 的聚類效果更好。這說明對於這個資料集來說，相比於 5 個聚叢集，客戶的分布更加符合 9 個聚叢集的分布。

最終聚類中心的距離

聚類	**1**	**2**	**3**	**4**	**5**	**6**	**7**	**8**	**9**
1		0.903	1.059	1.247	1.071	1.354	1.162	1.243	1.308
2	0.903		0.716	0.631	0.364	0.652	0.652	0.552	0.640
3	1.059	0.716		0.321	0.423	0.464	0.464	0.406	0.403
4	1.247	0.631	0.321		0.266	0.144	0.144	0.112	0.082
5	1.071	0.364	0.423	0.266		0.307	0.307	0.197	0.283
4	1.354	0.652	0.464	0.144	0.307		0.262	0.113	0.061
5	1.162	0.633	0.204	0.118	0.283	0.262		0.207	0.201
6	1.243	0.552	0.406	0.112	0.197	0.113	0.113		0.088
7	1.308	0.640	0.403	0.082	0.283	0.061	0.061	0.088	

ANOVA

	聚類		誤差		F	Sig.
	均方	df	均方	df		
正規化當月 MOU	9.506	8	0.001	11,058	14394.832	0.000
正規化當月 DOU	2.981	8	0.000	11,058	6871.864	0.000

F 檢驗應僅用於描述性目的，因為選中的聚類將被用來最大化不同聚類中的案例間的差別。觀測到的顯著性水平並未據此進行更正，因此無法將其解釋為是對聚類均值相等這一假設的檢驗。

最終聚類中心

	聚類								
	1	2	3	4	5	6	7	8	9
正規化當月 MOU	0.92	0.09	0.47	0.15	0.12	0.01	0.27	0.07	0.07
正規化當月 DOU	1.00	0.65	0.04	0.02	0.29	0.00	0.04	0.10	0.01

圖 3-22 K-means 聚類結果 3

3.4 基於層次化的聚類：BIRCH

3.4.1 基於層次化的聚類演算法概述

BIRCH（Balanced Iterative Reducing and Clustering Using Hierarchies）全稱是：利用層次方法的平衡疊代規約和聚類。BIRCH 演算法於 1996 年由 Tian Zhang 提出，是一種非常有效的、傳統的層次聚類演算法，該演算法能夠用一遍掃描有效地進行聚類，並能夠有效地處理離群值，它最大的特點是能利用有限的內存資源完成對大數據集的高品質的聚類，同時透過單遍掃描資料集能最小化 I/O 代價。它克服了凝聚聚類方法所面臨的兩個困難：（1）可伸縮性；（2）不能撤銷先前步驟所做的工作。

3.4.2 BIRCH 演算法的基本原理

簡單地概括 BIRCH 演算法：BIRCH 演算法是基於距離的層次聚類，綜合了層次凝聚和疊代的重定位方法，首先用自底向上的層次演算法，然後用疊代的重定位來改進結果。而層次凝聚是採用自底向上策略，首先將每個對象作為一個原子叢集，然後合併這些原子叢集形成更大的叢集，減少叢集的數目，直到所有的對象都在一個叢集中，或某個終結條件被滿足。

首先我們來介紹兩個概念：聚類特徵（CF）和聚類特徵樹（CF Tree）。

聚類特徵（CF）是 BIRCH 增量聚類演算法的核心。CF 樹中的節點都是由 CF 組成，一個 CF 是一個三元組，這個三元組就代表了叢集的所有資訊，用 CF=（N，LS，SS）表示。其中，N 是子類中節點的數目，LS 是 N 個節點的線性和（即 $\sum_{i=1}^{n} X_i$），SS 是 N 個節點的平方和（即 $\sum_{i=1}^{n} X_i^2$）。舉例來說，叢集的形心 X_0，半徑 R 和直徑 D 分別是

$$x_o = \frac{\sum_{i=1}^{n} X_i}{n} = \frac{LS}{n}$$

$$R = \sqrt{\frac{\sum_{i=1}^{n}(X_i - X_o)^2}{n}} = \sqrt{\frac{nSS - 2LS^2 + nLS}{n^2}}$$

$$D = \sqrt{\frac{\sum_{i=1}^{n}\sum_{j=1}^{n}(X_i - X_j)^2}{n(n-1)}} = \sqrt{\frac{2nSS - 2LS^2}{n(n-1)}}$$

聚類特徵樹（CF Tree）是一棵具有兩個參數的高度平衡樹，用來儲存層次聚類的聚類特徵。它涉及兩個參數分支因子和閾值。其中，分支因子 B 指定子節點的最大數目，即每個非葉節點可以擁有的孩子的最大數目。閾值 T 指定儲存在葉節點的子叢集的最大直徑，它影響著 CF- 樹的大小，因此改變閾值可以改變樹的大小。CF- 樹是隨著資料點的插入而動態創建的，因此該方法是增量的。CF- 樹的構造過程實際上是一個資料點的插入過程，並且原始資料都在葉子節點上。步驟如下。

(1) 從根節點 root 開始遞歸往下，計算當前條目與要插入資料點之間的距離，尋找距離最小的路徑，直到找到與該資料點最接近的葉子節點中的條目。

(2) 比較計算出的距離是否小於閾值 T，如果小於則當前條目吸收該資料

點；反之，則繼續第三步。

(3) 判斷當前條目所在葉子節點的條目個數是否小於 L，如果是，則直接將資料點插入作為該資料點的新條目，否則需要分裂該葉子節點。分裂的原則是尋找該葉子節點中距離最遠的兩個條目並以這兩個條目作為分裂後兩個新的葉子節點的起始條目，其他剩下的條目根據距離最小原則分配到這兩個新的葉子節點中，刪除原葉子節點並更新整個 CF-樹。最終這棵樹看起來如圖 3-23 所示。

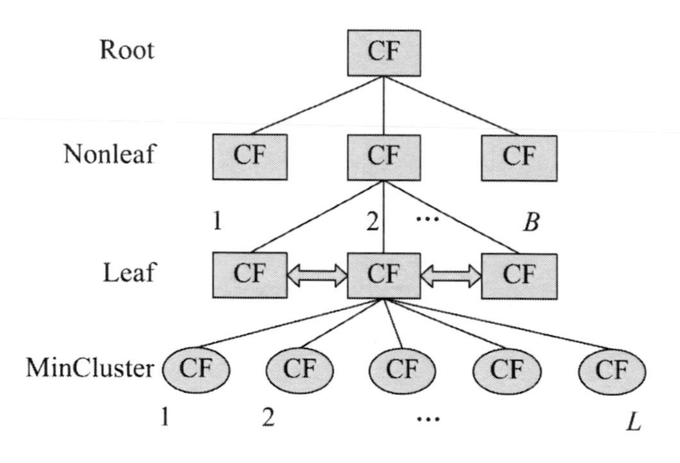

圖 3-23 CF- 樹的結構

3.4.3 BIRCH 演算法的優勢與劣勢

1 · BIRCH 演算法的優勢：

(1) 節省內存。葉子節點放在磁盤分區上，非葉子節點僅僅是儲存了一個 CF 值，外加指向父節點和孩子節點的指針。

(2) 快捷性。合併兩個叢集只需要兩個 CF 算術相加即可；計算兩個叢集的距離只需要用到（N， LS， SS）這三個值。

(3) 簡便性。一遍掃描資料庫即可建立 CF- 樹。

2 · BIRCH 演算法的劣勢

(1) 結果依賴於資料點的插入順序，本屬於同一個叢集的點可能由於插入順序相差很遠而分到不同的叢集中，即使同一個點在不同的時刻被插入，也有可能會被分到不同的叢集中。

(2) 對非球狀的叢集聚類效果不好。這取決於叢集直徑和叢集間距離的計算方法。

(3) 由於每個節點只能包含一定數目的子節點，最後得出來的叢集可能和自然叢集相差很大。

最後，我們來討論 BIRCH 演算法的有效性。設定該演算法的時間複雜度是 O(n)，其中 n 是被聚類的對象數。實驗表明該演算法關於對象數是線性可伸縮的，並且具有較好的資料聚類品質。然而，CF- 樹的每個節點由於大小限制只能包含有限的條目，一個 CF- 樹節點並不總是對應於用戶認為的一個自然叢集。此外，如果叢集不是球形的，則 BIRCH 不能很好地工作，因為它使用半徑或直徑的概念來控制叢集的邊界。

其他方面，聚類特徵和 CF- 樹概念的應用已經超越 BIRCH，且這一思想已經被許多其他聚類演算法借用以處理聚類流資料和動態資料問題。

3.5 基於密度的聚類：DBSCAN

3.5.1 基於密度的聚類演算法概述

DBSCAN（Density-Based Spatial Clustering of Applications with Noise，具有雜訊的基於密度的聚類方法）是一個比較有代表性的基於密度的聚類演算法。與劃分和層次聚類方法不同，它將叢集定義為密度相連的點的最大集合，能夠把具有足夠高密度的區域劃分為叢集，並可在雜訊的空間資料庫中發現任意形狀的聚類。

3.5.2 DBSCAN 演算法的基本原理

我們首先來介紹關於 DBSCAN 的主要幾個定義：

(1) ε - 鄰域：給定對象半徑為 ε 內的區域稱為該對象的 ε - 鄰域。

(2) 核心對象：如果給定對象 ε - 領域內的樣本點數大於等於預先設定的最小數目 MinPts，則稱該對象為核心對象。

(3) 直接密度可達：對於一個樣本集合 D，如果樣本點 q 在 p 的 ε - 領域內，並且 p 為核心對象，那麼稱對象 q 是從對象 p 出發直接密度可達的。通俗來說，若 q 包含在核心對象 p 的聚類叢集內，稱 q 從 p 出發是直接密度可達的。

例如，在圖 3-24 中，m 從核心對象 q 和 p 出發是直接密度可達的。

密度可達：如果存在一個對象鏈 $p_1, p_2, \ldots, p_n, p_1=q, p_n=p$，對於 $p_i \in D$，$1 \le i \le n$, p_{i+1} 是從 p_i 關於 ε 和 MinPts 直接密度可達的，則對象 p 是從對象 q 關於 ε 和 MinPts 密度可達的。簡單來說，在一串聚類叢集內，一個對象到遠處的核心對象是密度可達的。

如圖 3-24 所示，q 和 p 之間不是直接密度可達的，但透過核心對象 m 的連接實現了密度可達。

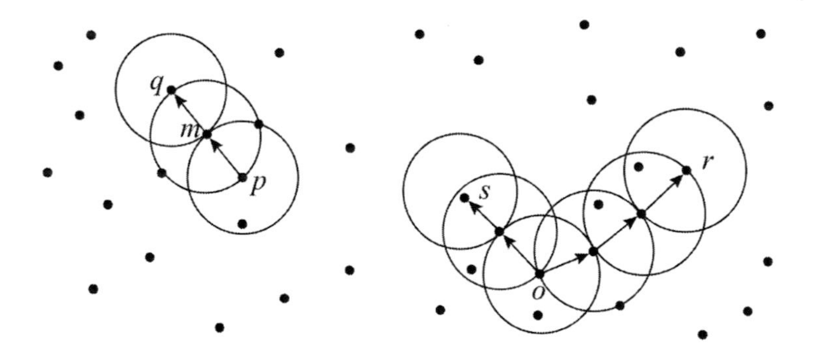

圖 3-24 直接密度可達

密度相連：在對象集合 D 中，如果存在一個對象 o，使得對象 s 和 r 都是從 o 關於和 MinPts 密度可達的，那麼對象 s 到 r 是關於 ε 和 MinPts 密度相連的。

例如，在圖 3-24 中，s 和 r 同時從 o 出發是密度可達的，即 o 將 s 和 r 連接起來，則稱對象 s 到 r 是關於 ε 和 MinPts 密度相連的。

雜訊：一個基於密度的叢集是基於密度可達性的最大的密度相連對象的集合。不包含在任何叢集中的對象被認為是「雜訊」，即不屬於任何一個集合的特殊點。

1．DBSCAN 的聚類過程

首先，DBSCAN 掃描整個資料集合，找到一個 ε - 領域中包含大於 MinPts 的核心對象，標記並創建一個以該點作為核心對象的叢集。之後，對該核心點進行擴充，擴充的方法是尋找從該核心點出發的所有密度相連的資料點（注意是密度相連）。遍歷該核心點的鄰域內的所有核心點（因為邊界點是無法擴充的），尋找與這些資料點密度相連的點，直到沒有可以擴充的資料點為止。最後，聚類成的叢集的邊界節點都是非核心資料點。至此，一個大的叢集聚類完成，該叢集可以是任意形狀的。重複上述步驟，尋找沒有被聚類的核心點，重複聚類，得到不同的叢集。聚類結束後，沒有包含在任何叢集中的點就構成異常點，成為雜訊。

2．流程

演算法 3.2 DBSCAN 聚類演算法

輸入：一個包含 n 個對象的資料集 D；半徑參數 ε；領域密度閾值 MinPts（即包含的最小對象數）

輸出：基於密度的叢集的集合

I．標記所有對象為 unvisited；

II．Do；

III．隨機選擇一個 unvisited 對象 p；

IV．標記 p 為 visited；

V．If（p 的 ε- 領域至少包含有 MinPts 個對象）；

VI．創建一個新叢集 C，並把 p 添加到 C；

VII．令 N 為 p 的 ε- 領域中的對象集合；

VIII．For N 中每個點 q；

IX．If q 是 unvisited；

X．標記 q 為 visited；

XI．If q 的 ε- 領域至少有 MinPts 個對象，把這些對象添加到 N；
XII．If q 還不是任何叢集的成員，把 q 添加到 C；
XIII．End for；
XIV．輸出 C；
XV．Else 標記 p 為雜訊；
XVI．Until 沒有標記為 unvisited 的對象。

3．DBSCAN 演算法的效能

DBSCAN 需要對資料集中的每個對象進行考察，透過檢查每個點的 ε - 鄰域來尋找聚類，如果某個點 p 為核心對象，則創建一個以該點 p 為核心對象的新叢集，然後尋找從核心對象直接密度可達的對象。如表 3-1 所示，如果採用空間索引，DBSCAN 的計算複雜度是 O(nlog n)，這裡 n 是資料庫中對象的數目。否則，計算複雜度是 $O(n^2)$。

表 3-1 各種查詢方式的時間複雜度

時間複雜度	一次鄰居點的查詢	DBSCAN
有索引	log n	nlog n
無索引	O(n)	$O(n^2)$

DBSCAN 演算法將具有足夠高密度的區域劃分為叢集，並可以在帶有「雜訊」的空間資料庫中發現任意形狀的聚類。

但是，該演算法對用戶定義的參數是敏感的，ε、MinPts 的設定將影響聚類的效果。設定的細微不同，會導致聚類結果的很大差別。為瞭解決上述問題，OPTICS（Ordering Points To Identify the Clustering Structure）被提出，它透過引入核心距離和可達距離，使得聚類演算法對輸入的參數不敏感。

3.5.3 DBSCAN 演算法的優勢與劣勢

1．DBSCAN 演算法與傳統的聚類演算法相比有一些優勢

(1) 它與 K-means 相比較，不需要事先確定和輸入聚類叢集的數量，避免部分因操作帶來的誤差。

(2) 聚類叢集的形狀沒有特殊的要求，可以形成任意形狀的聚類叢集，更為直觀準確。

(3) 識別雜訊，可以在需要時輸入過濾雜訊的參數，從而達到過濾雜訊的效果。

2 · DBSCAN 演算法也有劣勢

(1) 不能很好反映高維資料。

(2) 不能很好反映資料集已變化的密度。

3.6 基於網格的聚類：CLIQUE

3.6.1 基於網格的聚類演算法概述

基於網格和密度的聚類方法一樣也是一類重要的聚類方法。它們都在以空間資訊處理為代表的眾多領域有著廣泛應用。特別是伴隨著最近處理大規模資料集、可伸縮的聚類方法的開發，其在空間資料探勘研究領域日趨活躍。基於網格的聚類演算法把對象空間量化為有限數目的單元，這些單元形成了網格結構，聚類的操作也在該結構（即量化的空間）上進行，圍繞模式組織由矩形塊劃分的值空間，基於塊的分布資訊進而實現模式聚類。基於網格的聚類演算法常常與其他方法相結合，特別是與基於密度的聚類方法相結合。

基於網格的聚類演算法主要有 STING、CLIQUE、WaveCluster 等。本節，我們將主要介紹 CLIQUE。

3.6.2 CLIQUE 演算法的基本原理

資料對象通常有數十個屬性，其中許多可能並不相關，而且屬性的值可能差異很大，這些因素使我們很難在整個資料空間找到叢集，因此在資料的子空間找出叢集可能會更有意義一些。例如，在禽流感患者中，age、gender 和 job 屬性可能在一個很寬的值域中顯著變動。因此在資料集中，很難找出這樣的叢集。然而，透過子空間搜尋，我們可能在較低維空間中發現類似患者的叢集（例如：高燒，咳嗽但不流鼻涕等症狀，年齡在 2 ～ 16 歲的患者叢集)。

CLIQUE（Clustering In QUEst）演算法綜合了基於密度和基於網格的聚類方法，它的中心思想是：首先，給定一個多維資料點的集合，資料點在資料空間中通常不是均衡分布的。CLIQUE 區分空間中稀疏的和「擁擠的」區域（或單元)，以發現資料集合的全局分布模式。接著，如果一個單元中的包含資料點超過了某個輸入模型參數，則該單元是密集的。在 CLIQUE 中，叢集定義為相連的密集單元的最大集合。

CLIQUE 識別候選搜尋空間的主要策略是使用稠密單元關於維度的單調性。這基於頻繁模式和關聯規則資訊使用的先驗性質（在關聯分析中講到)。在子空間聚類的背景下，單調性陳述如下：一個 k- 維 (k>1) 單元 c 至少有 m 個點，僅當 c 的每個 (k-1)—維投影（它是 (k-1)—維單元）至少有 m 個點。如圖 3-25 嵌入資料空間包括三個維：年齡、薪水和假期。

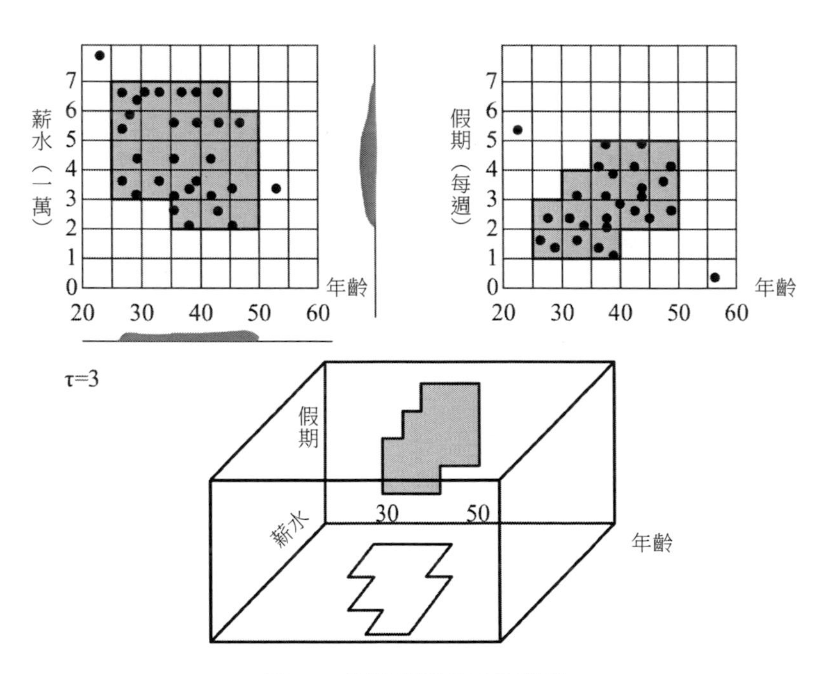

圖 3-25 資料空間的三個維度

CLIQUE 透過兩個階段進行聚類。在第一階段中，CLIQUE 把 d- 維資料空間劃分為若干互不重疊的矩形單元，並且從中識別出稠密單元。CLIQUE 在所有的子空間中發現稠密單元。為了做到這一點，CLIQUE 把每個維都劃分成區間，並識別至少包含 l 個點的區間，其中 l 是密度閾值。然後，CLIQUE 疊代地連接子空間。CLIQUE 檢查中的點數是否滿足密度閾值。當沒有候選產生或候選都不稠密時，疊代終止。在第二階段中，CLIQUE 使用每個子空間中的稠密單元來裝配可能具有任意形狀的叢集。其思想是利用最小描述長度（MDL）原理，使用最大區域來覆蓋連接的稠密單元，其中最大區域是一個超矩形，落入該區域中的每個單元都是稠密的，並且該區域在該子空間的任何維上都不能再擴展。一般來說找出叢集的最佳描述是非常困難的。因此，CLIQUE 採用了一種簡單的貪心方法。它從一個任意稠密單元開始，找出覆蓋該單元的最大區域，然後在尚未被覆蓋的剩餘的稠密單元上繼續這一過程。當所有稠密單元都被覆蓋時，貪心方法終止。

3.6.3 CLIQUE 演算法的優勢與劣勢

CLIQUE 演算法能自動發現最高維中所存在的密集聚類，它對輸入資料元組順序不敏感，也不需要假設（資料集中存在）任何特定的資料分布，它與輸入資料大小呈線性關係，並當資料維數增加時具有較好的可擴展性。但是，在追求方法簡單化的同時往往就會降低聚類的準確性。CLIQUE 最有用的特徵是，它提供了一種搜尋子空間發現叢集的有效技術。由於這種方法基於源於關聯分析的著名的先驗原理，它的性質能夠被很好地理解。另一個有用特徵是，CLIQUE 用一小組不等式概括構成一個叢集的單元列表的能力。

CLIQUE 的許多侷限性與其他基於網格的密度方法類似。具體來說，正如頻繁項集可以共享項一樣，CLIQUE 發現的叢集也可以共享對象。允許叢集重疊可能大幅度增加叢集的個數，並使得解釋更加困難。另一個問題是 Apriori（和 CLIQUE）潛在地具有指數複雜度。例如，如果在較低的 k 值產生過多的稠密單元，則 CLIQUE 將遇到困難。而提高密度閾值 ξ 可以減緩該問題。

參考文獻

[1] A. Nagpal, A. Jatain, and D. Gaur, Review Based on Data Clustering Algorithms. In Proceeding of IEEE Conference on Information & Communication Technologies, pages 298–303, 2013.

[2] D. Napoleon and P. G. Lakshmi, An Efficient K-means Clustering Algorithm for Reducing Time Complexity Using Uniform Distribution Data Points. In Proceedings of International Conference on Trends in Information Sciences & Computing, 42-45, 2010.

[3] R. Krishnapuram, J. Kim, A Note on the Gustafson–Kessel and Adaptive Fuzzy Clustering Algorithms, IEEE Trans. Fuzzy Syst. 7 (1999)：453-461.

[4] D.E. Gustafson, W.C. Kessel, Fuzzy Clustering with A Fuzzy Covariance Matrix, in IEEE Conference on Decision and Control including the 17th Symposium on Adaptive Processes, vol.17, San Diego, CA, USA, 1978：761-766.

[5] I. Gath, A. Geva, Unsupervised Optimal Fuzzy Clustering, IEEE Trans. Pattern Anal. Mach. Intell. 11 (1989)：773-780.

[6] S.R. Kannan, R. Devi, S. Ramathilagam, K. Takezawa, Effective FCM Noise Clustering Algorithms in Mmedical Images, Comput. Biol. Med. 43 (2) (2013)：73-83.

[7] Fukui, Ken-ichi, et al. 「Evolutionary Distance Metric Learning Approach to Semi-supervised Clustering with Neighbor Relations.」 Tools with Artificial Intelligence (ICTAI), 2013 IEEE 25th International Conference on. IEEE, 2013.

[8] Fung G. (2001). A Comprehensive Overview of Basic Clustering Algorithms.

[9] Kaymak U. and Setnes M. (2000). Extended Fuzzy Clustering Algorithm. ERIM Report Series Research in Management. 1-23.

[10] Gath I. and Geva A.B. (1989). Unsupervised Optimal Fuzzy Clustering. IEEE Transactions on Pattern Analysis and Machine Intelligence. 11(7)：773-781.

[11] Barnard J. M. and Downs G.M. (1992). Clustering of Chemical Structures on the Basis of Two-Dimensional Similarity Measures. Journal of Chemical Information and Computer Science.32. 644-649.

[12] De Carvalho, Francisco de-AT, Antonio Irpino, and Rosanna Verde. 「Fuzzy Clustering of Distribution-valued Data Using an Adaptive L 2 Wasserstein distance.」 Fuzzy Systems(FUZZ-IEEE), 2015 IEEE International Conference on. IEEE, 2015.

[13] R. J. Hathaway and J. C. Bezdek, 「Switching Regression Models and Fuzzy Clustering,」 IEEE Trans. Fuzzy Systems,vol. 1, no. 3, pp. 195-204, Aug. 1993.

[14] Rodgers S.L., Holliday J.D. and Willet P. (2004). Clustering Files of Chemical Structures Using the Fuzzy K-means Clustering Method. Journal of Chemical Information and Computer Science. 44.

894-902.

[15] D』Urso P. & Giordani P. (2006). A Robust Fuzzy K-means Clustering Model for Interval Valued Data. Computational Statistics, 21(2)： 251-269.

[16] Krishnapuram R. Joshi A., Nasraoui O. & Yi L. (2001). Low-complexity Fuzzy Relational Clustering Algorithms for Web Mining. IEEE Transactions on Fuzzy Systems, 9(4)： 595-607.

[17] Izakian Hesam, Witold Pedrycz and Iqbal Jamal. 「Fuzzy Clustering of Time Series Data Using Dynamic Time Warping Distance.」 Engineering Applications of Artificial Intelligence 39 (2015)：235-244.

[18] Wang Zhelong, Ming Jiang, Yaohua Hu, and Hongyi Li. 「An Incremental Learning Method Based on Probabilistic Neural Networks and Adjustable Fuzzy Clustering for Human Activity Recognition by Using Wearable Sensors.」 IEEE Transactions on Information Technology in Biomedicine IEEE Trans. Inform. Technol. Biomed. 16.4 (2012)： 691-99. Web.

[19] Liao Z., Lu X., Yang T., Wang H., 2009. Missing Data Imputation： A Duzzy K-means Clustering Algorithm over Sliding Window. In： Proceedings of the 6th International Conference on Fuzzy Systems Knowledge Discovery, Tanjin, August, pp. 133-137.

[20] Hathaway R.J., Bezdek J.C., 2002. Clustering Incomplete Relational Data Using the Non-Euclidean Relational Fuzzy C-means Algorithm. Pattern Recogn. Lett. 23, 151-160.

第 4 章
分類分析

分類分析是一類重要的資料探勘方法，本章首先介紹分類分析的基本概念及其評估方法；然後介紹幾種最為典型的分類方法，包括決策樹分析、最近鄰分析、貝氏分析、神經網路和支援向量機，其中重點是決策樹分析，著重介紹了 Chaid 演算法、ID3 演算法、C4.5 演算法和 CART 演算法。

針對各種分類分析演算法，涉及的內容包括：

（1）演算法的基本原理、操作步驟；

（2）演算法在 SPSS 等工具軟體中的實操應用；

（3）演算法在實際電信營運中的應用案例。

4.1 分類分析概述

1．基本概念

分類在資料探勘中是一項非常重要的任務，目前在商業上應用最多。分類任務的輸入資料是記錄的集合。每條記錄用元組（X，y）表示，其中 X 是屬性的集合，y 是一個特殊的屬性，是分類的目標屬性，稱為類標號。表 4-1 列出一個樣本資料集，用來將客戶的信用等級分為流失和不流失兩類（1 表示流失，0 表示不流失）。屬性集指明客戶的性質，如當月可用餘額、當月 ARPU、當月 MOU、當月 DOU、是否 4G 資費等。從表格中可以看出，屬性集有離散的也有連續的，但類標號必須是離散屬性。

表 4-1 電信用戶的資料集

是否 4G 資費	當月可用餘額	當月 ARPU	當月 MOU	當月 DOU	是否流失
否	11.76	0	0	100	1
否	-380.08	12.59	0	0	1
是	313.85	51.21	192	363255	0
否	-0.31	6.33	0	0	1
是	36.24	65.48	480	1053178	1
否	82.01	35.25	301	39301	0
否	-22.32	17.75	0	0	1
否	146.47	67.51	1083	88911	0
否	18.36	83.53	438	0	0
否	11.51	11.84	10	0	1
否	76.77	54	325	525	0
否	46.66	100.77	455	12061	0
否	3.81	38.55	130	82377	1
是	-3.51	324.6	3646	570895	0
否	-0.59	5.76	0	0	1

分類（Classification）就是透過學習得到一個目標函數（Target Function）f，可以把每個屬性集 x 映射到一個預定義的類標號 y。

目標函數就是一個分類模型（Classification Model），分類模型主要有以下用處。

(1) 描述資料：分類模型可以作為一種解釋性的工具，有助於概括表 4-1 中的資料，並說明哪些特徵決定了客戶的流失。

(2) 預測類標號：分析輸入資料，透過在訓練集中的資料表現出來的特性，為每一個類找到一種準確的分類模型。這個分類模型可以看作一個黑箱，如圖 4-1 所示，當給定未知記錄的屬性集上的值時，它就會根據這些屬性集上的值自動地賦予未知樣本類標號，如表 4-1 給出來的例子，就可以預測哪些客戶更容易流失。

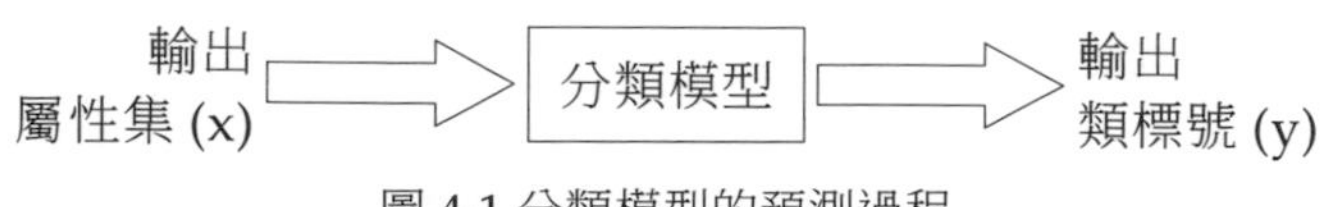

圖 4-1 分類模型的預測過程

2．解決分類問題的一般過程

分類技術是一種根據輸入資料集建立分類模型（也稱為分類器）的系統方法。分類器構造的方法包括決策樹分類法、基於規則的分類法、神經網路、支援向量機和單純貝氏分類法。這些技術都使用一種學習演算法確定分類模型，該模型能夠很好地擬合輸入資料中類標號和屬性集之間的關係，不僅如此，還能夠正確地預測未知樣本的類標號，具有很好的泛化能力。於是，在解決分類問題時，首先需要一個訓練集（類標號已知）來建立分類模型，隨後將該模型運用於檢驗集。圖 4-2 展示瞭解決分類問題的一般過程。

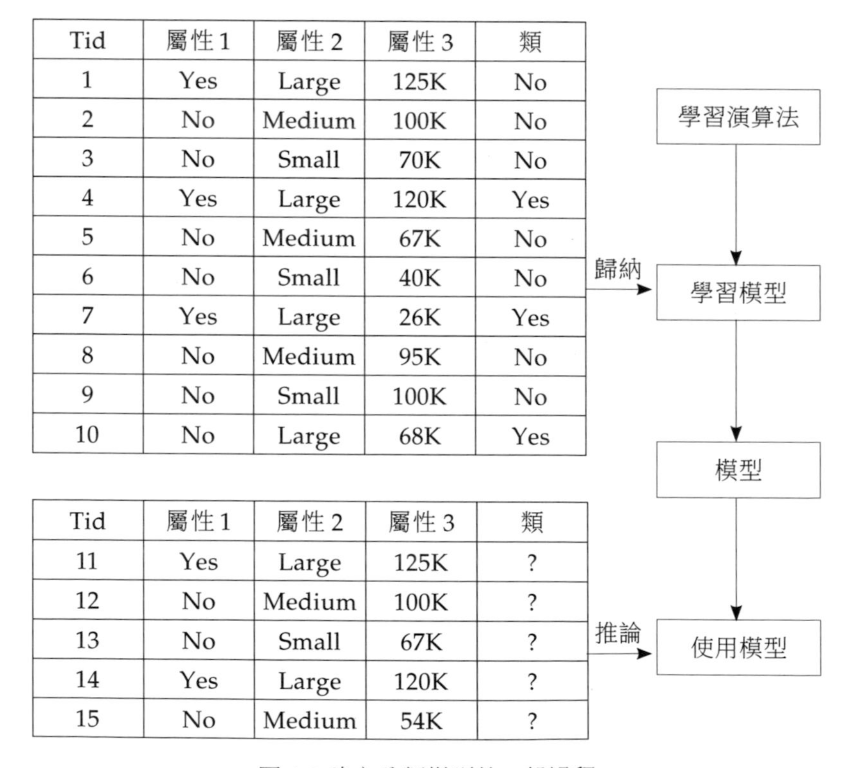

Tid	屬性 1	屬性 2	屬性 3	類
1	Yes	Large	125K	No
2	No	Medium	100K	No
3	No	Small	70K	No
4	Yes	Large	120K	Yes
5	No	Medium	67K	No
6	No	Small	40K	No
7	Yes	Large	26K	Yes
8	No	Medium	95K	No
9	No	Small	100K	No
10	No	Large	68K	Yes

Tid	屬性 1	屬性 2	屬性 3	類
11	Yes	Large	125K	?
12	No	Medium	100K	?
13	No	Small	67K	?
14	Yes	Large	120K	?
15	No	Medium	54K	?

圖 4-2 建立分類模型的一般過程

4.2 分類分析的評估

1 · 分類模型的評估

分類模型不僅要能夠很好地擬合訓練資料集，還希望能夠很好地預測未知的類標號，於是在評估分類模型的時候，測試模型在檢驗集上的效能就變得十分有必要了。為了做到這一點，檢驗記錄的類標號必須是已知的。因此，原始資料就不能全部作為訓練集去歸納模型，而是部分作為訓練集、部分作為檢驗集。下面介紹幾種劃分原始資料集的方法。

(1) 保持方法：將被標記的原始資料劃分為兩個不相交的集合，訓練集和檢驗集。在訓練集上歸納分類模型，在檢驗集上評估模型的效能。

這種方法有很大的侷限性：第一，會使訓練樣本變少。第二，由於將原始資料隨機分組，所以最後驗證集分類準確率的高低與原始資料的分組會有很大的關係。

(2) 隨機二次抽樣：隨機二次抽樣就是多次重複保持方法。

雖然改進了保持方法，但仍然有很大的侷限性，首先訓練階段利用的資料仍然較少，並且，由於沒有控制每個記錄用於訓練和檢驗的次數，就有可能導致用於訓練的某一記錄的頻率比其他記錄高很多。

(3) 交叉驗證。

① 二折交叉驗證：把資料分為相同大小的兩個子集，先選擇一個作為訓練集；另一個作為檢驗集，然後交換兩個集合的角色。

② k 折交叉驗證：把資料分為大小相同的 k 份，每次運行，選擇其中一份作為檢驗集，其餘的全作為訓練集，並重複 k 次該過程，使每份資料都恰好用於驗證一次。

③ 留一法：如果原始資料有 N 個樣本，那麼留一個樣本作為檢驗集，其餘 N-1 個樣本作為訓練集，重複 N 次，使每個樣本都作為過一次檢驗集，取 N 個模型準確率的平均數作為該分類器的效能指標。

留一法的優點很明顯：第一，每一次幾乎所有的樣本都用於訓練模型，因此最接近原始樣本的分布。第二，可以消除隨機因素對實驗結果的影響，從而確保實驗結果可以被覆制。但同樣的，留一法需要建立 N 次模型，計算量會很大，而且，每個檢驗集只有一個記錄，效能估計度量的變異數偏高。

2 · 分類模型的效能度量

分類模型的效能根據模型能夠正確檢驗記錄的能力進行評估。關於這些記錄的計數存放在稱作混淆矩陣的表格中。表 4-2 為一個描述二元分類問題的混淆矩陣。

表 4-2 二元分類問題的混淆矩陣

混淆矩陣		預測類標號	
		類 =1	類 =0
實際的類標號	類 =1	f_{11}	f_{10}
	類 =0	f_{01}	f_{00}

f_{11} 代表原本屬於類 1 預測為類 1 的記錄數，f_{10} 代表原本屬於類 1 預測為類 0 的記錄數，f_{01} 代表原本屬於類 0 預測為類 1 的記錄數，f_{00} 代表原本屬於類 0 預測為類 0 的記錄數。混淆矩陣記錄了分類模型檢驗記錄的結果，但比較起來不夠直觀。為此，可以使用一些效能度量（Preformance Metric），如準確率（Accuracy），其定義如下（式 4-1）：

$$準確率 = \frac{正確預測數}{預測總數} = \frac{f_{11} + f_{00}}{f_{11} + f_{10} + f_{01} + f_{00}}$$

同樣，錯誤率（Error Rate）也可以衡量分類模型的效能，其定義如下（式 4-2）：

$$錯誤率 = \frac{錯誤預測數}{預測總數} = \frac{f_{10} + f_{01}}{f_{11} + f_{10} + f_{01} + f_{00}}$$

從式 4-2 可以看出，準確率把每個類看得同等重要，因此不適合用來分析不平衡的資料集。而且，在多數不平衡資料集中，稀有類比多數類更有意義。

例如，在預測客戶是否投訴時，投訴客戶在所有客戶中所占的比例很少，屬於稀有類。但在預測客戶是否投訴時，投訴類就比非投訴類更有意義。在二元分類中，通常稀有類記為正類，多數類記為負類。基於不平衡資料的混淆矩陣，通常會用到下列術語：

- 真正（True Positive, TP）對應 f_{11}，表示正確預測的正樣本數。
- 假負（False Negative, FN）對應 f_{10}，表示錯誤預測為負類的正樣本數。
- 假正（False Positive, FP）對應 f_{01}，表示錯誤預測為正類的負樣本數。
- 真負（True Negative, TN）對應 f_{00}，表示正確預測的負樣本數。

針對不平衡資料的效能度量有以下幾種：

- 真正率（True Positive Rate, TPR）或靈敏度（Sensitivity）或召回率（Recall）：正確預測的正樣本占正樣本的比例，即（式 4-3）：

$$TPR = \frac{TP}{TP + FN}$$

具有高召回率的樣本，很少將正樣本誤分類為負樣本。

- 真負率（True Negative Rate, TNR）或特指率（Specificity）：正確預測的負樣本占負樣本的比例，即（式 4-4）：

$$TNR = \frac{TN}{TN + FP}$$

- 假正率（False Positive Rate, FPR）：錯誤預測為正類的負樣本占負樣本的比例，即（式 4-5）：

$$FPR = \frac{FP}{TN + FP}$$

- 假負率（False Negative Rate, FNR）：錯誤預測為負類的正樣本占正樣本的比例，即（式 4-6）：

$$FNR = \frac{FN}{TP + FN}$$

- 精度（Precision, Pre）：正確預測的正樣本占所有預測為正類的樣本的比例，即（式 4-7）：

$$Pre = \frac{TP}{TP + FP}$$

3·分類模型的效能比較

比較不同分類模型效能好壞時，最常用的一種方法是接受者操作特徵（Receiver Operating Characteristic， ROC）曲線。ROC 曲線是顯示分類器真正率和假正率之間折中的一種圖形化方法。在 ROC 曲線上，y 軸表示真正率，x 軸表示假正率。曲線上的每一個點對應一個分類模型的真正率和假正率值。

(1) 繪製 ROC 曲線

為繪製 ROC 曲線，分類器應當輸出連續值，即判為某一類的機率，而不是預測的類標號。具體過程如下：

① 對檢驗記錄的正類的連續輸出值遞增排序。

② 選擇一個小於最小值的一個值為閾值，把高於閾值的記錄指派為正類。這種方法等價於把所有的檢驗實例都分為正類。此時，所有的正樣本都被正確分類，同時所有的負樣本都被錯誤分類。所以 TPR=FPR=1。

③ 增大閾值，這時真正率會減小，假正率也會減小。

④ 重複步驟③，並相應地更新真正率和假正率，直到閾值大於檢驗記錄的最大值（閾值的最大值通常取①。

⑤ 根據記錄的真正率和假正率畫出 ROC 曲線。

(2) ROC 曲線的物理意義。

圖 4-3 顯示了分類器 M_1 和 M_2 的 ROC 曲線。曲線上每個模型都會經過兩個點：一個是（TPR=0，FPR=0），代表把每個實例都預測為負類的模型；另一個是（TPR=1，FPR=1），表示把每個實例都預測為正類的模型。圖 4-3 中還有一個很特殊的點，位於圖中的左上角即（TPR=1，FPR=0），該點為理想模型，真正率為 1，假正率為 0，所有正樣本都被正確預測為正樣本且沒有負樣本被錯誤預測為正樣本。

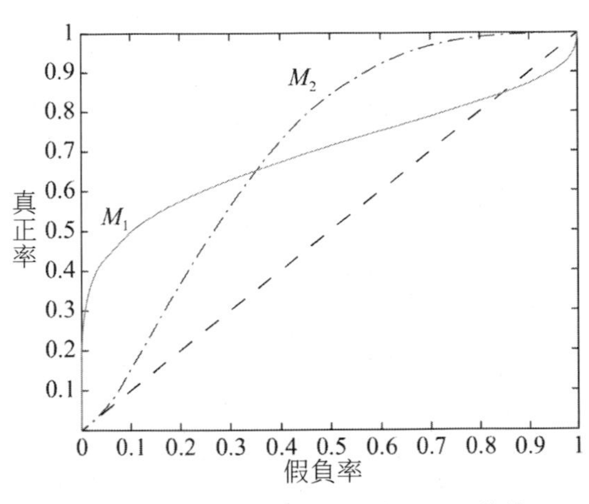

圖 4-3 兩種不同分類模型的 ROC 曲線

ROC 曲線有助於比較兩個分類器的相對效能。如圖 4-3 所示當假正率小於 0.35 時分類模型 M_1 要優於 M_2，而當假正率大於 0.35 時模型 M_2 要優於 M_1。用 ROC 曲線下方的面積可以評估分類模型的平均效能。理想模型的 ROC 曲線下方的面積等於 1，對於隨機猜測的模型來說，它的 ROC 曲線下方的面積等於 0。其他的分類模型的 ROC 曲線下方面積介於這兩者之間。ROC 曲線下方面積較大的，模型的平均效能越好。

通常，ROC 曲線下方的面積用 AVC（Area Under Curre）來表示。

4.3 決策樹分析

4.3.1 決策樹演算法的基本原理

1．決策樹的工作原理

解釋決策樹分類的工作原理，可考慮上一節仲介紹的客戶是否流失的分類問題。假如某公司的工作人員拿到一份關於客戶的資訊，怎麼判定它是否會流失呢？一種方法是針對客戶的屬性提出一系列問題。第一個問題可能是：該客戶當月可用餘額為多少？如果大於 50，則該客戶肯定不可能流失；如果小於 50，該用戶可能流失也可能不流失。這個時候就需要繼續提問：用戶當月的 ARPU 值為多少？如果大於 50，則不會流失，如果小於 50，則可能會流失。然後繼續提問。

上面的例子表明，透過一系列精心構思的關於檢查記錄屬性的問題，可以解決分類的問題，每當一個問題得到答案，後續的問題將隨之而來，直到得知我們的類標號。將這一系列的問題和回答按照一定的順序組織起來，就可以構成決策樹的形式。

圖 4-4 給出了客戶流失問題的一個決策樹示例，樹中包含三種節點。

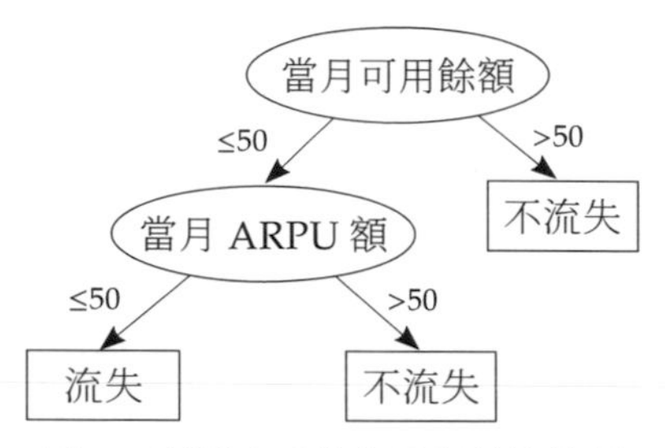

圖 4-4 預測客戶流失問題的決策樹

- 根節點（root node）：沒有入邊，但有零條或多條出邊。
- 內部節點（internal node）：僅有一條入邊並有兩條或多條出邊。
- 葉子節點（leaf node）：僅有一條入邊，沒有出邊。

每個葉子節點都賦予一個類標號。對於根節點和內部節點要包含屬性的測試條件，用以分開具有不同特性的記錄。一旦構建了決策樹，檢查記錄並預測類標號就相當容易了，從樹的根節點開始將決策樹的測試條件用於待分類資料，根據資料的屬性值選擇適當的分支，沿著該分支到達一個內部節點或一個葉子節點，若到達一個內部節點則使用該節點的測試條件繼續匹配待分類資料的屬性；若達到一個葉子節點，則該葉子節點的類標號就被賦予給該未分類檢驗記錄。

下面透過一個簡單的例子介紹決策樹的構建過程。

【例 4.1】以貸款是否是欺騙行為為目標變數構建決策樹。

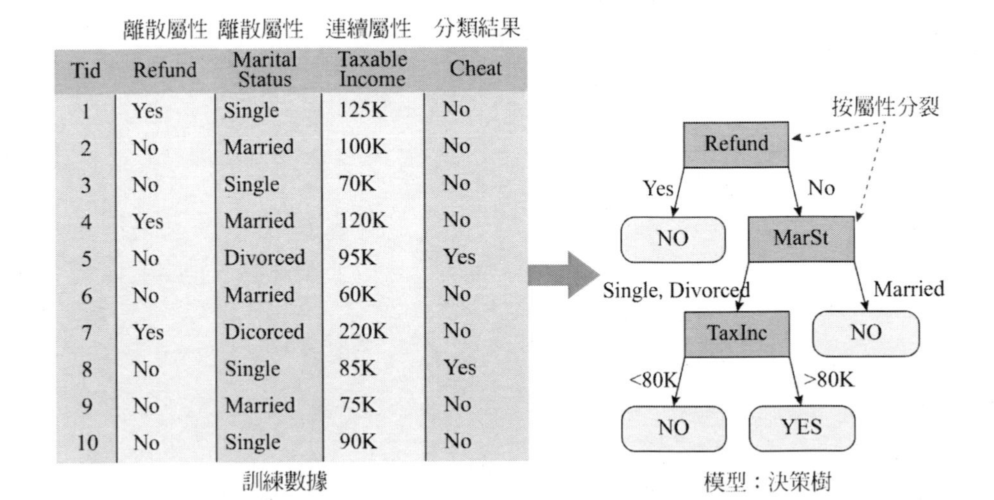

	離散屬性	離散屬性	連續屬性	分類結果
Tid	Refund	Marital Status	Taxable Income	Cheat
1	Yes	Single	125K	No
2	No	Married	100K	No
3	No	Single	70K	No
4	Yes	Married	120K	No
5	No	Divorced	95K	Yes
6	No	Married	60K	No
7	Yes	Dicorced	220K	No
8	No	Single	85K	Yes
9	No	Married	75K	No
10	No	Single	90K	No

訓練數據

模型：決策樹

構建決策樹過程：

(1) 首先選擇 Refund 欄位作為分裂屬性，即根節點，Refund 欄位值為 Yes 的其分類結果 Cheat 欄位都為 No，不需要繼續分裂，值為 No 對應的部分需要繼續分裂。

(2) 分支 No 對應的資料選擇 Marital Status 欄位作為分裂依據，其值為 Married 的資料分類結果都為 No，不需要繼續分裂，另外一條分支需要繼續分裂。

(3) 對於第三次分裂，選擇 Income 欄位作為分裂屬性，這裡選擇 80K 作為分界點可以將資料完全分類。至此，決策樹構建結束，我們透過訓練資料構建了一個樹型分類模型。

2 · 使用決策樹

決策樹具有分類預測功能，現在已知一個客戶的基本資訊，可以透過前面構建的決策樹模型來預測該客戶是否有欺騙行為，過程如下：

(1) 應用決策樹的過程即用待分類資料按樹進行分支選擇，從根節點開始由上往下選擇分支，最終得到分類結果。

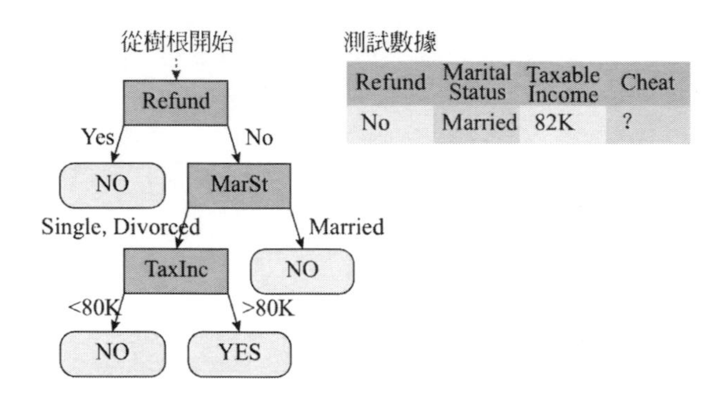

Refund	Marital Status	Taxable Income	Cheat
No	Married	82K	?

(2) 查看根節點 Refund。

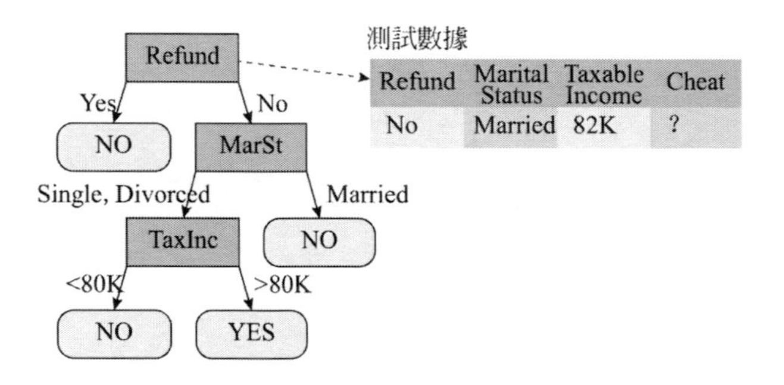

Refund	Marital Status	Taxable Income	Cheat
No	Married	82K	?

(3) 根節點 Refund 值為 No，選擇 No 分支。

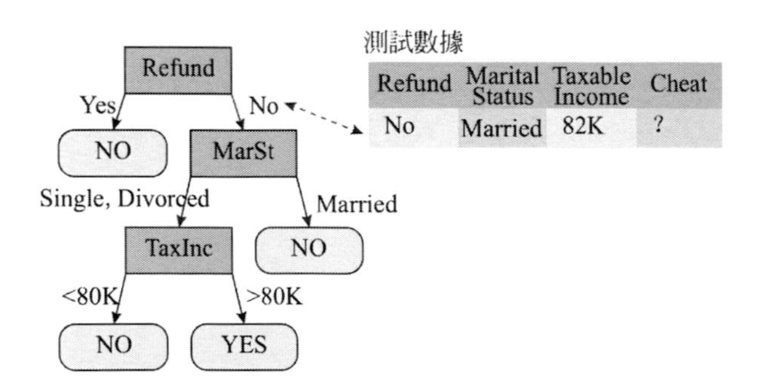

Refund	Marital Status	Taxable Income	Cheat
No	Married	82K	?

(4) 查看分裂屬性 Marital Status。

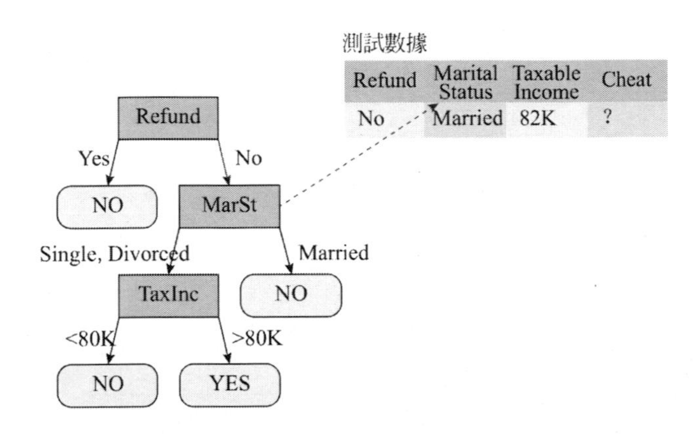

(5) 屬性 Marital Status 值為 Married，選擇右分支。

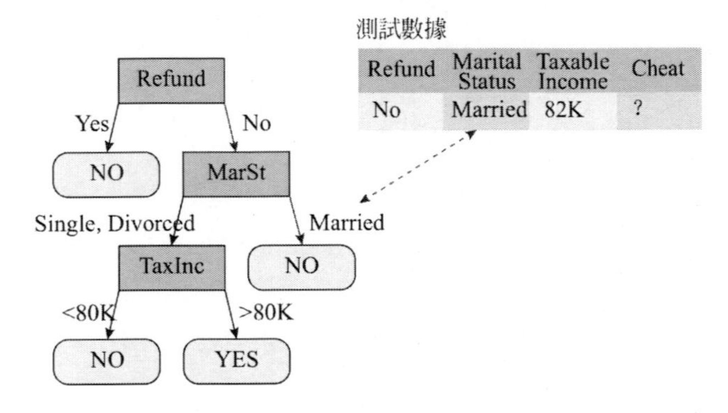

(6) 透過欄位進行分支選擇，最終得到分類預測結果為 No。

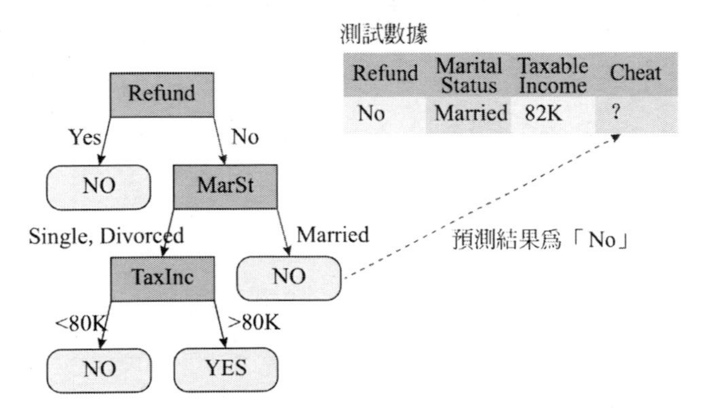

下面是同一個訓練資料生成的另一棵決策樹，這也就說明對同一個訓練資

料透過不同的方法和規則可以生成不同的決策樹。關於決策樹的生成規則，將在後續章節詳細介紹。

	離散屬性	離散屬性	連續屬性	分類結果
Tid	Refund	Marital Status	Taxable Income	Cheat
1	Yes	Single	125K	No
2	No	Married	100K	No
3	No	Single	70K	No
4	Yes	Married	120K	No
5	No	Divorced	95K	Yes
6	No	Married	60K	No
7	Yes	Divorced	220K	No
8	No	Single	85K	Yes
9	No	Married	75K	No
10	No	Single	90K	Yes

訓練數據

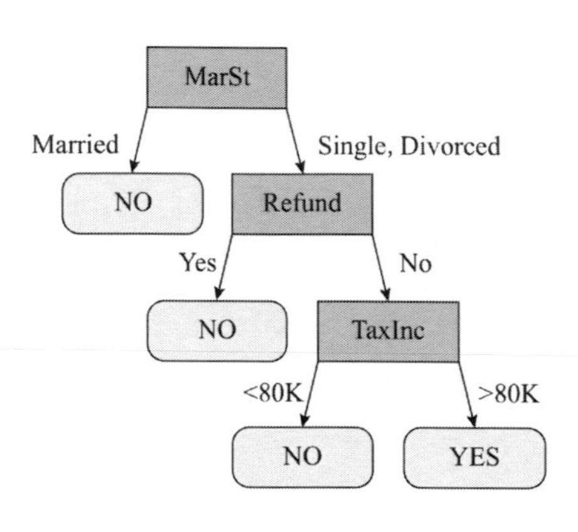

客戶流失是營運商非常關注的一個問題。營運商早期在分析客戶流失時也用到了分類分析裡的決策樹方法。我們將流失問題描述如下：輸入樣本資料（包括欄位：職業、年齡、費用、費用變化率、外網費用比、外網轉移比、外網查詢、投訴情況、流失）。輸出的分類模型用於預測目標屬性「流失」，資料見表 4-3，模型如圖 4-5 所示。

表 4-3 輸入資料

職業	年齡	費用變化率	外網費用比	外網轉移比	外網查詢	投訴情況	流失
無業或學生	20	49%	58%	0	Y	B	Y
高管	46	-16%	48%	20%	N	A	N
教師或公務員	37	20%	36%	0	N	A	N
教師或公務員	26	47%	67%	10%	Y	A	Y
農民	48	52%	60%	0	N	B	Y
職員或工人	30	38%	79%	40%	Y	B	Y
職員或工人	41	33%	45%	0	N	A	N
……	……	……	……	……	……	……	……

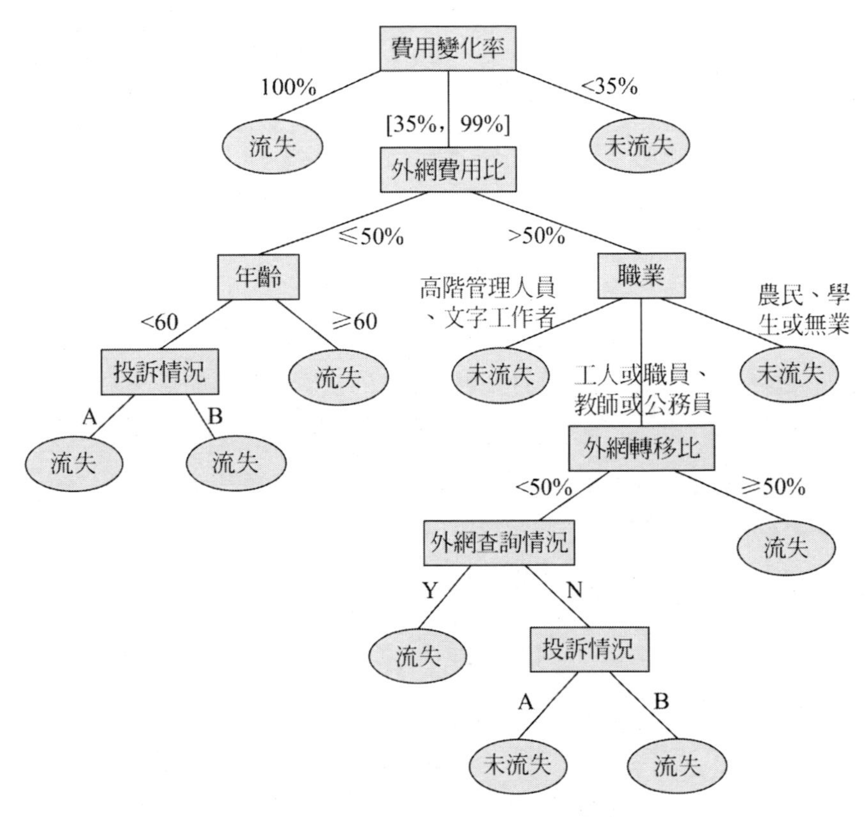

圖 4-5 決策樹模型

3·決策樹歸納演算法

演算法 4.1 決策樹歸納演算法

輸入：訓練資料集 E，屬性集 F

輸出：決策樹

I · If stopping_cond（E, F）=true Then

II · leaf=createNode（）

III · leaf.label=Classify(E)

IV · Return leaf

V · Else

VI · root=createNode（）

VII · root.test_cond= find_best_split（E, F）

VIII · 令 V={v|v 是 root.test_cond 的一個可能的輸出 }
IX · For 每個 v 屬於 V Do
X · Ev={e| root.test_cond(e)=v 並且 e 屬於 E}
XI · child=TreeGrowth（Ev, F）
XII · 將 child 作為 root 的派生節點添加到樹中，並將邊（root → child）標記為 v
XIII · End for
XIV · End If
XV · Return root

演算法給出了建立決策樹的歸納演算法的基本框架。演算法中使用到的函數的具體功能如下：

(1) 函數 creatNode() 為決策樹建立新節點，或者是一個測試條件（node.test_cond），或者是一個類標號（node.label）；

(2) 函數 find_best_split() 確定劃分訓練記錄的屬性；

(3) 函數Classify()為葉子節點確定類標號。對於每個葉子節點t，令p（i|t）表示該節點上屬於類 i 的訓練記錄所占的比例，大多數情況將葉子節點指派到具有多數記錄的類；

(4) 函數 stopping_cond() 檢查是否所有的記錄都屬於同一個類，或者是否具有相同的屬性值，以決定是否終止決策樹的生長。

4 · 表示屬性測試條件的方法

為了使決策樹可以處理不同類型的屬性，我們必須為每種屬性提供測試條件及其對應的輸出方法。

(1) 二元屬性。對二元屬性的測試條件只可能產生兩種輸出，如圖 4-6 所示。

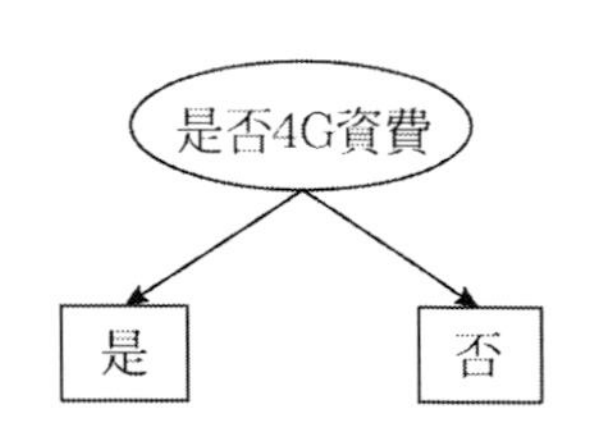

圖 4-6 二元屬性的測試條件

(2) 標稱屬性。標稱屬性有多個屬性值，但不具有一定的順序，它的測試條件有兩種表示方法。例如，客戶使用的終端品牌有多個屬性值，以蘋果、華為、三星三個屬性值為例。一種方式，它的測試條件會產生一個三路劃分，如圖

4-7(a) 所示。另一種方式，對於某些只能產生二元劃分的決策樹演算法來說，它們會考慮創建 k 個屬性值的二元劃分的所有 $2k^{-1}-1$ 種方法，如圖 4-7(b) 所示顯示了把客戶使用的終端品牌屬性值劃分為兩個子集的三種不同的分組方法。

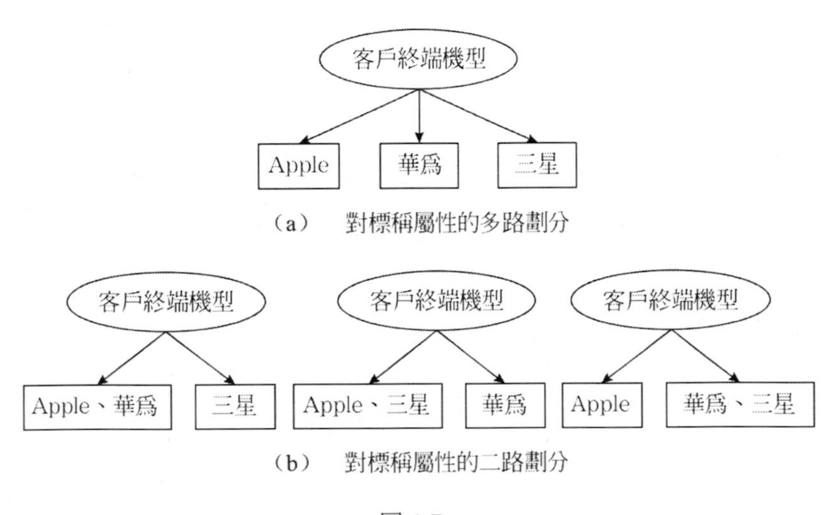

（a） 對標稱屬性的多路劃分

（b） 對標稱屬性的二路劃分

圖 4-7

(3) 序數屬性。序數屬性同樣也是離散值，也可以產生二元或者多路的劃分，但因為序數屬性具有自身的順序，所以在為測試條件進行劃分時要注意不要違背序數屬性值的有序性。例如，客戶的信用等級可以有：一星級、二星級、三星級。如圖 4-8(a) 所示的兩種劃分都是正確的，而如圖 4-8(b) 所示的分組就違反了保持資料屬性有序性的原則，因為它把一星級和三星級分為了一組，把二星級作為另一組。

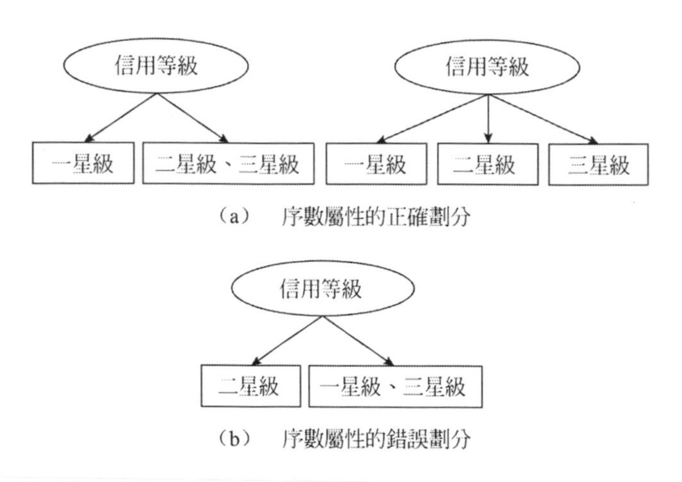

圖 4-8

(4) 連續屬性。對於連續屬性來說，測試條件同樣可以是一個二元劃分或者是多路劃分。對於二元輸出就需要比較測試（A<v）或（A≥v），因此決策樹演算法必須考慮所有可能的劃分點 v，並從中選擇出最佳的劃分點。對於多路劃分，就需要具有形如 $v_i \leq A < v_{i+1}$ 輸出的範圍查詢，此時演算法必須考慮所有可能的連續區間，而且還要保持有序性，如圖 4-9 所示。

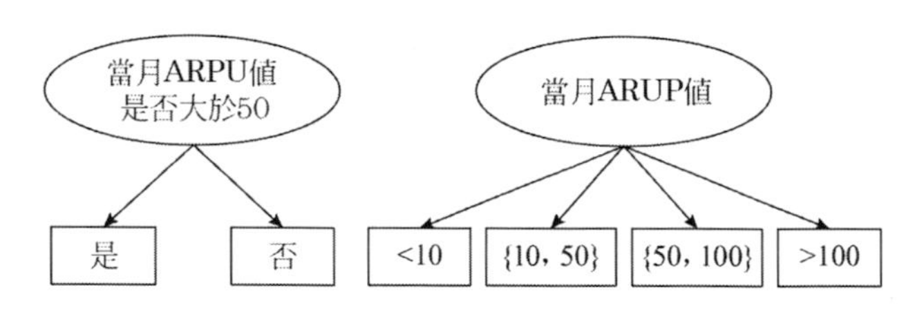

圖 4-9 連續屬性的劃分

4.3.2 CHAID 決策樹

4.3.2.1 CHAID 演算法簡介

CHAID 是卡方自動交互檢測（CHi-squared Automatic Interaction

Detection）的縮寫，是一種基於調整後的顯著性檢驗（邦費羅尼檢驗）決策樹技術，它基於 20 世紀六七十年代 US AID（自動交互效應檢測）和 THAID（THETA 自動交互檢測）程式的擴展，是由戈登 V. 卡斯在 1980 年創建的技術。CHAID 是一個用來發現變數之間關係的工具，可用於預測（類似迴歸分析，CHAID 最初被稱為 XAID）以及分類，並用於檢測變數之間的相互作用。在實踐中，CHAID 經常使用在直銷的背景下，選擇消費者群體，並預測他們的反應。和其他決策樹一樣，CHAID 的優勢是它的結果非常直觀且易於理解。由於預設情況下 CHAID 採用多路分割，需要相當大的樣本量來有效地開展工作，而小樣本組受訪者會迅速分為更小的組，而無法進行可靠的分析。

4.3.2.2 CHAID 演算法原理

CHAID 演算法全稱是 Chi-squared Automatic Interaction Detector，可以翻譯為卡方自動交叉檢驗。從名稱可以看出，它的核心是卡方檢驗。卡方檢驗也是 CHAID 決策樹用來選擇以哪個屬性作為分支屬性的依據。我們先來瞭解一下什麼是卡方檢驗。

卡方檢驗提供了一種在多個自變數中搜尋與因變數最具相關性的變數的方案。它透過計算卡方值評估兩個變數之間的相關性程度。

表 4-4 X，Y 二維表

	y1	**y2**	**總計**
x_1	a	b	a+b
x_1	c	d	c+d
總計	a+c	b+d	n=a+b+c+d

設變數 X 與 Y 的分布情況如表 4-4 所示，若要推斷的論述為 H1：「X 與 Y 有關係」，可以利用卡方值來考察兩個二維變數是否有關係，計算公式如下（式 4-8）：

$$K^2 = \frac{n(ad-bc)^2}{(a+b)(c+d)(a+c)(b+d)}$$

計算的卡方值越大，表明兩個變數的相依程度越高。參考卡方檢驗臨界值表，得到卡方與顯著性水平 α 的關係如表 4-5 和圖 4-10 所示。

表 4-5 卡方值與顯著性水平關係表

α	0.500	0.400	0.250	0.150	0.100
K^2	0.455	0.708	1.323	2.072	2.706
α	0.050	0.025	0.010	0.005	0.001
K^2	3.841	5.024	6.635	7.879	10.828

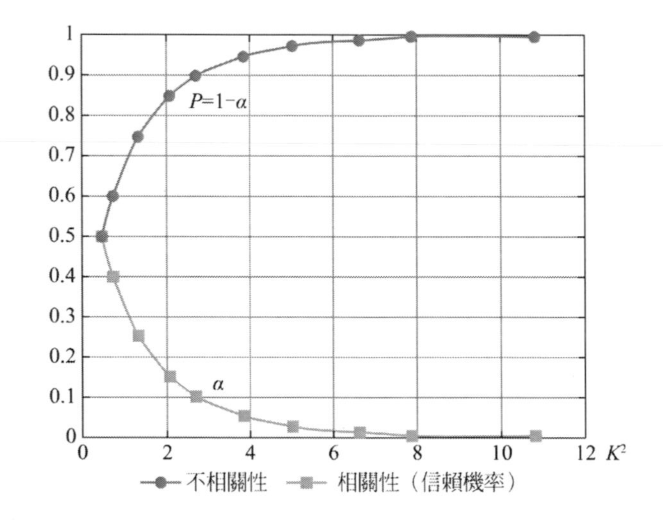

圖 4-10 卡方與顯著性水平關係

K^2 越大，則 H1 的信賴機率 P 越大，表示 X 和 Y 有關係的可能性越強。

例如：請判斷表 4-6 中電信用戶話費是否超過 200 元和流量是否超過 1G 是否具有相關性。

表 4-6 用戶話費和流量使用情況

	流量超過 1G	流量未超過 1G	總計
話費超過兩百元	40	20	60
話費未超過兩百元	20	30	50
總計	60	50	110

可以算出「流量超過 1G」與「話費超過 200 元」的卡方值為 7.822。根據

表 4-6，因為 7.822 ＞ 6.635，所以認為「流量超過 1G」與「話費超過 200 元」有關係成立的機率應大於 0.99，小於 0.995。

公式 4-8 只能計算兩個二值變數間的卡方值，然而實際資料大多為多值資料，設兩個變數的取值個數分別為 r 和 c，此時卡方值的計算公式如（式 4-9）所示。

$$K^2 = n\left(\frac{A_{x_1y_1}}{n_{x_1}n_{y_1}} + \frac{A_{x_1y_2}}{n_{x_1}n_{y_2}} + \ldots + \frac{A_{x_ry_c}}{n_{x_r}n_{y_c}} - 1\right)$$

其中，A_{xryc} 取變數 x 取第 r 個值，變數 y 取第 c 值的樣本總數，n_{xr} 為變數 x 取第 r 個值的資料總量，n_{yc} 為變數 y 取第 c 個值的樣本總數，n 為總樣本數。

在構建 CHAID 決策樹時，透過計算各個自變數與因變數之間的卡方值進而選擇卡方值最大的自變數作為決策樹的分支準則。其偽程式碼如下：

演算法 4.2 CHAID 演算法

輸入：訓練集資料 S，訓練集資料屬性集合 F；
輸出：CHAID 決策樹
DT(S, F)
I．If 樣本 S 全部屬於同一個類別 C Then
II．創建一個葉子節點，並標記類標號為 C；
III．Return；
IV．Else
V．計算屬性集 F 中目標屬性與其他每一個屬性的卡方值，取卡方值最大的屬性 A；
VI．創建節點，取屬性 A 為該節點的決策屬性；
VII．For 節點屬性 A 的每個可能的取值 V Do
VIII．為該節點添加一個新的分支，假設 S_v 為屬性 A 取值為 V 的樣本子集；
IX．If 樣本 S_v 全部屬於同一個類別 C Then；
X．為該分支添加一個葉子節點，並標記類標號為 C；
XI．Else；
XII．遞歸調用 DT(S_v, F-{A})，為該分支創建子樹；
XIII．End If；
XIV．End For；
XV．End If。

4.3.2.3 CHIAD 演算法實例分析

【例 4.2】

表 4-7 是外呼 4G 終端是否成功的統計表格，其中「1」表示外呼成功，而「0」表示外呼失敗。請根據已有資料分析構建深度為 2 的 CHAID 決策樹。

表 4-7 外呼 4G 終端是否成功

Tid	終端制式	當月 MOU	當月 DOU	在線時長	是否成功外乎
1	TD_LTE	多於 30 分鐘	多於 1G	少於一年	1
2	WCDMA	少於 30 分鐘	多於 1G	少於一年	0
3	TD_LTE	多於 30 分鐘	少於 1G	多於一年	0
4	WCDMA	多於 30 分鐘	少於 1G	少於一年	1
5	TD_LTE	少於 30 分鐘	少於 1G	少於一年	0
6	WCDMA	少於 30 分鐘	多於 1G	多於一年	1
7	TD_LTE	多於 30 分鐘	少於 1G	少於一年	0
8	TD_LTE	少於 30 分鐘	多於 1G	多於一年	0
9	WCDMA	少於 30 分鐘	少於 1G	少於一年	1
10	WCDMA	少於 30 分鐘	多於 1G	多於一年	0
11	WCDMA	多於 30 分鐘	多於 1G	少於一年	1

第一步：透過列聯表計算目標屬性與各個屬性對應的卡方值。

	外呼不成功	外呼成功	總計
WCDMA	2	4	6
TD_LTE	4	1	5
總計	6	5	11

	外呼不成功	外呼成功	總計
多於 30 分鐘	2	3	5
少於 30 分鐘	4	2	6
總計	6	5	11

	外呼不成功	外呼成功	總計
多於 1G	3	3	5
多於 1G	3	2	6
總計	6	5	11

	外呼不成功	外呼成功	總計
少於一年	3	4	7
多於一年	3	1	4
總計	6	5	11

透過公式 4-8 計算各屬性與目標屬性卡方值，計算結果如下：

K^2（終端制式）=2.396

K^2（當月 MOU）=1.222

K^2（當月 DOU）=0.110

K^2（在網時長）=1.060

發現終端制式計算出來的卡方值最大，因此選擇終端制式屬性作為 CHAID 決策樹的根節點能有效地區分外呼是否成功。

第二步：針對 TD_LTE 分支的資料，進行最優屬性選擇。透過列聯表計算目標屬性與各個屬性對應的卡方值：

	外呼不成功	外呼成功	總計
多於 30 分鐘	2	1	3
少於 30 分鐘	2	0	2
總計	4	1	5

	外呼不成功	外呼成功	總計
多於 1G	1	1	2
多於 1G	3	0	3
總計	4	1	5

	外呼不成功	外呼成功	總計
少於一年	2	0	2
多於一年	2	1	3
總計	4	1	5

透過公式 4-8 計算各屬性與目標屬性卡方值，計算結果如下：

K^2（當月 MOU）=0.833

K^2（當月 DOU）=1.875

K^2（在網時長）=0.833

發現當月 DOV 屬性計算出來的卡方值最大，因此選擇當月 DOV 屬性作為 TD_LTE 分支的分裂屬性。

第三步：對於 WCDMA 分支，按照第二步的步驟，最後選擇當月 MOU 屬性作為分裂屬性（過程略）。最終得到深度為 2 的決策樹，見圖 4-11。

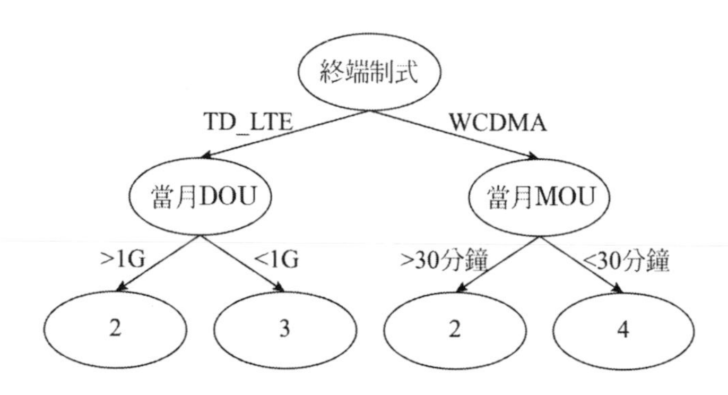

圖 4-11 深度為 2 的決策樹

【例 4.3】

假設某公司人力資源部門欲瞭解職員的表現是否受到年資、受教育程度、具備相關經驗的影響，找出其績效評級的分類規則，從而建立人才招募系統的知識法則，以應用於後續的招募程式。首先，收集該公司員工的相關資料，抽取 10 位現職員工為樣本，為方便說明如何計算各項分支準則，將年資屬性值分為 3 個區間，分別為 5 年以下、5 年至 10 年、10 年以上，並將教育程度中碩士與博士合併為研究所，轉換後的資料如表 4-8 所示。根據 CHAID 演算法找出最優根節點屬性。

表 4-8 某公司人力資源部職員表現

職員	年資（A）	受教育程度（B）	有無相關經驗（C）	員工表現
001	5 年以下	研究所	是	優等
002	10 年以上	研究所	否	普通
003	5 年以下	研究所	是	優等
004	5 年以下	大專院校	是	普通

005	5 年以下	研究所	否	優等
006	10 年以上	研究所	是	優等
007	5 年至 10 年	大專院校	否	普通
008	5 年至 10 年	研究所	是	優等
009	5 年至 10 年	大專院校	否	普通
010	5 年以下	研究所	是	普通

卡方統計量：

$$K^2 = \sum_{i=1}^{l}\sum_{j=1}^{k}\frac{(x_{ij}-E_{ij})^2}{E_{ij}},\ E_{ij} = \frac{x_{i\cdot}\cdot x_{\cdot j}}{N}$$

其中 E_{ij} 為列聯表中第 i 種屬性與第 j 種類數目的期望值。列出所有其他屬性與目標屬性的列聯表：

屬性：年資	**優秀**	**普通**	**總計**
五年以下	3 (2.5)	2 (2.5)	5
五年至十年	1 (1.5)	2 (1.5)	3
十年以上	1 (1.0)	1 (1.0)	2
總計	5	5	10

屬性：受教育程度	**優秀**	**普通**	**總計**
專科以下	0 (1.5)	3 (1.5)	3
研究所以上	5 (3.5)	2 (3.5)	7
總計	5	5	10

屬性：有無相關經驗	**優秀**	**普通**	**總計**
是	4 (3)	2 (3)	6
否	1 (2)	3 (2)	4
總計	5	5	10

計算卡方統計量：

$$K^2(\text{年資}) = \frac{(3-2.5)^2}{2.5} + \frac{(2-2.5)^2}{2.5} + \frac{(1-2.5)^2}{1.5} + \frac{(2-2.5)^2}{1.5} + \frac{(1-1)^2}{1} + \frac{(1-1)^2}{1} = 0.533$$

$$K^2(\text{受教育程度}) = \frac{(0-1.5)^2}{1.5} + \frac{(3-1.5)^2}{1.5} + \frac{(5-3.5)^2}{3.5} + \frac{(2-3.5)^2}{3.5} = 4.286$$

$$K^2(\text{有無相關經驗}) = \frac{(4-3)^2}{3} + \frac{(2-3)^2}{3} + \frac{(1-2)^2}{2} + \frac{(3-2)^2}{2} = 1.67$$

由於受教育程度的卡方值最大，可知選受教育程度作為分支屬性最能區分員工效績評級結果。

4.3.3 ID3 決策樹

4.3.3.1 ID3 演算法原理

基本決策樹構造演算法通常採用貪心策略，即在選擇劃分資料的屬性時，採取一系列局部最優決策來構建決策樹，它採用自頂向下的遞歸方法構造決策樹。著名的決策樹演算法 ID3 的基本策略如下：

(1) 以代表訓練樣本的單個節點開始。

(2) 如果樣本都在同一個類中，則這個節點稱為樹葉節點並標記該類別。

(3) 否則演算法使用資訊增益值幫助選擇出適合的將樣本分類的屬性，以便將樣本集劃分為若干子集，該屬性就是相應節點的測試屬性（所有屬性應當是離散值）。

(4) 對選到的測試屬性的每個離散值創建一個分支，劃分樣本。

(5) 在決策樹中，每一個非葉子節點都將與屬性中具有最大資訊量的非類別屬性相關聯。

(6) 遞歸調用上述演算法，在每個劃分上形成子樹。需要注意的是，一個屬性一旦出現在某一個節點上，那麼它就不能再出現在該節點之後所形成的子樹節點中。

(7) 當給定節點的所有樣本都屬於同一類，或者具有相同的屬性時停止建樹。

ID3 演算法的核心是在決策樹選擇屬性時，用資訊增益作為屬性的選擇標準，使得每一個節點在進行測試時，能獲得關於測試記錄的最大化類別資訊。

4.3.3.2 熵和資訊增益

為了對樣本做出最優的分類，我們需要選擇出最佳劃分的度量，選擇最佳劃分的度量通常是根據劃分後子女節點不純性的程度，不純程度越低，子女節點越純，類分布就越傾斜，判為某類的準確度就越高。ID3 演算法用資訊增益值作為劃分度量。

設 D 是訓練資料集，它包括 k 個類別的樣本，這些類別分別用 $C_1, C_2, \ldots, C_k$ 表示，那麼 D 的熵（entropy）或者資訊量就為式 4-10：

$$info(D) = -\sum_{i=1}^{k} p_i log_2(p_i)$$

其中，p_i 表示類 C_i 在總訓練資料集中出現的機率。Info(D) 表示確定資料集 D 中的一個類別需要的資訊量。資料集的機率分布越均衡，它的資訊量（熵）就越大，確定一個類別需要的資訊量就越多，資料集的雜亂程度也就越高。因此，熵可以作為判斷訓練集不純度（impurity）的一個度量：熵值越大，不純度就越高。

若我們根據非類別屬性 A 的值將資料集 D 分成子集合 $A_1, A_2, \ldots, A_l$，則確定 D 中一個元素類的資訊量可以透過確定 A_i 的加權平均值來得到，即 Info($A_{i)}$ 的加權平均值為式 4-11：

$$info(D) = -\sum_{i=1}^{l} \frac{x_i}{N} Info(A_i)$$

其中，A_i 表示根據屬性 A 劃分資料集 D 後第 i 個子集，x_i 表示 A_i 所包含的訓練資料的個數，N 表示訓練資料集的樣本總數。所以 $Info_A(D)$ 表示了已知屬性 A 的值後，確定資料集 D 中的一個元素需要的資訊量。

為了確定測試條件的效果，比較父節點（劃分前）的不純度和子女節點（劃分後）的不純程度：它們的差越大，測試條件的效果越好。增益是一種可以用來確定劃分效果的標準。熵的差值就是資訊增益（Information Measurement）。式 4-12 為資訊增益的計算公式，用來衡量熵的期望減少值。

$$Gain(A) = Info(D) - Info_A(D)$$

Gain(A) 是指因為知道屬性 A 的值後導致熵期望壓縮。Gain(A) 越大，說明選擇屬性 A 為測試屬性對分類提供的資訊越多。按照資訊增益的定義資訊增益越大，熵的減少量越多，子女節點就趨向於越純。因此，可以對每個屬性按照它的資訊增益大小排序，獲得最大資訊增益的屬性被選擇為分支屬性。

4.3.3.3 ID3 演算法偽程式碼

演算法 4.3 ID3 演算法

輸入：全體樣本集 X，全體屬性集 Q；

輸出：ID3 決策樹

I．初始化決策樹 T，使其只包含一個根節點 (X, Q)；

II．If 決策樹 T 中所有葉子節點 (X, Q) 都滿足，屬於同一類或 Q'為空 Then

III．演算法停止；

IV．Else；

IV．任取一個不具有 II 中所述狀態的葉子節點 (X', Q')；

IV．For each Q' 中的屬性 A Do 計算資訊增益 Gain(A, X')；

VII．選擇具有最高資訊增益的屬性 B 作為節點 (X', Q') 的測試屬性；

VIII．For each B 的取值 b_i；

IX．Do 對 B 值等於 b_i 的子集 X_i，生成相應的葉節點 (X_i'，Q'-{B})；

X．轉到 II。

4.3.3.4 ID3 演算法的特點

ID3 演算法的優點：演算法的理論清晰，方法簡單，易於理解，學習能力較強。

ID3 演算法的缺點：

(1) 資訊增益對可取值數目較多的屬性有所偏好，比如透過 ID 號可將每個樣本分成一類，但沒有意義。

(2) ID3 只能對離散屬性的資料集構造決策樹。

(3) ID3 是非遞增演算法。

(4) 因為它是一種自頂向下的貪心演算法，所以可能會收斂於局部最優解而丟失全局最優解。

(5) ID3 是單變數決策樹，沒有考慮屬性間的相互關係，這就很容易導致子樹或屬性的重複。

4.3.3.5 ID3 演算法的案例分析

【例 4.4】

對於表 4-9 的資料，使用資訊增益進行決策樹歸納，找出根節點。

表 4-9 顧客資料庫標記類的訓練元組

RID	age	income	student	credit_rating	Class buys_computer
1	youth	high	no	fair	no
2	youth	high	no	excellent	no
3	middle_aged	high	no	fair	yes
4	senior	mediun	no	fair	yes
5	senior	low	yes	fair	yes
6	senior	low	yes	excellent	no
7	middle_aged	low	yes	excellent	yes
8	youth	medium	no	fair	no
9	youth	low	yes	fair	yes

10	senior	medium	yes	fair	yes
11	youth	medium	yes	excellent	yes
12	middle_aged	medium	no	excellent	yes
13	middle_aged	high	yes	fair	yes
14	senior	medium	no	excellent	no

在這個例子中，每個屬性都是離散值的，連續值屬性已經被離散化。類標號屬性 buys_computer=yes 有兩個不同值（即 yes 或 no），因此有兩個不同的類（即 m=2）。設類 C_1 對應於 yes，而類 C_2 對應於 no。類 yes 有 9 個元組，類 no 有 5 個元組。為 D 中的元組創建（根）節點 N。為了找出這些元組的分裂準則，必須計算每個屬性的資訊增益。首先使用式 4-10，計算對 D 中元組分類所需要的期望資訊為

$$Info(D) = -\frac{9}{14}log_2\frac{9}{14} - \frac{5}{14}log_2\frac{5}{14} = 0.940$$

下一步，需要計算每個屬性的期望資訊需求。從屬性 age 開始。需要對 age 的每個類考察 yes 和 no 元組的 no 分布。對於 age 的類「youth」，有兩個 yes 元組，3 個 no 元組。對於類「middle_aged」，有 4 個 yes 元組，0 個 no 元組。對於類「senior」，有 3 個 yes 元組，2 個 no 元組。使用式 4-11，如果元組根據 age 劃分，則對 D 中的元組進行分類所需要的期望資訊為

$$Info_{age}(D) = \frac{5}{14}\left(-\frac{2}{5}log_2\frac{2}{5} - \frac{3}{5}log_2\frac{3}{5}\right) + \frac{4}{14}\left(-\frac{4}{4}log_2\frac{4}{4} - \frac{0}{4}log_2\frac{0}{4}\right) + \frac{5}{14}\left(-\frac{3}{5}log_2\frac{3}{5} - \frac{2}{5}log_2\frac{2}{5}\right) = 0.694$$

因此這種劃分的資訊增益為

$Gain(age)=Info(D)-Info_{age}(D)=0.940-0.694=0.246$

類似的，可以計算

$$Gain(income)=0.029$$

$$\text{Gain(student)=0.151}$$

$$\text{Gain(credit\_rating)=0.048}$$

由於 age 在屬性中具有最高的資訊增益，所以它被選作分裂屬性。節點 N 用 age 標記，並且每個屬性值生長出一個分枝。然後元組據此劃分，如圖 4-12 所示。注意，落在分區 age=middle_aged 的元組都屬於相同的類。由於它們都屬於類「yes」，所以要在該分枝的端點創建一個樹葉，並用「yes」標記。

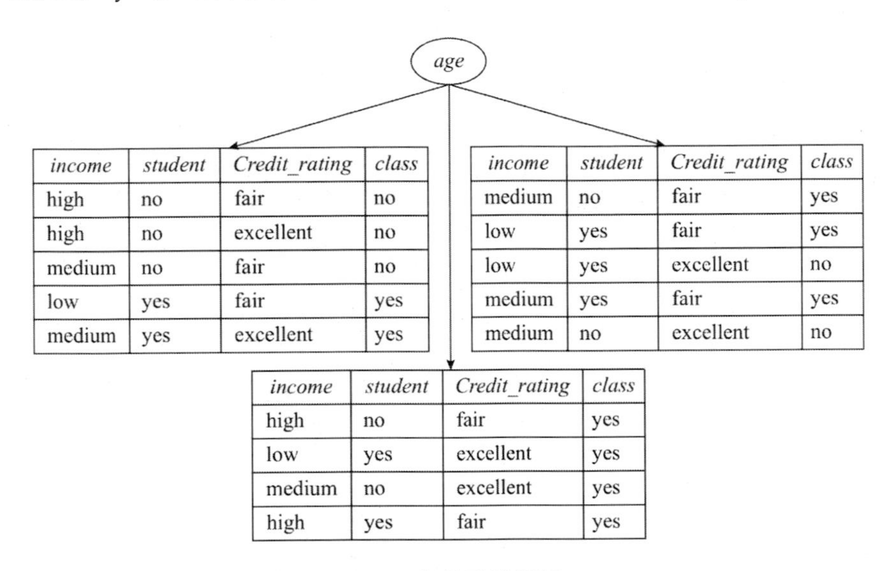

income	student	Credit_rating	class
high	no	fair	no
high	no	excellent	no
medium	no	fair	no
low	yes	fair	yes
medium	yes	excellent	yes

income	student	Credit_rating	class
medium	no	fair	yes
low	yes	fair	yes
low	yes	excellent	no
medium	yes	fair	yes
medium	no	excellent	no

income	student	Credit_rating	class
high	no	fair	yes
low	yes	excellent	yes
medium	no	excellent	yes
high	yes	fair	yes

圖 4-12 根節點的選擇

4.3.4 C4.5 決策樹

4.3.4.1 C4.5 演算法原理

上文中提到 ID3 還存在許多需要改進的地方，於是，Quinlan 在 1993 年提出了 ID3 演算法的改進版本 C4.5。C4.5 演算法的核心思想與 ID3 完全一樣，它與 ID3 演算法不同的地方包括：

(1) 劃分度量採用增益率；

(2) 能夠處理數值屬性；

(3) 能夠處理未知屬性；

(4) 採用 k 次疊代交叉驗證來評估模型的優劣程度；

(5) 提供了將決策樹模型轉換為 If-then 規則的演算法。

1．增益率

資訊增益趨向選擇具有最大不同取值的屬性。因為具有大量不同值的屬性被選為分支屬性後，能夠產生許多小而純的子集，會很明顯地降低子女節點的不純性，但這種屬性很多時候不是一個具有預測性的屬性。例如用戶 ID，根據這樣的屬性劃分的子集都是單元集，對應的節點當然就是純節點。即使在不太極端的情況下，也不希望產生大量輸出的條件，因為與每個劃分相關聯的記錄太少，以致不能夠做出可靠的預測。

解決以上問題的方法有兩種。一種方法是限制測試條件的劃分個數，例如 CART 演算法就限制測試條件只能二元劃分；另一種方法是修改度量標準，把劃分屬性的輸出數也考慮進去。Quinlan 提出使用增益率來代替增益比例。

我們先來考慮訓練資料集關於屬性 A 的資訊量（熵）SplitInfo(A)，這個資訊量與訓練資料集的類別無關，計算公式如下（式 4-13）：

$$SplitInfo(A) = -\sum_{i=1}^{m} \frac{x_i}{N} log_2 \frac{x_i}{N}$$

假設，屬性 A 的值將資料集 D 分成子集合 $A_1, A_2, \cdots, A_l$，那麼式子中 x_i 表示 A_i 所包含的訓練資料的個數，N 表示訓練資料集的樣本總數。訓練資料集在屬性 A 上的分布越均勻 SplitInfo(A) 的值越大。因此，SplitInfo(A) 可以用來衡量分裂屬性資料的廣度和均勻性。關於屬性 A 的增益率計算如下（式 4-14）：

$$GainRatio(A) = \frac{Gain(A)}{SplitInfo(A)}$$

如果某個屬性產生了大量的劃分，那麼資料集關於該屬性的資訊量就會很大，從而降低了資訊率。但是，當某個屬性存在一個 $x_i \approx N$ 時，它的 SplitInfo 將非常小，從而導致增益率異常大，為瞭解決此問題 C4.5 演算法進行了進一步的改進，它計算每個屬性的資訊增益，只對超過平均資訊增益的屬性透過增益率來進一步比較選取。

2．處理有連續值的屬性

C4.5 演算法處理具有連續值屬性的方法如下：

(1) 按照屬性值對訓練資料集進行排序；

(2) 取當前樣本的屬性值和前一個樣本屬性值的中點作為一個閾值；

(3) 按照步驟 (1) 中排好的順序，依次改變當前樣本的屬性值，重複步驟 (2)；

(4) 得到所有可能的閾值、增益、增益率。

如此，每個具有連續值的屬性就會被劃分為兩個區間，大於閾值或者小於閾值。

3．對未知屬性值的處理

C4.5 演算法在處理訓練資料集時，若遇到未知屬性值一般會採取以下方法之一：

(1) 將未知值用最常用的值代替；

(2) 將未知值用該屬性所有取值的平均值代替；

(3) 採用機率的辦法，為未知屬性值取每一個值賦予一個機率，這些機率的獲取依賴於已知的屬性值的分布，在建立決策樹時將這些機率分配到子節點中去。

4．k 次疊代交叉驗證

把資料分為大小相同的 k 份，每次運行，選擇其中一份作為檢驗集，其餘的全作為訓練集，並重複 k 次該過程，使得每份資料都用於驗證恰好一次。這麼做可以使盡可能多的樣本用於訓練模型，從而更加接近原始樣本的分布。另外，也可以減少隨機因素對實驗結果的影響。

4.3.4.2 C4.5 演算法的偽程式碼

假設用 S 代表當前樣本集，當前候選屬性集用 A 表示，C4.5 演算法的偽程式碼如下：

演算法 4.4 C4.5 演算法

輸入：訓練樣本 S；候選屬性的集合 A。

輸出：一棵決策樹 T。

T(S, A)

I．創建根節點 N；

II．If S 都屬於同一類 C；

III．返回 N 為葉子節點，標記為類 C；

IV．Else if A 為空，或者 S 中所剩的樣本數少於某給定值，則返回 N 為葉子節點，標記 N 為 S 中出現最多的類；

V．For each A 中的屬性，計算資訊增益率；

VI．N 的測試屬性 B=A 中具有最高資訊增益率的屬性；

VII．For each B=b_i 為的資料集 S_i，疊代調用函數 T(S_i, A-B)；

VIII．計算每個節點的分類錯誤，進行剪枝。

4.3.4.3 C4.5 演算法的特點

C4.5 演算法的優點：產生的規則易於理解，準確率較高。

C4.5 演算法的缺點：在構造樹的過程中需要對資料進行多次順序掃描和排序，導致演算法效率較低。

4.3.4.4 C4.5 演算法案例分析

【例 4.5】

假設某公司人力資源部門欲瞭解職員的表現是否受到年資、受教育程度、具備相關經驗的影響，找出其績效評級的分類規則，建立人才招募系統的知識法則，以應用於後續的招募程式。根據資訊增益找到構建 C4.5 決策樹分支屬性，資料見表 4-10。

表 4-10 某公司人力資源部門職員表現

職員	年資（A）	受教育程度（B）	有無相關經驗（C）	員工表現
001	5 年以下	研究所	是	優等
002	10 年以上	研究所	否	普通
003	5 年以下	研究所	是	優等
004	5 年以下	大專院校	是	普通
005	5 年以下	研究所	否	優等
006	10 年以上	研究所	是	優等
007	5 年至 10 年	大專院校	否	普通
008	5 年至 10 年	研究所	是	優等
009	5 年至 10 年	大專院校	否	普通
010	5 年以下	研究所	是	普通

$$SplitInfo(\textbf{年資}) = -\frac{5}{10}log_2\frac{5}{10} - \frac{3}{10}log_2\frac{3}{10} - \frac{2}{10}log_2\frac{2}{10} = 1.485$$

$$SplitInfo(\textbf{教育程度}) = -\frac{3}{10}log_2\frac{3}{10} - \frac{7}{10}log_2\frac{7}{10} = 0.881$$

$$SplitInfo(\textbf{有無相關經驗}) = -\frac{6}{10}log_2\frac{6}{10} - \frac{4}{10}log_2\frac{4}{10} = 0.971$$

由公式 4-12 可得各屬性資訊增益為：

Gain(年資)=Info(D)-Info 年資 (D)=0.039

Gain(受教育程度)=Info(D)-Info 受教育程度 (D)=0.0396

Gain(有無相關經驗)=Info(D)-Info 有無相關經驗 (D)=0.125

所以資訊增益率為：

$$GR(\textbf{年資}) = -\frac{Gain(A)}{SplitInfo(A)} = \frac{0.039}{1.485} = 0.026$$

$$GR(\textbf{教育程度}) = -\frac{Gain(A)}{SplitInfo(A)} = \frac{0.369}{0.881} = 0.449$$

$$GR(\textbf{有無相關經驗}) = -\frac{Gain(A)}{SplitInfo(A)} = \frac{0.125}{0.971} = 0.129$$

由於受教育程度的資訊增益率最大，所以以受教育程度作為 C4.5 決策樹的根節點分支屬性能夠得到有效的區分職員效績評級結果。

4.3.5 CART 決策樹

4.3.5.1 CART 決策樹原理介紹

CART 以 Gini 係數作為決定分支變數的準則，在每個分支節點進行資料分隔，並建立一個二分式的決策樹，以決定最佳分支變數（Breiman et al., 1984）。CART 的特色除了為二元分支演算法外，也能處理類別型變數以及連續型變數的分類問題。

首先，給定一個節點 t，以 Gini 係數對分支變數進行二元分割，假設屬性的分支水平為 s，t_{left} 與 t_{right} 分別為節點 t 的左、右子節點，並比較分支前後的純度差異，如式：

$$\Delta Gini(s,t) - Gini(t) - \left[Gini(t_{left} + Gini(t_{right})\right]$$

若 ΔGini(s, t)>0，表示子節點的純度比其父節點的純度高，則不考慮分支；若 ΔGini(s, t)≤0 則表示子節點的純度比其父節點的純度低，則作為該變數的候選分支水平，借由窮舉搜尋所有可能的分支水平，CART 演算法在每一個可能的分支變數中會選擇具有最大化純度的分支水平作為候選分支依據，再經由比較所有候選分支變數中具有最大純度作為節點的分支。

當利用訓練資料表完成決策樹的構建，CART 利用成本複雜性的修剪方法，以降低不必要的分支。

4.3.5.2 Gini 係數

Gini 係數是衡量資料集合對於所有類別的不純度（impurity）（Breiman 等，1984），如式 4-16 所示：

$$\Delta Gini(D) = 1 - \sum_{j=1}^{k} p_j^2$$

各屬性值 A_i 下資料集合的不純度 Gini($A_{i)}$ 如式 4-17 所示：

$$\triangle Gini(A_i) = 1 - \left(\frac{x_{i1}}{x_i}\right)^2 - \left(\frac{x_{i2}}{x_i}\right)^2 - \ldots - \left(\frac{x_{ik}}{x_i}\right)^2 = 1 - \sum_{j=1}^{k}\left(\frac{x_{ij}}{x_i}\right)^2$$

屬性 A_i 的總資料不純度則等於所有屬性值分割下的期望平均，如式 4-18 所示：

$$Gini(D) = \frac{x_1}{N}Gini(A_1) + \frac{x_2}{N}Gini(A_2) + \ldots + \frac{x_l}{N}Gini(A_l)$$

式 4-18 所得之數值即為以屬性 A 作為分支屬性的不純度，不純度越小表示該屬性越適合作為分支屬性。以此類推，可計算出其他屬性作為分支變數所能帶來的純度，透過比較即可找出最適合作為分支的屬性，如式 4-19。擁有最大幅度減少不純度的屬性及其分割子集合，作為該決策樹的分支屬性。

$$\triangle Gini(A) = Gini(D) - Gini_A(D)$$

以範例【4.3】為例，分別根據年資 (A)、受教育程度 (B)、是否有工作經驗 (C) 三個屬性計算其 Gini 係數如下。

$$Gini(A) = 1 - (0.5)^2 - (0.5)^2 = 0.5$$

$$Gini_{年資}(D) = \frac{5}{10}\left[1 - (\frac{3}{5})^2 - (\frac{2}{5})^2\right] + \frac{3}{10}\left[1 - (\frac{1}{3})^2 - (\frac{2}{3})^2\right] + \frac{2}{10}\left[1 - (\frac{1}{2})^2 - (\frac{1}{2})^2\right] = 0.473$$

$$Gini_{受教育程度}(D) = \frac{3}{10}\left[1 - (\frac{0}{3})^2 - (\frac{3}{3})^2\right] + \frac{7}{10}\left[1 - (\frac{5}{7})^2 - (\frac{2}{7})^2\right] = 0.286$$

$$Gini_{有無相關經驗}(D) = \frac{6}{10}\left[1 - (\frac{4}{6})^2 - (\frac{2}{6})^2\right] + \frac{4}{10}\left[1 - (\frac{1}{4})^2 - (\frac{3}{4})^2\right] = 0.417$$

$$\triangle Gini(年資) = Gini(D) - Gini_{年資}(D) = 0.5 - 0.473 = 0.027$$

$$\triangle Gini(受教育程度) = Gini(D) - Gini_{受教育程度}(D) = 0.5 - 0.286 = 0.214$$

$$\triangle Gini(有無相關經驗) = Gini(D) - Gini_{有無相關經驗}(D) = 0.5 - 0.417 = 0.083$$

由 Gini 係數可知，以受教育程度作為分支依據能夠得到較多資訊。

當考慮二元劃分裂時，計算每個結果分區的不純度的加權和。例如，如果 A 的二元劃分將 D 劃分成 D_1 和 D_2，則給定該劃分，D 的基尼指數如式 4-20：

$$Gini_A(D) = \frac{|D_1|}{|D|}Gini(D_1) + \frac{|D_2|}{|D|}Gini(D_2)$$

對於每個屬性，考慮每種可能的二元劃分。對於離散值屬性，選擇該屬性產生最小基尼指數的子集作為它的分裂子集。

對於連續值屬性，必須考慮每個可能的分裂點。其策略類似於前面介紹的資訊增益所使用的策略，其中將每對（排序列後的）相鄰值的中點作為可能的分裂點。對於給定的（連續值）屬性，選擇產生最小基尼指數的點作為該屬性的分裂點。注意，對於 A 的可能分裂點 split_poin，D_1 是 D 中滿足 A<split_poin 的元組集合，而 D_2 是 D 中滿足 A>split_poin 的元組集合。

對離散或連續值屬性 A 的二元劃分導致的不純度降低為：

$$\Delta Gini(A) = Gini(D) - Gini_A(D)$$

最大化不純度降低（或等價地，具有最小基尼指數）的屬性選為分裂屬性。該屬性和它的分裂子集（對於離散值的分裂屬性）或分裂點（對於連續值的分裂屬性）一起形成分裂準則。

4.3.5.3 使用基尼係數進行決策樹分析案例

【例 4.6】

表 4-11 是顧客資料庫的訓練資料：

表 4-11 顧客資料庫的訓練元組

RID	age	income	student	credit_rating	Class buys_computer
1	youth	high	no	fair	no
2	youth	high	no	excellent	no
3	middle_aged	high	no	fair	yes
4	senior	mediun	no	fair	yes
5	senior	low	yes	fair	yes
6	senior	low	yes	excellent	no
7	middle_aged	low	yes	excellent	yes
8	youth	medium	no	fair	no

9	youth	low	yes	fair	yes
10	senior	medium	yes	fair	yes
11	youth	medium	yes	excellent	yes
12	middle_aged	medium	no	excellent	yes
13	middle_aged	high	yes	fair	yes
14	senior	medium	no	excellent	no

對上面的資料以基尼係數構建 CART 決策樹。

設 D 是表 4-11 的訓練資料，其中 9 個元組屬於類 buy_computer=yes，而其餘 5 個元組屬於類 buy_computer=no。對 D 中元組創建（根）節點 N。首先使用基尼指數式計算 D 的不純度：

$$Gini(A) = 1 - \left(\frac{9}{14}\right)^2 - \left(\frac{5}{14}\right)^2 = 0.459$$

為了找出 D 中元組的分裂準則，需要計算每個屬性的基尼指數。從屬性 income 開始，並考慮每個可能的分裂子集。考慮子集 {low, medium}。這將導致 10 個滿足條件 income ∈ {low, medium} 的元組在分區 D_1 中。D 中的其餘 4 個元組將指派到分區 D_2 中。基於該劃分計算出的基尼指數值為

$$\begin{aligned} Gini_{income\in\{low,medium\}}(D) &= \frac{10}{14}Gini(D_1) + \frac{4}{14}Gini(D_2) \\ &= \frac{10}{14}(1 - \left(\frac{7}{10}\right)^2 - \left(\frac{3}{10}\right)^2) + \frac{4}{14}(1 - \left(\frac{2}{4}\right)^2 - \left(\frac{2}{4}\right)^2) \\ &= 0.443 \\ &= Gini_{income\in\{high\}}(D) \end{aligned}$$

類似地，用其餘子集劃分的基尼指數值是：0.458（子集 {low, high} 和 {medium}）和 0.450（子集 {medium, high} 和 {low}）。因此，屬性 income 的最好二元劃分在 {low, medium}（或者 {high}）上，因為它最小化基尼指數。評估屬性 age 得到 {young, senior}（或者為 {middle_aged}）為 age 的最好劃分，具有基尼指數 0.375；屬性 student 和 credit_rating 都是二元的，分別具有基尼指數值 0.367 和 0.429。

因此，屬性 age 和分裂子集 {young, senior} 產生最小的基尼指數，不純度

降低 0.459-0.357=0.102。二元劃分 age ∈ {young, senior} 導致 D 中元組的不純度降低最大，並返回作為分裂準則。節點 N 用該準則標記，從它生長出兩個分枝，並且相應地劃分元組。

4.3.6 決策樹中的剪枝問題

決策樹的剪枝問題本質上綜合了決策樹的泛化能力與過度擬合問題。

使用決策樹的誤差大致分為兩種：一種是訓練誤差，即訓練記錄上誤分類樣本的比例；另一種是泛化誤差，即模型在未知記錄上的期望誤差。在建立決策樹時，希望分類模型既能夠很好地擬合訓練資料，以降低訓練誤差，又希望分類模型可以很好地擬合未知樣本，以降低泛化誤差。在生成決策樹時，如果一味地擬合訓練資料以降低訓練誤差，將出現過度擬合的現象，這種過度擬合可能由雜訊導致，也可能由缺乏代表性的樣本導致。會致使分類模型過度地擬合了訓練資料，從而失去泛化能力，造成決策樹效能的降低。因此，訓練資料集的命中率與測試資料集的命中率之間並不是簡單的正相關性，在某一範圍內兩者為正相關性，但由於過度擬合等問題，兩者也可能存在負相關性。

引起過度擬合的原因有很多，比較普遍認同的是：模型越複雜，出現過度擬合的機率就越高。因此，在處理決策樹歸納中的過度擬合問題時，一般採用剪掉最不可靠的分枝的辦法。常用的剪枝方法有兩種：先剪枝和後剪枝。

(1) 先剪枝是一種提前終止規則。在構造決策樹時，可以使用資訊增益、Gini 係數等不純性度量來評估劃分的優劣，如果不純性度量的增益低於某個確定的閾值時就停止擴展葉子節點。一旦停止，節點就成為葉子節點，此時該葉子節點或標記為子集中最頻繁的類，或者持有子集資料的機率分布。然而，選取一個適當的閾值是困難的，高閾值可能導致決策樹過分簡化，低閾值可能會使得決策樹簡化太少。

(2) 後剪枝，它按照自底而上的方式修剪完全增長的決策樹。有兩種修剪方法：

①用新的葉子節點替換子樹，該葉子節點的類標號由子樹的記錄中的占多數的類確定；

②用子樹中最常使用的分支代替子樹。

當模型不能改進時，終止剪枝。

CART 使用的代價複雜度演算法是後剪枝的一個實例。該方法把決策樹的複雜度看作樹中葉子節點的個數和決策樹的錯誤率的函數。它從決策樹的底部開始，對每個內部節點 N，計算 N 的子樹的代價複雜度和該子樹剪枝（用一個葉子節點代替該子樹）後 N 的代價複雜度。比較兩個值。如果剪去節點 N 的子樹導致較小的代價複雜度，則剪掉該子樹；否則，保留該子樹。

C4.5 演算法使用一種稱為悲觀剪枝的方法，它類似於代價複雜度方法，因為它也使用錯誤率評估來決定是否修剪子樹。然而悲觀剪枝不需要使用剪枝集，僅使用訓練集估計錯誤率，這樣的做法對資料集較少時比較有利，但基於訓練集評估準確率或者是錯誤率一般過於樂觀，因此悲觀剪枝方法透過加上一個複雜度罰項來調節從訓練集中得到的錯誤率，從而抵消樂觀估計帶來的偏差。決策樹 T 的悲觀誤差估計可以用式 4-22 計算：

$$e_g(T) = \frac{\sum_{i=1}^{k}[e(t_i) + \Omega(t_i)]}{\sum_{i=1}^{k} n(t_i)} = \frac{e(T) + \Omega(T)}{N_t}$$

其中，k 是決策樹的葉子節點數，$n(t_i)$ 是節點 t_i 分類的訓練記錄數，$e(t_i)$ 是節點 t_i 被誤分類的記錄數，$\Omega(t_i)$ 是每個節點 t_i 對應的罰項。

罰項與模型複雜度有關，模型複雜度越高，葉子節點個數越多，總罰項就越大。用相同的訓練集建立決策樹模型，一般罰項設定得越大，得到的決策樹的複雜度越小。因為罰項小，就意味著，只要不增加很大的訓練誤差，就可以進行剪枝。

4.3.7 決策樹在 SPSS 中的應用

本節簡要介紹決策樹分析在 SPSS 軟體中的操作流程。對於某營運商客戶流失資料，我們以客戶是否流失為目標變數，透過決策樹構建分類預測模型，然後在待預測資料中運用得到的模型，得到分類預測結果。操作步驟如下：

(1) 在目錄上依次選擇「分析＞分類＞樹」，如圖 4-13 所示。

	月MOU	前三个月平均MOU	DOU	终端制式	是否	是否流失
1	123000	9721.6700	1.5000	FDD-LTE	Y	0
2	9176	10186.0000	0.4000	WCDMA	Y	0
3	7495	5258.0000	1.6000	FDD-LTE	Y	0
4	7055	4730.6700	9.1000	TD-SCDMA	Y	1
5	7055	4730.6700	9.1000	TD-SCDMA	Y	1
6	7055	4730.6700	9.1000	TD-SCDMA	Y	0
7	6913	6812.0000	2.6000	TD-LTE	Y	0
8	5339	4559.6700				0
9	5130	6304.0000				1
10	5130	6304.0000				0
11	5086	5689.6700				0
12	4302	2969.0000				0
13	4272	4533.3300				0
14	4164	3993.3300				0

圖 4-13 選擇決策樹分析

(2) 因變數選擇目標變數「是否流失」，自變數選擇其他欄位（注意要刪除明顯無關的欄位，如用戶 ID），增長方法選擇 CHAID 演算法，如圖 4-14 所示。

(3) 下面介紹右側各個選項的作用。在「輸出」選項，設定決策樹規則保存路徑，依次勾選「生成分類規則」和「將規則導出到文件」，點擊「瀏覽」選擇保存路徑，如圖 4-15 所示。

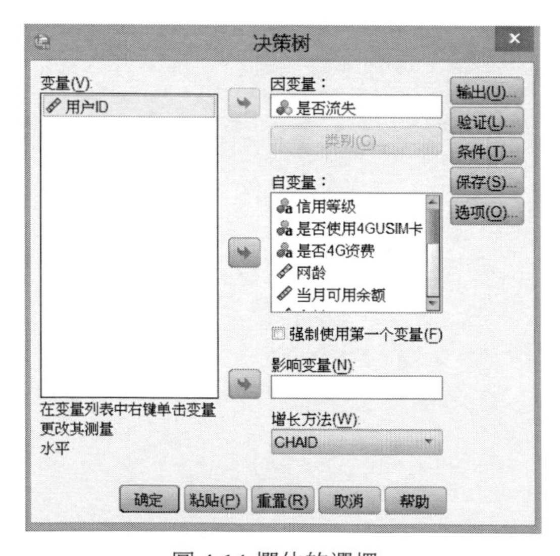

圖 4-14 欄位的選擇

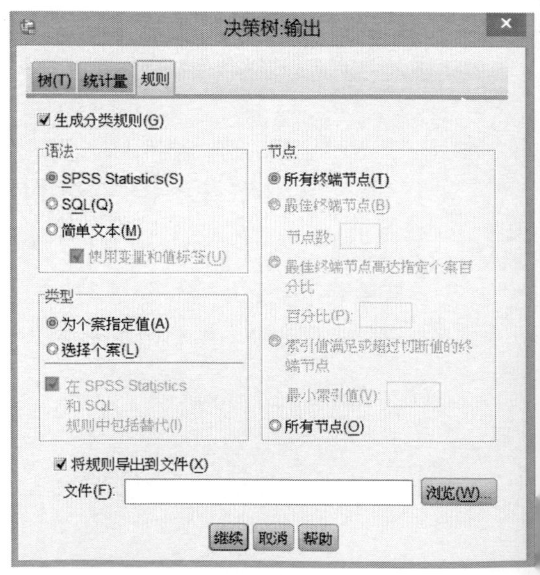

圖 4-15 規則的保存

在「條件」選項，點擊「設定」可以設定樹的深度，預設是自動選擇深度；最小個案數的意義：以父節點 100，子節點 50 為例，只有滿足「當父節點包含個案數大於等於 100，且劃分的子節點包含個案數大於等於 50」這個條件，才進行分支，否則停止分支；如圖 4-16 所示。

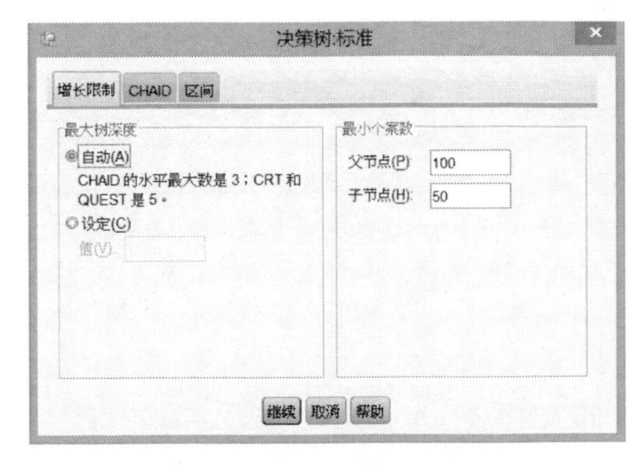

圖 4-16 樹的深度

在「保存」選項勾選相關屬性可以在資料頁面生成相關數值，如圖 4-17 所示：

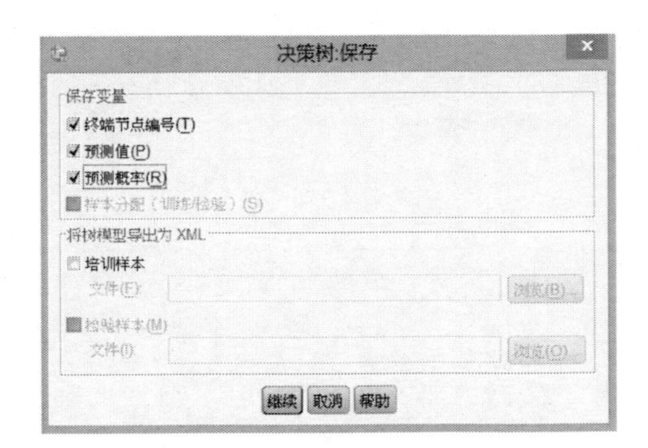

圖 4-17 保存相關屬性

在增長方法裡，可以選擇其他 SPSS 整合的基礎上演算法，如窮舉 Chaid 演算法、CRT 演算法、QUEST 演算法，如圖 4-18 所示。

(4) 設定完畢後，點擊確定進行模型的構建，並輸出規則。在輸出頁面可以看到卡方決策樹的輸出圖形，如圖 4-19 所示。

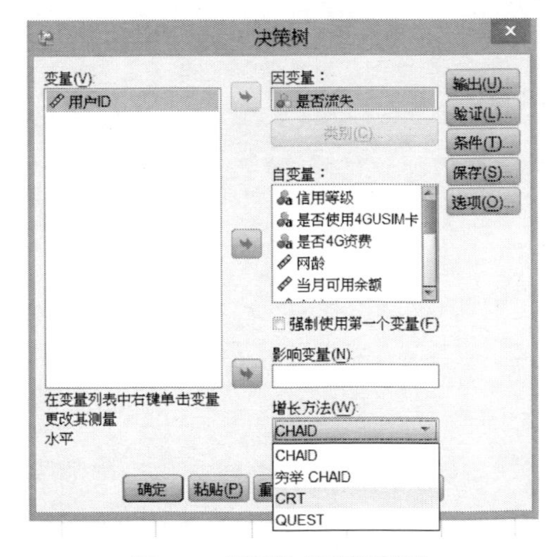

圖 4-18 選擇決策樹演算法

在資料頁面，可以看到相關欄位的輸出，解釋如下：

NodeID：節點編號，即該客戶落在樹中哪個節點；Predicted Value：預測值；Predicted Probability：預測機率，兩列機率分別代表預測為 0 或 1 的機率，如圖 4-20 所示。

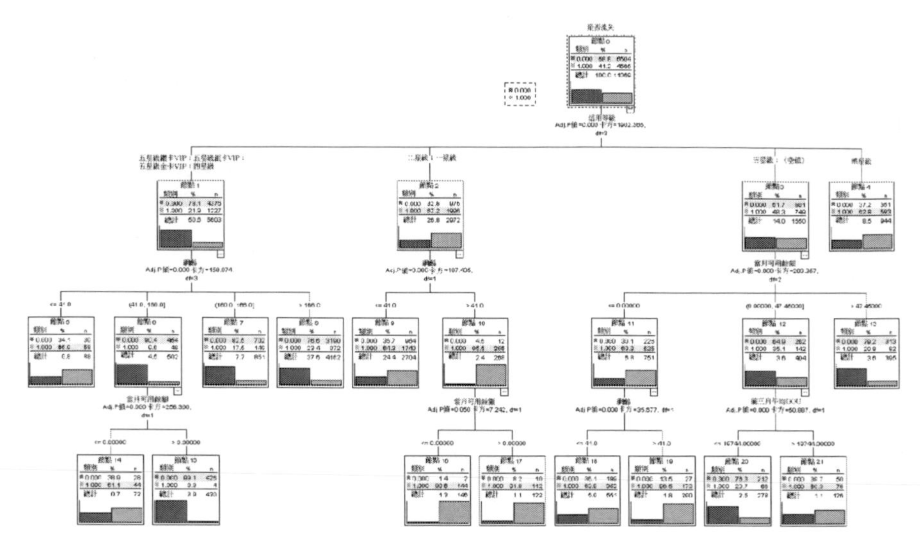

圖 4-19 決策樹樹型圖

文件(F) 编辑(E) 视图(V) 数据(D) 转换(T) 分析(A) 直销(M) 图形(G) 实用程序(U) 窗口(W) 帮助

	前三个月平均MOU	用户ID	当月DOU	前三月平均DOU	终端制式	是否智能机	是否流失	NodeID	PredictedValue	PredictedProbability_1	PredictedProbability_2	变量
1	9721.6700	1107455	336918	24231.5000	FDD-LTE	Y	0	8	0	.77	.23	
2	10186.0000	1101725	322881	14300.4000	WCDMA	Y	0	15	0	.99	.01	
3	5258.0000	1102537	498897	52761.6000	FDD-LTE	Y	0	8	0	.77	.23	
4	4730.6700	1102484	300019	18229.1000	TD-SCDMA	Y	1	8	0	.77	.23	
5	4730.6700	1102484	300019	18229.1000	TD-SCDMA	Y	1	8	0	.77	.23	
6	4730.6700	1102484	300019	18229.1000	TD-SCDMA	Y	0	8	0	.77	.23	
7	6812.0000	1109836	6894015	588442.6000	TD-LTE	Y	0	8	0	.77	.23	
8	4559.6700	1106344	34570	3835.1000	TD-SCDMA	Y	0	7	0	.82	.18	
9	6304.0000	1104427	316761	25774.5000	WCDMA	Y	1	8	0	.77	.23	
10	6304.0000	1104427	316761	25774.5000	WCDMA	Y	0	8	0	.77	.23	
11	5689.6700	1101635	332442	35965.2000	WCDMA	Y	0	8	0	.77	.23	
12	2969.0000	1100186	193305	14681.5000	TD-LTE	Y	0	8	0	.77	.23	
13	4533.3300	1107391	125339	21349.2000	WCDMA	Y	0	8	0	.77	.23	
14	3993.3300	1108296	87417	8480.2000	WCDMA	Y	0	8	0	.77	.23	
15	3547.3300	1108386	501093	30762.3000	WCDMA	Y	1	7	0	.82	.18	
16	3547.3300	1108386	501093	30762.3000	WCDMA	Y	0	7	0	.82	.18	
17	2620.3300	1101532	14624	604.4000	WCDMA	Y	0	15	0	.99	.01	
18	3744.3300	1102676	293301	50985.1000	TD-LTE	Y	0	8	0	.77	.23	
19	3454.3300	1104058	138627	12082.5000	TD-SCDMA	Y	0	8	0	.77	.23	
20	3041.6700	1108217	937304	89271.4000	TD-LTE	Y	0	8	0	.77	.23	
21	3574.6700	1100420	86104	27811.6000	CDMA	Y	1	8	0	.77	.23	
22	3574.6700	1100420	86104	27811.6000	CDMA	Y	0	8	0	.77	.23	
23	4653.0000	1110240	1742087	9649.1000	TD-LTE	Y	0	8	0	.77	.23	
24	3975.0000	1107486	210529	25518.7000	WCDMA	Y	1	8	0	.77	.23	
25	3975.0000	1107486	210529	25518.7000	WCDMA	Y	0	8	0	.77	.23	
26	2659.3300	1110027	89042	5507.4000	WCDMA	Y	0	8	0	.77	.23	
27	781.0000	1110939	1150818	376575.0000	WCDMA	N	1	9	1	.36	.64	
28	781.0000	1110939	1150818	376575.0000	WCDMA	N	1	9	1	.36	.64	
29	2831.6700	1106934	602623	74358.6000	WCDMA	Y	0	8	0	.77	.23	
30	1581.6700	1103010	143230	17974.3000	WCDMA	Y	0	8	0	.77	.23	
31	3508.3300	1103518	772868	52160.4000	TD-LTE	Y	1	8	0	.77	.23	

圖 4-20 相關結果輸出

(5) 透過構建決策樹模型得到相應的規則，在待分析資料裡就可以運用得到的規則進行分類預測。先將待分析資料導入軟體，再依次選擇「文件 > 新建 > 語法」，輸入語句：「INSERT FILE = 'C：\Users\Test\

Desktop\chaid.sps'.」，單引號裡即前面保存的規則的路徑，如圖 4-21 所示。

圖 4-21 規則的運用

運行語法後，在資料頁面得到輸出的預測結果（即客戶是否流失），解釋如下：

nod：該客戶被預測到哪個節點；pre：預測值；prb：預測為 0 或 1 的機率，如圖 4-22 所示。

文件(F) 编辑(E) 视图(V) 数据(D) 转换(T) 分析(A) 直销(M) 图形(G) 实用程序(U) 窗口(W) 帮助

	当月MOU	前三个月平均MOU	当月DOU	前三月平均DOU	终端制式	是否智能机	nod_001	pre_001	prb_001	变量
1	123000	9721.6700	336918	24231.5000	FDD-LTE	Y	8.00	.00	.77	
2	9176	10186.0000	322881	14300.4000	WCDMA	Y	15.00	.00	.99	
3	7495	5258.0000	498897	52761.6000	FDD-LTE	Y	8.00	.00	.77	
4	7055	4730.6700	300019	18229.1000	TD-SCDMA	Y	8.00	.00	.77	
5	7055	4730.6700	300019	18229.1000	TD-SCDMA	Y	8.00	.00	.77	
6	7055	4730.6700	300019	18229.1000	TD-SCDMA	Y	8.00	.00	.77	
7	6913	6812.0000	6894015	588442.6000	TD-LTE	Y	8.00	.00	.77	
8	5339	4559.6700	34570	3835.1000	TD-SCDMA	Y	7.00	.00	.82	
9	5130	6304.0000	316761	25774.5000	WCDMA	Y	8.00	.00	.77	
10	5130	6304.0000	316761	25774.5000	WCDMA	Y	8.00	.00	.77	
11	5086	5689.6700	332442	35965.2000	WCDMA	Y	8.00	.00	.77	
12	4302	2969.0000	193305	14681.5000	TD-LTE	Y	8.00	.00	.77	
13	4272	4533.3300	125339	21349.2000	WCDMA	Y	8.00	.00	.77	
14	4164	3993.3300	87417	8480.2000	WCDMA	Y	8.00	.00	.77	
15	4123	3547.3300	501093	30762.3000	WCDMA	Y	7.00	.00	.82	
16	4123	3547.3300	501093	30762.3000	WCDMA	Y	7.00	.00	.82	
17	3960	2620.3300	14624	604.4000	WCDMA	Y	15.00	.00	.99	
18	3949	3744.3300	293301	50985.1000	TD-LTE	Y	8.00	.00	.77	
19	3940	3454.3300	138627	12082.5000	TD-SCDMA	Y	8.00	.00	.77	
20	3931	3041.6700	937304	89271.4000	TD-LTE	Y	8.00	.00	.77	
21	3858	3574.6700	86104	27811.6000	CDMA	Y	8.00	.00	.77	

圖 4-22 輸出結果

4.4 最近鄰分析（KNN）

4.4.1 KNN 演算法的基本原理

K 近鄰法也就是 K-Nearest Neighbor 方法，又稱為 KNN 分類法。它是一個理論上比較成熟的方法，是由 Cover 和 Hart（1967）提出的。此演算法的思想簡單直觀：若一個樣本在特徵空間中的 K 個最相似（也就是特徵空間中最鄰近）的樣本中的大多數都屬於某一個類別，則此樣本也屬於這個類別。此方法在分類決策上僅依據最鄰近的一個或幾個樣本的類別來最終決定待分樣本所屬的類別。K 近鄰法是在已知類別的訓練樣本條件下，按最近距離原則對待此樣本分類。

K 近鄰分類法是基於類比學習，即透過將給定的檢驗元組與和它相似的訓練元組進行比較來學習。訓練元組用 n 個屬性描述。每個元組代表 n 維空間的一個點。這樣，所有的訓練元組都存放在 n 維模式空間中。當給定一個未知元組時，K- 最近鄰分類法（K-Nearest Neighbor Classifier）搜尋模式空間，找出最接近未知元組的 K 個訓練元組。這 K 個訓練元組是未知元組的 K 個最近鄰居。

「鄰近性」用距離度量，如歐幾里得距離。兩個點或元組 $X_1=(x_{11}, x_{12}, \ldots, x_{1n})$ 和 $X_2=(x_{21}, x_{22}, \ldots, x_{2n})$ 的歐幾里得距離如式 4-23 所示：

$$dist(X_1, X_2) = \sqrt{\sum_{i=1}^{n}(x_{1i} - x_{2i})^2}$$

換言之，對於每個數值屬性，我們取元組 X_1 和 X_2 該屬性對應值的差，取差的平方和，並取其平方根。通常，在使用距離公式之前，我們把每個屬性的值規範化。這有助於防止具有較大初始值域的屬性（如收入）比具有較小初始值域的屬性（如二元屬性）的權重過大。例如，可以透過計算式 4-24，使用最小 - 最大規範化把數值屬性 A 的值 v 變換到 [0, 1] 區間中的 v'

$$v' = \frac{v - min_A}{max_A - min_A}$$

其中，min_A，max_A 分別是屬性 A 的最小值和最大值。前面還從資料變換角度介紹了資料規範化的其他方法。

對於 K- 最近鄰分類，未知元組被指派到它的 K 個最近鄰中的多數類。當 K=1 時，未知元組被指派到模式空間中最接近它的訓練元組所在的類。最近鄰分類也可以用於數值預測，即返回給定未知元組的實數值預測。在這種情況下，分類器返回未知元組的 K 個最近鄰的實數值標號的平均值。

圖 4-23 給出了位於圓圈中心的資料點的 1- 最近鄰、2- 最近鄰和 3- 最近鄰。該資料點根據其近鄰的類標號進行分類。如果資料點的近鄰中含有多個類標號，則將該資料點指派到其最近鄰的多數類。在圖 4-23(a) 中，資料點的 1- 最近鄰是一個負例，因此該點被指派到負類。如果最近鄰是三個，如圖 4-23(c) 所示，其中包括兩個正例和一個負例，根據多數表決方案，該點被指派到正類。在最近鄰中正例和負例個數相同的情況下（見圖 4-23(b)），可隨機選擇一個類標號來分類該點。

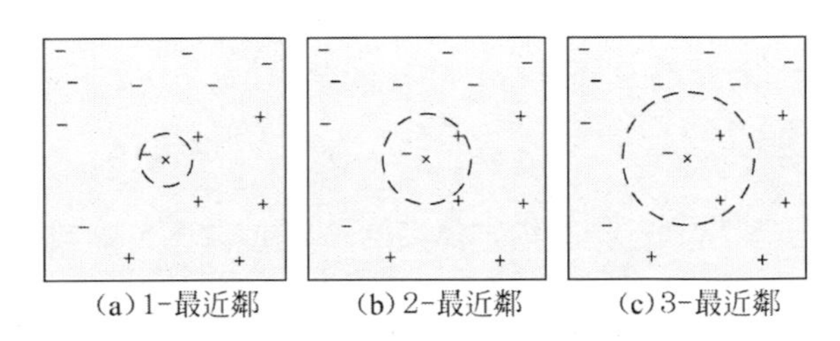

圖 4-23 1- 最近鄰、2- 最近鄰和 3- 最近鄰

4.4.2 KNN 演算法流程

演算法 4.5 KNN 演算法

輸入：訓練樣本集合 D=(X, Y)，最近鄰數目 k；

輸出：更新類標籤之後的資料集 D'。

Begin

I · For 每個測試樣例 z=(x' , y')Do；

II · 計算 z 和每個樣例 (x, y) ∈ D 之間的距離 d(x' , x')；

III · 選擇離 z 最近的 K 個訓練樣例的集合 $D_z \in D$；

IV · $y' = \underset{v}{argmax} \sum_{(x_i,y_i)\in D_z} I(v = y_i)$ ；

V · End For。

一旦得到最近鄰列表，測試樣例就會根據最近鄰中的多數類進行分類：

多數表決：$y' = \underset{v}{argmax} \sum_{(x_i,y_i)\in D_z} I(v = y_i)$

其中，v 是類標號，y_i 是一個最近鄰的類標號，I(·)是指示函數，如果其參數為真，則返回 1，否則返回 0。

4.4.3 KNN 演算法的若干問題

(1) 「如果屬性不是數值的而是標稱的（或類別的）如顏色，如何計算距離？」

上面的討論假定用來描述元組的屬性都是數值的。對於標稱屬性，一種簡單的方法是比較元組中 X_1 和 X_2 中對應屬性的值。如果兩者相同（如，元組 X_1 和 X_2 均為藍色），則兩者之間的差為 0。如果兩者不同（如，元組 X_1 是藍色，而元組 X_2 是紅色），則兩者之間的差為 1。其他方法可能採用更複雜的方案（如，對藍色和白色賦予比藍色和黑色更大的差值）。

(2) 「缺失值怎麼辦？」

通常，如果元組 X_1 或 X_2 在給定屬性 A 上的值缺失，則我們假定取最大的可能差。假設每個屬性都已經映射到 [0，1] 區間。對於標稱屬性，如果 A 的一個或兩個對應值缺失，則我們取差值為 1。如果 A 是數值屬性，並且在元組 X_1 和 X_2 上都缺失，則差值也取 1。如果只有一個值缺失，而另一個存在並且已經規範化（記作 v'），則取差為 |1-v' | 和 |0-v' | 中的最大者。

(3) 「如何確定近鄰數 k 的值？」

這可以透過實驗來確定。從知 K=1 開始使用檢驗集估計分類器的錯誤率。重複該過程，每次 K 增值 1，允許增加一個近鄰。可以選取產生最小錯誤率的 K。一般而言，訓練元組越多，K 的值越大（使分類和數值預測決策可以基於儲存元組的較大比例）。隨著訓練元組數趨向於無窮並且 K=1，錯誤率不會超過貝氏錯誤率的兩倍（後者是理論最小錯誤率）。如果 K 也趨向於無窮，則錯誤率趨向於貝氏錯誤率。

(4) 最近鄰分類法使用基於距離的比較，本質上賦予每個屬性相等的權重。因此，當資料存在雜訊或不相關屬性時，它們的準確率可能受到影響。然而，這種方法已經被改進，結合屬性加權和雜訊資料元組的剪枝。距離度量的選擇可能是至關重要的。也可以使用曼哈頓距離或其他距離度量。

(5) 最近鄰分類法在對檢驗元組分類時可能非常慢。如果 D 是有 |D| 個元組的訓練資料庫，而 K=1 則對一個給定的檢驗元組分類需要 O（|D|）

次比較。透過預先排序並將排序後的元組安排在搜尋樹中，比較次數可以降低到O（log|D|）。平行實現可以把運行時間降低為常數，即O，獨立 |D|。

4.4.4 KNN 分類器的特徵

最近鄰分類器的特點總結如下：

(1) 最近鄰分類屬於一類更廣泛的技術，這種技術被稱為基於實例的學習，它使用具體的訓練實例進行預測，而不必維護源自資料的抽象（或模型）。基於實例的學習演算法需要鄰近性度量來確定實例間的相似性或距離，還需要分類函數根據測試實例與其他實例的鄰近性返回測試實例的預測類標號。

(2) 像最近鄰分類器這樣的消極學習方法不需要建立模型，然而分類測試樣例的開銷很大，因為需要逐個計算測試樣例和訓練樣例之間的相似度。相反，積極學習方法通常花費大量計算資源來建立模型，模型一旦建立，分類測試樣例就會非常快。

(3) 最近鄰分類器基於局部資訊進行預測，而決策樹和基於規則的分類器則試圖找到一個擬合整個輸入空間的全局模型。正是因為這樣的局部分類決策，最近鄰分類器（k 很小時）對雜訊非常敏感。

(4) 最近鄰分類器可以生成任意形狀的決策邊界，這樣的決策邊界與決策樹和基於規則的分類器通常所侷限的直線決策邊界相比，能提供更加靈活的模型表示。最近鄰分類器的決策邊界還有很高的可變性，因為它們依賴於訓練樣例的組合。增加最近鄰的數目可以降低這種可變性。

(5) 除非採用適當的鄰近性度量和資料前處理，否則最近鄰分類器可能做出錯誤的預測。例如，我們想根據身高（以米為單位）和體重（以磅為單位）等屬性來對一群人分類。屬性高度的可變性很小，從 1.50 米到 1.85 米，而體重範圍則可能是從 90 磅到 250 磅。如果不考慮屬性值的單位，那麼鄰近性度最可能被人的體重差異所左右。

4.4.5　KNN 演算法在 SPSS 中的應用

本節介紹 KNN 演算法在 SPSS 中的應用，分別介紹兩個案例：(1) 用 KNN 演算法預測客戶是否流失；(2) 用 KNN 演算法填充信用等級的缺失值。下面介紹相關步驟。

4.4.5.1 用 KNN 演算法預測用戶是否流失

現在我們有歷史的客戶流失資料和當月或未來的客戶資料，想要透過歷史資料預測分析這些客戶是否會流失。KNN 的方法如下：

(1) 對於歷史資料，首先找出和目標變數「是否流失」相關性最大的若干欄位，用於演算法計算距離。方法是將字串欄位轉換為數值型，再利用雙變數相關求出相關係數。如圖 4-24 所示。

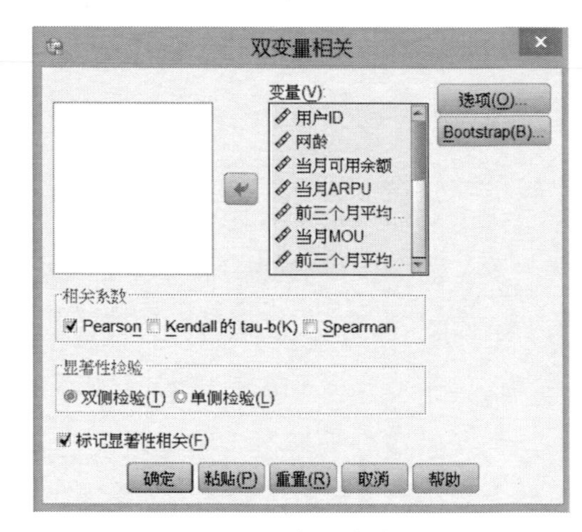

圖 4-24 相關係數

(2) 依次選擇「資料＞合併文件＞添加個案」，將歷史流失客戶資料和待分析資料進行合併（待分析資料「是否流失」欄位未知）。

(3) 將上一部選出的若干編碼後的欄位進行正規化操作（此處我們選出的欄位是網齡，當月 ARPU，當月 MOU；正規化即將每個欄位數值除以該欄位最大值）。

(4) 對於合併後的資料進行 KNN 分析。依次選擇「分析＞分類＞最近鄰元素」，設定目標變數和特徵（特徵即上一步選出來的相關係數較大的若干欄位正規化後的值），如圖 4-25 所示。

「相鄰元素」設定 K 值，如圖 4-26 所示。

保存輸出結果，如圖 4-27 所示。

圖 4-25 欄位設定

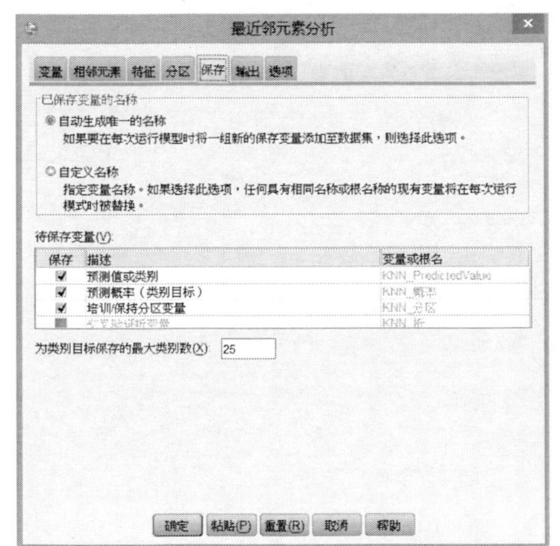

圖 4-26 K 的設定

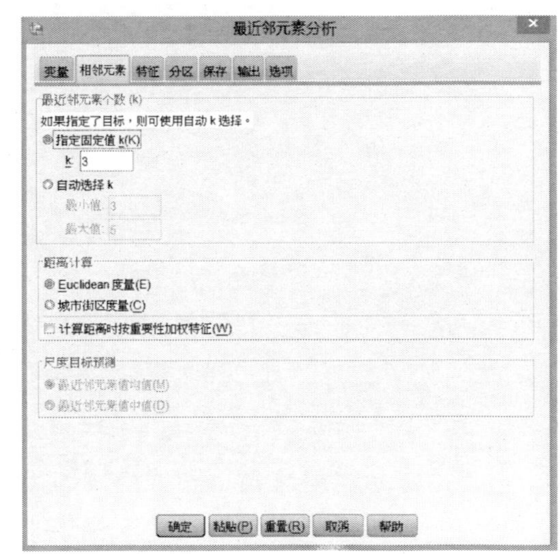

圖 4-27 保存輸出

設定完畢即可輸出 KNN 預測結果。

4.4.5.2 用 KNN 演算法填充缺失值

(1) 現在資料中信用等級欄位有少量缺失值，用 KNN 演算法可以進行分析得到最接近的預測結果。首先將相關字串欄位重新編碼為數值型，便於雙變數相關求解相關係數。下面將目標變數信用等級重新編碼為數值型，各個星級對應於數值 0，1，2 等，如圖 4-28 所示。

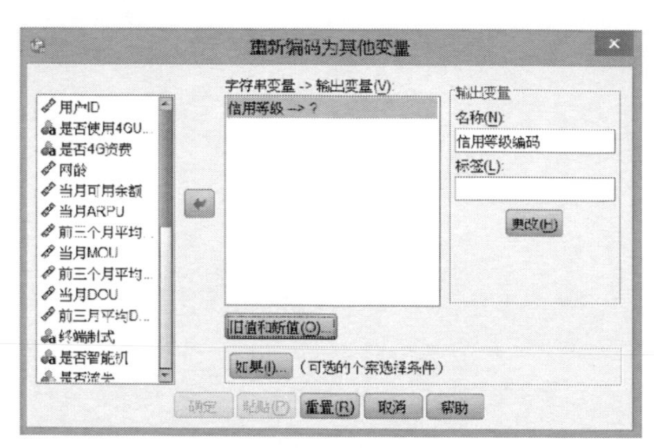

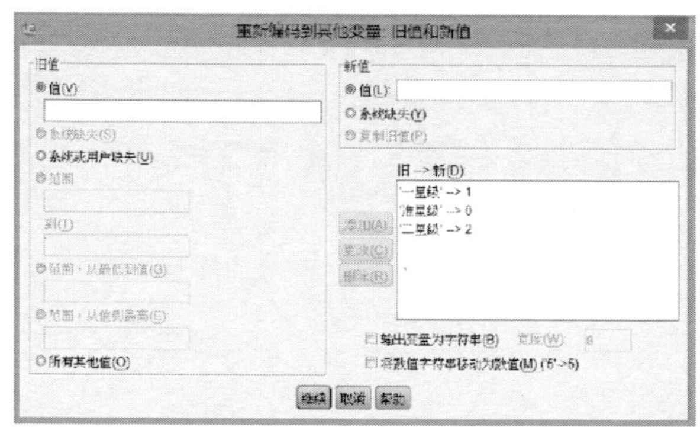

圖 4-28 編碼

(2) 透過雙變數相關找出與信用等級編碼相關係數較高的若干欄位，進行正規化，然後按照第一個例子的步驟即可完成 KNN 的分析，得到信用等級編碼的預測值，即完成了預設值的填充。

4.5 貝氏分析

4.5.1 貝氏定理

貝氏定理用 Thomas Bayes 的名字命名。Thomas Bayes 是一位不墨守成規的英國牧師，是 18 世紀機率論和決策論的早期研究者。設 X 是資料元組。在貝氏的術語中，X 看作「證據」。通常，X 用 n 個屬性集的測量值描述。令 H 為某種假設，如資料元組 X 屬於某個特定類 C。對於分類問題，希望確定給定「證據」或觀測資料元組 X，假設 H 成立的機率 P（H|X），換言之，給定 X 的屬性描述，找出元組 X 屬於類 C 的機率。

P（H|X）是後驗機率（Posterior Probability），或在條件 X 下，H 的後驗機率。例如，假設資料元組是界於分別由屬性 age 和 income 描述的顧客，而 X 是一位 35 歲的顧客；其收入為 4 萬美元。令 H 為某種假設，如顧客將購買電腦。則 P（H|X）反映當我們知道顧客的年齡和收入時，顧客 X 將購買電腦的機率。

相反，P(H) 是先驗機率（Prior Probability），或 H 的先驗機率。對於我們的例子，它是任意給定顧客將購買電腦的機率，而不管他們的年齡、收入或任何其他資訊。後驗機率 P（H|X）比先驗機率 P(H) 基於更多的資訊（如顧客的資訊）。P(H) 獨立於 X。

類似地，P（X|H）是條件 H 下，X 的後驗機率。也就是說，它是已知顧客 X 將購買電腦，該顧客是 35 歲並且收入為 4 萬美元的機率。

P(x) 是 X 的先驗機率。使用我們的例子，它是顧客集合中的年齡為 35 歲並且收入為 4 萬美元的機率。

如何估計這些機率？正如下面將看到的，P(x)、P(H) 和 P（X|H）可以由給定的資料估計。貝氏定理是有用的，它提供了一種由 P(x)、P(H) 和 P（X|H）計算後驗機率 P（H|X）的方法。式 4-25 的貝氏定理是：

$$P(H|X) = \frac{P(X|H)P(H)}{P(X)}$$

下面，我們將講解如何在單純貝氏分類中使用貝氏定理。

4.5.2 單純貝氏分類

單純貝氏分類法是貝氏分類法中最簡單有效、實際使用較成功的一種分類器，其效能可與神經網路、決策樹分類器相比，且有時會優於其他分類器。單純貝氏分類器的特徵是假定每個屬性的取值對給定類的影響獨立於其他屬性的取值，即給定類變數的條件下各個屬性變數之間條件獨立。

4.5.2.1 條件獨立性

在深入研究單純貝氏分類法如何工作的細節之前，讓我們先介紹條件獨立概念。設 X、Y 和 Z 表示三個隨機變數的集合。給定 Z、X 條件獨立於 Y，如果下面的條件成立（式 4-26）：

$$P(H|Y,Z) = P(X|Z)$$

條件獨立的一個例子是一個人的手臂長短和他的閱讀能力之間的關係。你可能會發現手臂較長的人閱讀能力也較強。這種關係可以用另一個因素解釋，那就是年齡。小孩子的手臂往往比較短，也不具備成人的閱讀能力。如果年齡一定，則觀察到的手臂長度和閱讀能力之間的關係就消失了。因此，我們可以得出結論，在年齡一定時，手臂長度和閱讀能力二者條件獨立。

X 和 Y 之間的條件獨立也可以寫成類似公式 4-27 的形式：

$$P(X,Y|Z) = \frac{P(X,Y,Z)}{P(Z)} = \frac{P(X,Y,Z)}{P(Y,Z)} \times \frac{P(Y,Z)}{P(Z)} = P(X|Z) \times P(Y|Z)$$

4.5.2.2 單純貝氏分類的工作過程

單純貝氏分類的工作過程如下：

(1) 設 D 是訓練元組和它們相關聯的類標號的集合。每個資料樣本用 n 維特徵向量 $X=\{x_1, x_2, ..., x_n\}$ 表示，描述了對 n 個屬性樣本 $A_1, A_2, \cdots, A_n$ 對元組的 n 個度量。

(2) 若有 m 個類 $c_1, c_2, ..., c_m$，一個未知的資料樣本（沒有類編號），分類器將會預測 X 屬於具有最高後驗機率（條件 X 下）的類。即，單純貝

氏分類將未知的樣本分配給類 C_i，當且僅當 P（C_i|X）=P（C_j|X），$1 \leq j \leq m$，$j \neq i$。這樣，最大化的 P（C_i|X）對應的類 C_i 稱為最大的後驗假定，而

$$P(C_i|X) = \frac{P(X|C_i)P(C_i)}{P(X)}$$

(3) 由於 P(x) 對於所有類為常數，只需要 $P(X|C_i)P(C_i)$ 最大即可。若類的先驗機率未知，則通常假定著這些類是等機率的，即 $P(C_1)=P(C_2)=\cdots=P(C_m)$，因此問題就轉換為對 $P(X|C_i)$ 的最大化。類的先驗機率可以用 $P(C_i)=|C_{i,D}|/|D|$，其中 $|C_{i,D}|$ 是 D 中 C_i 類的元組個數。

(4) 具有很多屬性的資料集，計算 $P(X|C_i)$ 開銷會變得很大，降低計算的開銷，單純貝氏分類法在估計類條件機率時假設屬性之間條件獨立，即公式 4-28：

$$P(X|C_i) = P(x_1|C_i)P(x_2|C_i)\ldots P(x_n|C_i)$$

(5) 為了預測 X 的類標號，對每個類 C_i，計算 $P(X|C_i)P(C_i)$，該分類法預測元組 X 的類為 C_i，當且僅當公式 4-29：

$$P(X|C_i)P(C_i) > P(X|C_j)P(C_j),\ 1 \leq j \leq m,\ j \neq i$$

被預測的類標號就是使 $P(X|C_i)P(C_i)$ 最大的 C_i。

單純貝氏分類法使用兩種方法估計連續屬性的類條件機率。一種方法是把每一個連續屬性離散化，然後用相應的離散區間替換連續屬性值。另一種方法是假設連續變數服從某種機率分布，然後使用訓練資料估計分布的參數。高斯分布通常被用來表示連續屬性的類條件機率分布。

4.5.2.3 單純貝氏分類的特徵

單純貝氏分類方法有堅實的數學基礎，演算法相對來說簡單易實現，所需估計的參數少，對缺失的資料不敏感，對孤立的雜訊點和無關屬性有穩定的分類效能。理論上講，與其他所有分類演算法相比，貝氏分類法有最小的錯誤率。然而，實踐中並非總是如此。這是由於對其使用的假定（如類條件獨立性）

的不確定性，以及缺乏可用的機率資料造成的。

4.5.2.4 單純貝氏分類實例分析

【例 4.7】

使用例 4.4 的資料，希望使用單純貝氏分類來預測未知元組的類標號。C_1 對應於 buys_computer=yes，C_2 對應 buys_computer=no。希望分類的元組為 X=(age=youth, income=medium, student=yes, credit_rating=fair)。

需要最大化 $P(X|C_i)P(C_i)$，i=1, 2。每個類的先驗機率 $P(C_i)$ 可以根據訓練元組計算。

P(buys_computer=yes)=9/14=0.643

P(buys_computer=yes)=5/14=0.357

為了計算 $P(X|C_i)$，下面計算條件機率：

P(age=youth|buys_computer=yes)=2/9=0.222

P(age=youth|buys_computer=no)=3/5=0.600

P(income=medium|buys_computer=yes)=4/9=0.444

P(income=medium|buys_computer=no)=2/5=0.400

P(student=yes|buys_computer=yes)=6/9=0.667

P(student=yes|buys_computer=no)=1/5=0.200

P(credit_rating=fair|buys_computer=yes)=6/9=0.667

P(credit_rating=fair|buys_computer=no)=2/5=0.400

使用上面的機率得到：

P(X|buys_computer=yes)=P(age=youth|buys_computer=yes)×
P(income=medium|buys_computer=yes)×
P(student=yes|buys_computer=yes)×
P(credit_rating=fair|buys_computer=yes)
=0.222×0.444×0.667×0.667
=0.044

類似地

P(X|buys_computer=no)=0.600×0.400×0200×0.400=0.019

計算

P(X|buys_computer=yes)×P(buys_computer=yes)=0.044×0.643=0.028

P(X|buys_computer=no)×P(buys_computer=no)=0.019×0.357=0.007

因此，對於元組 X，單純貝氏分類器預測 X 類別為 buys_computer=yes。

4.5.3 貝氏網路

4.5.3.1 貝氏網路原理

單純貝氏分類假定樣本的屬性取值相互獨立，然而，在實際應用中，變數之間可能存在依賴關係。貝氏信念網路（Bayesian Belief Network, BBN）說明聯合條件的機率分布，允許在變數的子集之間定義類條件，並提供一種因果關係的網路圖形，又稱信念網路、貝氏網路或概念網路。其作為一種不確定性的因果推理模型，在資訊檢索、醫療診斷、電子技術與工程等諸多方面運用廣泛。

信念網路的優缺點：如果其網路結構和數值是給定的，那麼可以直接計算，但資料隱藏，只知道其中的依存關係，所以需要條件機率的估算。貝氏網路的資料結構可能是未知的，此時需要根據已知資料啟發式學習貝氏網路結構。

4.5.3.2 模型表示

貝氏信念網路，簡稱貝氏網路，用圖形表示一組隨機變數之間的機率關係。貝氏網路有兩個主要成分。

(1) 一個有向無環圖（dag），表示變數之間的依賴關係。

(2) 一個機率表，把各節點和它的直接父節點關聯起來。

考慮三個隨機變數 A、B 和 C，其中 A 和 B 相互獨立，並且都直接影響第三個變數 C。三個變數之間的關係可以用圖 4-29(a) 中的有向無環圖概括。圖中每個節點表示一個變數，每條弧表示兩個變數之間的依賴關係。如果從 x 到 y 有一條有向弧，則 x 是 y 的父母，y 是 x 的子女。另外，如果網路中存在一條從 X 到 Z 的有向路徑，則 X 是 Z 的祖先，而 Z 是 X 的後代。例如，在圖 4-29(b) 中，A 是 D 的後代，D 是 B 的祖先，而且 B 和 D 都不是 A 的後代節點。貝氏網路的一個重要性質表述如下：

性質 條件獨立貝氏網路中的一個節點，如果它的父母節點已知，則它條件獨立於它的所有非後代節點。

圖 4-29(b) 中，給定 C，A 條件獨立於 B 和 D，因為 B 和 D 都是 A 的非後代節點。單純貝氏分類器中的條件獨立假設也可以用貝氏網路來表示，如圖 4-29(c) 所示，其中 y 是目標類，$\{X_1, X_2, ..., X_d\}$ 是屬性集。

除了網路拓撲結構要求的條件獨立性外，每個節點還關聯一個機率表。

(1) 如果節點 X 沒有父母節點，則表中只包含先驗機率 P(x)。

(2) 如果節點 X 只有一個父母節點 F，則表中包含條件機率 P(X|Y)。

(3) 如果節點 X 有多個父母節點 $\{Y_1, Y_2, ..., Y_k\}$，則表中包含條件機率 P（$X|Y_1$，$Y_2, ..., Y_k$）。

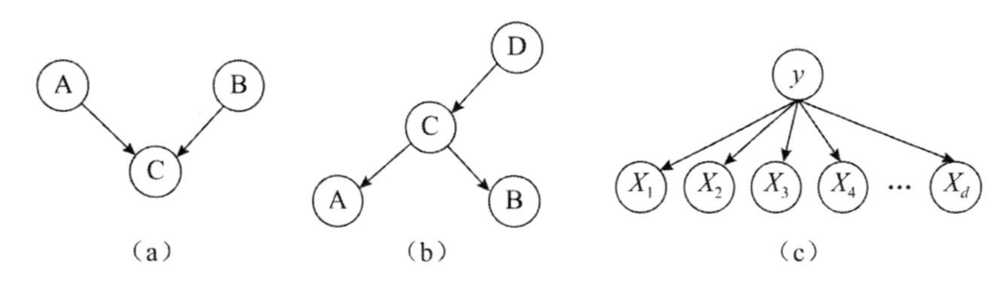

圖 4-29 關係圖

4.5.3.3 貝氏網路實例分析

圖 4-30 是貝氏網路的一個例子，對心髒病或心口痛患者建模。

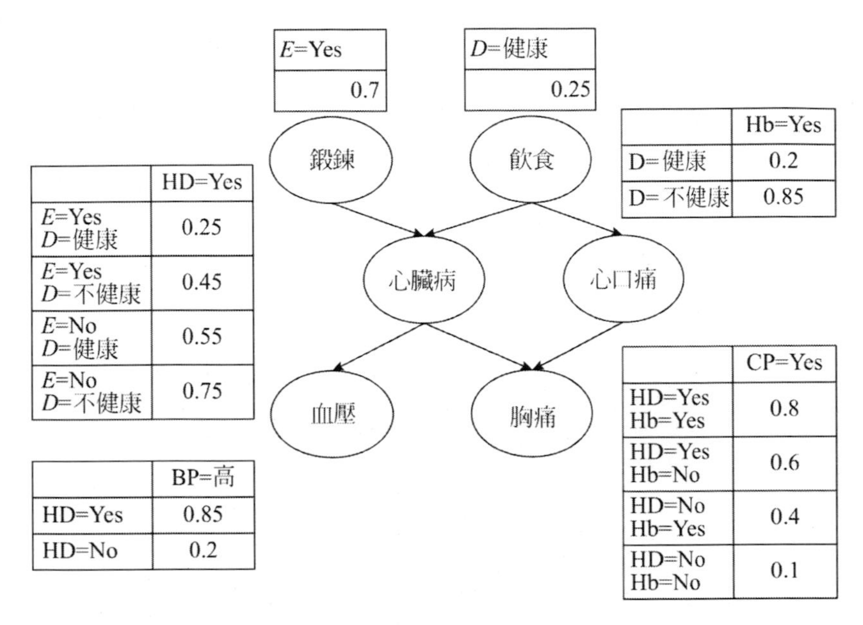

圖 4-30 貝氏網路

(1) 分析

假設圖中每個變數都是二值的。心臟病節點（HD）的父母節點對應影響該疾病的危險因素，如鍛鍊 (E) 和飲食 (D) 等。心臟病節點的子節點對應該病的症狀，如胸痛（CP）和高血壓（BP）等。如圖 4-30 所示，心口痛（Hb）可能源於不健康的飲食，同時又可能導致胸痛。

影響疾病的危險因素對應的節點只包含先驗機率，而心臟病、心口痛以及它們的相應症狀所對應的節點都包含條件機率。為了節省空間，圖 4-30 中省略了一些機率。注意 $P(X=\bar{x})=1-P(X=x)$, $P(X=\bar{x}|Y)=1-P(X=x|Y)$，其中 $\bar{x}$ 表示和 x 相反的結果。因此，省略的機率可以很容易求得。例如，條件機率：

P(心臟病 =no| 鍛鍊 =no，飲食 = 健康)

=1-P(心臟病 =yes| 鍛鍊 =no，飲食 = 健康)

=1-0.55

=0.45

(2) 建模

貝氏網路的建模包括兩個步驟：(1) 創建網路結構；(2) 估計每一個節點

的機率表中的機率值。W 網路拓撲結構可以透過對主觀的領域專家知識編碼獲得。演算法給出了歸納貝氏網路拓撲結構的一個系統的過程。

演算法 4.6 貝氏網路拓撲結構

輸入：變數的全序 $T=\{C_1, X_2, ..., X_d\}$；
輸出：貝氏網路拓撲結構；
Begin
I · For j=1 to d Do；
II · 令 $X_{T(j)}$ 表示 T 中第 j 個次序最高的變數；
III · 令 $\pi(X_{T(j)})=\{X_{T(1)}, X_{T(2)}, ..., X_{T(j-1)}\}$ 表示排在 $X_{T(j)}$ 前面的變數的集合；
IV · 從 $\pi(X_{T(j)})$ 中去掉對 X_j 沒有影響的變數（使用先驗知識）；
V · 在 $X_{T(j)}$ 和 $\pi(X_{T(j)})$ 中 3 的變數之間畫弧；
VI · End for。

考慮圖 4-30 中的變數，執行步驟 1 後，設變數次序為（E, D, HD, Hb, CP, BP）。從變數 D 開始，經過步驟 2 到步驟 7，我們得到如下條件機率：

P(D|E) 化簡為 P(D)；

P(HD|E, D) 不能化簡；

P(Hb|HD, E, D) 化簡為 P(Hb|D)；

P(CP|Hb, HD, E, D) 化簡為 P(CP|Hb, HD)；

P(BP|CP, Hb, HD, E, D) 化簡為 P(BP|HD)。

基於以上條件機率，創建節點之間的弧 (E, HD)，(D, HD)，(D, Hb)，(HD, CP)，(Hb, CP)，(HD, BP)。這些弧構成了圖 4-30 的網路結構。

演算法保證生成的拓撲結構不包含環，這一點也很容易證明。如果存在環，那麼至少有一條弧從低序節點指向高序節點，並且至少存在另一條弧從高序節點指向低序節點。由於演算法不允許從低序節點到高序節點的弧存在，因此拓撲結構中不存在環。

然而，如果我們對變數採用不同的排序方案，得到的網路拓撲結構可能會有變化。某些拓撲結構可能品質很差，因為它在不同的節點對之間產生了很多條弧。從理論上講，可能需要檢查所有 d! 種可能的排序才能確定最佳的拓撲結構，這是一項計算開銷很大的任務。替代的方法是把變數分為原因變數和結果變數，然後從各原因變數向其對應的結果變數畫弧。這種方法簡化了貝氏網路結構的建立。

一旦找到了合適的拓撲結構，與各節點關聯的機率表就確定了。對這些機率的估計比較容易，與單純貝氏分類器中所用的方法類似。

(3) 使用 BBN 進行推理舉例

假設我們對使用圖 4-30 中的 BBN 來診斷一個人是否患有心髒病感興趣，下面闡釋在不同的情況下如何做出診斷。

情況一：沒有先驗資訊

在沒有任何先驗資訊的情況下，可以透過計算先驗機率 P(HD=yes) 和 P(HD=no) 來確定一個人是否可能患心髒病。為了表述方便，設 $\alpha \in$ ={yes，no} 表示鍛鍊的兩個值，$\beta \in$ ={ 健康，不健康 } 表示飲食的兩個值。

$$
\begin{aligned}
P(HD = yes) &= \sum_{\alpha}\sum_{\beta} P(HD = yes \mid E = \alpha,\ \ D = \beta)P(E = \alpha,\ \ D = \beta) \\
&= \sum_{\alpha}\sum_{\beta} P(HD = yes \mid E = \alpha,\ \ D = \beta)P(E = \alpha)P(D = \beta) \\
&= 0.25 \times 0.7 \times 0.25 \times 0.45 \times 0.7 \times 0.75 \times 0.55 \times 0.3 \times 0.25 + \\
&= 0.75 \times 0.3 \times 0.75 \\
&= 0.49
\end{aligned}
$$

因為 P(HD=no)=1-P(HD=yes)=0.51，所以此人不得心髒病的機率略大一些。

情況二：高血壓

如果一個人有高血壓，可以透過比較後驗機率 P(HD=yes|BP= 高) 和 P(HD=no|BP= 高) 來診斷他是否患有心髒病。為此，我們必須先計算 P(BP= 高)：

$$
\begin{aligned}
P(BP = \text{高}) &= \sum_{\gamma} P(BP = \text{高} \mid HD = \gamma)P(HD = \gamma) \\
&= 0.85 \times 0.49 + 0.25 \times 0.51 = 0.5185
\end{aligned}
$$

其中 $\gamma \in$ {yes，no}。因此，此人患心髒病的後驗機率是：

$$P(HD = yes \mid BP = 高) = \frac{P(BP = 高 \mid HD = yes)P(HD = yes)}{P(BP = 高)}$$

$$= \frac{0.85 \times 0.49}{0.5185} = 0.8033$$

同理，P(HD=no|BP= 高)=1-0.8033=0.1967。所以，當一個人有高血壓時他患心臟病的機率就增加了。

4.5.3.4 BBN 的特點

下面是 BBN 模型的一般特點。

(1) BBN 提供了一種用圖形模型來捕獲特定領域的先驗知識的方法。網路還可以用來對變數間的因果依賴關係進行編碼。

(2) 構造網路可能既費時又費力。然而一旦網路結構確定下來，添加新變數就變得十分容易。

(3) 貝氏網路很適合處理不完整的資料。對有屬性遺漏的實例可以透過對該屬性的所有可能取值的機率求和或求積分來加以處理。

(4) 因為資料和先驗知識以機率的方式結合起來了，所以該方法對模型的過分擬合問題是非常具有魯棒性的。

4.6 神經網路

人工神經網路（ANN）的研究是由試圖模擬生物神經系統而激發的。人類的大腦主要由稱為神經元（Neuron）的神經細胞組成，神經元透過叫做軸突（Axon）的纖維絲連在一起。當神經元受到刺激時，神經脈衝透過軸突從一個神經元傳到另一個神經元。一個神經元透過樹突（Dendrite）連接到其他神經元的軸突，樹突是神經元細胞體的延伸物。樹突和軸突的連接點叫做神經鍵（Synapse）。神經學家發現，人的大腦透過在同一個脈衝反覆刺激下改變神經元之間的神經鍵連接強度來進行學習。

類似於人腦的結構，ANN 由一組相互連接的節點和有向鏈構成。本節將分析一系列 ANN 模型，從介紹最簡單的模型——感知器（Perceptron）開始，看看如何訓練這種模型來解決分類問題。

4.6.1 感知器

考慮圖 4-31 中的圖表。上邊的表顯示一個資料集，包含三個布林變數（x_1，x_2，x_3）和一個輸出變數 y，當三個輸入中至少有兩個是 0 時，y 取 -1；而至少有兩個大於 0 時，y 取 1。

X_1	X_2	X_3	y
1	0	0	−1
1	0	1	1
1	1	0	1
1	1	1	1
0	0	1	−1
0	1	0	−1
0	1	1	1
0	0	0	−1

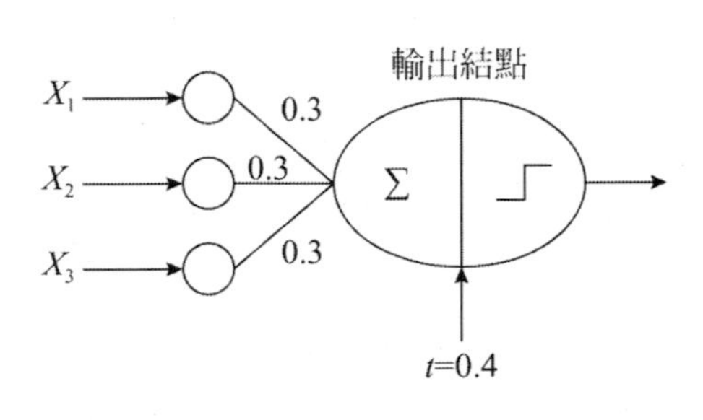

圖 4-31 使用感知器模擬一個布爾函數

圖 4-31 展示了一個簡單的神經網路結構——感知器。感知器包含兩種節點：幾個輸入節點，用來表示輸入屬性；一個輸出節點，用來提供模型輸出。神經網路結構中的節點通常叫做神經元或單元。在感知器中，每個輸入節點都透過一個加權的鏈連接到輸出節點。這個加權的鏈用來模擬神經元間神經鍵連接的強度。像生物神經系統一樣，訓練一個感知器模型就相當於不斷調整鏈的權值，直到能擬合訓練資料的輸入輸出關係為止。

感知器對輸入加權求和，再減去偏置因子 t，然後考察結果的符號，得到輸出值 $\hat{y}$。圖 4-31 中的模型有三個輸入節點，各節點到輸出節點的權值都等於 0.3，偏置因子 t=0.4。模型的輸出計算公式如下：

$$\hat{y} = \begin{cases} 1, & \text{如果} 0.3x_1 + 0.3x_2 + 0.3x_3 + -0.4 > 0 \\ -1, & \text{如果} 0.3x_1 + 0.3x_2 + 0.3x_3 + -0.4 < 0 \end{cases}$$

例如，如果 $x_1=1, x_2=2, x_3=3$，那麼 $\hat{y}=1$，因為 $0.3x_1+0.3x_2+0.3x_3-0.4$ 是正的。另外，如果 $x_1=0, x_2=1, x_1=0$，那麼 $\hat{y}=-1$，因為加權和減去偏置因子值為負。

注意感知器的輸入節點和輸出節點之間的區別。輸入節點簡單地把接收到的值傳送給輸出鏈，而不做任何轉換。輸出節點則是一個數學裝置，計算輸入的加權和，減去偏置項，然後根據結果的符號產生輸出。更具體的，感知器模型的輸出可以用如下數學方式（式 4-30）表示：

$$\hat{x} = sign(w_d x_d + w_{d-1} x_{d-1} + \ldots + w_2 x_2 + w_1 x_1 - t)$$

其中，$w_1, w_2, \ldots, w_d$ 是輸入鏈的權值，而 $x_1, x_2, \ldots, x_d$ 是輸入屬性值。符號函數，作為輸出神經元的激勵函數（Activation Function），當參數為正時輸出 +1，參數為負時輸出 -1。感知器模型可以寫成下面更簡潔的形式（式 4-31）：

$$\begin{aligned} \hat{y} &= sign(w_d x_d + w_{d-1} x_{d-1} + \ldots + w_1 x_1 + w_0 x_0) \\ &= sign(w \cdot x) \end{aligned}$$

其中，$w_0=-t$，$x_0=1$，$w \cdot x$ 是權值向量 w 和輸入屬性向量 x 的點積。

4.6.2 多重人工神經網路

4.6.2.1 多重人工神經網路介紹

人工神經網路結構比感知器模型更複雜。這些額外的複雜性來源於多個方面。

(1) 網路的輸入層和輸出層之間可能包含多個中間層，這些中間層叫做隱藏層（Hidden Layer），隱藏層中的節點稱為隱藏節點（Hidden Node）。這種結構稱為多層神經網路（見圖 4-32）。在前饋（Feed-Forward）神經網路中，每一層的節點僅和下一層的節點相連。感知器就是一個單層的前饋神經網路，因為它只有一個節點層 - 輸出層來進行複雜的數學運算。在遞歸（Recurrent）神經網路中，允許同一層節點相連或一層的節點連到前面各層中的節點。

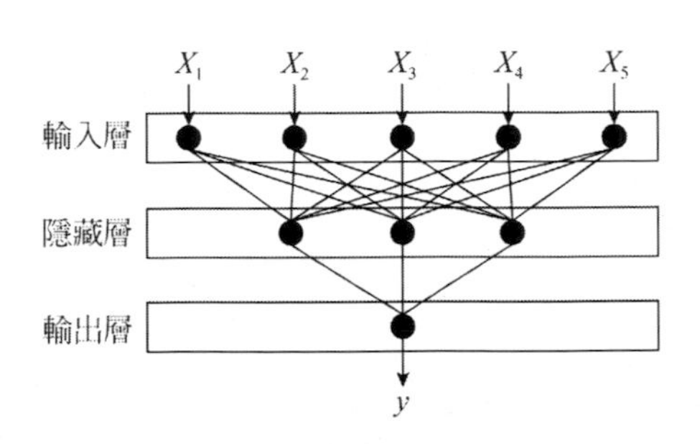

圖 4-32 多層前饋神經網路

(2) 除了符號函數外，網路還可以使用其他激勵函數，如圖 4-33 所示的線性函數、S 形（邏輯斯締）函數、雙曲正切函數等。這些激勵函數允許隱藏節點和輸出節點的輸出值與輸入參數呈非線性關係。

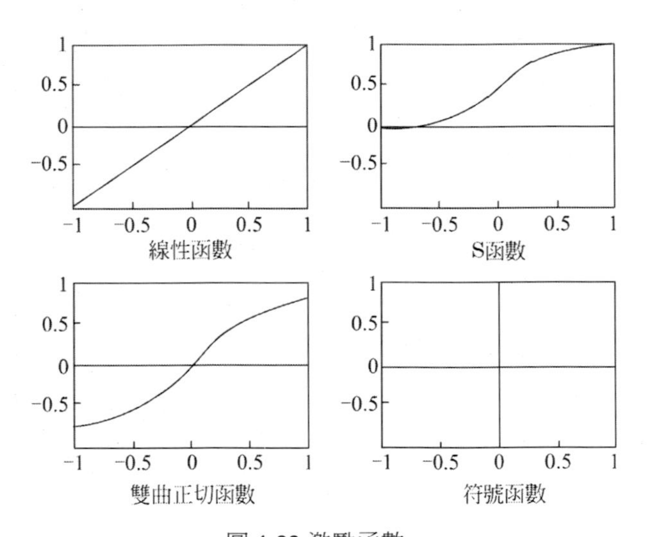

圖 4-33 激勵函數

4.6.2.2 多層前饋神經網路

後向傳播演算法在多層前饋神經網路上學習。它疊代地學習用於元組類標號預測的一組權重。多層前饋（Multilayer Feed-Forward）神經網路由一個輸入層、一個或多個隱藏層和一個輸出層組成。多層前饋網路的例子如圖 4-34 所示。

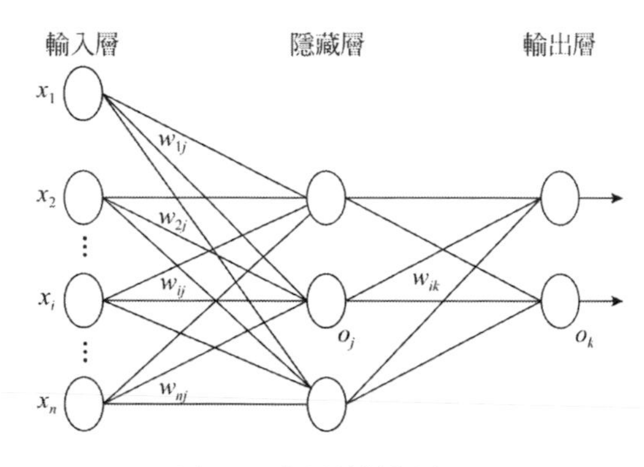

圖 4-34 多層前饋網路

每層由一些單元組成。網路的輸入對應對每個訓練元組的觀測屬性。輸入同時提供給構成輸入層的單元。這些輸入透過輸入層，然後加權同時地提供給稱作隱藏層的「類神經元的」第二層。該隱藏層單元的輸出可以輸入到另一個隱藏層，諸如此類。隱藏層的數量是任意的，儘管實踐中通常只用一層。最後一個隱藏層的權重輸出作為構成輸出層的單元的輸入。輸出層發佈給定元組的網路預測。

輸入層的單元稱作輸入單元。隱藏層和輸出層的單元，由於其源自生物學基礎，有時稱作神經節點（Neurodes），或稱輸出單元。如圖 4-34 所示的多層神經網路具有兩層輸出單元。因此，我們稱之為兩層神經網路。（不計算輸入層，因為它只用來傳遞輸入值到下一層）類似地，包含兩個隱藏層的網路稱作三層神經網路等。網路是前饋的，因為其權重都不回送到輸入單元，或前一層的輸出單元。因為每個單元都向下一層的每個單元提供輸入。

每個輸出單元取前一層單元輸出的加權和作為輸入。它應用一個非線性（激）函數作用於加權輸入。多層前饋神經網路可以將類預測作為輸入的非線性組合建模。從統計學的觀點來講，它們進行非線性迴歸。給定足夠的隱藏單元和足夠的訓練樣本，多層前饋神經網路可以逼近任意涵數。

4.6.2.3 定義網路拓撲

「如何設計神經網路的拓撲結構？」在開始訓練之前，用戶必須確定網路拓撲，說明輸入層的單元數、隱藏層數（如果多於一層）、每個隱藏層的單元數和輸出層的單元數。

對訓練元組中每個屬性的輸入測量值進行規範化將有助於加快學習過程。通常，對輸入值規範化，使得它們落入 0.0 和 1.0 之間。離散值屬性可以重新編碼，使得每個域值有一個輸入單元。例如，如果屬性 A 有 3 個可能的或已知的值 $\{a_0, a_1, a_2\}$ 則可以分配三個輸入單元表示 A，即我們可以用 I_0，I_1，I_2 作為輸入單元。每個單元都初始化為 0。如果 $A=a_0$，則 I_0 置為 1，其餘為 0；如果 $A=a_1$，則 I_1 置 1，其餘為 0；諸如此類。

神經網路可以用於分類（預測給定元組的類標號）和數值預測（預測連續值輸出）。對於分類，一個輸出單元可以用來表示兩個類（其中值 1 代表一個類，而值 0 代表另一個類）。如果多於兩個類，則每個類使用一個輸出單元。

4.6.3 人工神經網路的特點

人工神經網路的一般特點概括如下：

(1) 至少含有一個隱藏層的多層神經網路是一種普適近似（Universal Approximator），即可以用來近似任何目標函數。由於 ANN 具有豐富的假設空間，因此對於給定的問題，選擇合適的拓撲結構來防止模型的過分擬合是很重要的。

(2) ANN 可以處理冗餘特徵，因為權值在訓練過程中自動學習。冗餘特徵的權值非常小。

(3) 神經網路對訓練資料中的雜訊非常敏感。處理雜訊問題的一種方法是使用確認集來確定模型的泛化誤差，另一種方法是每次疊代把權值減少一個因子。

(4) ANN 權值學習使用的梯度下降方法經常會收斂到局部極小值。避免局部極小值的方法是在權值更新公式中加上一個動量項（Momentum Term）。

(5) 訓練 ANN 是一個很耗時的過程，特別是當隱藏節點數量很大時。然而，測試樣例分類時非常快。

4.7 支援向量機

4.7.1 支援向量機簡介

支援向量機（Support Vector Machine, SVM）已經成為一種倍受關注的分類技術。支援向量機的第一篇論文由 Vladimir Vapnik 和他的同事 Bernhard Boser 及 Isabelle Guyon 於 1992 年發表，儘管其基礎工作早在 20 世紀 60 年代就已經出現（包括 Vapnik 和 Alexei Chervonenkis 關於統計學習理論的早期工作）。簡要地說，SVM 是一種演算法，它按以下方法工作：它使用一種非線性映射，把原訓練資料映射到較高的維上。在新的維上，它搜尋最佳分離超平面（即將一個類的元組與其他類分離的「決策邊界」）。使用到足夠高維上的、合適的非線性映射，兩個類的資料總可以被超平面分開。SVM 使用支援向量（「基本」訓練元組）和邊緣（由支援向量定義）發現該超平面。

這種技術具有堅實的統計學理論基礎，並在許多實際應用（如手寫數字的識別、文字分類等）中展示了大有可為的實踐效用。SVM 可以用於數值預測和分類。它們已經用在許多領域，包括手寫數字識別、對象識別、演說人識別以及基準時間序列預測檢驗。此外，SVM 可以很好地應用於高維資料，避免了維災難問題。這種方法具有一個獨特的特點，它使用訓練實例的一個子集來表示決策邊界，該子集稱作支援向量（Support Vector）。

為瞭解釋 SVM 的基本思想，首先介紹最大邊緣超平面（Maximal Margin Hyperplane）的概念以及選擇它的基本原理。然後，描述在線性可分的資料上怎樣訓練一個線性的 SVM，從而準確地找到這種最大邊緣超平面。最後，介紹如何將 SVM 方法擴展到非線性可分的資料上。

4.7.2 最大邊緣超平面

圖 4-35 顯示了一個資料集，包含兩個不同類的樣本，分別用方塊和圓圈

表示。這個資料集是線性可分的，即可以找到這樣一個超平面，使所有的方塊位於這個超平面的一側，而所有的圓圈位於它的另一側。然而，正如圖 4-35 所示，可能存在無窮多個那樣的超平面。雖然它們的訓練誤差都等於零，但不能保證這些超平面在未知實例上運行得同樣好。根據在檢驗樣本上的運行效果，分類器必須從這些超平面中選擇一個來表示它的決策邊界。

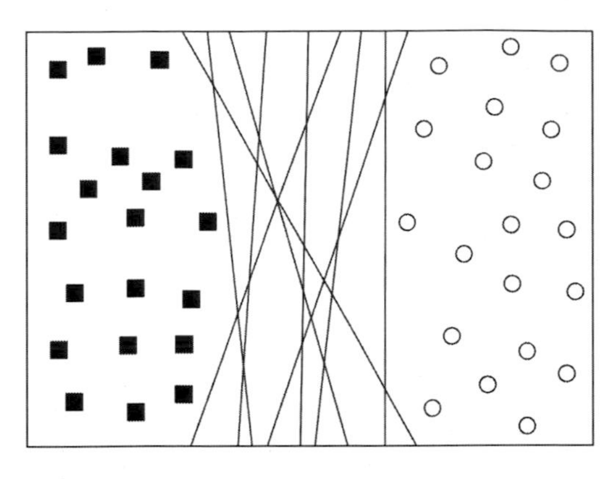

圖 4-35 一個線性可分資料集上的可能決策邊界

為了更好地理解不同的超平面對泛化誤差的影響，考慮兩個決策邊界，如圖 4-36 所示。這兩個決策邊界都能準確無誤地將訓練樣本劃分到各自的類中。每個決策邊界都對應著一對超平面，分別記為 b_{i1} 和 b_{i2}。其中，b_{i1} 是這樣得到的：平行移動一個和決策邊界平行的超平面，直到觸到最近的方塊為止。類似地，平行移動一個和決策邊界平行的超平面，直到觸到最近的圓圈，可以得到 b_{i2}。這兩個超平面之間的間距稱為分類器的邊緣。透過圖 4-36 中的圖解，注意到 B_1 的邊緣顯著大於 B_2 的邊緣。在這個例子中，B_1 就是訓練樣本的最大邊緣超平面。

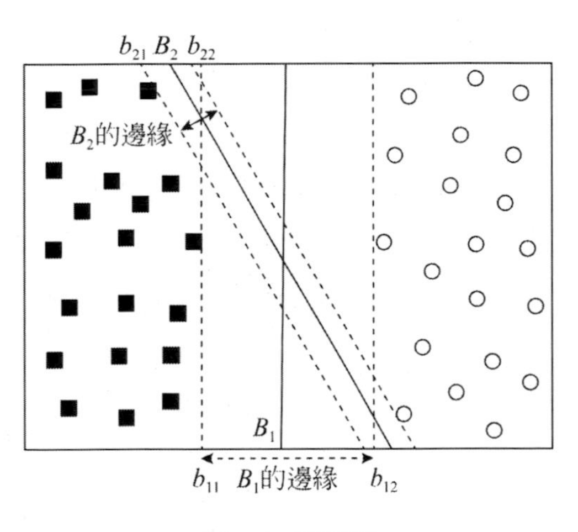

圖 4-36 超平面

4.7.3 資料線性可分的情況

為瞭解釋 SVM，讓我們首先考察最簡單的情況——兩類問題，其中兩個類

是線性可分的。設給定的資料集 D 為（X_1, y_1），（X_2, y_2），...，（$X_{|D|}$, $y_{|D|}$），其中 X_i 是訓練元組，具有類標號 y_i。每個 y_i 可以取值 + 1 或 -1，分別對應類 buys_computer=yes 和 buys_computer= no，為了便於視覺化，讓我們考慮一個基於兩個輸入屬性 A_1 和 A_2 的例子，如圖 4-37 所示。從該圖可以看出，該二維資料是線性可分的（或簡稱「線性的」），因為可以畫一條直線，把類 + 1 的元組與類 -1 的元組分開。

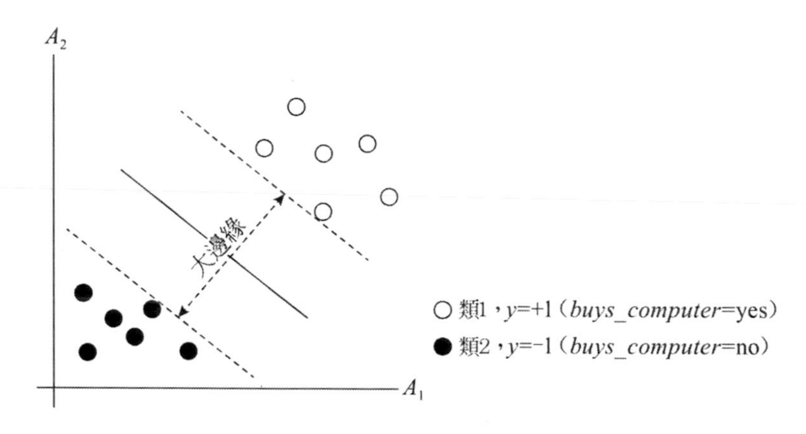

圖 4-37 支援向量。SVM 發現最大分離超平面，即與最近的訓練元組有最大距離的超平面。支援向量用加粗的圓圈顯示

可以畫出無限多條分離直線。我們想找出「最好的」一條，即（我們希望）在先前未見到的元組上具有最小分類誤差的那一條。如何找到這條最好的直線？注意，如果我們的資料是 3-D 的（即具有 3 個屬性），則我們希望找出最佳分離平面。推廣到 n 維，我們希望找出最佳超平面。我們將使用術語「超平面」表示我們尋找的決策邊界，而不管輸入屬性的個數是多少。這樣，換一句話說，我們如何找出最佳超平面？

SVM 透過搜尋最大邊緣超平面（Maximum Marginal Hyperplane，MMH）來處理該問題。考慮圖 4-38，它顯示了兩個可能的分離超平面和它們相關聯的邊緣。在給出邊緣的定義之前，讓我們先直觀地考察該圖。兩個超平面都對所有的資料元組正確地進行了分類。然而，直觀地看，我們預料具有較大邊緣的超平面在對未來的資料元組分類上比具有較小邊緣的超平面更準確。這就是為什麼（在學習或訓練階段）SVM 要搜尋具有最大邊緣的超平面，即最大邊緣超平面。MMH 相關聯的邊緣給出兩類之間的最大分離性。

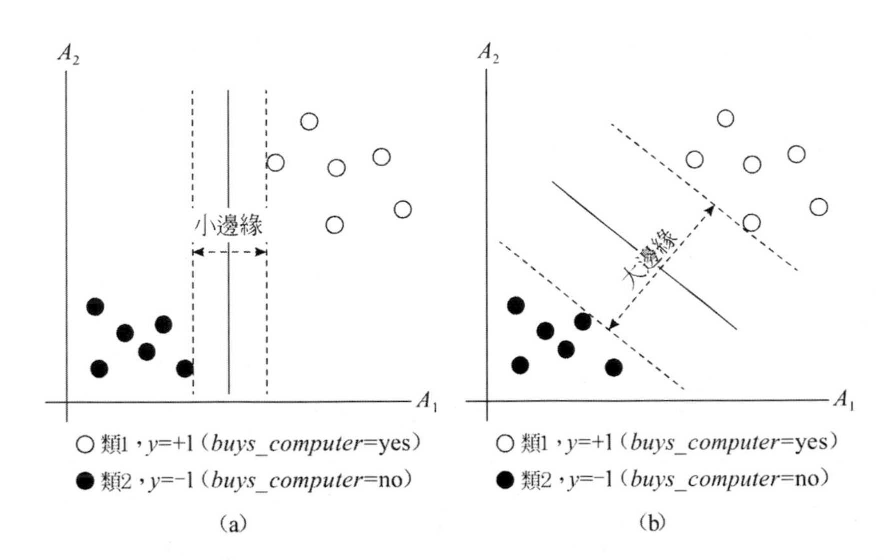

圖 4-38 這裡，我們看到兩個可能的分離超平面和它們的邊緣。哪一個更好？圖 (b) 所示的具有分離超平面應當具有更高的泛華準確率和邊緣

關於邊緣的非形式化定義，我們可以說從超平面到其邊緣的一個側面的最短距離等於從該超平面到其邊緣的另一個側面的最短距離，其中邊緣的「側面」平行於超平面。事實上，在處理 MMH 時，這個距離是從 MMH 到兩個類最近的訓練元組的最短距離。

分離超平面可以記為（式 4-32）：

$$W \cdot X + b = 0$$

其中，W 是權重向量，即 W={w_1, w_2, ..., w_n}；n 是屬性數；b 是標量，通常稱作偏倚（bias）。為了便於觀察，讓我們考慮兩個輸入 A_1 和 A_{21}，如圖 4-38(b) 所示。訓練元組是二維的，X=(x_1, x_2)，其中 x_1 和 x_2 分別是 X 在屬性 A_1 和 A_2 上的值。如果我們把 b 看作附加的權重 w_0，則我們可以把分離超平面改寫成（式 4-32）：

$$w_0 + w_1x_1 + w_2x_2 = 0$$

這樣，位於分離超平面上方的點滿足公式 4-34：

$$w_0 + w_1x_1 + w_2x_2 > 0$$

類似地，位於分離超平面下方的點滿足公式 4-35：

$$w_0 + w_1x_1 + w_2x_2 < 0$$

可以調整權重，使得定義邊緣「側面」的超平面可以記為公式 4-36：

$$H_1 : w_0 + w_1x_1 + w_2x_2 \geq 1 \text{ 對於} y_i = +1$$
$$H_2 : w_0 + w_1x_1 + w_2x_2 \leq 1 \text{ 對於} y_i = -1$$

也就是說，落在 H_1 上或上方的元組都屬於類 + 1，而落在 H_2 上或下方的元組都屬於類 -1。結合上述兩個不等式，我們得到公式 4-37：

$$y_i(w_0 + w_1x_1 + w_2x_2) \geq 1, \forall i$$

落在超平面 H_1 或 H_2（即定義邊緣的「側面」）上的任意訓練元組都使上式的等號成立，稱為支援向量（Support Vector）。也就是說，它們離 MMH 一樣近。在圖 4-39 中，支援向量用加粗的圓圈顯示。本質上，支援向量是最難分類的元組，並且給出了最多的分類資訊。

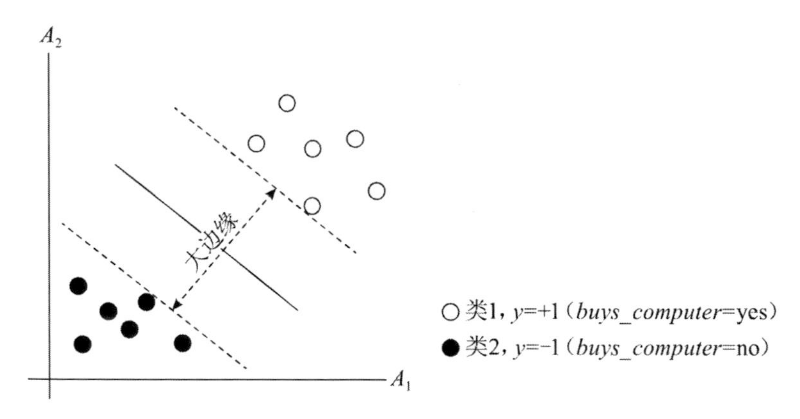

圖 4-39 支援向量

由上，我們可以得到最大邊緣的計算公式。從分離超平面到 H_1 上任意點的距離是 1/||W||，其中 ||W|| 是歐幾里得範數，即 $\sqrt{W \cdot W}$。根據定義，它等於 H_2 上任意點到分離超平面的距離。因此，最大邊緣是 2/||W||。

「一旦我們得到訓練後的支援向量機，如何用它對檢驗元組（即新元組）分類？」根據上面提到的拉格朗日公式，最大邊緣超平面可以改寫成決策邊界：

$$d(X^T) = \sum_{i=1}^{l} y_i \alpha_i X_i X^T + b_0$$

其中，y_i 是支援向量組 X_i 的類標號；X^T 是檢驗元組；α_i 和 b_0 是由上面的最優化或 SVM 演算法自動確定的數值參數；而 l 是支援向量的個數。

給定檢驗元組 X^T，組我們將它代入式 4-36，然後檢查結果的符號。這將告訴我們檢驗元組落在超平面的哪一側。如果該符號為正，則 X^T 落 MMH 上或上方，因而 SVM 預測 X^T 屬於類 +1（在此情況下，代表 bwys_computef = yes)。如果該符號為負，則 X^T 落 MMH 下或下方，因而 SVM 預測 X^T 屬於類 -1（代表 buys_computer = no）。

在考慮非線性可分的情況之前，還有兩件重要的事情需要注意。學習分類器的複雜度由支援向量數而不是由資料的維數刻畫。因此，與其他方法相比，SVM 不太容易過分擬合。支援向量是基本或臨界的訓練元組——它們距離決策邊界（MMH）最近。如果刪除其他元組並重新訓練，則將發現相同的分離超平面。此外，找到的支援向量數可以用來計算 SVM 分類器的期望誤差率的上界，這獨立於資料的維度。具有少量支援向量的SVM可以有很好的泛化效能，即使資料的維度很高時也是如此。

4.7.4 資料非線性可分的情況

在 4.7.3 節，我們學習了對線性可分資料分類的線性 SVM。但是，如果資料不是線性可分的（見圖 4-40 中的資料）怎麼辦？在這種情況下，不可能找到一條將這些類分開的直線。我們上面研究的線性 SVM 不可能找到可行解，怎麼辦？

好消息是，可以擴展上面介紹的線性 SVM，為線性不可分的資料（也稱非線性可分的資料，或簡稱非線性資料）的分類創建非線性的 SVM。這種 SVM 能夠發現輸入空間中的非線性決策邊界（即非線性超曲面）。

你可能會問：「如何擴展線性方法？」我們按如下擴展線性 SVM 的方法，得到非線性的 SVM。有兩個主要步驟：第一步，我們用非線性映射把原輸入資料變換到較高維空間。這一步可以使用多種常用的非線性映射。第二步，一旦將資料變換到較高維空間，就在新的空間搜尋分離超平面。我們又遇到二次優化問題，可以用線性 SVM 公式求解。在新空間找到的最大邊緣超平面對應原空間中的非線性分離超曲面。

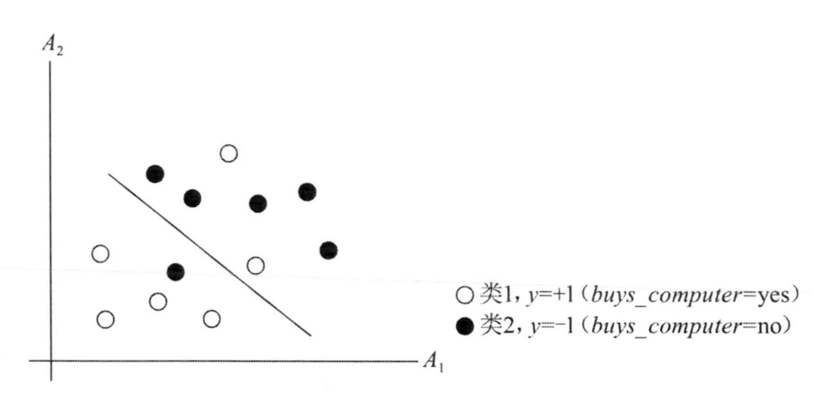

圖 4-40 線性不可分簡單例子，不能畫一條直線將兩個類分開

4.7.5 支援向量機的特徵

SVM 具有許多很好的性質，因此它已經成為廣泛使用的分類演算法之一。下面簡要總結一下 SVM 的一般特徵：

(1) SVM 學習問題可以表示為凸優化問題，因此可以利用已知的有效演算法發現目標函數的全局最小值。而其他的分類方法（如基於規則的分類器和人工神經網路）都採用一種基於貪心學習的策略來搜尋假設空間，這種方法一般只能獲得局部最優解。

(2) SVM 透過最大化決策邊界的邊緣來控制模型的能力。儘管如此，用戶必須提供其他參數，如使用的核函數類型、為了引入資料變化所需的代價函數 C 等。

(3) 透過對資料中每個分類屬性值引入一個啞變數，SVM 可以應用於分類資料。例如，如果婚姻狀況有三個值 { 單身，已婚，離異 }，可以對每一個屬性值引入一個二元變數。

參考文獻

[1] K. Alsabti, S. Ranka, and V. Singh. CLOUDS： A Decision Tree Classifier for Large Datasets. In Proc. of the 4th Intl. Conf. on Knowledge Discovery and Data Mining, pages 2-8, New York,NY, August 1998.

[2] C. M. Bishop. Neural Networks for Pattern Recognition. Oxford University Press, Oxford, U.K.,1995.

[3] L. Breiman, J. H. Friedman, R. Olshen, and C. J. Stone. Classification and Regression Trees.Chapman & Hall, New York, 1984.

[4] L. A. Breslow and D. W. Aha. Simplifying Decision Trees： A Survey. Knowledge Engineering Review, 12(1)： 1-40, 1997.

[5] P. Domingos. The Role of Occam's Razor in Knowledge Discovery. Data Mining and Knowledge Discovery, 3 (4)： 409-425, 1999.

[6] R. O. Duda, P. E. Hart, and D. G. Stork. Pattern Classification. John Wiley & Sons, Inc., New York, 2nd edition, 2001.

[7] B. Efron and R. Tibshirani. Cross-validation and the Bootstrap： Estimating the Error Rate of a Prediction Rule. Technical report, Stanford University, 1995.

[8] F. Esposito, D. Malerba and G. Semeraro. A Comparative Analysis of Methods for Pruning Decision Trees. IEEE Trans. Pattern Analysis and Machine Intelligence, 19(5)： 476-491,May 1997.

[9] R. A. Fisher. The use of multiple measurements in taxonomic problems. Annals of Eugenics,7：179-188,1936.

[10] K. Fukunaga. Introduction to Statistical Pattern Recognition. Academic Press, New York, 1990.

[11] J. Gehrke, R. Ramakrishnan and V. Ganti. RainForest—A Framework for Fast Decision Tree

[12] Construction of Large Datasets. Data Mining and Knowledge Discovery, 4(2/3)： 127-162,2000.

[13] T. Hastie, R. Tibshirani, and J. H. Friedman. The Elements of Statistical Learning：Data Mining,Inference, Prediction, Springer, New York, 2001.

[14] D. Heath, S. Kasif and S. Salzberg. Induction of Oblique Decision Trees. In Proc. of the 13th Intl. Joint Conf. on Artificial Intelligence, pages 1002-1007, Chambery, France, August 1993.

[15] A, K. Jain, R. P. W. Duin, and J. Mao. Statistical Pattern Recognition： A Review./ £ £ £ Tran.Patt. Anal, and Mach. Intellig, 22(1)： 4-37,2000.

[16] D. Jensen and P. R. Cohen. Multiple Comparisons in Induction Algorithms. Machine Learning,38(3)： 309-338, March 2000.

[17] M. V. Joshi, G. Kaiypis, and V. Kumar. ScalParC： A New Scalable and Efficient Parallel Classification Algorithm for Mining Large Datasets. In Proc. of 12th Intl.Parallel Processing Symp. (WPS/SPDP)』 pages 573-579,Orlando, FL, April 1998.

[18] B. Kim and D. Landgrebe. Hierarchical decision classifiers in high-dimensional and large class data. IEEE Trans, on

Geoscience and Remote Sensing, 29(4)：518-528, 1991.

[19] R. Kohavi. A Study on Cross-Validation and Bootstrap for Accuracy Estimation and Model Selection. In Proc. of the 15th Intl. Joint Conf. on Artificial Intelligence』 pages 1137-1145,Montreal, Canada, August 1995.

[20] S. R. Kulkami, G. Lugosi and S. S. Venkatesh. Learning Pattern Classification—A Survey. IEEE Tran. Inf. Theory, 44(6)： 2178-2206,1998.

[21] V. Kumar, M. V. Joshi, E.-H. Han, P. N. Tan, and M. Steinbach. High Performance Data Mining.In High Performance Computing for Computational Science (VECPAR 2002), pages 111-125. Springer, 2002.

[22] G. Landcweerd, T. Timmers, E. Gersema, M. Bins and M. Halic. Binary tree versus single level tree classification of white blood cells. Pattern Recognition, 16：571-577,1983.

[23] M. Mehta, R. Agrawal, and J. Rissanen. SLIQ： A Fast Scalable Classifier for Data Mining. In Proc. of the 5th Intl. Conf. on Extending Database Technology, pages 18-32, Avignon, France,March 1996.

[24] R. S. Michalski. A theory and methodology of inductive learning. Artificial Intelligence, 20：111-116,1983.

[25] D. Michic, D. J. Spiegelhalter, and C. C. Taylor. Machine Learning, Neural and Statistical Classification. Ellis Horwood, Upper Saddle River, NJ, 1994.

[26] J. Mingers. Expert Systems—Rule Induction with Statistical Data. J Operational Research Society, 38：39-47, 1987.

[27] J. Mingers. An empirical comparison of pruning methods for decision tree induction. Machine Learning, 4：227-243, 1989.

[28] T. Mitchell. Machine Learning. McGraw-Hill, Boston, MA, 1997.

[29] B. M. E. Moret. Decision Trees and Diagrams. Computing Surveys, 14(4)：593-623,1982.

[30] S. K. Murthy. Automatic Construction of Decision Trees from Data： A Multi-Disciplinary Survey. Data Mining and Knowledge Discovery, 2(4)： 345-389,1998.

第 5 章
迴歸分析

分類演算法因具有預測功能而在實際生產生活中具有十分廣泛的應用。本章將介紹另外一種同樣具有預測功能的資料探勘方法——迴歸分析。5.1 節引入迴歸分析的概念及功能；5.2 節介紹一元線性迴歸的原理及實際操作；5.3 節在一元線性迴歸的基礎上講解多元線性迴歸；5.4 節介紹多種不同的非線性迴歸以擴充可能的各種模型；5.5 節介紹邏輯迴歸的演算法模型及實際操作。

5.1 迴歸分析概述

迴歸分析是確定兩種或兩種以上變數間相互依賴的定量關係的一種統計分析方法，是應用極其廣泛的資料分析方法之一。作為一種預測模式技術，它基於觀測資料建立變數間適當的依賴關係，以分析資料內在規律，並可用於預報、控制等問題。

迴歸分析按照涉及的變數多少，分為一元迴歸和多元迴歸分析；按照自變數和因變數之間的關係類型，可分為線性迴歸分析和非線性迴歸分析；在線性迴歸中，按照因變數的多少，可分為簡單迴歸分析和多重迴歸分析；如果在迴歸分析中，只包括一個自變數和一個因變數，且二者的關係可用一條直線近似表示，這種迴歸分析稱為一元線性迴歸分析。如果迴歸分析中包括兩個或兩個以上的自變數，且自變數之間存在線性相關，則稱為多元線性迴歸分析。邏輯迴歸模型其實僅在線性迴歸的基礎上，套用了一個邏輯函數，用於預測二值型因變數，但其在機器學習領域有著特殊的地位，並且是計算廣告學的核心。

在營運商的智慧營運案例中，多元線性迴歸可以用來預測用戶下個月的通話及流量費用，以便給用戶精準推送方案或者流量包；邏輯迴歸可以透過歷史資料預測用戶未來可能發生的購買行為，透過模型推送的精準性降低行銷成本以擴大利潤。

5.2　一元線性迴歸

當兩個變數間存在線性相關關係時，常常希望在兩者間建立定量關係，兩個相關變數間的定量關係的表達即是一元線性迴歸方程。

5.2.1　一元線性迴歸的基本原理

將兩個變數的值繪製到散點圖，從散點圖上看，n 個點在一條直線附近波動，一元線性迴歸方程便是對這條直線的一種估計。在估計出這條直線後，就可以利用這一直線方程根據給定的自變數來預測因變數，這就是一元線性迴歸分析要解決的問題。

下面我們假設自變數 x 是一般變數，因變數 y 是隨機變數，對於固定的 x 值、y 值也有可能不同。假定 y 的均值是 x 的線性函數，並且波動是一致的。此外總假定 n 組資料的蒐集是獨立進行的。在這些假定的基礎上，建立如下的一元線性迴歸模型（式 5-1）：

$$E(y) = \beta_0 + \beta_1 x$$

其中 x 為自變數；y 為因變數；β_0 和 β_1 是該模型的參數，稱為迴歸係數。做這件事的標準方法是使用最小平方法。該方法試圖找出這兩個參數。

5.2.1.1 最小平方法

一元線性迴歸的表達式描述了 y 的平均值或期望值如何依賴於自變數 x。現在給出了 n 對樣本資料（x_i, y_i），i=1, 2, ..., N，要我們根據這些樣本資料去

估計 β_0 和 β_1，估計值記為 $\hat{\beta}_0$ 和 $\hat{\beta}_1$。如果 $\hat{\beta}_0$ 和 $\hat{\beta}_1$ 已經估計出來，那麼在給定的 x_i 值上，迴歸直線上對應的點的縱坐標為：

$$\hat{y}_i = \hat{\beta}_0 + \hat{\beta}_i x_i$$

稱 $\hat{y}_i$ 為迴歸值，實際的觀測值 y_i 與 $\hat{y}_i$ 之間存在偏差，記偏差為 $Vy = \sum \left(y_i - \hat{y}_i\right)^2$，我們希望 Vy 最小。可以證明，根據微分學的原理，可以證明要使 Vy 最小，$\hat{\beta}_0$ 和 $\hat{\beta}_1$。的值應為（式 5-3）：

$$\hat{\beta}_1 = \frac{n \sum_{i=1}^{n} x_i y_i - \left(\sum_{i=1}^{n} x_i\right)\left(\sum_{i=1}^{n} y_i\right)}{n \sum_{i=1}^{n} x_i^2 - \left(\sum_{i=1}^{n} x_i\right)^2}$$

$$\hat{\beta}_0 = \bar{y} - \hat{\beta}_1 \bar{x}$$

這一組解稱為最小平方估計，其中 $\hat{\beta}_1$ 是迴歸直線的斜率；$\hat{\beta}_0$ 是迴歸直線的截距，二者可以統稱為迴歸係數。

5.2.1.2 迴歸係數

透過以上介紹的最小平方法，就可以透過樣本資料求得 $\hat{\beta}_0$ 和 $\hat{\beta}_1$ 這兩個迴歸係數，也就能找到迴歸方程。在不致混淆的情況下，下文將迴歸係數的最佳估計值 $\hat{\beta}_0$ 和 $\hat{\beta}_1$ 全部記為 β_0 和 β_1，即（式 5-4）：

$$E(y) = \beta_0 + \beta_1 x$$

完成迴歸分析的主要任務。

5.2.2 一元線性迴歸效能評估

一元線性迴歸得到的模型即為迴歸方程，該模型可以用迴歸直線的擬合優度來進行評價。所謂擬合優度，是指迴歸直線對觀測值的擬合程度。顯然若觀測點離迴歸直線近，則擬合程度好；反之，則擬合程度差。度量擬合優度的統計量是可決係數（也稱判定係數）R^2。可決係數是迴歸平方（SSR）占誤差平方和（SST）的比例，計算公式為：

$$R^2 = \frac{SSR}{SST} = \frac{\sum_{i=1}^{n}\left(\hat{y}_i - \bar{y}\right)^2}{\sum_{i=1}^{n}\left(y_i - \bar{y}\right)^2}$$

R^2 的取值範圍是 [0，1]。R^2 的值越接近 1，說明迴歸直線對觀測值的擬合程度越好；反之，R^2 的值越接近 0，說明迴歸直線對觀測值的擬合程度越差。在進行迴歸分析時，首先觀察判定係數的大小，如果判定係數太小，說明自變數對因變數的線性解釋程度太小，即模型的現實意義不大，可以考慮使用別的分析方法進行分析，或者使用多元線性迴歸和曲線迴歸分析方法。

5.2.3 SPSS 軟體中一元線性迴歸應用案例

本節內容主要介紹如何在 SPSS 中確定並建立一元線性迴歸方程，進行迴歸分析。下面以某地區的用戶前三月平均通話分鐘數（MOU）和前三月平均話費（ARPU）統計的一元線性迴歸為例，講解其操作步驟和分析過程。

5.2.3.1 一元線性迴歸分析的操作步驟

1. 在目錄上依次選擇「分析＞迴歸＞線性」，如圖 5-1 所示。

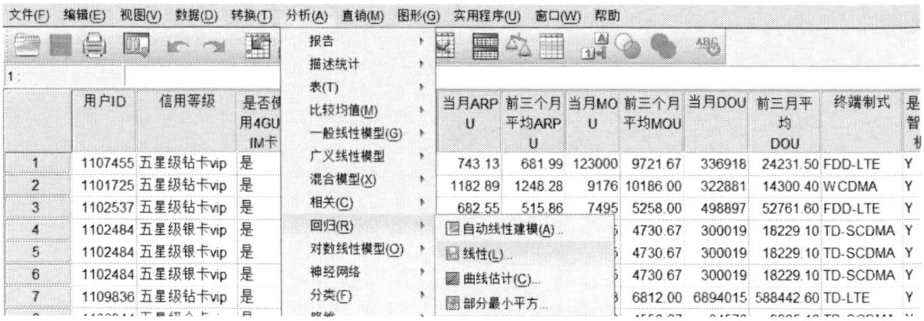

圖 5-1 選擇「線性」

2. 在打開的「線性」對話框中，將變數「前三個月平均 ARPU」移入「因變數 (D)」中，將「前三個月平均 MOU」移入「自變數 (I)」列表框中。在「方法 (M)」選項框中選擇「進入」選項，表示所選的自變數全部進入迴歸模型，如圖 5-2 所示。

此對話框中其餘內容簡要介紹如下：

(1) 選擇變數框用來對樣本資料進行篩選，挑選滿足一定條件的樣本資料進行線性迴歸分析。

(2) 個案標籤框用來表示作圖時，以哪個變數作為各樣本資料點標誌變數。

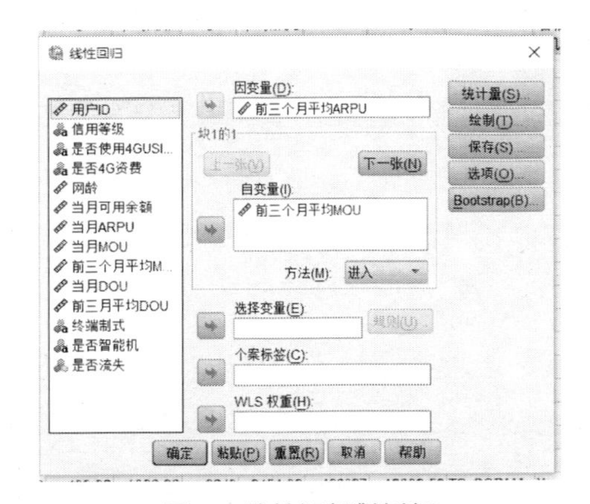

圖 5-2 線性迴歸對話框

(3) WSL Weight（加權）選項是存在異方差時，利用加權最小平方法替代普通最小平方法估計迴歸模型參數。透過 WSL 可以選定一個變數作為權重變數。在實際問題中，如果無法自行確定權重變數，可以用 SPSS 的權重估計來實現。

3. 點擊「統計量 (S)」按鈕，在統計量子對話框中，設定要輸出的統計量。這裡選中「估計 (E)」「模型擬合度 (M)」和「Durbin-Watson(U)」複選框，如圖 5-3 所示。

此對話框中的內容介紹如下：

(1) 估計：輸出有關迴歸係數的統計量，包括迴歸係數、迴歸係數的標準差、標準化的迴歸係數、t 統計量及其對應的 P 值等。

圖 5-3 線性迴歸：統計量子對話

(2) 信賴區間：輸出每個迴歸係數 95% 的信賴度估計區間。

(3) 共變異數矩陣：輸出解釋變數的相關係數矩陣和共變異數陣。

(4) 模型擬合度：輸出可決係數、調整的可決係數、迴歸方程的標準誤差、迴歸方程 F 檢驗的變異數分析。

(5) R^2 變化：表示當迴歸方程中引入或剔除一個自變數後 R^2、F 值產生的變化量。

(6) 描述性：輸出自變數和因變數的均值、標準差、相關係數矩陣及單側檢驗機率。

(7) 部分相關和偏相關性：輸出方程中各自變數與因變數之間的簡單相關係數、偏相關係數與部分相關係數。

(8) 共線性診斷：多重共線性分析，輸出各自變數的容限度、變異數膨脹因子、最小容忍度、特徵值、條件指標、變異數比例等。

殘差欄是有關殘差分析的選擇項，內容介紹如下：

(1) Durbin-Watson：輸出 Durbin-Watson 檢驗值；DW 檢驗用來檢驗殘差的自相關。自相關是指隨機誤差項的各期望值之間存在著相關關係。在迴歸分析中，殘差最好不存在自相關。

(2) 個案診斷：輸出標準化殘差絕對值 ≥3 的樣本資料點的相關資訊，包括標準化殘差、觀測值、預測值、殘差。其中分離到外部，用來設定奇異值判據，預設為 ≥3 倍標準差的資料被放棄；所有觀測量，表示輸出所有樣本資料的有關殘差值。

4. 點擊「繪製 (T)」按鈕，彈出「線性迴歸：圖」子對話框，該對話框用來設定對殘差序列做圖形分析，從而檢驗殘差序列的正態性、隨機性和是否存在異方差現象。本例勾選「直方圖」「正態機率圖」用於分析殘差的正態性，如圖 5-4 所示。

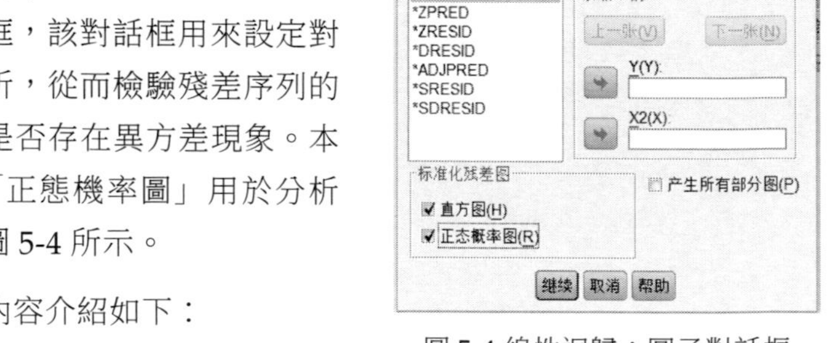

圖 5-4 線性迴歸：圖子對話框

此對話框中的內容介紹如下：

(1) 在左上角的變數框中，選擇 DEPENDENT（因變數）使之添加到 Y 軸變數框，再選擇其他變數使之添加到：X 軸變數框。可以作為軸變數的其餘參數如下：① DEPENDENT 選項：因變數；② ZPRED 選項：標準化預測值；③ ZRESID 選項：標準化殘差；④ DRESID 選項：剔除殘差；⑤ ADJPRED 選項：修正後預測值；⑥ SRESID 選項：學生化殘差；

⑦ SDRESID 選項：學生化剔除殘差。

(2) 選中「產生所有部分圖」選項，將輸出每個自變數殘差相對於因變數殘差散點圖，用於殘差分析。

(3) 標準化殘差圖欄中可選擇使用直方圖正態機率圖。①直方圖，輸出帶有正態曲線的標準化殘差的直方圖；②正態機率圖，檢查殘差的正態性。

5. 點擊「保存」按鈕，彈出「保存」子對話框，在該對話框中能夠設定將迴歸分析的結果保存到 SPSS 資料編輯窗口的變數中，或某個 SPSS 的資料文件中。在殘差選項欄中選中任意一複選框，這樣可以在資料文件中生成一個對應項的殘差變數，以便對殘差進行進一步分析。本例不做介紹，感興趣的讀者可以自行進行分析。

此對話框中的內容簡要介紹如下。

(1) 預測值欄中選項有四個。①未標準化:保存非標準化預測值;②標準化:保存標準化預測值；③調整：保存調節預測值；④平均標準誤差預測：保存預測值得標準誤差。

(2) 距離欄中選項有三個。① Mahalanobis 距離：保存 Mahalanobis 距離；② Cook 距離：保存 Cook 距離；③槓桿值：保存中心點槓桿值。

(3) 預測區間欄中選項有三個。①均值：保存預測區間高低限的平均值；②單值：保存一個觀測量上限與下限的預測區間；③信賴區間：可確定信賴區間，預設值為 95%。

(4) 殘差欄中選項有五個。①未標準化：保存非標準化殘差；②標準化：標準化殘差；③學生化：學生化殘差，也叫 T 化殘差，它比用標準殘差判斷異常點更適用；④刪除：剔除殘差；⑤學生化已刪除：學生剔除殘差。

(5) 影響統計量欄中選項有五個。① DfBeta：因排除一個特定的觀測值所引起的迴歸係數的變化。一般情況下，該值如果大於 2，則被排除的觀測值有可能是影響點；②標準化 DfBeta；③ DfFit：因排除一個特定的觀測值所引起的預測值的變化；④標準化 DfFit；⑤共變異數比率：剔除一個影響點觀測量的共變異數矩陣與全部觀測量的共變異數矩陣比。

(6) 係數統計欄中，選中「創建係數統計」選項，可將迴歸係數結果保存到一個指定的文件中。

(7) 輸出模型資訊到 XML 文件欄，表示將模型的有關資訊輸出到一個 XML 文件中。

5.2.3.2 一元線性迴歸分析的結果解讀

SPSS 的一元線性迴歸分析的輸出結果中共輸出五個表和兩個圖，五個表為輸入／移去的變數表、模型彙總表、ANOVA 變異數分析表、迴歸係數表、殘差統計表，兩個圖為標準化殘差的直方圖和正態分布圖（P-P 圖）。

1．輸入 / 移去的變數表

表 5-1 是擬合過程中變數輸入／移去模型的情況記錄，由於我們只引入了一個自變數，所以只出現了一個模型 1（在多元迴歸中就會依次出現多個迴歸模型），該模型中「前三個月平均 MOU」為輸入的變數，因變數為「前三個月平均 ARPU」沒有移出的變數，具體的輸入／移去方法為「進入」。

表 5-1 輸入／移去的變數 [b]

模型	輸入的變數	移去的變數	方法
1	前三個月平均 MOU	.	輸入
b. 因變數：前三個月平均 ARPU			

2．模型彙總表

表 5-2 為所擬合模型的情況彙總，反映的是一元線性迴歸模型擬合的情況，相關係數 R=0.680，決定係數（擬合優度）R^2=0.463，迴歸估計的標準差 S=65.54，Durbin-Watson=1.367，模型擬合效果很理想。

表 5-2 模型彙總 [b]

模型	R	R^2	調整 R^2	標準估計的誤差	Durbin-Watson
1	0.680[a]	0.463	0.463	62.54655	1.367
a. 預測變數：(常數)，前三個月平均 MOU b. 因變數：前三個月平均 ARPU					

3．ANOVA 變異數分析表

表 5-3 中可以看出離差平方和 (Total)=80628442，殘差平方和 (Residual)=43294892，而迴歸平方和 (Regression)=37333550。迴歸方程的顯著性檢驗中，統計量為 9543，對應的信賴水平為 0.000，遠比常用的信賴水平 0.05 要小，因此可以認為方程是極顯著的。

表 5-3 ANOVA[b]

模型	平方和	df	均方	F	Sig.
回歸	37,333,550.113	1	37,333,550.113	9,543.167	0.000[a]
殘差	43,294,892.343	11,067	3,912.071		
總計	80,628,442.456	11,068			
a. 預測變數：(常數)，前三個月平均 MOU b. 因變數：前三個月平均 ARPU					

4．迴歸係數分析表

迴歸係數分析表（見表 5-4），是迴歸係數以及對迴歸方程係數的檢驗結果，係數顯著性檢驗採用 t 檢驗。從表中可以看出，非標準化係數迴歸方程的常數項 β_1=47.515，迴歸係數 β_1=0.091。迴歸係數檢驗統計量 t=62.552，Sig 為相伴機率值 $p<0.001$。由此可知迴歸方程：

$$y=47.515+0.091x$$

常數項顯著水平為 0.005，迴歸係數為 0.000，表明用 t 統計檢驗量假設迴歸係數等於 0 的機率為 0.000，遠比常用的信賴水平 0.05 要小，因此可以認為兩個變數之間的線性關係是極為顯著的，建立的迴歸方程是有效的。

表 5-4 係數[a]

模型	非標準化係數		標準係數	t	Sig.
	B	標準誤差	試用版		
(常數) 1	47.515	0.760		62.552	0.000
前三個月平均 MOU	0.091	0.001	0.680	97.689	0.000
a. 因變數：前三個月平均 ARPU					

5．殘差統計量表

殘差是指觀測值與預測值（擬合值）之間的差，即是實際觀察值與迴歸估計值的差。殘差統計量表（見表 5-5）反映的是擬合值和殘差的極大值、極小值及均值。標準化殘差的均值為 0，標準偏差為 0.999，接近 1，也就是說標準化殘差近似標準正態分布。初步說明預測值是觀測無偏估計的假設合理。

表 5-5 殘差統計量[a]

模型	極小值	極大值	均值	標準偏差	N
預測值	47.5150	974.6458	93.7058	58.07846	11,069
殘差	-353.27109	2079.07227	0.00000	62.54373	11,069
標準預測值	-0.795	15.168	0.000	1.000	11,069
標準殘差	-5.648	33.240	0.000	1.000	11,069
a. 因變數：前三個月平均 ARPU					

5.3 多元線性迴歸

前面介紹的一元線性迴歸分析所反映的是一個因變數與一個自變數之間的關係。但是，在實際的經濟活動中，某一現象的變動常受多種現象變動的影響。在迴歸分析中，如果有兩個或兩個以上的自變數，就稱為多元迴歸。例如，用戶的信用等級這一變數就不是和某個單一變數有線性關係，而是和消費水平、是否欠費、歷史信用記錄等多個因素存在內在的某種關係。再比如，家庭消費支出，除了受家庭可支配收入的影響外，還受諸如家庭所有的財富、物價水平、金融機構存款利息等多種因素的影響。

事實上，一種現象常常是與多個因素相聯繫的，由多個自變數的最優組合共同來預測或估計因變數，比只用一個自變數進行預測或估計更有效，更符合實際。在許多場合，僅僅考慮單個變數是不夠的，還需要就一個因變數與多個自變數的聯繫來進行考察，才能獲得比較滿意的結果。這就產生了測定多因素之間相關關係的問題。因此多元線性迴歸比一元線性迴歸的實用意義更大。

5.3.1 多元線性迴歸基本原理

研究在線性相關條件下，兩個和兩個以上自變數對一個因變數的數量變化關係，稱為多元線性迴歸分析，表現這一數量關係的數學公式，稱為多元線性迴歸模型。多元線性迴歸模型是一元線性迴歸模型的擴展，其基本原理與一元線性迴歸模型類似，只是在計算上比較麻煩一些而已。

假定因變數 Y 與 n 個自變數 $x_1, x_2, ..., x_n$ 之間的關係可以近似用線性函數來反映。那麼，多元線性迴歸模型的一般形式如下（式 5-6）：

$$Y = \beta_0 + \beta_1 x_1 + \beta_2 x_2 + \ldots + \beta_n x_n + \varepsilon$$

其中，ε 是隨機擾動項；$\beta_0, \beta_1, \cdots, \beta_n$ 是總體迴歸係數。

定性來看，迴歸係數 β_i 的正負，表徵的是對應自變數 x_i 與因變數 Y 關係是否是正相關。如果 β_i 為正，那麼 x_i 和 Y 之間為正相關；如果 β_j 為正，那麼 x_j 和 Y 之間為負相關。迴歸係數 β_i 定量來看，這些迴歸係數 β_i 表示在其他自變數保持不變的情況下，自變數 x_i 變動一個單位所引起的因變數 Y 平均變動的單位數，因而又叫偏迴歸參數。

迴歸係數 β_i 的求解方法也是用廣義的最小平方法進行估計，與一元線性迴歸有類似之處。由於計算較為複雜且在實際應用時也可以使用 SPSS 或其他軟體計算，在此處就不再贅述，感興趣的讀者可以自行查閱相關資料。

5.3.2 自變數選擇方法

在進行多元線性迴歸的時候，會遇到一個自變數選擇的問題。即當資料中欄位較多，比如超過 1000 甚至更多的時候，把所有欄位都拿來做多元線性迴歸的自變數是不可行的：一方面，迴歸公式過長不易操作且計算量過大；另一方面，會存在很多與因變數沒什麼太大關係，甚至對問題解決有干擾的自變數。所以，選擇合適的資料欄位作為多元線性迴歸模型的自變數是很有必要的。

具體的選擇方法就是找出和因變數 Y 最相關的幾個自變數 x，因為多元迴歸分析的內涵就是用多個自變數去解釋因變數。那麼和因變數越相關的自變數也就能更好地解釋因變數，在曲線擬合上就可以更好地描述因變數的統計或其他特性。作為描述變數之間線性相關性大小特徵的變數，雙變數相關算出的皮爾森相關性係數可以幫助我們找出和因變數更加相關的自變數。

5.3.2.1 雙變數相關

雙變數相關可以透過對於二者之間相關性係數的計算，分析任意兩個變數的線性相關程度。皮爾森相關性係數是最常見的用於表徵相關性大小的變數。對於任意兩個變數 X 和 Y，其皮爾森相關性係數計算方法如下（式 5-7）：

$$r = \frac{1}{n-1}\sum_{i=1}^{n}\left(\frac{X_i - \bar{X}}{s_X}\right)\left(\frac{Y_i - \bar{Y}}{s_Y}\right)$$

r 描述的是兩個變數間線性相關強弱的程度，其範圍是 [-1, 1]。r 絕對值越大表明相關性越強。式中，$\overline{X}$ 表示 X 的均值，$\overline{Y}$ 表示 Y 的均值，s_X 表示 X 的標準差，s_Y 表示 Y 的標準差。

在為多元線性迴歸選擇合適的自變數時，我們只需要先求出所有自變數 x 和因變數 Y 之間的相關性係數 r，再取絕對值較大的幾個 r 對應的自變數即可。這樣選出的自變數可以更好地解釋因變數，迴歸模型效果更好。具體的操作步驟會在 5.3.3 節中進行詳細的講解。

5.3.3 SPSS 軟體中的多元線性迴歸應用案例

在電腦技術發達的今天，多元迴歸分析的計算已經變得相當簡單。利用 SPSS，只要將有關資料輸入電腦，並指定因變數和相應的自變數，立刻就能得到計算結果。因此，對於從事應用研究的人們來說，更為重要的是要能夠理解輸入和輸出之間相互對應的關係，以及對軟體輸出的結果做出正確的解釋、分析與評價。

5.3.3.1 多元線性迴歸預測用戶信用等級

1. 尋找合適的多元線性迴歸自變數

(1) 對用戶信用等級進行編碼（因為迴歸分析和雙變數相關只能處理數值型變數）。在目錄上依次選擇「轉換＞重新編碼為不同變數」。並透過輸入舊值和新值，把信用等級編碼為 0～7 的數值型變數，如圖 5-5 所示。

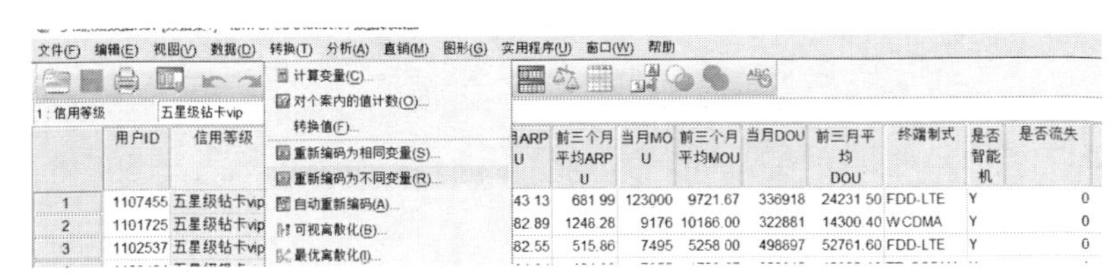

圖 5-5 點擊「重新編碼為不同變數」

(2) 雙變數相關分析。在目錄上依次選擇「分析＞相關＞雙變數」，如圖 5-6 所示。

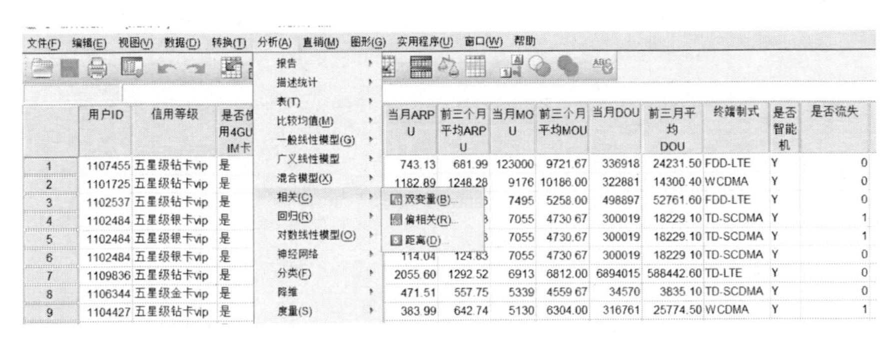

圖 5-6 點擊「雙變數」

(3) 將所有自變數放入「變數 (V)」中，相關係數選擇「Pearson」，顯著性檢驗選擇「雙側檢驗」，點擊「確定」。

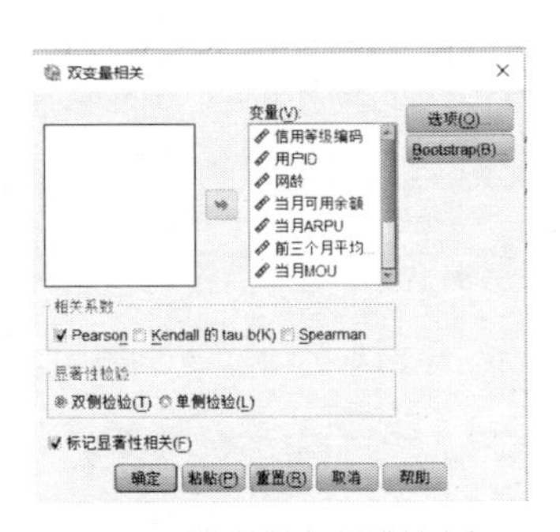

圖 5-7 雙變數相關對話窗

(4) 在輸出文件中得到相關性係數表，如下表所示。找出和信用等級編碼相關性係數絕對值較大的幾個，本例中選取 3 個，即：「網齡」「前三個月平均 MOU」「當月 ARPU」。分別記為 x_1, x_2, x_3。

表 5-6 相關性

		信用等級編碼	網齡	當月可用餘額	當月ARPU	前三個月平均ARPU	當月MOU	前三個月平均MOU	當月DOU	前三月平均DOU
信用等級編碼	Pearson相關性	1	0.524**	0.014	0.126**	0.103**	0.097**	0.156**	-0.005**	-0.038**
	顯著性(雙側)		0.000	0.154	0.000	0.000	0.000	0.000	0.593	0.000
	N	11,069	11,069	11,069	11,069	11,069	11,069	11,069	11,069	11,069
網齡	Pearson相關性	0.524**	1	0.108**	0.388**	0.296**	0.267**	0.490**	0.066**	-0.162**
	顯著性(雙側)	0.000		0.000	0.000	0.000	0.000	0.000	0.000	0.000
	N	11,069	11,069	11,069	11,069	11,069	11,069	11,069	11,069	11,069
當月可用餘額	Pearson相關性	0.014	0.108**	1	0.047**	0.034**	0.035**	0.078**	0.006	-0.018
	顯著性(雙側)	0.154	0.000		0.000	0.000	0.000	0.000	0.000	0.000
	N	11,069	11,069	11,069	11,069	11,069	11,069	11,069	11,069	11,069
當月ARPU	Pearson相關性	0.126**	0.388**	0.047**	1	0.818**	0.399**	0.656**	0.183**	0.045**
	顯著性(雙側)	0.000	0.000	0.000		0.000	0.000	0.000	0.000	0.000
	N	11,069	11,069	11,069	11,069	11,069	11,069	11,069	11,069	11,069
前三個月平均MOU	Pearson相關性	0.156**	0.490**	0.078**	0.656**	0.680**	0.567**	1	0.122**	-0.014
	顯著性(雙側)	0.000	0.000	0.000	0.000	0.000	0.000		0.000	0.130
	N	11,069	11,069	11,069	11,069	11,069	11,069	11,069	11,069	11,069
當月DOU	Pearson相關性	-0.005	0.066**	0.006	0.183**	0.139**	0.065**	0.122**	1	0.100**
	顯著性(雙側)	0.593	0.000	0.547	0.000	0.000	0.000	0.000		0.000
	N	11,069	11,069	11,069	11,069	11,069	11,069	11,069	11,069	11,069
前三月平均DOU	Pearson相關性	-0.038**	-0.162**	-0.018	0.045**	0.095**	-0.020**	-0.014	0.100**	1
	顯著性(雙側)	0.000	0.000	0.065	0.000	0.000	0.038	0.130	0.000	
	N	11,069	11,069	11,069	11,069	11,069	11,069	11,069	11,069	11,069

**. 在 0.01 水準（雙側）上顯著相關
*. 在 0.05 水準（雙側）上顯著相關

2．得到多元線性迴歸模型

(1) 在目錄上依次選擇「分析＞迴歸＞線性」，如圖 5-8 所示。

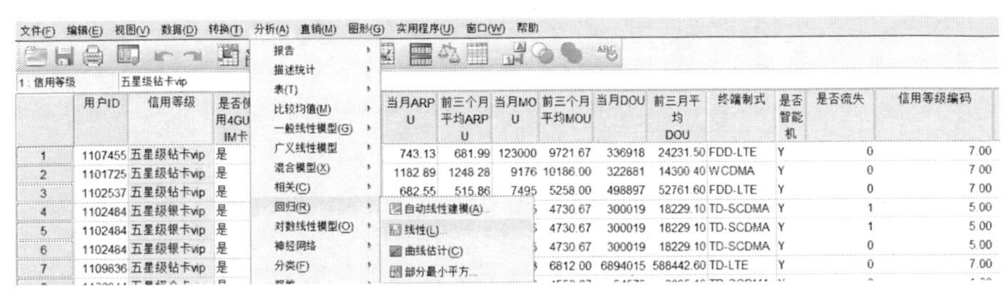

圖 5-8 點擊「線性」進行迴歸分析

(2) 在線性迴歸對話框中將「信用等級編碼」放入因變數，依照雙變數相關選出的三個屬性「網齡」「當月 ARPU」和「前三個月平均 MOU」放入自變數，如圖 5-9 所示。

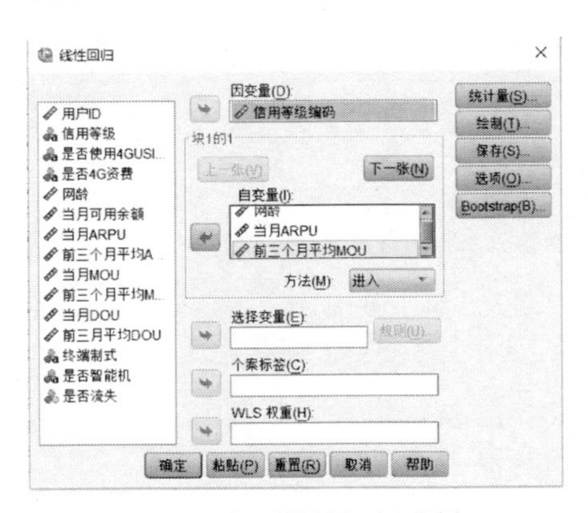

圖 5-9 多元線性迴歸分析

(3) 在輸出文件中得到「迴歸係數分析表」，找到自變數對應的迴歸係數以及常數項，如下表所示。雙擊該表，即可得到：常數項為1.399671，「網齡」對應係數為0.014240，「當月 ARPU」對應係數為-5.865939E-4，「前三個月平均 MOU」對應係數為 -3.570898E-4（注意：表 5-7 顯示的是保留三位小數的結果）。

表 5-7 係數[a]

模型		非標準化係數		標準係數	t	Sig.
		B	標準誤差	試用版		
1	（常數）	1.400	0.027		51.688	0.000
	網齡	.014	0.000	0.591	63.897	0.000
	當月 ARPU	-0.001	0.000	-0.027	-2.527	0.012
	前三個月平均 MOU	0.000	0.000	-0.116	-10.234	0.000
a. 因變數：信用等級編碼						

透過上面算出的總體迴歸係數，即可得到多元線性迴歸的模型，即：

$$y = 1.399671 + 0.014240x_1 - (5.865939E - 4)x_2 + (3.570898E - 4)x_3$$

3．應用該模型預測用戶信用等級

(1) 依次點擊「轉換＞計算變數」，新建一個叫「信用等級預測值」的變數，其計算方法就是應用上一步得到的多元線性迴歸模型，按照（5-8）式算出「信用等級預測值」。

(2) 點擊「確定「之後，在資料表格的最後一列就會出現新的「信用等級預測值」變數，即為我們利用多元線性迴歸模型預測出來的用戶信用等級。

4．模型的解釋與評價

在輸出文件中得到模型彙總表，如表 5-8 所示。

表 5-8 模型彙總[b]

模型	R	R^2	調整 R^2	標準估計的誤差	Durbin-Watson
1	0.537[a]	0.288	0.288	1.66390	1.452
a. 預測變數：（常數），前三個月平均 MOU，網齡，當月 ARPU。 b. 因變數：信用等級編碼					

此表為所擬合模型的情況彙總，反映的是多元線性迴歸模型擬合的情況，相關係數 R=0.537，決定係數（擬合優度）R^2=0.288，迴歸估計的標準差

S=1.66390，Durbin-Watson=1.452，模型擬合效果很理想。

為了進一步更直觀地評價模型，我們可以將預測出的信用等級取整，然後與原始用戶信用等級做比較，看看多元迴歸分析究竟預測對了多少用戶的信用等級。具體操作步驟為：先將「信用等級預測值」取整後與原始「信用等級」作差，差值為 0 即表示預測值與實際值一致，差值不為 0 即表示預測值存在偏差。

5.3.3.2 多元線性迴歸預測用戶是否流失

用戶的信用等級一般為 0-n，我們可以把它看作連續變數。作為一種有預測功能的演算法，迴歸分析也可以用來預測用戶是否流失這種二值型變數。具體的操作步驟與預測用戶的信用等級完全一致，此處不再一一贅述。簡略步驟如下：

(1) 透過雙變數相關，尋找合適的多元線性迴歸自變數。相關性係數絕對值最大的 5 個對應的屬性即為本次多元線性迴歸的自變數。

(2) 得到多元線性迴歸模型，即（式 5-9）：

$$y = \beta_0 + \beta_1 x_1 + \beta_2 x_2 + \beta_3 x_3 + \beta_4 x_4 + \beta_5 x_5 +$$

(3) 應用該模型預測用戶是否流失。

用「計算變數」透過迴歸模型算出的預測結果全部為小數，為連續性變數。為了得到最終的用戶是否流失這個二值型變數，我們需要定義一個閾值，即迴歸預測結果大於該閾值的我們認為它會流失，小於該閾值的我們預設它不會流失。

5.4 非線性迴歸

前面討論過的線性迴歸模型有這樣的特點，即因變數 Y 的均值 E(Y) 不僅是自變數 X 的線性函數，而且同時也是參數 β_i 的線性函數。但是，在現實問題中，變數之間的關係往往不是這樣的線性關係，而是非線性的。變數之間的非線性迴歸模型可以分為三類：

第一類是變數為非線性參數為線性的模型，如拋物線方程和雙曲線方程；

第二類是參數為非線性變數為線性的模型，如指數曲線方程；

第三類是變數和參數都是非線性的模型。

這三類非線性模型的迴歸分析是不同的。這裡僅考慮可線性化的非線性迴歸模型。在對實際的經濟現象進行定量分析時，選擇恰當的模型形式是很重要的。選擇模型具體形式時，必須以經濟理論為指導，使模型具體形式與經濟學的基本理論相一致，而且模型必須具有較高的擬合優度和盡可能簡單的數學形式。

5.4.1 非線性迴歸基本原理

對具有非線性關係的因變數與自變數的資料進行的迴歸分析，處理非線性迴歸的基本方法是：透過變數變換，將非線性迴歸化為線性迴歸，然後用線性迴歸方法處理。假定根據理論或經驗，已獲得輸出變數與輸入變數之間的非線性表達式，但表達式的係數是未知的，要根據輸入／輸出的 n 次觀察結果來確定係數的值。按最小平方法原理來求出係數值，所得到的模型為非線性迴歸模型。

5.4.2 冪函數迴歸分析

冪函數模型的一般形式為（式 5-10）：

$$Y = \beta_0 x_1^{\beta_1} x_2^{\beta_2} \ldots x_n^{\beta_n} e^{\varepsilon}$$

這類函數的優點在於：方程中的參數可以直接反映因變數 Y 對於某一個自變數 X 的彈性。所謂 Y 對於 X 的彈性，是指在其他情況不變的條件下，X 變動 1% 時所引起 Y 變動的百分比。彈性是一個無量綱的數值，它是經濟定量分析中常用的一個尺度。它在生產函數分析和需求函數分析中，得到了廣泛的應用。其中，常見的二次、三次函數就是冪函數的特例。常見冪函數如圖 5-10 所示。

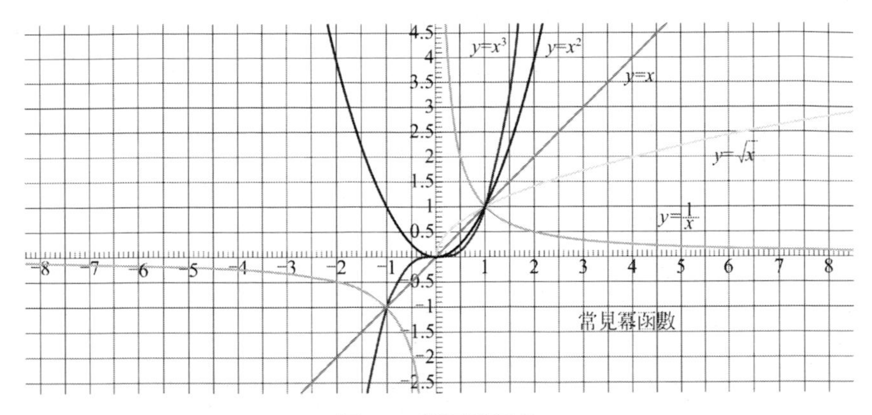

圖 5-10 冪函數圖像

5.4.3 指數迴歸分析

指數函數模型為（式 5-11）：

$$Y = \beta_0 e^{\beta_1 + \varepsilon}$$

這種曲線被廣泛應用於描述社會經濟現象的變動趨勢。例如產值、產量按一定比率增長，成本、原材料消耗按一定比例降低。

在移動營運商的案例中，服從指數分布的資料欄位並不少見，比如用戶的投訴或是流失率，與網路環境品質的關係就近似服從指數分布。因為隨著網路品質的下降，用戶的投訴率會上升；並且網路品質下降得越多，用戶的投訴率加速上升，流失率也是一樣。常見指數函數如圖 5-11 所示：

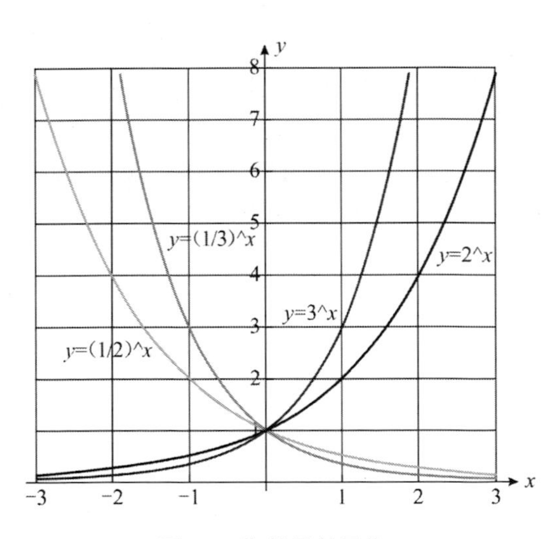

圖 5-11 指數函數圖像

5.4.4 對數迴歸分析

對數函數是指數函數的反函數，其方程形式為（式 5-12）：

$$Y = \beta_0 + \beta_1 lnX + \varepsilon$$

式 5-12 中，ln 表示取自然對數。對數函數的特點是隨著 X 的增大，X 的單位變動對因變數 Y 的影響效果不斷遞減，如圖 5-12 所示。

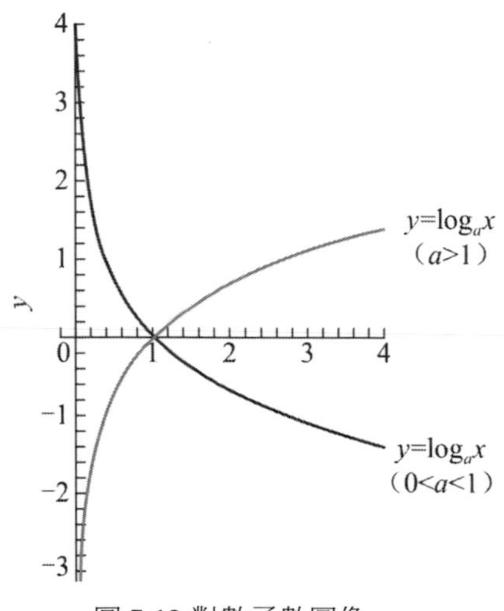

圖 5-12 對數函數圖像

5.4.5 多項式迴歸分析

多項式模型在非線性迴歸分析中佔有重要的地位。因為根據數學上級數展開的原理，任何曲線、曲面、超曲面的問題，在一定的範圍內都能夠用多項式任意逼近。所以，當因變數與自變數之間的確實關係未知時，可以用適當冪次的多項式來近似反映。

當所涉及的自變數只有一個時，所採用的多項式方程稱為一元多項式，其一般形式如下（式 5-13）：

$$Y = \beta_0 + \beta_1 x + \beta_2 x^2 + \ldots + \beta_n x^n + \varepsilon$$

前面介紹過的一元線性模型和多元邏輯迴歸模型都是一元多項式模型的特例。

當所涉及的自變數在兩個以上時，所採用的多項式稱為多元多項式。例如，二元二次多項式模型的形式如下（式 5-14）：

$$Y = \beta_0 + \beta_1 x + \beta_2 x_2 + \beta_3 x_1 x_2 + \beta_4 x_1^2 + \beta_5 x_2^2 + \varepsilon$$

一般來說，涉及的變數越多，變數的冪次越高，計算量就越大。因此，在實際的經濟定量分析中，儘量避免採用多元高次多項式。

5.4.6 非線性模型線性化和曲線迴歸

曲線方程	曲線圖形	變換公式	變換後的線性函數
$y=ax^b$	$b>1$，$b=1$，$0<b<1$ （$a=1$, $b>0$） $b<-1$，$-1<b<0$，$b=-1$ （$a=1$, $b<0$）	$c=\ln a$ $v=\ln x$ $u=\ln y$	$u=c+bv$
$y=ae^{bx}$	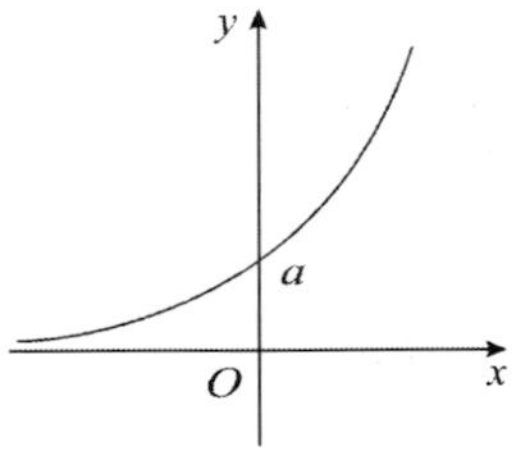 （$a>0$, $b>0$） （$a>0$, $b<0$）	$c=\ln a$ $u=\ln y$	$u=c+bv$
$y=a\frac{b}{e^x}$	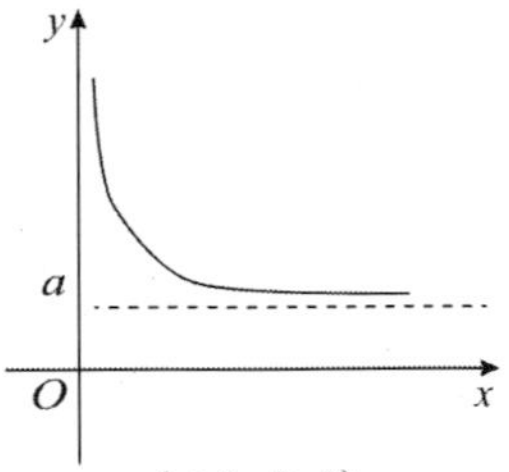 （$a>0$, $b>0$） （$a>0$, $b<0$）	$c=\ln a$ $v=\frac{1}{x}$ $u=\ln y$	$u=c+bv$
$y=a+b\ln x$	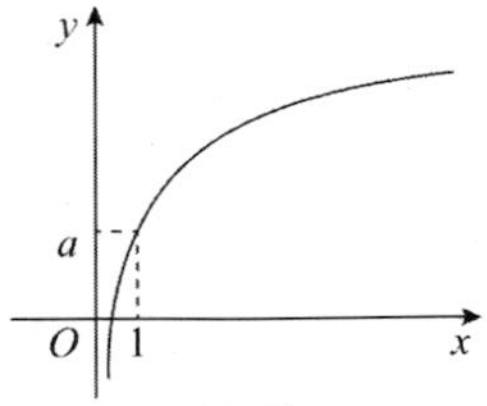 （$b>0$） （$b<0$）	$v=\ln x$ $u=y$	$u=a+bv$

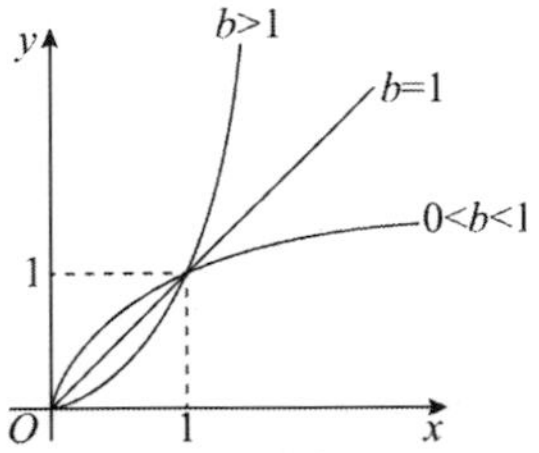

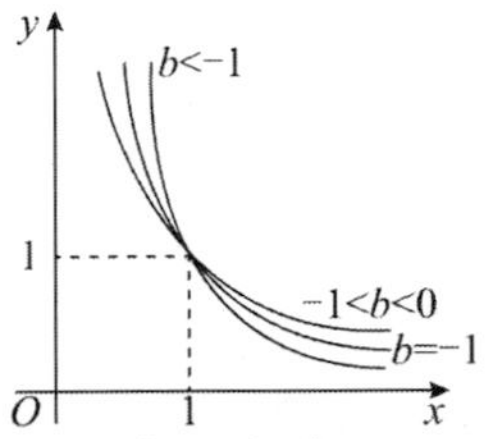

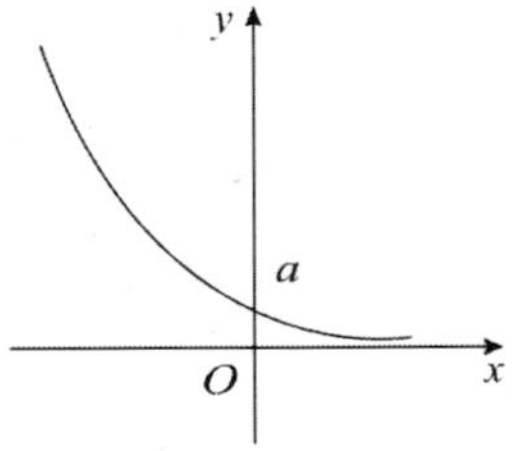

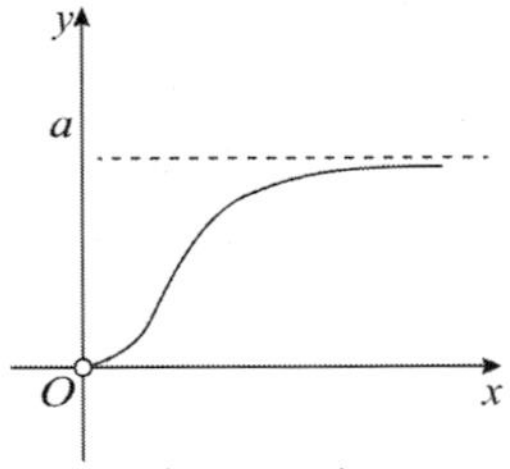

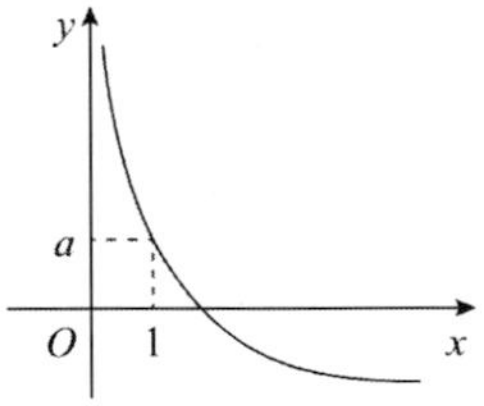

5.5 邏輯迴歸

5.5.1 邏輯迴歸基本原理

線性迴歸模型的一個侷限性是要求因變數是定量變數（定距變數、定比變數）而不能是定性變數（定序變數、定類變數）。但在許多實際問題中，經常出現因變數是定性變數（分類變數）的情況。可用於處理分類因變數的統計分析方法有：判別分別、邏輯迴歸分析和對數線性模型等。

邏輯迴歸和多重線性迴歸實際上有很多相似之處，最大的區別就在於它們的因變數不同。正因為如此，這兩種迴歸可以歸為同一個家族，即廣義線性模型。這一家族的模型形式基本都差不多，不同的就是因變數不同。

- 如果是連續的，就是多重線性迴歸；
- 如果是二項分布，就是邏輯迴歸；
- 如果是泊松分布，就是泊松迴歸；
- 如果是負二項分布，就是負二項迴歸。

而邏輯迴歸，根據因變數的取值不同，又可分為二元邏輯迴歸和多元邏輯迴歸。二元邏輯迴歸中的因變數只能取 1 和 0 兩個值（虛擬因變數），而多元邏輯迴歸中的因變數可以取多個值（多分類問題）。下面將講述邏輯迴歸的具體步驟和數學方法。

5.5.1.1 Logistic 函數

邏輯迴歸雖然名字裡帶「迴歸」，但它實際是一種分類方法，主要用於二分類問題。它利用了 Logistic 函數（或稱為 Sigmoid 函數），其函數形式為（式 5-15）：

$$g(z) = \frac{1}{1 + e^{-z}}$$

Logistic 函數有個很漂亮的「S」型，如圖 5-13 所示。

對於線性邊界的情況，邊界形式如下（式 5-16）：

$$\theta_0+\theta_1 x_1+\ldots+\theta_n x_n=\sum_{i=1}^{n}\theta_i x_i=\theta^T x$$

構造預測函數為（式 5-17）：

$$h_\theta(x)=g(\theta^T x)=\frac{1}{1+e^{-\theta^T x}}$$

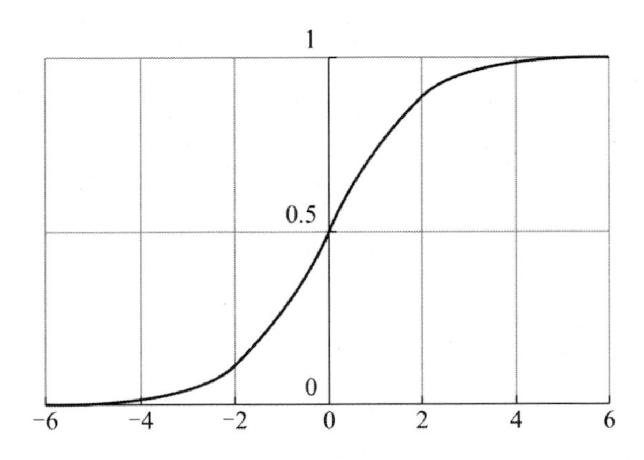

圖 5-13 Logistic 函數圖像

函數 $h_\theta(x)$ 的值有特殊含義，它表示結果取 1 的機率，因此對於輸入 x 的分類結果為 1 和 0 的機率分別為（式 5-18）：

$$P(y=1\mid x;\theta)=h_\theta(x)$$
$$P(y=0\mid x;\theta)=1-h_\theta(x)$$

5.5.1.2 損失函數

在構造完成預測函數之後，我們需要構造損失函數 J。基於最大似然估計可以推導得到 Cost 函數和 J 函數（式 5-19、式 5-20）。

$$Cost\left[h_\theta(x), y\right] = \begin{cases} -log\left[h_\theta(x)\right] & ,y=1 \\ -log\left[1-h_\theta(x)\right] & ,y=0 \end{cases}$$

$$J(\theta) = \frac{1}{m}\sum_{i=1}^{n} Cost\left[h_\theta(x_i), y_i\right]$$

$$= -\frac{1}{m}\left[\sum_{i=1}^{1} y_i log h_\theta(x_i) + (1-y_i) log\left[1-h_\theta(x_i)\right]\right]$$

下面詳細說明推導過程。

之前講述的機率函數綜合起來可以寫成（式 5-21）：

$$P(y \mid x;\theta) = [h_\theta(x)]^y [1-h_\theta(x)]^{1-y}$$

取似然函數為（式 5-22）：

$$L(\theta) = \prod_{i=1}^{m} P(yi \mid x_i;\theta) = \prod_{i=1}^{m}\left[h_\theta(x_i)^{yi}\right][1-h_\theta(x_i)]^{1-y_i}$$

對數似然函數為（式 5-23）：

$$l(\theta) = logL(\theta) = \sum_{i=1}^{m}\left\{y_i log h_\theta(x_i) + (1-y_i) log\left[1-h_\theta(x_i)\right]\right\}$$

最大似然估計就是求使 l(θ) 取最大值時的 θ，其實這裡可以使用梯度上升法求解，求得的 θ 就是要求的最佳參數。但是，若將 J(θ) 取為下式，即（式 5-24）：

$$J(\theta) = -\frac{1}{m} l(\theta)$$

因為乘了一個負的係數 -1/m，所以取 J(θ) 最小值時的 θ 為要求的最佳參數。

5.5.1.3 梯度下降法

θ 更新過程（式 5-25、式 5-26）：

$$\theta_j := \theta_j - \alpha \frac{\delta}{\delta_{\theta_j}} J(\theta)$$

$$\begin{aligned}
\frac{\delta}{\delta_{\theta_j}} J(\theta) &= -\frac{1}{m} \sum_{i=1}^{m} \left(y_i \frac{1}{h_\theta(x_i)} \frac{\delta}{\delta_{\theta_j}} h_\theta(x_i) - (1 - y_i) \frac{1}{1 - h_\theta(x_i)} \frac{\delta}{\delta_{\theta_j}} h_\theta(x_i) \right) \\
&= -\frac{1}{m} \sum_{i=1}^{m} \left(y_i \frac{1}{g(\theta^T x_i)} \frac{\delta}{\delta_{\theta_j}} h_\theta(x_i) - (1 - y_i) \frac{1}{1 - g(\theta^T x_i)} \right) \frac{\delta}{\delta_{\theta_j}} g(\theta^T x_i) \\
&= -\frac{1}{m} \sum_{i=1}^{m} \left(y_i \frac{1}{g(\theta^T x_i)} \frac{\delta}{\delta_{\theta_j}} h_\theta(x_i) - (1 - y_i) \frac{1}{1 - g(\theta^T x_i)} \right) g(\theta^T x_i) \left[1 - g(\theta^T x_i) \right] \frac{\delta}{\delta_{\theta_j}} \theta^T x_i \\
&= -\frac{1}{m} \sum_{i=1}^{m} \left\{ y_i \left[1 - g(\theta^T x_i) \right] - (1 - y_i) g(\theta^T x_i) \right\} x_i^j \\
&= -\frac{1}{m} \sum_{i=1}^{m} \left[y_i - g(\theta^T x_i) \right] x_i^j \\
&= \frac{1}{m} \sum_{i=1}^{m} \left[h_\theta(x_i) - y_i \right] x_i^j
\end{aligned}$$

θ 更新過程也可以寫成（式 5-27）：

$$\theta_j := \theta_j - \alpha \frac{1}{m} \sum_{i=1}^{m} \left[h_\theta(x_i) - y_i \right] x_i^j$$

5.5.2 二元邏輯迴歸

邏輯迴歸需要做的，就是利用一系列包括 Logistic 函數在內的數學表達式或方法建立迴歸模型。進一步說，也就是用歷史資料對分類邊界建立迴歸公式，依此邊界進行二元或是多元的分類。

圖 5-14 為二元邏輯迴歸的線性決策邊界的實例，圖中的曲線也就是邏輯迴歸希望求得的模型結果。

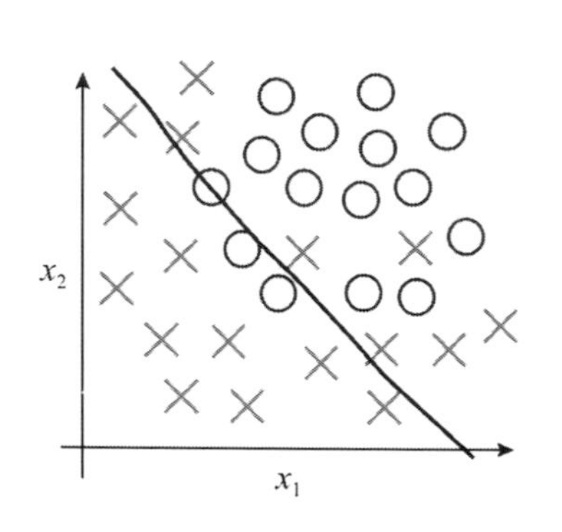

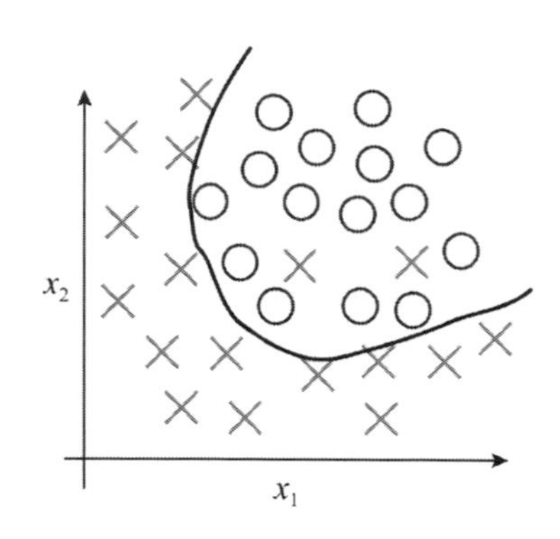

圖 5-14 邏輯迴歸模型

5.5.3 多元邏輯迴歸

多元邏輯迴歸與二元邏輯迴歸十分相似，唯一的不同點就在於：多元邏輯迴歸的因變數是多值的，比如用戶的信用等級可以分為 1 ～ 5 星級和金銀鑽卡；而二元邏輯迴歸的因變數只能為二值型變數，比如用戶是否購買終端或用戶是否流失。由於其數學分析方法較為複雜，但在軟體中的實現卻簡單很多，在此不再贅述多元邏輯迴歸的數學表達及證明方法，在下一節將重點講述邏輯迴歸在 SPSS 軟體中的實際應用。

5.5.4 SPSS 軟體中的邏輯迴歸應用案例

1．介面介紹

在目錄上選擇「分析＞迴歸＞二元 Logistic」，系統彈出的邏輯迴歸參數設定視窗如圖 5-15 所示。

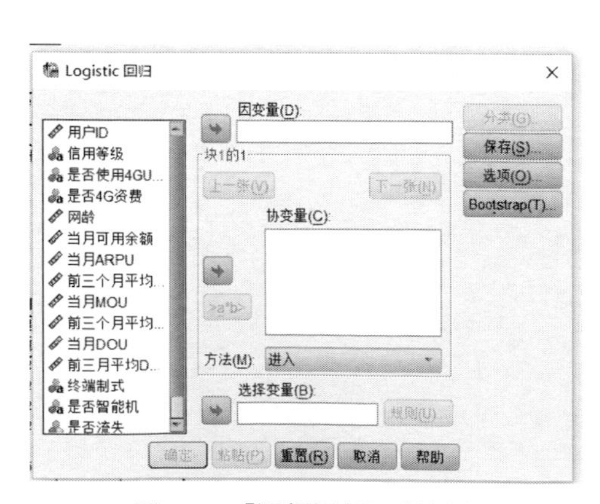

圖 5-15 「邏輯迴歸」對話窗

左側是候選變數框，右上角是應變數框，選入二分類的應變數，下方的協變數框是用於選入自變數的，只不過這裡按國外的習慣被稱為協變數。中下部的「>a∗ b>」框是用於選入交互作用的，功能性不強，此處不再詳細展開。下方的「方法 (M)」列表框用於選擇變數進入方法，有進入法、前進法和後退法三大類，三類之下又有細分。右邊的四個按鈕中，「選項」較為重要，此處作詳細講解，如圖 5-16 所示。

圖 5-16 邏輯迴歸「選項」對話框

上圖中，「統計量和圖」中的「分類圖」是非常重要的模型預測工具，「估計值的相關性」則是重要的模型診斷工具，「疊代歷史記錄」可以看到疊代的具體情況，從而得知模型是否在疊代時存在病態，下方則可以確定進入和排除的機率標準，這在逐步迴歸中是非常有用的。

2．實操步驟

因變數設定為「是否流失」，自變數設定為「前三個月平均 MOU」「前三月平均 DOU」和「前三個月平均 ARPU」，「方法」設定為預設的「進入」，點擊「確定」，如圖 5-17 所示。

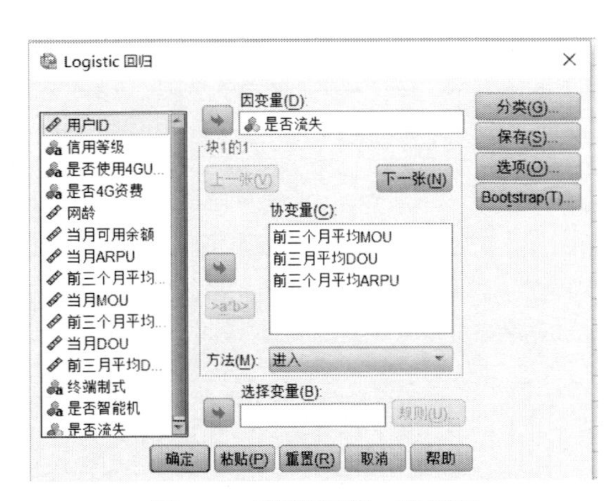

圖 5-17 「邏輯迴歸」實操圖

3．結果解釋

表 5-9 案例處理彙總

未加權的案例[a]		N	%
選定案例	包括在分析中	11,069	100.0
	缺失案例	0	0.0
	總計	11,069	100.0
未選定的案例		0	0.0
總計		11,069	100.0
a. 如果權重有效，請參見分類表以獲得案例總數			

上表為記錄處理情況彙總，即有多少案例記錄被納入下面的分析，可見此處因不存在缺失值，11069 條記錄均納入了分析，表 5-10 中為 SPSS 軟體對邏輯迴歸的分析。

塊 0：起始塊

表 5-10 分類表[a，b]

已預測			已預測		
			是否流失		百分比校正
			0	1	
步驟 0	是否流失	0	6,504	0	100.0
		1	4,565	0	0
	總計百分比				58.8
a. 模型中包括常數 b. 切割值為 0.500					

此處已經開始了擬合，塊 0 擬合的是只有常數的無效模型，上表為分類預測表，可見在 6504 例觀察值為 0 的記錄中，共有 6504 例被預測為 0，4565 例 1 也都被預測為 0，總預測準確率為 58.8%，這是不納入任何解釋變數時的預測準確率，相當於比較基線。

表 5-11 方程中的變數

		B	S.E	Wals	df	Sig.	Exp(B)
步驟 0	常數	-0.354	0.019	336.137	1	0.000	0.702

上表為塊 0 的變數係數，可見常數的係數值為 -0.354。

表 5-12 不在方程中的變數

			得分	df	Sig.
步驟 0	變數	前三個月平均 ARPU	202.256	1	0.000
		前三個月平均 MOU	642.547	1	0.000
		前三個月平均 DOU	52.841	1	0.000
	總統計數		700.295	3	0.000

上表為在塊 0 處尚未納入分析方程的候選變數，所做的檢驗表示如果分別將它們納入方程，則方程的改變是否會有顯著意義（根據所用統計量的不同，可能是擬合優度、變異數值等）。可見如果將「前三個月平均 MOU」這一變數納入方程，則方程的改變是有顯著意義的，「前三個月平均 ARPU」這一變數也是如此，由於 Stepwise 方法（逐步階梯法）是一個一個的進入變數，下一步將會先納入得分最高的變數，然後再重新計算該表，再做選擇。

塊 1：方法 = 輸入

表 5-13 模型係數的綜合檢驗

		卡方	df	Sig.
步驟 1	步驟	879.393	3	0.000
	塊	879.393	3	0.000
	模型	879.393	3	0.000

此處開始了塊 1 的擬合，根據我們的設定，採用的方法為 Forward（我們只設定了一個塊，所以後面不會再有塊 2）。上表為全局檢驗，對步驟 1 做了步驟、塊和模型的檢驗。

表 5-14 分類表 [a]

已觀測			已預測		
			是否流失		百分比校正
			0	1	
步驟 1	是否流失	0	5,243	1,261	80.6
		1	2,354	2,211	48.4
	總計百分比				67.3

a. 切割值為 0.500

上表為經過塊 1 的預測情況彙總，可見準確率由塊 0 的 58% 上升到了 67%，效果有比較明顯的提升。

參考文獻

[1] 孫振宇．多元迴歸分析與 Logistic 迴歸分析的應用研究 [D]. 南京：南京資訊工程大學 ,2008．

[2] 白欣 , 賈旭．最小平方法的創立及其思想方法 [J]. 西北大學學報：自然科學版 ,2006；36(3)：507-11．

[3] 湯啟義 , 唐潔．偏最小平方迴歸分析在均勻設計試驗建模分析中的應用 [J]. 數理統計與管理 ,2005,(5)．

[4] 李欣 , 劉萬軍．迴歸分析資料探勘技術 [J]. 海軍航空工程學院學報 ,2006,(3)．

[5] 白其崢．數學建模案例分析 [M]. 北京：海洋出版社 ,2000．

[6] 王慧文．偏最小平方迴歸方法及其應用 [J]. 北京：國防工業出版社 ,2000．

[7] 譚永基 , 蔡志杰 , 余文刺．數學模型 [M]. 上海：復旦大學出版社 ,2004．

[8] 林彬．多元線性迴歸及其分析應用 [J]. 中國科技資訊 ,2010, 36(5)：10-12．

[9] 韓萍．近代迴歸分析及其應用 [J]. 新疆師範大學學報：自然科學版 ,2007, 20(2)：12-16．

[10] 楊虎 , 劉瓊蓀 , 鐘波．機率論與數理統計 [M]. 重慶：重慶大學出版社 ,2007.30-50．

[11] 王孝仁 , 王松桂．實用多元統計分析 [M]. 上海：上海科學技術出版社 ,1990, 195-264．

[12] 上海師範大學數學系機率統計教研組．迴歸分析及其實驗設計 [M]. 上海：上海教育出版社 ,1978．

[13] 汪奇生 , 楊德宏 , 楊根新．考慮自變數誤差的線性迴歸疊代演算法 [J]. 大地測量與地球動力學 , 2014(05)．

[14] 全國工科院校應用機率統計委員會機率統計教材編寫組．機率論與數理統計 [M]. 上海：上海科學技術出版社 ,1991．

[15] 王全眾．兩類分析相關資料的 Logistic 迴歸模型 [J]. 統計研究 ,2007(02)．

[16] Appice A, Ceci M, Malerba D. An Iterative Learnging Algorithm for Within-Network Regression in the Transductive Setting. //Discovery Science. Springer Berlin Heidelberg, 2009：36-50.

[17] Tibshirani, R. (1996). Regression Shrinkage and Selection Via the Lasso. J. Royal. Statist.Soc B., Vol. 58, No. 1, pages 267-288.

[18] Regularized logistic Regression and Multiobjective Variable Selection for Classifying MEG data. Biological Cybernetics . 2012 (6).

[19] Jia-Jyun Dong,Yu-Hsiang Tung,Chien-Chih Chen,Jyh-Jong Liao,Yii-Wen Pan. Logistic Regression Model for Predicting the Failure Probability of a Landslide dam. Engineering Geology . 2010 (1).

[20] Ujjwal Das,Tapabrata Maiti,Vivek Pradhan. Bias Correction In logistic Regression with Missing Categorical Covariates. Journal of Statistical Planning and Inference . 2010 (9).

第 6 章
關聯分析

關聯分析是一種簡單、實用的分析技術，用來發現存在於大量資料集中的關聯性或相關性，從而描述一個事物中某些屬性同時出現的規律和模式。本章 6.1 節使用了關聯分析中一個非常典型的例子——購物籃事務，向讀者形象地闡述了關聯分析是什麼。6.2 節介紹衡量關聯強度的度量標準以及衡量演算法優劣的複雜度指標。6.3 節介紹 Apriori 演算法規則以及生成規則過程中用到的頻繁項集、先驗原理、基於支持度剪枝、候選項集產生和基於信賴度剪枝的概念。6.4 節介紹頻繁模式樹的生成規則，並與 Apriori 演算法進行了效能對比。6.5 節介紹如何在 SPSS 軟體中使用關聯演算法分析資料。

6.1 關聯分析概述

關聯分析（Association Analysis）用於發現隱藏在大型資料集中的有意義的聯繫。所發現的聯繫可以用關聯規則（Association Rule）或頻繁項集的形式表示。例如，從表 6-1 所示的資料中可以提取如下規則：

$$\{尿布\} \rightarrow \{啤酒\}$$

該規則表明尿布和啤酒的銷售之間存在著很強的聯繫，因為許多購買尿布的顧客也購買啤酒。零售商們可以使用這類規則，幫助他們發現新的交叉銷售商機。

表 6-1 購物籃事務的例子

TID	項集
1	{麵包，牛奶}
2	{麵包，尿布，啤酒，雞蛋}
3	{牛奶，尿布，啤酒，可樂}
4	{麵包，牛奶，尿布，啤酒}
5	{麵包，牛奶，尿布，可樂}

除了購物籃資料外，關聯分析也可以應用於其他領域，如生物資訊學、醫療診斷、網頁資訊和科學資料分析等。例如，在地球科學資料分析中，關聯模式可以揭示海洋、陸地和大氣過程之間的有趣聯繫。這樣的資訊能夠幫助地球科學家更好地理解地球系統中不同的自然力之間的相互作用。儘管這裡提供的技術一般都可以用於更廣泛的資料集，但為了便於解釋，討論將主要集中在購物籃資料上。

商業企業在日復一日的營運中積聚了大量的資料。例如，食品商店的收銀臺每天都收集大量的顧客購物資料。表 6-1 給出一個這種資料的例子，通常稱作購物籃事務（market basket transaction）。表中每一行對應一個事務，包含一個唯一標識 TID 和給定顧客購買的商品的集合。零售商對分析這些資料很感興趣，以便瞭解他們的顧客的購買行為。可以使用這種有價值的資訊來支持各種商務應用，如市場促銷、庫存管理和顧客關係管理等。

在對購物籃資料進行關聯分析時，需要處理兩個關鍵的問題：第一，從大型事務資料集中發現模式可能在計算上要付出很高的代價；第二，所發現的某些模式可能是虛假的，因為它們可能是偶然發生的。這就需要一些評估指標了。

關聯規則是形如 X→Y 的蘊含表達式，X 和 Y 是不相交的項集，即 $X \cap Y = \oslash$。關聯規則的強度可以用它的支持度和信賴度度量。支持度確定規則可以給定資料集的頻繁程度，而信賴度確定 Y 在包含 X 的事務中出現的頻繁程度。

6.2 關聯分析的評估指標

6.2.1 支持度

什麼樣的關聯規則值得關注呢？要討論這個問題就必須提到幾個評估指標。首先來介紹兩個概念：項集和支持度計數。

項集令 $I=\{t_1, t_2, ..., t_d\}$ 是購物籃資料中所有項的集合，而 $T=\{t_1, t_2, ..., t_N\}$ 是所有事務的集合。每個事務 t_i 包含的項集都是 I 的子集。在關聯分析中，包含 0 個或多個項的集合被稱為項集（item set）。如果一個項集包含 k 個項，則稱它為 k- 項集。例如，{ 啤酒，尿布，牛奶 } 是一個 3- 項集。空集是指不包含任何項的項集。

支持度計數事務的寬度定義為事務中出現項的個數。如果項集 X 是事務 t 的子集，則稱事務 t 包括項集 X。例如，在表 6-2 中第二個事務包括項集 { 麵包，尿布 }，但不包括項集 { 麵包，牛奶 }。項集的一個重要性質是它的支持度計數，即包含特定項集的事務個數。數學上，項集 X 的支持度計數 $\sigma(x)$ 可以表示為：

$$\sigma(X)=\left|\{t_i|X\subseteq t_i,\ t_i\in T\}\right|$$

其中，符號 |·| 表示集合中元素的個數。在表 6-2 顯示的資料集中，項集 { 啤酒，尿布，牛奶 } 的支持度計數為 2，因為只有 2 個事務同時包含這 3 個項。

支持度 (s) 的形式定義如：

$$s(X\rightarrow Y)=\frac{\sigma(X\cup Y)}{N}$$

【例 6.1】

如上面舉的例子，考慮規則 { 牛奶，尿布 } → { 啤酒 }。由於項集 { 牛奶，尿布，啤酒 } 的支持度計數是 2，而事務的總數是 5，所以規則的支持度為 2/5=0.4。

為什麼使用支持度？支持度是一種重要度量，因為支持度很低的規則可能只是偶然出現。從商務角度來看，低支持度的規則多半也是無意義的，因為對顧客很少同時購買的商品進行促銷可能並無益處。因此，支持度通常用來刪去那些無意義的規則。此外，支持度還具有一種期望的性質，可以用於關聯規則的有效發現。

6.2.2 信賴度

信賴度 (c) 的形式定義如式 6-3：

$$c(X \to Y) = \frac{\sigma(X \cup Y)}{\sigma(X)}$$

【例 6.2】

如例【6.1】中，規則的信賴度是項集 { 牛奶，尿布，啤酒 } 的支持度計數與項集 { 牛奶，尿布 } 支持度計數的商。由於存在 3 個事務同時包含牛奶和尿布，所以該規則的信賴度為 2/3=0.67。

為什麼使用信賴度？

信賴度度量透過規則進行推理具有可靠性。對於給定的規則 X→Y，信賴度越高，Y 在包含 X 的事務中出現的可能性就越大，信賴度也可以估計 Y 在給定 X 下的條件機率。

6.2.3 演算法複雜度

同一問題可用不同演算法解決，而一個演算法的品質優劣將影響到演算法乃至程式的效率。演算法分析的目的在於選擇合適的演算法和改進演算法。演算法評價主要應從時間複雜度和空間複雜度兩方面來考慮。

一個演算法執行所耗費的時間，從理論上是不能算出來的，必須上機運行測試才能知道。但我們不可能也沒有必要對每個演算法都上機測試，而只需知道哪個演算法花費的時間多、哪個演算法花費的時間少就可以了。並且一個演算法花費的時間與演算法中語句的執行次數近似成正比，哪個演算法中語句執行次數多，它花費時間就多。一個演算法中的語句執行次數稱為語句頻度或時間頻度，記為 T(n)。演算法的時間複雜度是指執行演算法所需要的計算工作量。

在剛才提到的時間頻度中，n 稱為問題的規模，當 n 不斷變化時，時間頻度 T(n) 也會不斷變化。但有時我們想知道它變化時呈現什麼規律。為此，我們引入時間複雜度概念。

一般情況下，演算法中基本操作重複執行的次數是問題規模 n 的某個函數，用 T(n) 表示，若有某個輔助函數 f(n)，使得當 n 趨近於無窮大時，T(n)/f(n) 的極限值為不等於零的常數，則稱 f(n) 是 T(n) 的同數量級函數。記作 T(n)=o[f(n)]，稱 o[f(n)] 為演算法的漸進時間複雜度，簡稱時間複雜度。

在各種不同演算法中，若演算法中語句執行次數為一個常數，則時間複雜度為 o（1）；另外，在時間頻度不相同時，時間複雜度有可能相同，如 $T(n)=n^2+3n+4$ 與 $T(n)=4n^2+2n+1$，它的頻度不同，但時間複雜度相同，都為 $o(n^2)$。

與時間複雜度類似，空間複雜度是指演算法在電腦內執行時所需儲存空間的度量。記作：S(n)=o[f(n)]。

演算法執行期間所需要的儲存空間包括 3 個部分：

（1）演算法程式所占的空間；

（2）輸入的初始資料所占的儲存空間；

（3）演算法執行過程中所需要的額外空間。

在許多實際問題中，為了減少演算法所占的儲存空間，通常採用壓縮儲存技術。

6.3 Apriori 演算法

6.3.1 頻繁項集的定義與產生

在討論 Apriori 演算法之前，必須提到頻繁項集的概念。

頻繁項集（frequent item set）：滿足最小支持度閾值的所有項集，這些項集稱作頻繁項集。

大多數關聯規則資訊演算法通常採用的一種策略是，將關聯規則資訊任務分解為如下兩個主要的子任務。

(1) 頻繁項集產生：其目標是發現滿足最小支持度閾值的所有項集，即頻繁項集。

(2) 規則的產生：其目標是從上一步發現的頻繁項集中提取所有高信賴度的規則，這些規則稱作強規則（strong rule）。

通常，頻繁項集產生所需的計算開銷遠大於產生規則所需的計算開銷。

怎麼產生頻繁項集呢？格結構（lattice structure）常常被用來枚舉所有可能的項集。圖 6-1 顯示 I={a, b, c, d, e} 的項集格。一般來說，一個包含 k 個項的資料集可能產生 2k-1 個頻繁項集，不包括空集在內。由於在許多實際應用中 k 的值可能非常大，需要探查的項集搜尋空間可能是指數規模的。

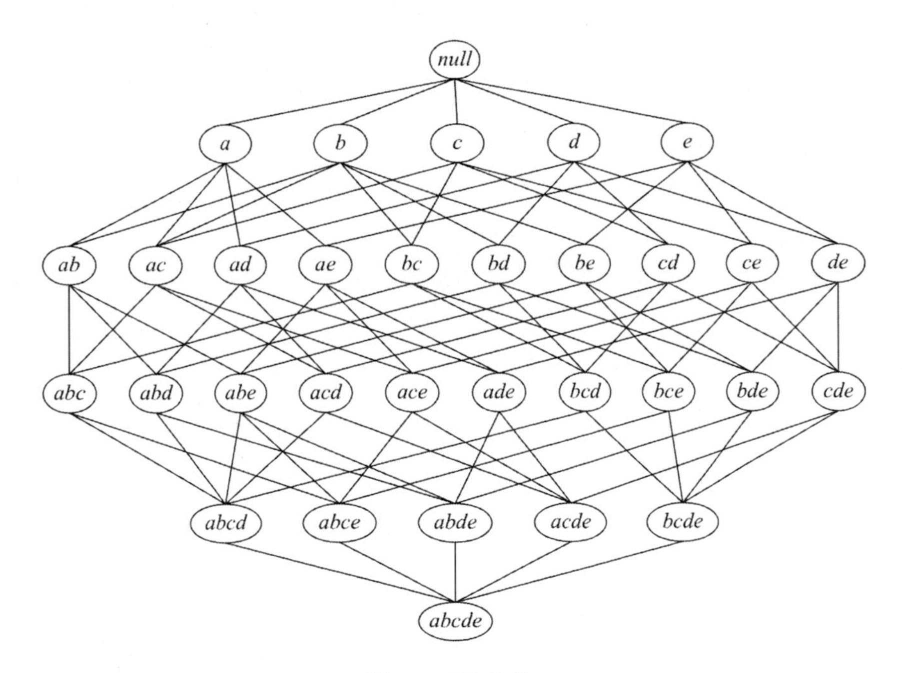

圖 6-1 項集的格

發現頻繁項集的一種原始方法是確定格結構中每個候選項集（candidate

item set）的支持度計數。為了完成這一任務，必須將每個候選項集與每個事務進行比較，如圖 6-2 所示。如果候選項集包含在事務中，則候選項集的支持度計數增加。例如，由於項集 { 麵包，牛奶 } 出現在事務 1、4 和 5 中，其支持度計數將增加 3 次。這種方法的開銷可能非常大，因為它需要進行 o（NMw）次比較；其中 N 是事務數；$M=2^k-1$ 是候選項集數；而 w 是事務的最大寬度。

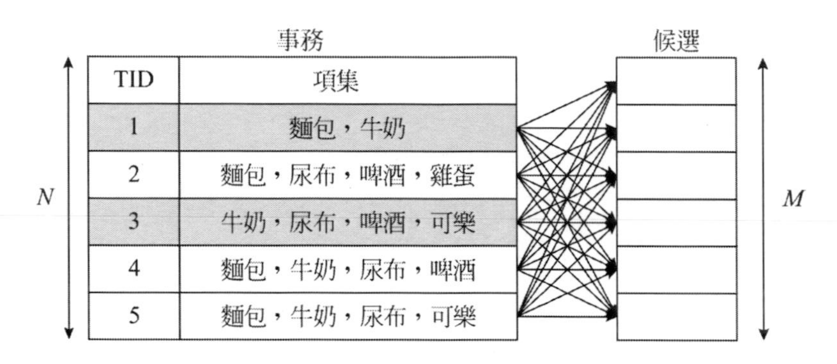

圖 6-2 計算候選項集的支持度

有兩種方法可以降低產生頻繁項集的計算複雜度：

（1）減少候選項集的數目 (M)。接下來要介紹的先驗（Apriori）原理，是一種不用計算支持度值而刪除某些候選項集的有效方法。

（2）減少比較次數。替代將每個候選項集與每個事務相匹配，可以使用更高級的資料結構，或者儲存候選項集或者壓縮資料集，來減少比較次數。

6.3.2 先驗原理

本節描述如何使用支持度度量，幫助減少頻繁項集產生時需要探查的候選項集個數。使用支持度對候選項集剪枝基於如下原理。

定理 6.1：先驗原理，如果一個項集是頻繁的，則它的所有子集一定也是頻繁的。

為瞭解釋先驗原理的基本思想，考慮圖 6-3 所示的項集格。假定 {c, d, e} 是頻繁項集。顯而易見，任何包含項集 {c, d, e} 的事務一定包含它的子集 {c, d}，{c, e}，{d, e}，{c}，{d} 和 {e}。這樣，如果 {c, d, e} 是頻繁的，則它的所有子集（圖 6-3 中的陰影項集）一定也是頻繁的。

相反，如果項集 {a, b} 是非頻繁的，則它的所有超集也一定是非頻繁的。因此一旦發現 {a, b} 是非頻繁的，則整個包含 {a, b} 超集的子圖可以被立即剪枝。如圖 6-3 所示。

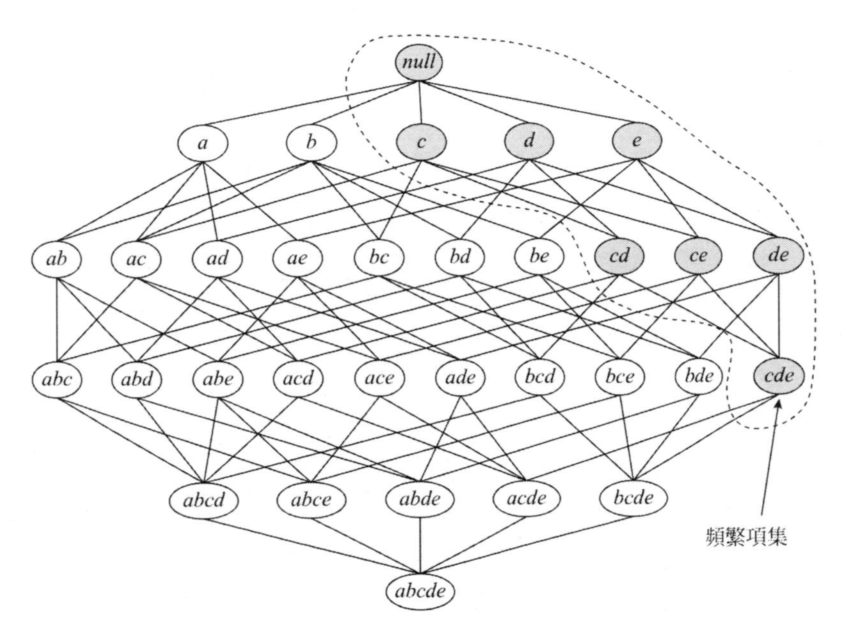

圖 6-3 先驗原理的圖示

如果 {c, d, e} 是頻繁的，則它的所有子集也是頻繁的。

6.3.3 基於支持度的計數與剪枝

在上面我們提到過，如果項集 {a, b} 是非頻繁的，則它的所有超集也一定是非頻繁的。如圖 6-4 所示，一旦發現 {a, b} 是非頻繁的，則整個包含 {a, b} 超集的子圖可以被立即剪枝。這種基於支持度度量修剪指數搜尋空間的策略稱為基於支持度的剪枝（support-basedpruning）。這種剪枝策略依賴於支持度度量的一個關鍵性質，即一個項集的支持度絕不會超過它的子集的支持度。這個性質也稱支持度度量的反單調性（anti-monotone）。

定理 6.2：單調性令 I 是項的集合，J=2I 是 I 的冪集。度量 f 是單調的（或向上封閉的），如果

$$\forall X,\ Y \in J:(X \subseteq Y) \rightarrow f(X) \leqslant f(Y)$$

這表明如果 X 是 Y 的子集，則 f(x) 一定不超過 f(Y)。另一方面，f 是反單調的（或向下封閉的），如果

$$\forall X,\ Y \in J:(X \subseteq Y) \rightarrow f(Y) \leqslant f(X)$$

這表明如果 X 是 Y 的子集，則 f(Y) 一定不超過 f(x)。

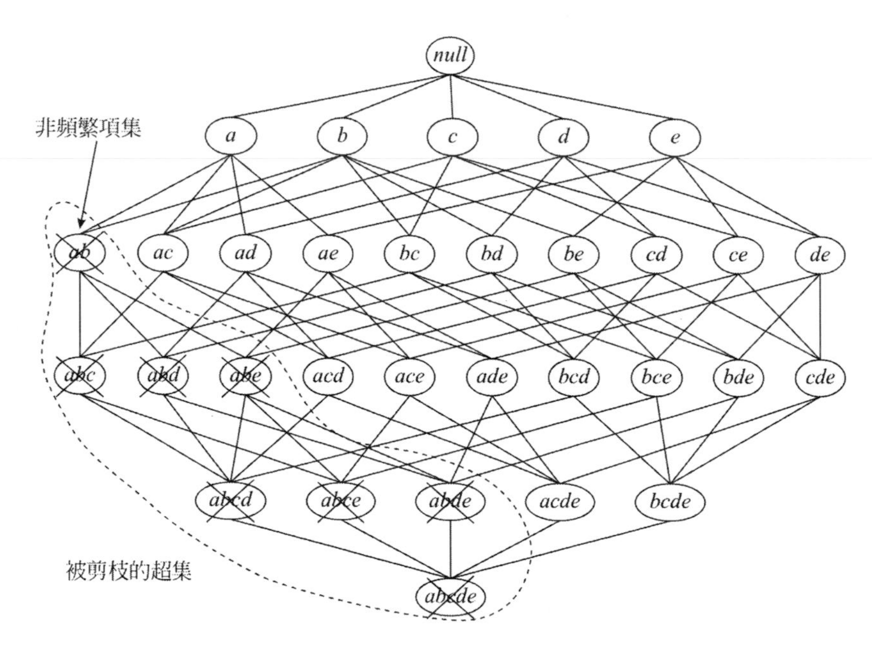

圖 6-4 基於支持度的剪枝的圖示

如果 {a, b} 是非頻繁的，則它的所有超集也是非頻繁的。

任何存在反單調性的度量都能夠直接結合到資訊演算法中，可以對候選項集的指數搜尋空間進行有效的剪枝。

6.3.4 候選項集生成

Apriori 演算法是第一個關聯規則資訊演算法，它開創性地使用基於支持度的剪枝技術，系統地控制候選項集指數增長。對於表 6-1 中所示的事務，圖 6-5 給出 Apriori 演算法頻繁項集產生部分的一個高層實例。假定支持度閾值是

60%，相當於最小支持度計數為 3。

初始時每個項都被看作候選 1- 項集。對它們的支持度計數之後，候選項集 { 可樂 } 和 { 雞蛋 } 被丟棄，因為它們出現的事務少於 3 個。在下一次疊代，僅使用頻繁 1- 項集來產生候選 2- 項集，因為先驗原理保證所有非頻繁的 1- 項集的超集都是非頻繁的。由於只有 4 個頻繁 1- 項集，因此演算法產生的候選 2- 項集的數目為 C_4^2=6。計算它們的支持度值之後，發現這 6 個候選項集中的 2 個——{ 啤酒，麵包 } 和 { 啤酒，牛奶 } 是非頻繁的。剩下的 4 個候選項集是頻繁的，因此用來產生候選 3- 項集。不使用基於支持度的剪枝，使用該例給定的 6 個項，將形成 C_6^2=20 個候選 3- 項集。依據先驗原理，只需要保留其子集都頻繁的候選 3- 項集。具有這種性質的唯一候選是 { 麵包，尿布，牛奶 }。

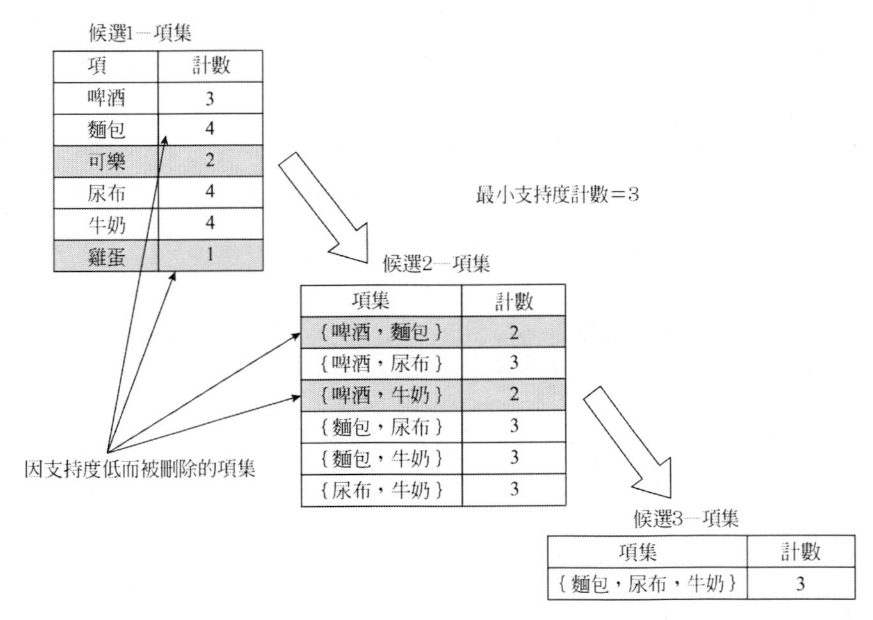

圖 使用 Apriori 演算法產生頻繁項集的例子

透過計算產生的候選項集數目，可以看出先驗剪枝策略的有效性。枚舉所有項集（到 3- 項集）的蠻力策略將產生 $C_6^1+C_6^2+C_6^3$=6+15+20=40 個候選；而使用先驗原理，將減少為 $C_6^1+C_4^2$+1=6+6+1=13 個候選。甚至在這個簡單的例子中，候選項集的數目也降低了 68%。

演算法 6.1 中給出了 Apriori 演算法產生頻繁項集部分的偽程式碼。令 C_k

為候選 k- 項集的集合，而 F_k 為頻繁 k- 項集的集合，演算法細節如下所述。

（1）該演算法初始透過單遍掃描資料集，確定每個項的支持度。一旦完成這一步，就得到所有頻繁 1- 項集的集合 F_1（步驟 1 和步驟 2）。

（2）接下來，該演算法將使用上一次疊代發現的頻繁（k-1）- 項集，產生新的候選 k- 項集（步驟 5）。候選的產生使用 apriori-gen 函數實現，將在後面章節進行介紹。

（3）為了對候選項的支持度計數，演算法需要再次掃描一遍資料集（步驟 6~ 步驟 10）。使用子集函數確定包含在每一個事務 t 中的 C_k 中的所有候選 k- 項集。計算候選項的支持度計數之後，演算法將刪去支持度計數小於最小支持度的所有候選項集（步驟 12）。

（4）當沒有新的頻繁項集產生，即 $F_k=\varnothing$ 時，演算法結束（步驟 13）。

Apriori 演算法的頻繁項集產生的部分有兩個重要的特點：第一，它是一個逐層（level-wise）演算法，即從頻繁 1- 項集到最長的頻繁項集，它每次遍歷項集格中的一層；第二，它使用產生 - 測試（generate-and-test）策略來發現頻繁項集。在每次疊代之後，新的候選項集都由前一次疊代發現的頻繁項集產生，然後對每個候選的支持度進行計數，並與最小支持度閾值進行比較。該演算法需要的總疊代次數是 $k_{max}+1$，其中 k_{max} 是頻繁項集的最大長度。

演算法 6.1 Apriori 演算法的頻繁項集產生

輸入：資料集；

輸出：頻繁項集；

Begin

I．k=1；

II．$F_k=\{i|i \in I \wedge \sigma(\{i\})\geq N\times minsup\}$ { 發現所有的頻繁 1- 項集 }；

III．Repeat；

IV．k=k+1；

V．C_k= apriori-gen(F_k) { 產生候選項集 }；

VI．For 每個事務 $t \in T$ Do；

VII．C_i=subset(C_k, t){ 識別屬於 t 的所有候選 }；

VIII．For 每個候選項集 $c \in C_t$ Do；

IX．σ(c)= σ(c)+1{ 支持度計數增值 }；

X．EndFor；

XI．Endfor；
XII．$F_k=\{c|c \in C_k \wedge \sigma(\{c\}) \geq N \times minsup\}$ { 提取頻繁 k- 項集 }；
XIII．Until $F_k=\varnothing$；
XIV．Result $=\cup F_k$。
END

演算法 6.1 步驟 5 的 apriori-gen 函數透過如下兩個操作產生候選項集：

(1) 候選項集的產生。該操作由前一次疊代發現的頻繁（k-1）- 項集產生新的候選 k- 項集。

(2) 候選項集的剪枝。該操作採用基於支持度的剪枝策略，刪除一些候選 k- 項集。

為瞭解釋候選項集剪枝操作，考慮候選 k- 項集演算法必須確定它的所有真子集 $X-\{i^j\}|\forall j=1, 2, ..., k)$ 是否都是頻繁的，如果其中一個是非頻繁的，則 X 將會被立即剪枝。這種方法能夠有效地減少支持度計數過程中所考慮的候選項集的數量。對於每一個候選 k- 項集，該操作的複雜度是 O(k)。然而，隨後我們將明白，並不需要檢查給定候選項集的所有 k 個子集。如果 k 個子集中的 m 個用來產生候選項集，則在候選項集剪枝時只需要檢查剩下的 k-m 個子集。

理論上，存在許多產生候選項集的方法。下面列出了對有效的候選項集產生過程的要求：

(1) 它應當避免產生太多不必要的候選。一個候選項集是不必要的，如果它至少有一個子集是非頻繁的。根據支持度的反單調屬性，這樣的候選項集肯定是非頻繁的。

(2) 它必須確保候選項集的集合是完全的，即候選項集產生過程沒有遺漏任何頻繁項集。為了確保完全性，候選項集的集合必須包含所有頻繁項集的集合，即 $\forall k : F_k \subseteq C_k$。

(3) 它應該不會產生重複候選項集。例如：候選項集 {a, b, c, d} 可能會透過多種方法產生，如合併 {a, b, c} 和 {d}，合併 {b, d} 和 {a, c}，合併 {c} 和 {a, b, d} 等。候選項集的重複產生將會導致計算的浪費，因此為了效率應該避免。

接下來，將簡要地介紹幾種候選產生過程，其中包括 apriori-gen 函數使用的方法。

1 · 蠻力方法

蠻力方法把所有的 k- 項集都看作可能的候選，然後使用候選剪枝除去不必要的候選（見圖 6-6）。第 k 層產生的候選項集的數目為 O_d^k，其中 d 是項的總數。雖然候選產生是相當簡單的，但候選剪枝的開銷極大，因為必須考察的項集數量太大。設每一個候選項集所需的計算量 O(k)，這種方法的總複雜度為 $O(\sum_{k=1}^{d} kC_d^k) = O(d \times 2^{d-1})$

2 · $F_{k-1} \times F_1$ 方法

另一種的產生候選項集的方法是用其他頻繁項來擴展每個頻繁（k-1）- 項集。圖 6-7 顯示了如何用頻繁項（如麵包）擴展頻繁 2- 項集 { 啤酒，尿布 }，產生候選 3- 項集 { 啤酒，尿布，麵包 }。這種方法將產生 $O(\sum_k k|F_{k-1}||F_1|)$ 個候選 k- 項集，其中 $|F_j|$ 表示頻繁 j- 項集的個數。這種方法總複雜度是 $O(\sum_k k|F_{k-1}||F_1|)$ 。

這種方法是完備的，因為每一個頻繁 k- 項集都是由一個頻繁（k-1）- 項集和一個頻繁 1- 項集組成的。因此，所有的頻繁 k- 項集是這種方法所產生的候選 k- 項集的一部分。然而，這種方法很難避免重複地產生候選項集。例如，項集 { 麵包，尿布，牛奶 } 不僅可以由合併項集 { 麵包，尿布 } 和 { 牛奶 } 得到，而且還可以由合併 { 麵包，牛奶 } 和 { 尿布 } 得到，或者由合併 { 尿布，牛奶 } 和 { 麵包 } 得到。避免產生重複的候選項集的一種方法是確保每個頻繁項集中的項以字典序儲存，每個頻繁（k-）- 項集 X 只用字典序比 X 中所有的項都大的頻繁項進行擴展。例如，項集 { 麵包，尿布 } 可以用項集 { 牛奶 } 擴展，因為「牛奶」（Milk）在字典序下比「麵包」（Bread）和「尿布」（Diapers）都大。然而，不應當用 { 麵包 } 擴展 { 尿布，牛奶 } 或用 { 尿布 } 擴展 { 麵包，牛奶 }，因為它們違反了字典序條件。

儘管這種方法比蠻力方法有明顯改進，但仍會產生大量不必要的候選。例如，透過合併 { 啤酒，尿布 } 和 { 牛奶 } 而得到的候選是不必要的，因為它的一個子集 { 啤酒，牛奶 } 是非頻繁的。有幾種啟發式方法能夠減少不必要的候選數量。例如，對於每一個倖免於剪枝的候選 k- 項集，它的每一個項必須至少在 k-1 個（k-1）- 項集中出現，否則，該候選就是非頻繁的。再例如，項集 { 啤酒，尿布，牛奶 } 是一個可行的候選 3- 項集，僅當它的每一個項（包括「啤酒」）都必須在兩個頻繁 2- 項集中出現。由於只有一個頻繁 2- 項集包含「啤酒」，因此所有包含「啤酒」的候選都是非頻繁的。

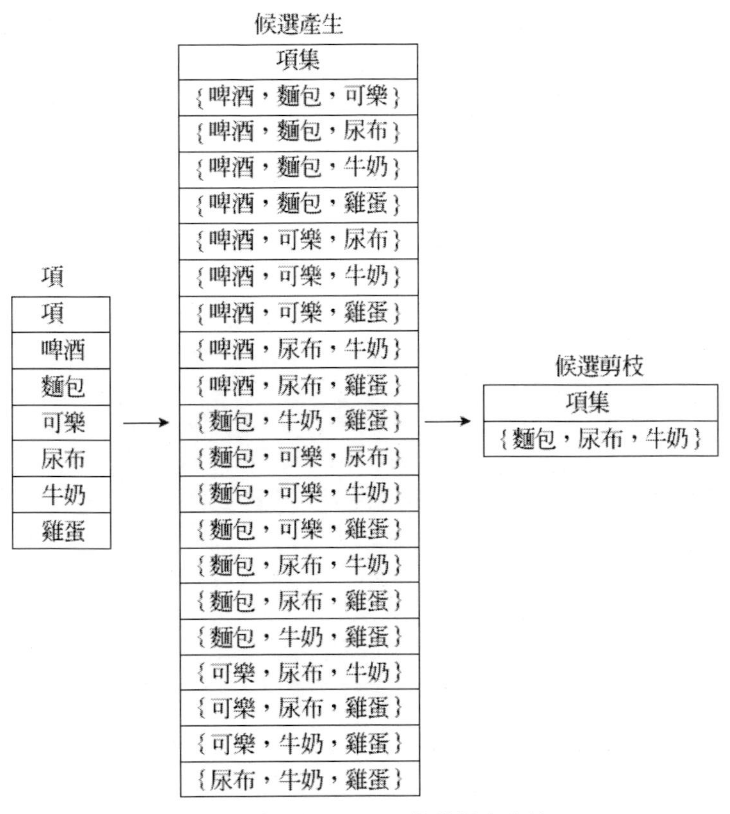

圖 6-6 產生候選 3- 項集的蠻力方法

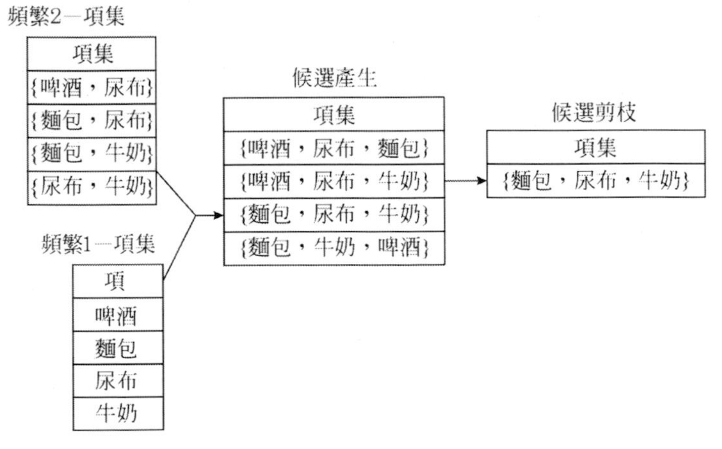

圖 6-7 透過合併頻繁（k-）- 項集和頻繁 1- 項集生成和剪枝候選 k- 項集

注意：某些候選是不必要，因為它們的子集是非頻繁的

3．$F_{k-1} \times F_{k-1}$ 方法

函數 apriori-gen 的候選產生過程合併一對頻繁（k-1）- 項集，僅當它們的前 k-2 個項都相同。令 $A=\{a_1, a_2, ..., a_{k-1}\}$ 和 $B=\{b_1, b_2, ..., b_{k-1}\}$ 是一對頻繁（k-1）- 項集，合併 A 和 B，如果它們滿足如下條件：

$a_i=b_i(i=1, 2, ..., k-2)$ 且 $a_{k-1} \neq b_{k-1}$

在圖 6-7 中，頻繁項集 { 麵包，尿布 } 和 { 麵包，牛奶 } 合併，形成了候選 3- 項集 { 麵包，尿布，牛奶 }。演算法不會合併項集 { 啤酒，尿布 } 和 { 尿布，牛奶 }，因為它們的第一個項不相同。實際上，如果 { 啤酒，尿布，牛奶 } 是可行的候選，則它應當由 { 啤酒，尿布 } 和 { 啤酒，牛奶 } 合併得到。這個例子表明了候選項產生過程的完全性和使用字典序避免重複候選的優點。然而，由於每個候選都由一對頻繁（k-1）- 項集合併而成，因此需要附加的候選剪枝步驟來確保該候選的其餘 k-2 個子集是頻繁的。

6.3.5 基於信賴度的剪枝

不像支持度度量，信賴度不具有任何單調性。例如：規則 $X \rightarrow Y$ 的信賴度可能大於、小於或等於規則 $\tilde{X} \rightarrow \tilde{Y}$ 的信賴度，其中 $\tilde{X} \subseteq X$ 且 $\tilde{Y} \subseteq Y$。儘管如此，當比較由頻繁項集 Y 產生的規則時，下面的定理對信賴度度量成立。

定理 6.2：如果規則 $X \rightarrow Y-X$ 不滿足信賴度閾值，則形如 $X' \rightarrow Y'-X'$ 的規則一定也不滿足信賴度閾值，其中 X' 是 X 的子集。

為了證明該定理，考慮如下兩個規則：$X' \rightarrow Y-X'$ $\sigma(Y)/\sigma(X')$ 和 $X \rightarrow Y-X$。這兩個規則的信賴度分別為 $\sigma(Y)/\sigma(X')$ 和 $\sigma(Y)/\sigma(X)$。由於 X' 是 X 的子集，所以 $\sigma(X') \geq \sigma(X)$。因此，前一個規則的信賴度不可能大於後一個規則。

6.3.6 Apriori 演算法規則生成

Apriori 演算法使用一種逐層方法來產生關聯規則，其中每層對應於規則後件中的項數。初始，提取規則後件只含一個項的所有高信賴度規則，然後，使用這些規則來產生新的候選規則。例如，如果 {acd} → {b} 和 {abd} → {c} 是兩個高信賴度的規則，則透過合併這兩個規則的後件產生候選規則 {ad} → {bc}。圖 6-8 顯示了由頻繁項集 {a, b, c, d} 產生關聯規則的格結構。

如果格中的任意節點具有低信賴度，則根據定理 6.2，可以立即剪掉該節點生成的整個子圖。假設規則 {bcd} → {a} 具有低信賴度，則可以丟棄後件包含 a 的所有規則，包括 {cd} → {ab}，{bd} → {ac}，{bc} → {ad} 和 {d} → {abc}。

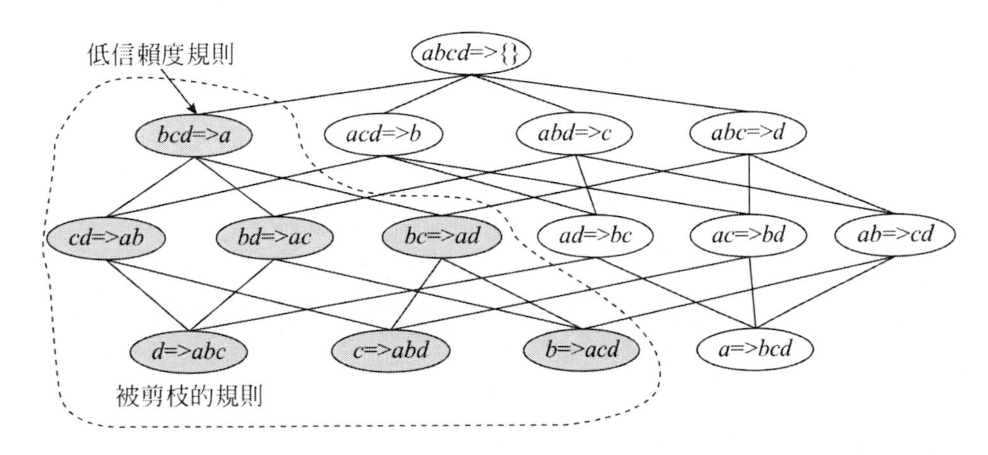

圖 6-8 使用信賴度度量對關聯規則進行剪枝

演算法 6.2 和演算法 6.3 給出了關聯規則產生的偽程式碼。注意，演算法 6.3 中的 apgenrules 過程與演算法 6.1 中的頻繁項集產生的過程類似。二者唯一的不同是：在規則產生時，不必再次掃描資料集來計算候選規則的信賴度，而是使用在頻繁項集產生時計算的支持度計數來確定每個規則的信賴度。

演算法 6.2 Apriori 演算法中的規則產生

Begin

I．For 每一個頻繁 k- 項集 f_k，k≥2 Do；

II．$H_1=\{i|i \in f_k\}$｛規則的 1- 項後件｝；

III．Call ap-genrules(f_k, H_1)；

IV．EndFor。

End

演算法 6.3 過程 ap-genrules(f_k，H_m)

I．$k=|f_k|$｛頻繁項集的大小｝；

II．$m=|H_m|$｛規則後件的大小｝；

III．If k>m+1 then；

IV．H_{m+1}=apriori-gen(H_m)；

V．For 每個 $h_{m+1} \in H_{m+1}$ Do；

VI．conf=$\sigma(f_k)/\sigma(f_k-h_{m+1})$；
VII．If conf≥min conf Then；
VIII．output：規則 $(f_k-h_{m+1}) \rightarrow h_{m+1}$；
IX．Else；
X．從 H_{m+1} delete h_{m+1}；
XI．End If；
XII．End For；
XIII Call ap-genrules(f_k, H_{m+1})；
XIV．End If。

6.4 FP-tree 演算法

6.4.1 頻繁模式樹

你用過搜尋引擎會發現這樣一個功能：輸入一個單詞或者單詞的一部分，搜尋引擎就會自動補全查詢詞項，用戶甚至都不知道搜尋引擎推薦的東西是否存在，反而會去查找推薦詞項，比如在百度輸入「為什麼」開始查詢時，會出現諸如「為什麼我有了變身器卻不能變身鹹蛋超人」之類滑稽的推薦結果。為了給出這些推薦查詢，搜尋引擎公司的研究人員使用了 FP-tree 演算法，他們透過查看互聯網上的用詞來找出經常在一塊出現的詞對，這需要一種高效發現頻繁集的方法。FP-tree 演算法比 Apriori 演算法要快，它基於 Apriori 構建，但在完成相同任務時採用了一些不同的技術。不同於 Apriori 演算法的「產生－測試」，這裡的任務是將資料集儲存在一個特定的稱作 FP 樹的結構之後發現頻繁項集或者頻繁項對，即常在一塊出現的元素項的集合 FP 樹，這種做法使演算法的執行速度要快於 Apriori，通常效能要好兩個數量級以上。

頻繁模式樹（Frequent Pattern tree， FP-tree），是滿足下列條件的一個樹結構：它由一個根節點（值 null）、項前綴子樹（作為子女）和一個頻繁項頭表組成。項前綴子樹中的每個節點包括三個域：item_name、count 和 node_link，其中：

(1) item_name 記錄節點表示的項的標識；

(2) count 記錄到達該節點的子路徑的事務數；

(3) node_link 用於連接樹中相同標識的下一個節點，如果不存在相同標識下一個節點，則值為「null」。

表 6-2 事務資料集

TID	項
1	{a, b}
2	{b, c, d}
3	{a, c, d, e}
4	{a, d, e}
5	{a, b, c}
6	{a, b,c ,d}
7	{a}
8	{a, b, c}
9	{a, b, d}
10	{b, c, e}

FP 樹是一種輸入資料的壓縮表示，它透過逐個讀入事務，並把事務映射到 FP 樹中的一條路徑來構造。由於不同的事務可能會有若干個相同的項，因此它們的路徑可能部分重疊。路徑相互重疊越多，使用 FP 樹結構獲得的壓縮效果越好。如果 FP 樹足夠小，能夠存放在內存中，就可以直接從這個內存中的結構提取頻繁項集，而不必重複地掃描存放在硬碟上的資料。如表 6-2 顯示的資料集，它包含 10 個事務和 5 個項。（可以把一條事務直觀理解為超市的顧客購物記錄，我們利用演算法來發掘那些物品或物品組合頻繁地被顧客所購買。）

圖 6-9 繪製了讀入三個事務之後的 FP 樹的結構以及最終完成構建的 FP 樹，初始，FP 樹僅包含一個根節點，用符號 null 標記，隨後，用如下方法擴充 FP 樹：

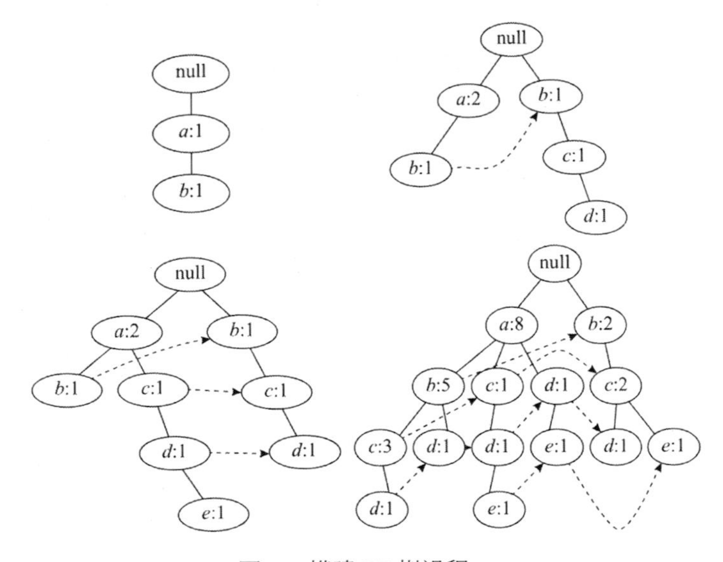

圖 6-9 構建 FP 樹過程

通常，FP 樹的大小比未壓縮的資料小，因為購物籃資料的事務常常共享一些共同項，在最好的情況下，所有的事務都具有相同的項集，FP 樹只包含一條節點路徑；當每個事務都具有唯一項集時，導致最壞情況發生，由於事務不包含任何共同項，FP 樹的大小實際上與原資料的大小一樣。然而，由於需要附加的空間為每個項存放節點間的指針和技術，FP 樹的儲存需求增大。

FP 樹還包含一個連接具有相同項的節點的指針列表，這些指針在圖 6-9 中用虛線表示，有助於快速訪問樹中的項。

6.4.2 FP-tree 演算法頻繁項集的產生

首先我們來瞭解幾個定義：

(1) 支持度：L1 屬於 L，L1 在事務資料庫 D 所占的百分比。

(2) 頻繁項目集：對於項目集 L 和事務資料庫 D，所有滿足用戶指定的最小支持度的項目集。

(3) 在頻繁項目集中所有不被其他元素包含的頻繁項目集。

舉例來說，在如下項目集中，表 6-3 表示了依照對應的後綴排序的頻繁項集。

假設用戶規定支持度為 2。

表 6-3 依照對應的後綴排序的頻繁項集

編號	項目集
1	A, B, C, D
2	B, C, E
3	A, B, C, E
4	B, D, E
5	A, B, C, D

討論項目 A：A 出現的次數有 3 次，大於 2，屬於頻繁項目集。

討論項目 AB：AB 出現次數也是 3 次，大於 2，也屬於頻繁項目集。類似的，出現次數大於等於用戶支持度的項目集都稱為頻繁項目集。尋找最大頻繁項目集：首先列舉所有項目集 {A, B, C, D, E, AB, AC, AD, BC, BD, BE, CD, CE, ABC, ABD, ACD, BCE, ABCD}，按照最大頻繁項目集的定義，ABCD、

BCE 都沒有被其他元素包含，所以最大頻繁項目集為 {ABCD, BCE}。反之，ABC 被 ABCD 包含，所以它並不是最大頻繁項目集。

6.4.3 FP-tree 演算法規則生成

接下來我們來談談 FP-tree 演算法的具體規則。

表 6-3 展示了一個資料集，它包含 10 個事務和 5 個項。圖 6-9 繪製了讀入前 3 個事務之後 FP 樹的結構。樹中每一個節點都包括一個項的標記和一個計數，計數顯示映射到給定路徑的事務個數。開始，FP 樹僅包含一個根節點，用符號 null 標記。隨後，用如下方法擴充 FP 樹：

(1) 掃描一次資料集，確定每個項的支持度計數。丟棄非頻繁項，而將頻繁項按照支持度遞減排序。對於圖中的資料集，a 是最頻繁的項，接下來依次是 b，c，d 和 e。

(2) 演算法第二次掃描資料集，構建 FP 樹。讀入第一個事務 {a, b} 之後，創建標記為 a 和 b 的節點。然後形成 null 到 a 再到 b 的路徑，對該事務編碼。該路徑上的所有節點的頻度計數為 1。

(2) 讀入第二個事務 {b, c, d} 之後，為項 b，c 和 d 創建新的節點集。然後，連接節點 null—b—c—d，形成一條代表該事務的路徑。該路徑上的每個節點的頻度計數也等於 1。儘管前兩個事務具有一個共同項 b，但它們的路徑不相交，因為這兩個事務沒有共同的前綴。

(4) 第三個事務 {a，c，d，e} 與第一個事務共享一個共同前綴項 a，所以第三個事務的路徑 null—a—c—d—e 與第一個事務的路徑 null—a—b 部分重疊。因為它們的路徑重疊，所以節點 a 的頻度計數增加為 2，而新創建的節點 c，d 和 e 的頻度計數等於 1。

(5) 繼續該過程，直到每個事務都映射到 FP 樹的一條路徑。讀入所有的事務後形成的 FP 樹顯示在底部。

此外，對於包含在 FP-tree 中某個節點上的項 α，將會有一個從根節點到達 α 的路徑，該路徑中不包含 α 所在節點的部分路徑稱為 α 的前綴子路徑，α 稱為該路徑的後綴。在一個 FP-tree 中，有可能有多個包含 α 的節點存在，其中每個包含 α 的節點可以形成 α 的一個不同的前綴子路徑，所有的這些路徑組成 α 的條件模式基。

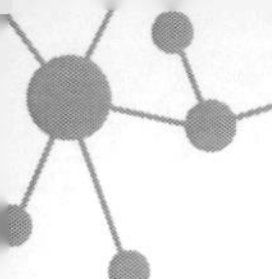

6.4.4 演算法效能對比與評估

這個例子解釋了 FP 增長演算法中使用的分治方法，每一次遞歸，都要透過更新前綴路徑中的支持度計數和刪除非頻繁的項來構建條件 FP 樹，由於子問題不相交，因此 FP 增長不會產生任何重複的項集，此外，與節點相關聯的支持度計數允許演算法在產生相同的後綴項時進行支持度計數。FP 增長是一個有趣的演算法，它展示了如何使用事務資料集的壓縮表示來有效地產生頻繁項集，此外對於某些事務資料集，FP 增長演算法比標準的 Apriori 演算法要快幾個數量級，FP 增長演算法的運行效能取決於資料集的「壓縮因子」。如果生成的 FP 樹非常茂盛（在最壞的情況下，是一顆完全二叉樹）則演算法的效能顯著下降，因為演算法必須產生大量的子問題，並且需要合併每個子問題返回的結果。

6.5 SPSS Modeler 關聯分析實例

本節將介紹一個基於 Apriori 演算法的關聯分析實例。本節用到的軟體是 SPSS Modeler 自帶的關聯分析資料，關聯分析用到的資料集是 SPSS Modeler 自帶的關聯分析資料。具體步驟如下：

(1) 打開並查看資料文件。利用「可變文件」節點將「Demos」下的「BASKETS1n」添加節點中。然後使用「輸出」選項卡下的「表」查看資料，如圖 6-10 所示。這裡的資料是某商場中的購買記錄，共 18 個欄位，1000 條記錄，在後面的列中，值「T」表示已購買該商品，值「F」表示沒有購買該商品。

(2) 確定關聯分析欄位。本例中，需要對購買商品進行關聯分析，即確定客戶購買商品之間是否存在關聯性，也就是說客戶在購買一種商品時，購買另一種商品的機率是多少。所以，在這裡，將選擇記錄中能夠體現是否購買某商品的欄位進行關聯分析，因此採用的是 18 個欄位的後 11 個欄位。其中有 fruitveg, freshmeat, dairy, cannedveg, canned meat, frozen meal, beer, wine, soft drink, fish, confectionery。

(3) 讀入分析欄位的類型。在工作區生成「類型」節點，並雙擊「編輯」，將上一步驟選出的 11 個欄位的角色設定為「兩者」，如圖 6-11 與圖 6-12 所示。

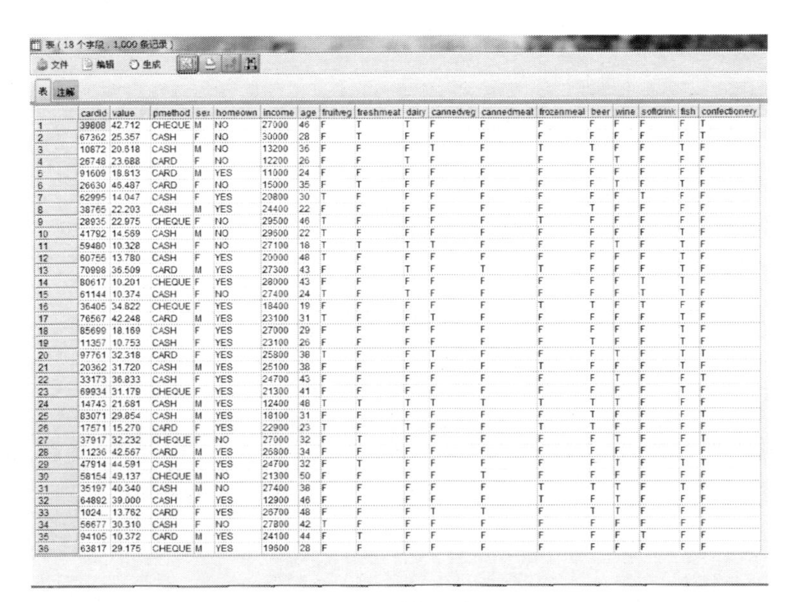

表 (18 个字段，1,000 条记录)

	cardid	value	pmethod	sex	homeown	income	age	fruitveg	freshmeat	dairy	cannedveg	cannedmeat	frozenmeal	beer	wine	softdrink	fish	confectionery
1	39808	42.712	CHEQUE	M	NO	27000	46	F	T	T	F	F	F	F	F	F	F	T
2	67362	25.357	CASH	F	NO	30000	28	F	T	F	F	F	F	F	F	F	F	T
3	10872	20.618	CASH	M	NO	13200	36	F	F	F	T	F	T	T	F	F	T	F
4	26748	23.688	CARD	F	NO	12200	26	F	F	T	F	F	F	F	T	F	F	F
5	91609	18.813	CARD	M	YES	11000	24	F	F	F	F	F	F	F	F	F	F	F
6	26630	46.487	CARD	F	NO	15000	35	F	T	F	F	F	F	F	T	F	T	F
7	62995	14.047	CASH	F	YES	20800	30	T	F	F	F	F	F	F	F	T	F	F
8	38765	22.203	CASH	M	YES	24400	22	F	F	F	F	F	F	T	F	F	F	F
9	28935	22.975	CHEQUE	F	NO	29500	46	T	F	F	F	F	T	F	F	F	F	F
10	41792	14.569	CASH	M	NO	29600	22	T	F	F	F	F	F	F	F	F	T	F
11	59480	10.328	CASH	F	NO	27100	18	T	T	T	T	F	F	F	T	F	T	F
12	60755	13.780	CASH	F	YES	20000	48	T	F	F	F	F	F	F	F	F	T	F
13	70998	36.509	CARD	M	YES	27300	43	F	F	T	F	T	T	F	F	F	T	F
14	80617	10.201	CHEQUE	F	YES	28000	43	F	F	F	F	F	F	F	F	T	T	F
15	61144	10.374	CASH	F	NO	27400	24	T	F	T	F	F	F	F	F	T	T	F
16	36405	34.822	CHEQUE	F	YES	18400	19	F	F	F	F	F	T	T	F	T	F	F
17	76567	42.248	CARD	M	YES	23100	31	T	F	F	T	F	F	F	F	F	T	F
18	85699	18.169	CASH	F	YES	27000	29	F	F	F	F	F	F	F	F	F	T	F
19	11357	10.753	CASH	F	YES	23100	26	F	F	F	F	F	F	T	F	F	T	F
20	97761	32.318	CARD	F	YES	25800	38	T	F	F	T	F	F	F	T	F	T	T
21	20362	31.720	CASH	M	YES	25100	38	F	F	F	F	F	T	F	F	F	T	F
22	33173	36.833	CASH	F	YES	24700	43	F	F	F	F	F	F	F	T	F	F	T
23	69934	31.179	CHEQUE	F	YES	21300	41	F	F	F	F	F	F	F	F	F	T	F
24	14743	21.681	CASH	M	YES	12400	48	T	T	T	T	T	T	T	T	F	F	F
25	83071	29.854	CASH	M	YES	18100	31	F	F	F	F	F	F	T	F	F	F	T
26	17571	15.270	CARD	F	YES	22900	23	T	F	T	F	F	T	T	F	F	F	F
27	37917	32.232	CHEQUE	F	NO	27000	32	F	T	F	F	F	F	F	T	F	F	T
28	11236	42.567	CARD	M	YES	26800	34	F	F	F	F	F	F	F	F	F	F	F
29	47914	44.591	CASH	F	YES	24700	32	F	T	F	F	F	F	F	T	F	T	T
30	58154	49.137	CHEQUE	M	NO	21300	50	F	F	F	F	T	F	F	F	F	F	F
31	35197	40.340	CASH	M	NO	27400	38	F	F	F	F	F	T	T	T	F	T	F
32	64892	39.000	CASH	F	YES	12900	46	F	F	F	F	F	T	F	T	F	F	F
33	1024...	13.762	CARD	F	YES	26700	48	F	F	F	T	T	F	T	T	F	F	F
34	56677	30.310	CASH	F	NO	27800	42	T	F	F	F	F	F	F	F	F	F	F
35	94105	10.372	CARD	M	YES	24100	44	F	T	F	F	F	F	F	F	T	F	F
36	63817	29.175	CHEQUE	M	YES	19600	28	F	F	F	F	F	F	F	F	F	F	F

圖 6-10 「表」窗口

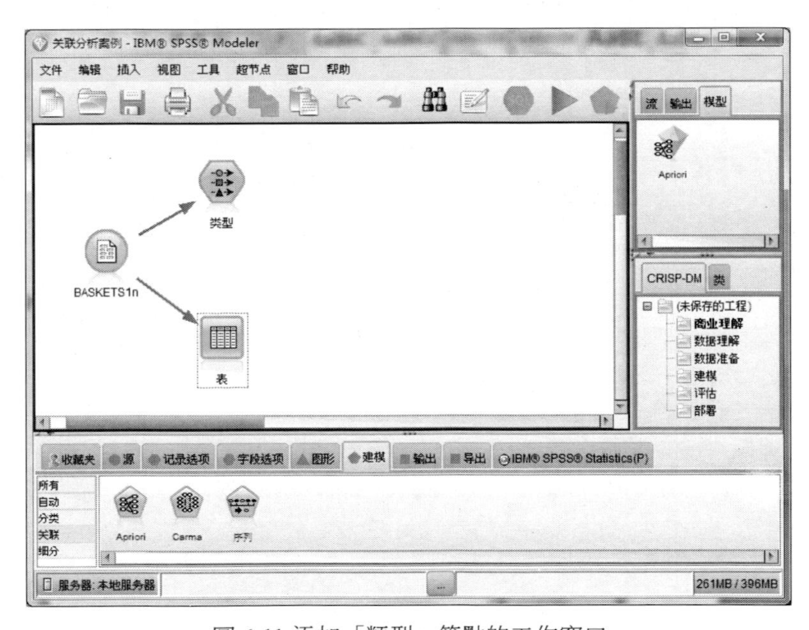

圖 6-11 添加「類型」節點的工作窗口

（4）添加模型節點。分別在「類型」之後添加「Apriori」模型節點，如圖 6-13 所示。其中，「Apriori」模型是基於「最低支持度」和「最小信賴度」進行關聯性分析。

(5) 運行並查看「Apriori」關聯模型結果。運行「Apriori」模型的資料流，在右上側生成資料模型，透過點擊右鍵查看，如圖 6-14 所示。透過窗口可以看出，客戶同時購買 frozenmeal、beer、cannedveg 的機率很高。因此，商家可以將這三種商品放在相鄰的位置，以促進銷量。

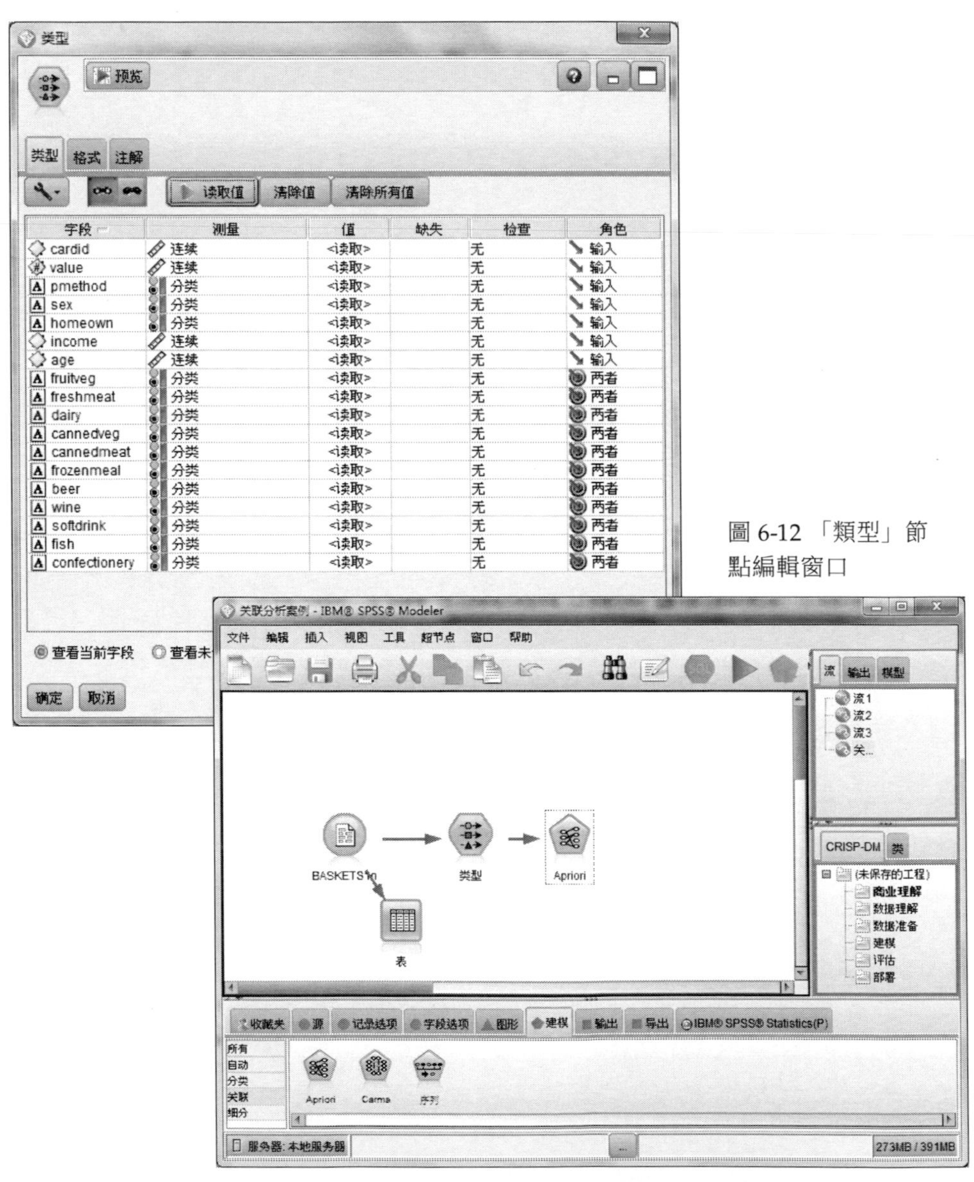

圖 6-12 「類型」節點編輯窗口

圖 6-13 工作窗口的「Apriori」模型

(6) 利用「網路」圖進行定性關聯分析。選定「類型」節點，雙擊「圖形」選項卡下的「網路」，即可添加「網路節點」。然後，需雙擊編輯「網路」節點，將步驟 (5) 中選擇的 11 個欄位選定為分析欄位。運行該「網路」節點，則右上區域生成關聯模型，查看該關聯模型，如圖 6-15 所示。圖 6-15 表明，兩點之間的線越粗，表示兩者相關性越強。同時可以透過調節下面的滑動點，查看其相關性。

后项	前项	支持度 %	置信度 %
frozenmeal	beer cannedveg	16.7	87.425
cannedveg	beer frozenmeal	17.0	85.882
beer	frozenmeal cannedveg	17.3	84.393

圖 6-14 「Apriori」窗口模型查看器

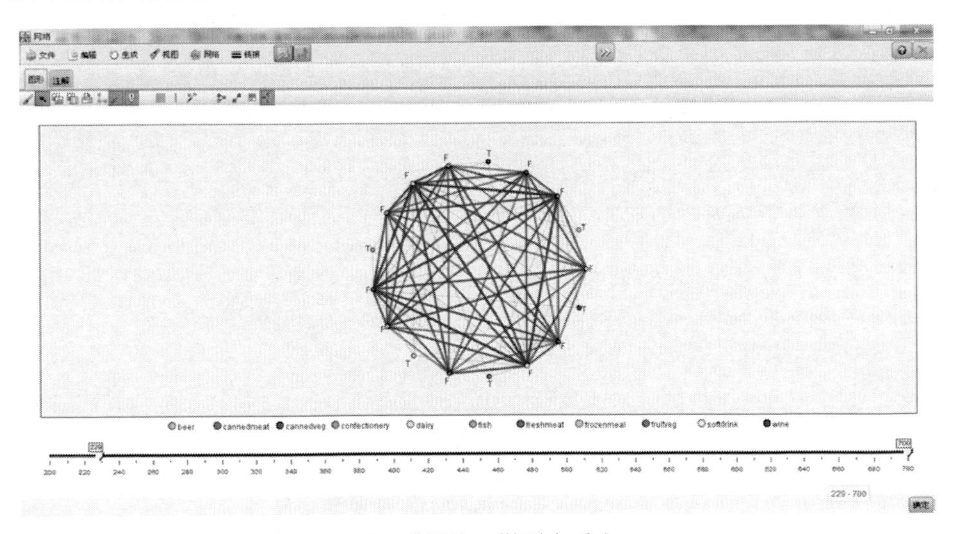

圖 6-15 「網路」模型查看窗口

參考文獻

[1] R. Agrawal and R. Srikant. Fast Algorithms for Mining Association Rules. In VLDB Conference,1994.

[2] R. Aerawaland R. Srikant. Minine Seauential Uatterns：Generalizations and Performance Improvements. In EDBT,1996.

[3] E. G. Coffrnan and 1. Eve. File Structures Using Hashing Functions. Comm. Assoc. Comp.Mach., 1970.

[4] L. Dehaspe, H. Toivonen, and R. King. Finding Frequentsubstruclures in Chemical Compounds.In KDD. 1998.

[5] S. Djoko et al. Analyzing the Benefits of Domain Knowledge in Substructure Discovery. In KDD, 1995.

[6] Dougherty, R.Kohavi. and M. Sahami. Supervised and Unsupervised Discretization of Continuous Features. In ICML, 1995.

[7] A. Lain and R. Dubs.Algorithms for Clustering Data. Prentice Hall, 1988.

[8] Kim et al. Identification of Navel Multi-transmembrane Proteins from Genomic Databases Using Quasi-periodic Structural Properties. In Bioinformarics, 2002.

[9] R. King et al. Genome Scale Prediction of Protein Functional Class from Sequence Using Data Mining. In KDD, 2000.

[10] K. Kaperski. I. Han, and N. Stefanovic. An Efficient Two-step Method for Classification of Spatial Data. In Proceedings ofthe I d . Symposium on Spatial Data Handling, 1998.

[11] H. Li and S. Parthasarathy. Automatically Deriving Multi-level Protein Structures Through Data Mining. In HiPC Conference Workhop on Bioinformnrics and Computational Biology,Hyderabad, India, 2001.

[12] H. Mannila and H. Toivonen. Discovering Generalized Episodes Using Minimal Occurrences. In KDD, 1996.

[13] W. Pan. 1. Lin. and C. Le. Model-based Cluster Analysis of Microarray Gene-expression Data.Genome Biology, 2002.

[14] S. Parthasarathy and M. Coatney. Efficient Discovery of Common Substructures in Macromolecules. Technical Re-port OSU-CISRC-8/02-TR20. Ohio State University, 2002.

[15] S. Parthasarathy et al. Incremental and Interactive Sequence Mining. In ACM CIKM, 1999.

[16] Quinlan. Induction of Decision Trees. Machine Learning,5(1)：71-100, 1996.1191 L. D.Raedt and S. Kramer. The Level-wise Version Space Algorithm and Its Application to Molecular Fragment Finding.In JCA1, 2001.

[17] X. Wang et al. Automated Discovery of Active Motifs in Three Dimensional Molecules. In KDD,1997.

第 7 章

增強型資料探勘演算法

7.1 增強型資料探勘演算法概述

本書介紹過的分類演算法，除最近鄰演算法以外都是從訓練資料得到一個分類器，然後再使用這個分類器去預測未知樣本的類標號。本節將再介紹一些可以提高分類準確率的技術。這些技術聚集了多個分類器的預測，稱為組合（Ensemble）方法。

7.1.1 組合方法的優勢

考慮 k 個二元分類器的組合，其中每個分類器的誤差為 ε，組合分類器透過對這些及分類器的預測進行多數表決的方法來預測檢驗樣本的類標號。首先，先考慮一個極端情況，就是所有基分類器都相同，這時，組合分類器對基分類器預測錯誤的樣本誤分類組合分類器的錯誤率同樣也是 ε。考慮一般情況，假設基分類器互相獨立，即它們的誤差不相關。只要多於一半的基分類器預測正確，組合分類器就能夠做出正確的預測。即便是超過一半的基分類器預測錯誤，此時，組合分類器的誤差率為：

$$e = \sum_{i=t}^{k} C_k^i \varepsilon^i (1-\varepsilon)^{k-i}$$

也遠低於基分類器的誤差率，其中，t 為大於 k/2 的最小整數。

7.1.2 構建組合分類器的方法

構建組合分類器的基本思想是，先構建多個分類器，稱為基分類器，然後透過對每個基分類器的預測進行投票來進行分類。下面介紹幾種構建組合分類器的方法。

1．處理訓練資料集

這種方法透過對原始資料進行再抽樣來得到多個不同的訓練集，然後，使用某一特定的學習演算法為每個訓練集建議一個分類器。對原始資料再抽樣時，遵從一種特定的抽樣原則，這種原則決定了某一樣本選為訓練集的可能性的大小。後面章節仲介紹的裝袋（Bagging）和提升（Boosting）就是兩種處理訓練資料集的組合方法。

2．處理輸入特徵

這種方法透過隨機或有標準地選擇輸入特徵的子集，得到每個訓練集。這種方法非常適用於含有大量冗餘特徵的資料集，隨機森林（Random forest）就是一種處理輸入特徵的組合方法。

3．處理類標號

當類數目足夠多時，把這些類標號隨機劃分成兩個不相交的子集 A_0 和 A_1。此時，訓練資料就變成了一個二類問題，類標號屬於 A_0 的訓練樣本即為類 0，類標號屬於 A_1 的訓練樣本即為類 1。把重新標記過的資料作為一個訓練集，得到一個基分類器。多次重複上述操作，就可以得到一組基分類器。在預測未知樣本的類標號時，先使用每個基分類器預測它的類標號，預測為類 0 時，所有屬於 A_0 的類都得一票，反之亦然。最後統計所有類得到的選票，將得票最多的類判為未知樣本的類標號。

4．處理學習演算法

在同一個訓練集上多次執行不同的演算法從而得到不同的基分類器。

7.2 隨機森林

什麼是隨機森林？顧名思義，是用隨機的方式建立一個森林，森林由很多的決策樹組成，隨機森林的每一棵決策樹之間是沒有關聯的。在得到森林之後，當有一個新的輸入樣本進入的時候，就讓森林中的每一棵決策樹分別進行一下判斷，看看這個樣本應該屬於哪一類（對於分類演算法），然後看看哪一類被選擇最多，就預測這個樣本為那一類。隨機森林是一種多功能的機器學習演算法，能夠執行迴歸和分類的任務。同時，它也是一種資料降維手段，用於處理缺失值、異常值以及其他資料探索中的重要步驟，並取得了不錯的成效。另外，它還擔任了整合學習中的重要方法，在將幾個低效模型整合為一個高效模型時大顯身手。

7.2.1 隨機森林的原理

決策樹相當於一個大師，透過自己在資料集中學到的知識對於新的資料進行分類。但俗話說得好：一個諸葛亮，玩不過三個臭皮匠。隨機森林就是希望構建多個「臭皮匠」，希望最終的分類效果能夠超過單個大師的一種演算法。

那隨機森林具體如何構建呢？有兩個方面：資料的隨機性選取，以及待選特徵的隨機選取。

1. 隨機選擇資料

給定一個訓練樣本集，數量為 N，我們使用有放回採樣得到 N 個樣本，構成一個新的訓練集。注意這裡是有放回的採樣，所以會採樣到重複的樣本。詳細來說，就是採樣 N 次，每次採樣一個，放回，繼續採樣。即得到了 N 個樣本。然後我們把這個樣本集作為訓練集，進入下一步。資料樣本選擇過程如圖 7-1 所示。

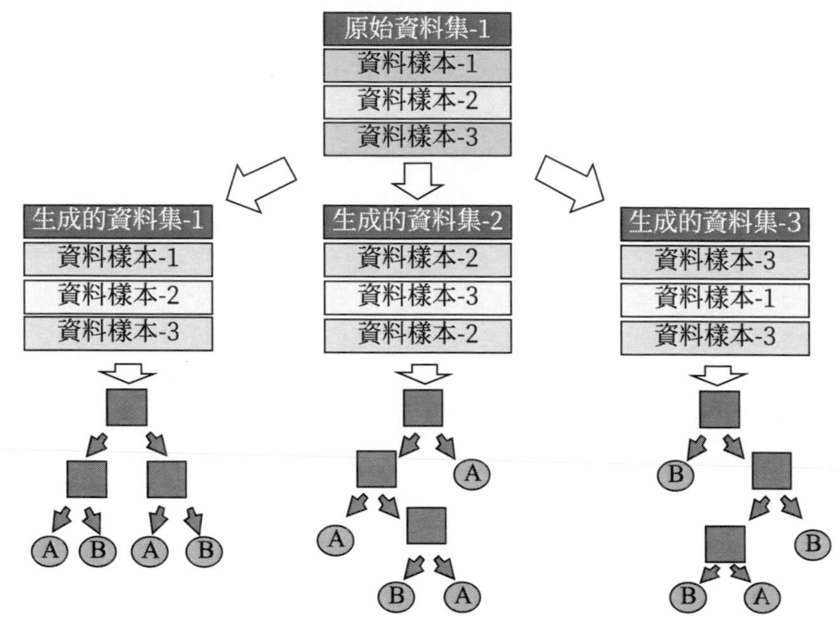

圖 7-1 隨機森林資料樣本的隨機選擇過程

2．隨機選擇特徵

在構建決策樹的時候，我們前面已經講過如何在一個節點上，計算所有特徵的 Information Gain（ID3）或者 Gain Ratio（C4.5），然後選擇一個最大增益的特徵作為劃分下一個子節點的走向。但是，在隨機森林中，我們不計算所有特徵的增益，而是從總量為 M 的特徵向量中，隨機選擇 m 個特徵，其中 m 可以等於 sqrt(M)，然後計算 m 個特徵的增益，選擇最優特徵（屬性）。這樣能夠使得隨機森林中的決策樹都能夠彼此不同，提升系統的多樣性，從而提升分類效能。注意，這裡的隨機選擇特徵是無放回的選擇。如圖 7-2 所示，藍色的方塊代表所有可以被選擇的特徵，也就是目前的待選特徵。黃色的方塊是分裂特徵。左邊是一棵決策樹的特徵選取過程，透過在待選特徵中選取最優的分裂特徵（別忘了前文提到的 ID3 演算法、C4.5 演算法、CART 演算法等），完成分裂。右邊是一個隨機森林中的子樹的特徵選取過程。

3．構建決策樹

有了上面隨機產生的樣本集，我們就可以使用一般決策樹的構建方法，得到一棵分類（或者預測）的決策樹。需要注意的是，在計算節點最優分類特徵的時候，我們要使用上面的隨機選擇特徵方法。而選擇特徵的標準可以是我們常見的 Information Gain（ID3）或者 Gain Ratio（C4.5）。

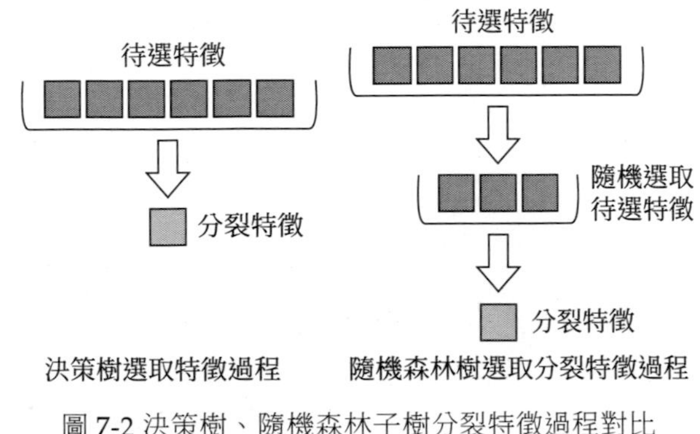

圖 7-2 決策樹、隨機森林子樹分裂特徵過程對比

4．隨機森林投票分類

透過上面的三步走，可以得到一棵決策樹，我們重複這樣的過程 k 次，就得到了 k 棵決策樹。然後來了一個測試樣本，我們就可以用每一棵決策樹都對它分類一遍，得到了 k 個分類結果。這時，我們可以使用簡單的投票機制，或者該測試樣本的最終分類結果，如圖 7-3 所示，展示隨機森林的構建過程。

隨機森林是一種專門為決策樹分類器設計的組合方法。它的生成和組合規則如下所示：

（1）給定一個訓練樣本集，數量為 N，按照有放回採樣得到 N 個樣本，構成一個新的訓練集。

（2）從總量為 M 的特徵向量中，隨機且無放回地選擇 m 個特徵，構成樣本子集 T_1。重複 k 次得到 k 個樣本子集 $T_1, T_2, ..., T_k$。

（3）在已有的樣本子集上，按常規的方法建立決策樹，重複建立 k 棵決策樹，每棵樹完全生長，不剪枝。

（4）此時，輸入一個檢驗集，用每一棵決策樹都對它分類一遍，得到了 k 個分類結果。使用簡單的投票機制得到最後的預測結果。

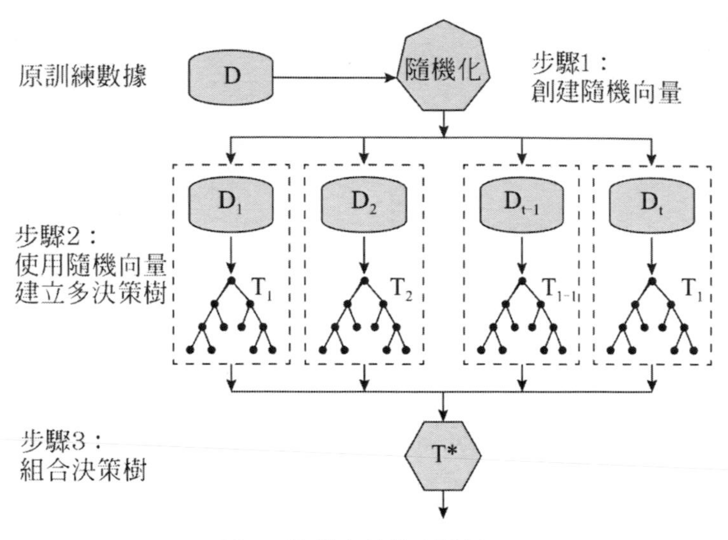

圖 7-3 隨機森林構建過程

7.2.2 隨機森林的優缺點

1．隨機森林的優點

(1) 在當前很多資料集中，隨機森林相對其他演算法有很大的優勢，表現良好。

(2) 很適合處理高維度的資料，且不需要進行特徵選擇（特徵子集是隨機選擇的）。

(3) 當存在分類不平衡的情況時，隨機森林能夠提供平衡資料集誤差的有效方法。

(4) 在每個節點僅考慮特徵的一個子集，顯著減少演算法的運行時間。

(5) 對雜訊更加魯棒。

(6) 在訓練完後，它能夠給出哪些特徵比較重要。

(7) 在創建隨機森林的時候，對泛化誤差使用的是無偏估計。

(8) 訓練速度快。

(9) 在訓練過程中，能夠檢測到特徵間的互相影響。

(10) 因為樹與樹之間是相互獨立的，所以容易做成平行化方法。

2 · 隨機森林的缺點

(1) 很容易產生過擬合。

(2) 對於有不同取值屬性的資料，取值劃分較多的屬性會對隨機森林產生更大的影響，所以隨機森林在這種資料上產出的屬性權值是不可信的。

7.2.3 隨機森林的泛化誤差

已從理論上證明，當樹的數目足夠大時，隨機森林的泛化誤差的上界收斂於下面的表達式：

$$\text{泛化誤差} \leq \frac{\bar{\rho}(1-s^2)}{s^2}$$

其中，$\bar{\rho}$ 表示樹之間的平均相關係數；s 是度量樹形分類器效能的量。效能以分類器的余量 (M) 表示

$$M(\boldsymbol{X},\ Y) = P(\hat{Y}_\theta = Y) - \max_{Z \neq Y} P(\hat{Y}_\theta = Z)$$

其中，$\hat{Y}_\theta$ 表示根據某一個隨機向量 θ 構建的分類器對檢驗集 X 做出的預測類。余量越大表示分類器正確預測檢驗集 X 的可能性越大。可以看出，隨機森林泛化誤差的上界隨著樹之間的相關性的增加或組合分類器效能的降低而增加。

7.2.4 輸入特徵的選擇方法

每顆決策樹都使用一個從固定機率分布產生的隨機向量。可以使用多種方法將隨機向量合併到樹的增長過程中。常用的方法有以下兩種：

1 · Forest-RI

隨機選擇 F 個輸入特徵對決策樹的節點進行分裂，這種方法稱為 Forest-

RI，其中 RI 指隨機輸入選擇。此時，隨機森林的樹之間的相關性 $\bar{\rho}$ 和分類器的余量 M 都取決於 F 的大小。一方面，如果 F 足夠小，那麼樹的相關性就會趨於減弱；另一方面，樹分類器的強度趨於隨著輸入特徵數 F 的增加而提高。折中考慮，一般選取特徵數目為 F=log d+1，其中 d 是樣本集輸入的總特徵數。

2．Forest-RC

這是一種加大特徵空間的方法。因為如果原始資料集的總特徵數 d 太小，就很難選出一個獨立的隨機特徵集合。此時，可以採取這種方法來加大特徵空間。在每個節點隨機選擇 L 個輸入特徵構建新特徵。這 L 個輸入特徵用區間 [-1, 1] 上的均勻分布產生的係數進行線性組合，在每個節點產生 F 個這種隨機組合的新特徵，然後從中選擇最好的來分裂節點。

7.3 Bagging 演算法

Bagging 演算法又稱袋裝演算法，是機器學習領域的一個團體學習演算法，最初由 Leo Breiman 於 1994 年提出。Bagging 演算法可以與其他分類迴歸演算法結合，提高其準確率、穩定性，同時降低變異數，避免過擬合。

先直觀地考察裝袋如何作為一種提高準確率的方法。假設你是一個病人，希望根據你的症狀做出診斷，你可能選擇看多個醫生，而不是一個。如果某種診斷比其他診斷出現的次數多，則你可能將它作為最終或最好的診斷。也就是說，最終診斷是根據多數表決做出的，其中每個醫生都具有相同的投票權重。現在，將醫生換成分類器，你就可以得到裝袋的基本思想。直觀地，更多醫生的多數表決比少數醫生的多數表決更可靠。

給定 d 個元組的集合 D，裝袋過程如下：對於疊代 i（i=1, 2, ..., k），d 個元組的訓練集 D_i 採用有放回抽樣，由原始元組集 D 抽取。注意，術語裝袋表示自助聚集（bootstrap aggregation）。每個訓練集都是一個自助樣本。由於使用有放回抽樣 D 的某些元組可能不在 D_i 中出現，而其他元組可能出現多次。由每個訓練集 D_i 學習，得到一個分類模型 M_i。為了對一個未知元組 X 分類，每個分類器 M_i 返回它的類預測，算作一票。裝袋分類器統計得票，並將得票最高的類賦予 X。透過取給定檢驗元組的每個預測的平均值。裝袋也可以用於連續值的預測。演算法彙總如下：

演算法 7.1 裝袋演算法——為學習方案創建組合分類模型，其中每個模型給出等權重預測。

輸入：D：d 個訓練元組的集合；k：組合分類器中的模型數；一種學習方案（如決策樹演算法、後向傳播等）；

輸出：組合分類器——複合模型 M*；

Begin

I．For i= 1 to k Do // 創建 k 個模型；

II．透過對 D 有放回抽樣，創建訓練樣本 D_i；

III．使用 D_i 和學習方法導出模型；

IV．End For；

V．使用組合分類器對元組 X 分類：讓 k 個模型都對 X 分類並返回多數表決。

End

裝袋分類器的準確率通常顯著高於從原訓練集 D 導出的單個分類器的準確率。對於雜訊資料和過擬合的影響，它也不會很差甚至更棒。準確率的提高是因為複合模型降低了個體分類器的變異數。

為了說明裝袋如何進行，考慮表 7-1 給出的資料集。設 x 表示一維屬性，y 表示類標號。假設使用這樣一個分類器，它是僅包含一層的二叉決策樹，具有一個測試條件 x≤k，其中 k 是使得葉子節點熵最小的分裂點。這樣的樹也稱為決策樹樁（Decision Stump）。

表 7-1 用子構建裝袋組合分類器的資料集例子

x	0.1	0.2	0.3	0.4	0.5	0.6	0.7	0.8	0.9	1
y	1	1	1	-1	-1	-1	-1	1	1	1

不進行裝袋，能產生的最好的決策樹樁的分裂點為客 x≤0.35 或 x≤0.75。無論選擇哪一個，樹的準確率最多為 70%。假設我們在資料集上應用 10 個自助樣本集的裝袋過程，圖 7-4 給出了每輪裝袋選擇的訓練樣本。在每個表的右邊，給出了分類器產生的決策邊界。

袋裝第 1 輪

x	0.1	0.2	0.2	0.3	0.4	0.4	0.5	0.6	0.9	0.9

x≤0.35 -> y=1

y	1	1	1	1	-1	-1	-1	-1	1	1

x>0.35 -> y=-1

袋裝第 2 輪

x	0.1	0.2	0.3	0.4	0.5	0.8	0.9	1	1	1
y	1	1	1	-1	-1	1	1	1	1	1

x≤0.65 -> y=1
x>0.65 -> y=-1

袋裝第 3 輪

x	0.1	0.2	0.3	0.4	0.4	0.5	0.7	0.7	0.8	0.9
y	1	1	1	-1	-1	-1	-1	-1	1	1

x≤0.35 -> y=1
x>0.35 -> y=-1

袋裝第 4 輪

x	0.1	0.1	0.2	0.4	0.4	0.5	0.5	0.7	0.8	0.9
y	1	1	1	-1	-1	-1	-1	-1	1	1

x≤0.3 -> y=1
x>0.3 -> y=-1

袋裝第 5 輪

x	0.1	0.1	0.2	0.5	0.6	0.6	0.6	1	1	1
y	1	1	1	-1	-1	-1	-1	1	1	1

x≤0.35 -> y=1
x>0.635 -> y=-1

袋裝第 6 輪

x	0.2	0.4	0.5	0.6	0.7	0.7	0.7	0.8	0.9	1
y	1	-1	-1	-1	-1	-1	-1	1	1	1

x≤0.75 -> y=1
x>0.75 -> y=-1

袋裝第 7 輪

x	0.1	0.4	0.4	0.6	0.7	0.8	0.9	0.9	0.9	1
y	1	-1	-1	-1	-1	1	1	1	1	1

x≤0.75 -> y=1
x>0.75 -> y=-1

袋裝第 8 輪

x	0.1	0.2	0.5	0.5	0.5	0.7	0.7	0.8	0.9	1
y	1	1	-1	-1	-1	-1	-1	1	1	1

x≤0.75 -> y=1
x>0.75 -> y=-1

袋裝第 9 輪

x	0.1	0.3	0.4	0.4	0.6	0.7	0.7	0.8	1	1
y	1	1	-1	-1	-1	-1	-1	1	1	1

x≤0.75 -> y=1
x>0.75 -> y=-1

袋裝第 10 輪

x	0.1	0.1	0.1	0.1	0.3	0.3	0.8	0.8	0.9	0.9
y	1	1	1	1	1	1	1	1	1	1

x≤0.05 -> y=1
x>0.05 -> y=-1

圖 7-4 裝袋的例子

透過對每個基分類器所做的預測使用多數表決來分類，表 7-1 給出了整個資料集。表 7-2 給出了預測結果。由於類標號是 -1 或 1，因此應用多數表決等價於對 y 的預測值求和，然後考察結果的符號（參看表 7-2 中的第二行到最後一行)。注意，組合分類器完全正確地分類了原始資料集中的 10 個樣本。

表 7-2 使用裝袋方法構建組合分類器的例子

輪	x=0.1	x=0.2	x=0.3	x=0.4	x=0.5	x=0.6	x=0.7	x=0.8	x=0.9	x=1.0
1	1	1	1	-1	-1	-1	-1	-1	-1	-1
2	1	1	1	1	1	1	1	1	1	1
3	1	1	1	-1	-1	-1	-1	-1	-1	-1
4	1	1	1	-1	-1	-1	-1	-1	-1	-1
5	1	1	1	-1	-1	-1	-1	-1	-1	-1
6	-1	-1	-1	-1	-1	-1	-1	1	1	1
7	-1	-1	-1	-1	-1	-1	-1	1	1	1
8	-1	-1	-1	-1	-1	-1	-1	1	1	1
9	-1	-1	-1	-1	-1	-1	-1	1	1	1
10	1	1	1	1	1	1	1	1	1	1
和	2	2	2	-6	-6	-6	-6	2	2	2
符號	1	1	1	-1	-1	-1	-1	1	1	1
實際類	1	1	1	-1	-1	-1	-1	1	1	1

前面的例子也說明了使用組合方法的又一個優點：增強了目標函數的表達功能。即使每個基分類器都是一個決策樹樁，組合的分類器也能表示一棵深度為 2 的決策樹。

裝袋透過降低基分類器變異數改善了泛化誤差。裝袋的效能依賴於基分類器的穩定性。如果基分類器是不穩定的，裝袋有助於降低訓練資料的隨機波動導致的誤差；如果基分類器是穩定的，即對訓練資料集中的微小變化是很棒的，則組合分類器的誤差主要是由基分類器的偏倚所引起的。

最後，由於每一個樣本被選中的機率都相同，因此裝袋並不側重於訓練資料集中的任何特定實例。因此，用於雜訊資料，裝袋不太受過擬合的影響。

7.4 AdaBoost 演算法

現在考察組合分類方法提升。假設你是一位患者，有某些症狀，你選擇諮詢多位醫生，而不是一位。假設你根據醫生先前的診斷準確率，對每位醫生的診斷賦予一個權重，然後將這些加權診斷的組合作為最終的診斷，這就是 AdaBoosts 演算法的基本思想。

7.4.1 AdaBoost 演算法簡介

AdaBoost 是一種疊代演算法，其核心思想是針對同一個訓練集訓練不同的分類器（弱分類器），然後把這些弱分類器集合起來，構成一個更強的最終分類器（強分類器）。其演算法本身是透過改變資料分布來實現的，它根據每次訓練集之中每個樣本的分類是否正確，以及上次的總體分類的準確率，來確定每個樣本的權值，從而自適應地改變訓練樣本的分布。將修改過權值的新資料集送給下層分類器進行訓練。目的是使基分類器聚焦在那些很難分的樣本上。最後將每次訓練得到的分類器融合起來，作為決策分類器。

7.4.2 AdaBoost 演算法原理

本節描述一個演算法，它利用樣本的權值來確定其訓練集的抽樣分布。開始時，所有樣本都賦予相同的權值 1/N 從而使得它們被選作訓練的可能性都一樣。根據訓練樣本的抽樣分布來抽取樣本，得到新的樣本集。然後，由該訓練集歸納一個分類器，並用它對原資料集中的所有樣本進行分類。每一輪提升結束時更新訓練樣本的權值。增加被錯誤分類的樣本的權值，而減小被正確分類的樣本的權值。這迫使分類器在隨後疊代中關注那些很難分類的樣本。表 7-3 給出了資料集。

表 7-3 用於構建提升組合分類器的資料集例子

x	0.1	0.2	0.3	0.4	0.5	0.6	0.7	0.8	0.9	1
y	1	1	1	-1	-1	-1	-1	1	1	1

表 7-4 給出了每輪提升選擇的樣本。

表 7-4 每輪提升選擇的樣本

提升（第一輪）	7	3	2	8	7	9	4	10	6	3
提升（第二輪）	5	4	9	4	2	5	1	7	4	2
提升（第三輪）	4	4	8	10	4	5	4	6	3	4

開始，所有的樣本都賦予相同的權值 2。然而，由於抽樣是有放回的，因此某些樣本可能被選中多次，如樣本 3 和 7。然後，使用由這些資料建立的分類器對所有樣本進行分類。假定樣本 4 很難分類，隨著它被重複地誤分類，該樣本的權值在後面的疊代中將會增加。同時，前一輪沒有被選中的樣本（如樣本 1 和樣本 5）也有更好的機會在下一輪被選中，因為前一輪對它們的預測多半是錯誤的。隨著提升過程的進行，最難分類的那些樣本將有更大的機會被選中。透過聚集每個提升輪得到的基分類器，就得到最終的組合分類器。

在過去的幾年裡，已經開發了幾個提升演算法的實現。這些演算法的差別在於：(1) 每輪提升結束時如何更新訓練樣本的權值；(2) 如何組合每個分類器的預測。下面，主要考察稱為 AdaBoost 的實現。

AdaBoost 是英文「Adaptive Boosting」（自適應提升）的縮寫，是一種流行的提升演算法，由 Yoav Freund 和 Robert Schapire 提出。AdaBoost 方法的自適應在於：前一個分類器分錯的樣本會被用來訓練下一個分類器。假設我們想提升某種學習方法的準確率。給定資料集 D，它包含 d 個類標記的元組 (x_1, y_1)，(x_2, y_2),... , (x_d, y_d) 其中 y_i 是元組 X_i 的類標號。開始，AdaBoost 對每個訓練元組賦予相等的權重 $1/d_c$ 為組合分類器產生 k 個基分類器需要執行演算法的其餘部分 k 輪。在第 i 輪，從 D 中元組抽樣，形成大小為 d 的訓練集 D_i。使用有放回抽樣——同一個元組可能被選中多次。每個元組被選中的機會由它的權重決定。從訓練集導出分類器 M_i，然後使用 D_i 作為檢驗集計算 M_i 的誤差。訓練元組的權重根據它們的分類情況調整。

如果元組不正確地分類，則它的權重增加；如果元組正確分類，則它的權重減少。元組的權重反映對它們分類的困難程度——權重越高，越可能被錯誤地分類。然後，使用這些權重，為下一輪的分類器產生訓練樣本。其基本思想是：當建立分類器時，希望它更關注上一輪誤分類的元組。某些分類器對某些

「困難」元組分類可能比其他分類器好。這樣，建立了一個互補的分類器系列。

現在考察改演算法涉及的數學問題。令 { (X_i), y_j|j=1, 2, ..., N} 表示包含 N 個訓練樣本的集合。在 AdaBoost 演算法中，基分類器 C_i 的重要性依賴於它的錯誤率。錯誤率 ε_i 定義為：

$$\varepsilon_i = \frac{1}{N}\left[\sum_{j=1}^{N} w_j I(C_i(X_j) \neq y_j)\right]$$

其中，如果謂詞 p 為真，則 I(p)=1，否則為 0。基分類器 C_i 的重要性由如下參數給出：

$$\alpha_i = \frac{1}{2}\ln(\frac{1-\varepsilon_i}{\varepsilon_i})$$

注意，如果錯誤率接近 0，則 α_i 具有一個很大的正值；而當錯誤率接近 1 時，α_i 有一個很大的負值，如圖 7-5 所示。

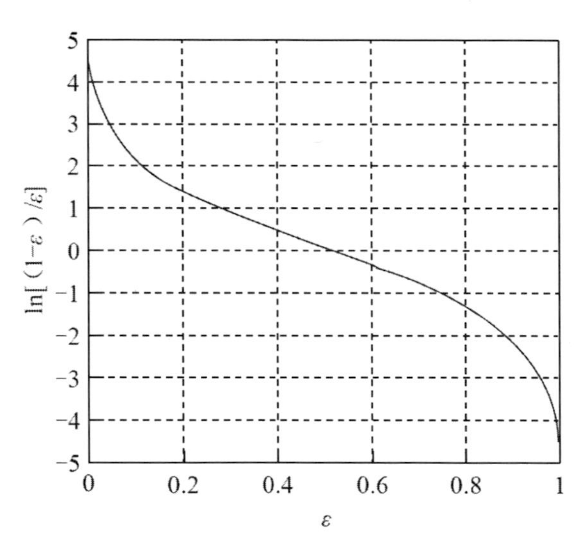

圖 7-5 作為訓練誤差的函數繪製曲線

參數 α_i 也被用來更新訓練樣本的權值。為了說明這一點，假定 w_i 表示在第 j 輪提升疊代中賦予樣本（X_i，y_i）的權值。AdaBoost 的權值更新機制由式 7-5 給出：

$$w_i^{(j+1)}=\frac{w_i^{(j)}}{Z_j}\times\begin{cases}e^{-\alpha_j} & 如果C_j(X_i)=y_i\\ e^{\alpha_j} & 如果C_j(X_i)\neq y_i\end{cases}$$

其中，Z_j 是一個正規因子，用來確保 $\sum_i w_i^{(j+1)}=1$。式 7-5 給出的權值更新增加那些被錯誤分類樣本的權值，並減少那些已經被正確分類的樣本的權值。

AdaBoost 演算法將每一個分類器 C_j 的預測值根據 α_j 進行加權，而不是使用多數表決的方案。這種機制有助於 AdaBoost 懲罰那些準確率很差的模型，如那些在較早的提升輪產生的模型。另外，如果任何中間輪產生高於 50% 的誤差，則權值將被恢復為開始的一致值 $w_i=1/N$，並重新進行抽樣。下面給出了 AdaBoost 演算法的描述。

演算法 7.2 AdaBoost 演算法

輸入：訓練資料集 D；一個決策樹演算法；

輸出：AdaBoost 演算法的決策結果；

Begin

I．$W=\{w_j=1/N|j=1, 2, ..., N\}$（初始化 N 個樣本的權值）；

II．令 k 表示提升的輪數；

III．For i=1 to k Do；

IV．根據 w，透過對 D 進行抽樣（有放回）產生訓練集 D_i；

V．在 D_i 上訓練基分類器 C_i；

VI．用 C_i 對原訓練集 D 中的所有樣本分類；

VII．$\varepsilon_i=\frac{1}{N}\left[\sum_j w_j\delta(C(x_j)\neq y_i)\right]$，計算加權誤差；

VIII．If $\varepsilon_i>0.5$ Then；

IX．$W=\{w_j=1/N|j=1, 2, ..., N\}$（重新設定 N 個樣本的權）；

X．返回步驟 IV；

XI．End If；

XII．$\alpha_i=\frac{1}{2}\ln\frac{1-\varepsilon_i}{\varepsilon_i}$；

XIII．根據式 5-69 更新每個樣本的權值；

XIV．End For；

XV．$C^*(X)=\arg\max\sum_{j=1}^{T}\alpha_j\delta(C_j(X)=y)$。

End

現在看提升方法在表 7-3 給出的資料集上是怎麼工作的。最初，所有的樣本具有相等的權值。三輪提升後，選作訓練的樣本如表 7-5(a) 所示。在每輪提升結束時使用權值公式來更新每一個樣本的權值。

不使用提升，決策樹樁的準確率至多達到 70%。使用 AdaBoost，預測結果在表 7-6(b) 給出。組合分類器的最終預測結果透過取每個基分類器預測的加權平均得到，顯示在表 7-6(b) 的最後一行。注意，AdaBoost 完全正確地分類了訓練資料集中的所有樣本。

表 7-5 提升的例子

(a) 提升選擇的訓練記錄

第一輪提升

x	0.1	0.4	0.5	0.6	0.6	0.7	0.7	0.7	0.89	1
y	1	-1	-1	-1	-1	-1	-1	-1	1	1

第二輪提升

x	0.1	0.1	0.2	0.2	0.2	0.2	0.3	0.3	0.3	0.3
y	1	1	1	1	1	1	1	1	1	1

第三輪提升

x	0.2	0.2	0.4	0.4	0.4	0.4	0.5	0.6	0.6	0.7
y	1	1	-1	-1	-1	-1	-1	-1	-1	-1

(b) 訓練記錄的權值

第一輪提升

輪	x=0.1	x=0.2	x=0.3	x=0.4	x=0.5	x=0.6	x=0.7	x=0.8	x=0.9	x=1.0
1	0.1	0.1	0.1	0.1	0.1	0.1	0.1	0.1	0.1	0.1
2	0.311	0.311	0.311	0.01	0.01	0.01	0.01	0.01	0.01	0.01
3	0.029	0.029	0.029	0.228	0.228	0.228	0.228	0.009	0.009	0.009

表 7-6 使用 AdaBoost 方法構建的組合分類器的例子

輪	劃分點	左類	右類	α
1	0.75	-1	1	1.738
2	0.05	1	1	2.7784
3	0.3	1	-1	4.1195

輪	x=0.1	x=0.2	x=0.3	x=0.4	x=0.5	x=0.6	x=0.7	x=0.8	x=0.9	x=1.0
1	-1	-1	-1	-1	-1	-1	-1	1	1	1
2	1	1	1	1	1	1	1	1	1	1
3	1	1	1	-1	-1	-1	-1	-1	-1	-1
和	5.16	5.16	5.16	-3.08	-3.08	-3.08	-3.08	0.397	0.397	0.397
符號	1	1	1	-1	-1	-1	-1	1	1	1

7.4.3 AdaBoost 演算法的優缺點

1．AdaBoost 演算法的優點

(1) 很好地利用了弱分類器進行級聯。

(2) 可以將不同的分類演算法作為弱分類器。

(3) AdaBoost 具有很高的精度。

(4) 相對於 Bagging 演算法和 Random Forest 演算法，AdaBoost 充分地考慮了每個分類器的權重。

(5) 弱分類器的構造極其簡單。

(6) 計算結果容易理解。

(7) 不會過擬合。

2．AdaBoost 演算法的缺點

(1) AdaBoost 疊代次數也就是弱分類器數目不太好設定，但可以使用交叉驗證來進行確定。

(2) 資料不平衡導致分類精度下降。

(3) 訓練時間過長。

(4) 執行效果依賴於弱分類器的選擇。

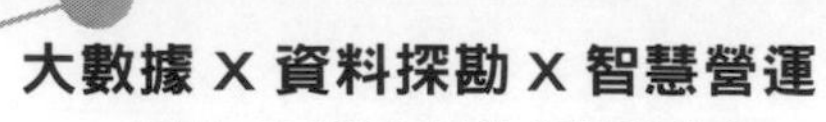

7.5 提高不平衡資料的分類準確率

分類問題是機器學習領域的重要研究內容之一，現有的一些分類方法都已經相對成熟，用它們來對平衡資料進行分類一般都能取得較好的分類效能。然而，現有的分類器的設計都是基於各類分布大致平衡這一假設的，通常假定用於訓練的資料集是平衡的，即各類所含的樣本數大致相當，然而這一假設在很多現實問題中是不成立的，資料集中某個類別的樣本數可能會遠遠少於其他類別。為便於讀者更清晰地瞭解資料不平衡分類問題的研究現狀和未來研究的動向，本節對相關的研究進行綜述和展望。

7.5.1 不平衡資料

7.5.1.1 不平衡資料的介紹

在資料集中，某一類的樣本數量遠遠少於其他類樣本數量，即資料集中不同類別樣本的數量是非平衡的，這樣的資料稱為不平衡資料。通常，將數量上占多數的類稱為「多數類」，而占少數的類稱為「少數類」。

許多實際應用領域中都存在不平衡資料集，如欺騙信用卡檢測、醫療診斷、資訊檢索、文字分類等，其中少數類的識別率更為重要。在醫療診斷中如果把正常人誤診為病人固然會給他帶來精神上的負擔，但如果把一個病人誤診為正常，就可能會錯過最佳治療時期，從而造成嚴重的後果。傳統的分類方法傾向於對多數類有較高的識別率，對於少數類的識別率很低。因此，不均衡資料集分類問題的研究需要尋求新的分類方法和判別準則。

鑒於解絕不平衡學習問題有著很深遠的意義，因此研究者對該問題進行了大量的研究。相關研究主要圍繞以下三個方面展開：(1) 改變資料的分布；(2) 設計新的分類方法；(3) 設計新的分類器評價標準。為便於讀者更加清晰地瞭解資料不平衡分類問題的研究現狀和未來研究動向，本節對此做一個概要性介紹並進行了展望。

7.5.1.2 不平衡資料分類問題的難點

不同於均衡資料的分類，不平衡資料的分類問題求解相對較難，其主要原因為如下：

(1) 經典的分類精度評價準則不能適用於不平衡資料的分類器效能判別。在傳統機器學習中通常採用分類精度作為評價準則，當對不平衡資料進行學習時，少數類對分類精度的影響可能會遠遠小於多數類。研究表明，以分類精度為準則的分類學習通常會導致少數類樣本的識別率較低，這樣的分類器傾向於把一個樣本預測為多數類樣本。若訓練資料是極端不平衡的，學習的結果可能沒有針對少數類的分類規則，因此對於不平衡資料的分類，以高分類精度為目標是不合適的，需要引入更加合理的評價標準。

(2) 僅有很少的少數類樣本資料。僅有很少的少數類樣本分兩種情況：少數類樣本絕對缺乏和少數類樣本相對缺乏。無論哪種情況，我們稱類分布的不平衡程度為少數類中的樣本數與支撐類中的樣本數之比。在實際應用中，該比例可以達到 1：100、1：1000，甚至更大。本章參考文獻 [30] 對該比例與分類效能之間的關係進行了深入的研究，研究結果表明，很難明確地給出何種比例會降低分類器的效能，因為分類器的效能還與樣本數和樣本的可分性有關。在某些應用下，1：35 的比例就會使某些分類方法無效，甚至 1：10 的比例也會使某些分類方法無效。

對於少數類樣本絕對缺乏的情況，因少數類所包含的資訊很有限，從而難以確定少數類資料的分布，即在其內部難以發現規律，進而造成少數類的識別率低；對於少數類樣本相對缺乏的情況，少數類樣本資料相對缺乏不同於少數類樣本資料的絕對缺乏，相對缺乏是指少數類樣本在絕對數量上並不少，但相對於多數類來說它的樣本數目很少。在樣本相對缺少的情況下，同樣不利於少數類的判別，因為多數類樣本會模糊少數類樣本的邊界，且使用貪心搜尋法（貪心演算法是指，在對問題求解時，總是做出在當前看來是最好的選擇。也就是說，不從整體最優上加以考慮，它所做出的是在某種意義上的局部最優解。貪心演算法不是對所有問題都能得到整體最優解。關鍵是貪心策略的選擇，選擇的貪心策略必須具備無後效性，即某個狀態以前的過程不會影響以後的狀態，只與當前狀態有關）難以把少數類樣本與多數類區分開來，而更全局性的方法通常難以處理。

(3) 資料碎片。從演算法設計角度來看，很多分類演算法採用分治法，這些演算法將原始的問題逐漸分為越來越小的一系列子問題，因而導致原空間被劃分為越來越小的一系列子空間。樣本空間的逐漸劃分會導致資料碎片問題，這樣只能在各個獨立的子空間中尋找資料的規律，對於少數類來說每個子空間中包含了很少的資料資訊，一些跨子空間的資料規律就不能被資訊出來。資料碎片問題也是影響少數類樣本學習的一個突出的問題。

(4) 不恰當的歸納偏置（當分類器去預測其未遇到過的輸入結果時，會做一些假設，而學習演算法中歸納偏置則是這些假設的集合）。根據特定樣本的歸納需要一個合理的偏置，否則學習就不能實現。歸納偏置對演算法的效能有著很大的影響，為了獲得較好的效能並避免過擬合，許多學習演算法使用的偏置往往不利於對少數類樣本的學習。許多歸納推理系統在存在不確定時往往傾向於把樣本分類為多數類。可見，不恰當的歸納偏置對不平衡資料的學習是不利的。

此外，大多數分類器的效能都會受雜訊的影響。在不平衡問題中，由於少數類的數量很少，因此分類器有可能難以正確區分少數類和雜訊，故雜訊對少數類的影響要大於對多數類的影響。雜訊的存在使防止過擬合技術變得非常重要，如何抑制雜訊、強化少數類樣本的作用是具有挑戰性的研究工作。

7.5.2 不平衡資料的處理方法——資料層面

7.5.2.1 過抽樣

過抽樣是處理不平衡資料的最常用方法，其基本思想是透過改變訓練資料的分布來消除或減小資料的不平衡。過抽樣方法透過增加少數類樣本來提高少數類的分類效能。

(1) 最簡單的過抽樣辦法是簡單複製少數類樣本，缺點是引入了額外的訓練資料，但卻沒有給少數類增加任何新的資訊，而且可能會導致過擬合。改進的過抽樣方法透過在少數類中加入隨機高斯雜訊或產生新的合成樣本等方法，在一定程度上可以解決上述問題，如 Chawla 等人提出的 SMOTE 演算法。

(2) SMOTE 演算法。SMOTE 過抽樣技術是一種有別於傳統過抽樣演算法的新技術。傳統過抽樣是透過簡單複製樣本並加入原資料集的，而 SMOTE 演算法是使用合成方法產生新的少數類樣本以改變資料集樣本的分布特點，在避免了資料集內樣本大量重複情況的同時，減緩了類別的不平衡程度，基本原理如圖 7-6 所示。從 SMOTE 技術的合成新樣本特性可以看出，它能夠在一定程度上解決傳統過抽樣容易出現的過擬合問題，在目前十分常用。

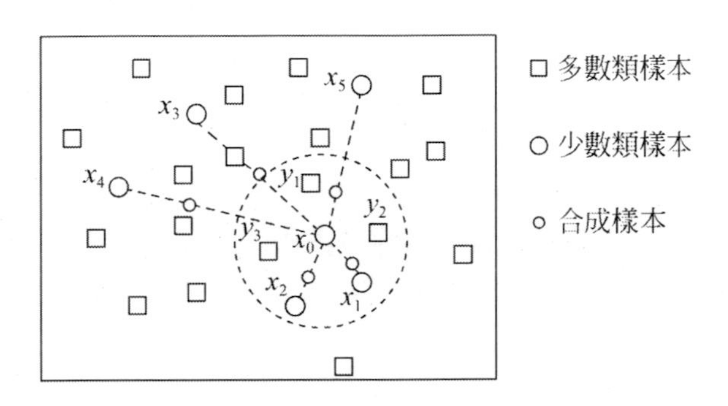

圖 7-6 SMOTE 演算法的基本原理

SMOTE 技術合成新樣本的方法如圖 7-6 所示。以少數類樣本 x_0 為例，首先計算其同類 k- 近鄰（k=5）樣本由 $\{x_1, x_2, ..., x_5\}$ 組成，從圖 7-6 中可以看出，少數類樣本 x_0 附近的樣本被異類（多數類）樣本包圍的程度更大，這也就是用傳統分類演算法解絕不平衡資料分類問題不能取得很好效果的原因。從 5- 鄰近同類樣本中隨機選擇一個樣本，假設為 x_1，然後計算樣本 x_0 與 x_1 對應屬性上的屬性值之差，則 x_0 與 x_1 對應屬性 i 上的差值 $V_i=x_{1i}-x_{0i}$，其中 x_{1i} 表示樣本 x_1 的第 i 個屬性值。設該資料集有 n 維屬性，然後按照下面式子的計算方法，將差值 Vi 乘以 [0, 1] 中的一個隨機數，再加上樣本 x_1 的對應的屬性值 x_{1i}，就可以生成一個新的屬性值 f_{0i}。對於少數類樣本 x_0，每一維都能得到這樣一個新的屬性值，這些屬性值按照對應的順序，可以組成一個新的少數類樣本 f_0。

$$f_{0i}=x_{0i}+V_i*\text{rand}[0,\ 1]$$

然後根據事先設定的採樣率，反覆執行以上過程，合成新的少數類樣本，將其加入少數類樣本集，組成新的樣本集作為新的訓練集。從圖 7-6 中可以直接看出，該合成技術的實質是在當前樣本和其隨機的一個 k- 鄰近樣本的連線上隨機插入新的樣本，使用該方法生成的新樣本能夠擴展少數類的分布空間，使得在此新訓練集上訓練的分類器有更好的泛化能力和分類效能。

總的來說，SMOTE 方法是對於每一個少數類樣本尋找其最近鄰的 k 的同類，連線並在連線上取任意一點作為新生成的少數類。重複上述插值過程，使得新生成的訓練資料集達到均衡，最後利用新的樣本進行訓練。其優點是：有助於打破簡單復製造成的過擬合以及少數類資訊量沒有增加的問題，並且可以使分類器的學習能力得到顯著提升。

(3) 此外，還有一種基於初分類的過抽樣演算法。其基本思想是：一個多數類樣本，若它在訓練集中的 n 個近鄰也都屬於多數類，根據最近鄰的思想則該樣本離分類邊界較遠，對分類是相對安全的。將多數類中滿足上述條件的所有樣本放入集合 E，將少數類與集合 E 合併記為訓練集 A，利用訓練集 A 對多數類樣本進行最近鄰分類，而誤分類的多數類樣本則放入集合 H。將少數類和集合 H 合併為第二個新的訓練集 B。

7.5.2.2 欠抽樣

欠抽樣方法透過減少多數類樣本來提高少數類的分類效能。

(1) 最簡單的欠抽樣方法是透過隨機地去掉一些多數類樣本來減小多數類的規模，缺點是有可能會丟失多數類的一些重要資訊，不能夠充分利用已有的資訊。因此人們提出了許多改進的欠抽樣方法。

(2) 單邊選擇演算法 (One-sided selection) 盡可能地不刪除有用的樣本，多數類樣本被分為「雜訊樣本」「邊界樣本」和「安全樣本」，將邊界樣本和雜訊樣本從多數類中刪除，得到的分類效果會比隨機欠抽樣理想一些。也可以把對少數類的過抽樣與對多數類的欠抽樣兩者結合起來。單邊選擇演算法是透過判斷樣本間的距離的方式來把多數類劃分為「雜訊樣本」「邊界樣本」和「安全樣本」的。

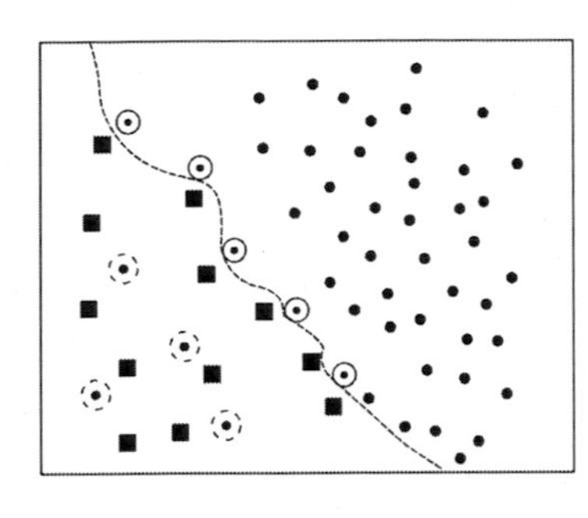

圖 7-7 單邊採樣方法過程

該演算法的採樣過程如下：對於任意兩個不同類別的樣本（x_i，y_j），其中 x_i 和 y_j 分別為多數類和少數類樣本，首先計算它們之間的距離 d（x_i，y_j），然後判斷是否存在某個樣本 z，使得 z 到 x_i 或 y_j 距離小於 d（x_i，y_j）。如果不存在這樣的樣本點，則說明樣本點 x_i 是邊界點或雜訊點，就把該樣本點從多數類樣本集中刪除。綜上所述，單邊採樣演算法的實質就是尋找距離最近的異類樣本對，然後把其中的多數類樣本點刪除。單邊採樣方法過程如圖 7-7 所示。圖中圓實點表示多數類樣本，方形樣本點表示少數類樣本，虛線表示多數類和少數類的分介面大致位置。實線圓圈和虛線圓圈內的多數類樣本分別表示多數類的邊界點和雜訊點。單邊採樣演算法就是在識別出邊界點和雜訊點之後，把其從多數類樣本集剔除，處理後的結果如圖 7-8 所示。

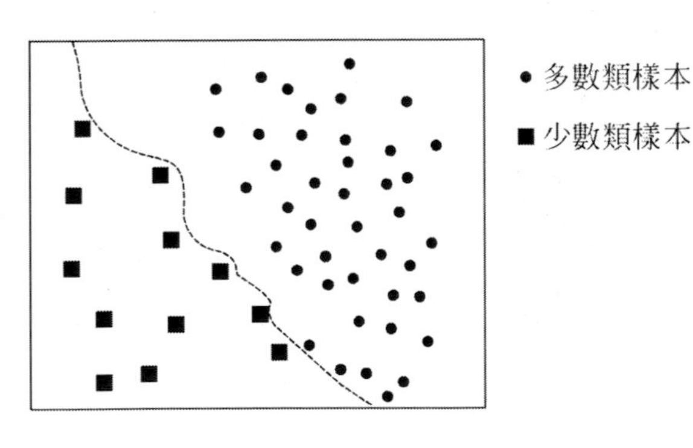

圖 7-8 單邊採樣後樣本分布

（3）最近鄰規則。因為隨機欠抽樣方法未考慮樣本的分布情況，採樣具有很大的隨機性，可能會刪除重要的多數類樣本資訊。針對以上不足，研究者提出了一種最近鄰規則（Edited Nearest Neighbor, ENN）。其基本思想是，刪除那些類別與其最近的三個近鄰樣本中的兩個或兩個以上類別不同的樣本。但其缺點在於：因為大多數的多數類樣本附近都是多數類，所以該方法所能刪除的多數類樣本十分有限。

(4) 領域清理規則（NCL）。該演算法的整體流程如圖 7-9 所示。該演算法的主要思想是：針對訓練樣本集中的每個樣本找出其三個最近鄰樣本，若該樣本是多數類樣本且其三個最近鄰中有兩個以上是少數類樣本，則刪除它；反之，當該樣本是少數類並且其三個最近鄰中有兩個以上是多數類樣本，則刪除近鄰中的多數類樣本。其缺陷在於：未能考慮到在少數類樣本中存在的雜訊樣本，而且第二種方法刪除的多數類樣本大多屬於邊界樣本，刪除這些樣本，對後續分類器的分類將產生很大的不良影響。

(5) 還有一種基於聚類的欠抽樣演算法，先用聚類的方法將訓練集劃分成幾個叢集，每個叢集都包含一定數目的多數類和少數類。對每個叢集，取出其中所有的少數類，然後按照一定規則對該叢集中的多數類進行欠抽樣，最後將從每個叢集中取出的樣本進行合併，得到一個新的訓練集，對其進行訓練。

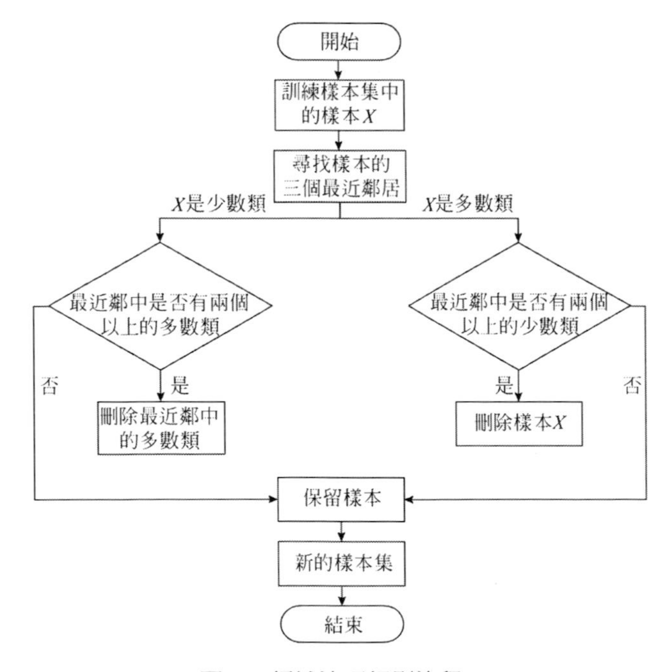

圖 7-9 領域清理規則流程

7.5.3 不平衡資料的處理方法——演算法層面

除了資料層面，對於不平衡資料集的解決辦法還可以從演算法層面考慮，具體包括：代價敏感方法、整合學習方法、單類分類器方法、面向單個正類的 FLDA 方法、多類資料不平衡問題的解決方法，以及其他方法。本節著重講述代價敏感方法。

1．代價敏感方法

在處理不平衡問題時，傳統的分類器對少數類的識別率很低，對多數類的識別率卻很高，然而在現實生活中往往是少數類的識別率更為重要。因此，少數類的錯分代價要遠遠大於多數類。例如，在入侵檢測中，可能在 1000 次通訊中只有少數幾次是攻擊，但將攻擊誤報為正常和將正常誤報為攻擊所引起的代價是截然不同的。在代價敏感方法中，代價資訊通常由領域專家給出，在進行學習時假設各個類別的代價資訊是已知的，在整個學習過程中固定不變。

以二元分類問題舉例，我們用陽性類（+ 或 +1）表示少數類，用陰性類（- 或 -1）表示多數類。設 c（i, j）是預測某實例屬於 i 類而實際上它屬於 j 類帶來的成本；成本矩陣被定義於表 7-7。

表 7-7 成本矩陣

成本矩陣		預測值	
		正	負
實際值	正	C(+, +)	C(-, +)
	負	C(+, -)	C(-, -)

給定的成本矩陣，如示例 x 可以被分類為類別 i 的預期成本最小，透過使用貝氏風險準則（有條件的風險）：

$$\mathrm{H}(x)=\arg\min\left(\sum_{j\in\{-,+\}} P\left(j|x\right)C\left(i,j\right)\right)$$

其中，P（j|x）是 x 作為 j 類分類例子的後驗機率，假設我們沒有正確分類的成本。所以說成本矩陣可由成本比描述：

$$\text{CostRatio}=C(-,+)/C(+,-)$$

CSL 的目的是建立一個模型，具有最小的誤分類成本（總成本）：

$$\text{TotalCost}=C(-,+)\cdot FN+C(+,-)\cdot FP$$

FN 和 FP # 數量分別為假陰性和假陽性的例子。

目前對代價敏感方法的研究主要集中在以下兩個方面：

(1) 根據樣本的不同錯分代價重構訓練集，不改變已有的學習演算法。重構訓練集的方法是根據樣本的不同錯分代價給訓練集中的每一個樣本加權，接著按權重對原始樣本集進行重構。其存在的缺點是重構的過程中丟失了一些有用樣本的資訊。

(2) 在傳統的分類演算法的基礎上引入代價敏感因子，設計出代價敏感的分類演算法。代價敏感方法中不同類的錯分代價是不同的，通常多數類的代價比少數類要大得多，對小樣本賦予較高的代價，大樣本賦予較小的代價，期望以此來平衡樣本之間的數目差異。

2 · 整合學習方法

按照基本分類器之間的種類關係可以把整合學習方法劃分為異態整合學習和同態整合學習兩種。異態整合學習，指的是使用各種不同的分類器進行整合。同態整合學習，是指整合的基本分類器都是同一種分類器，只是這些基本分類器之間的參數有所不同。在不平衡資料的分類問題上，由於異態整合學習的每個基本演算法都有獨到之處，因而某種基本演算法會對某類特定資料樣本比其餘的基本演算法更為有效。同態整合學習方法中針對不平衡資料的多數是把抽樣與整合結合起來，對原始訓練集進行一系列抽樣，產生多個分類器，然後用投票或合併的方式輸出最終結果。

AdaBoost 應用於不平衡資料分類可取得較好效果，但有實驗結果表明 AdaBoost 提高正類樣本識別率的能力有限，因為 AdaBoost 是以整體分類精度為目標的，負類樣本由於數目多所以對精度的貢獻大，而正類樣本由於數目很少因此貢獻相當小，故分類決策是不利於正類的。為此，一些改進相繼被提出，如 AdaCost、RareBoost，主要策略是改變權值更新規則，使分類錯誤的正類樣本比負類樣本有更高的權值。還可以將過抽樣與整合方法進行融合，既能利用過抽樣的優點增加少數類樣本的數量，使分類器能夠更好地提高少數類的分類效能，又能利用整合方法的優點提高不平衡資料集的整體分類效能。

3·單類分類器方法

在實際應用中，有時想要獲取兩類或多類樣本是很難的，或者就是需要很高的成本，否則只能獲取單類樣本集。在這種情況下，對只含有單一類的資料進行訓練是唯一可能的解決辦法。單分類器是用來對只有一種類別的訓練集進行分類的，它是一個能有效解絕不平衡資料問題的辦法。在實際演算法中，可以用 SVM 來對正類進行訓練，實驗表明該方法是有效的。單類分類器由於只需要一類資料集作為訓練樣本，訓練資料量變小了，從而減少了構建分類器所需要的時間，節約了開銷，因此在很多領域都有著良好的應用前景。

4·其他方法

主動學習、隨機森林、子空間方法、特徵選擇方法和 SVM 模型下的後驗機率求解方法等，也是學習不平衡資料集的有效方法。

總而言之，不平衡資料的存在是妨礙機器學習被廣泛使用的一個重要原因。近年來這個問題引起了廣泛關注。不平衡問題普遍存在於許多實際應用領域中，其中研究者特別關注少數類的分類效能的提高。針對資料不平衡分類問題，人們提出了很多的解決方法，並且取得了一定的進展，但仍有很多問題需要進行深入研究，如關於演算法的效率和時間開銷方面研究、如何自適應地確定最好的抽樣比例等。目前，絕大多數的不平衡問題的研究都是針對資料數目比例失衡的情況來考慮的，不平衡資料還有另外一種情況，就是兩類資料數目相當，但類分布差別較大，一類比較集中；另一類比較分散，目前關於類分布差異的研究較少。此外，如何將特徵選擇方法融入不平衡分類演算法中也是今後需要進一步研究的問題。

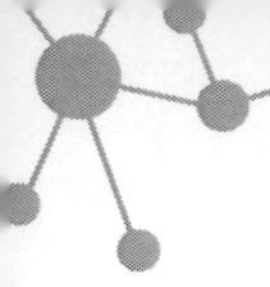

7.6 遷移學習

資料探勘技術對大量的電信業者客戶資料進行資訊分析的例子中，有個非常典型的案例就是，透過如五、六月的資料來預測七、八月客戶的行為（是否流失、傾向於訂購何種方案）。但這種方式忽略了一個非常重要的時間因素。5 月、6 月的資料可能已經不能夠非常精準地對一部分用戶進行畫像。例如，一些大學生可能因為放暑假從學校回家，環境因素的變化對方案的使用情況會產生很大的影響。因此，我們需要改進我們的演算法，從而能夠解決這種使用相關資料集解決目標任務的問題。

7.6.1 遷移學習的基本原理

在傳統的機器學習的框架下，學習的任務首先就是在給定充分訓練資料的基礎上來學習一個分類模型，然後利用這個學習到的模型對測試文檔進行分類與預測。然而，我們看到機器學習演算法在當前的 Web 資訊研究中存在著一個關鍵的問題：一些新出現領域中的大量訓練資料非常難得到。我們看到 Web 應用領域的發展非常迅速。大量新的領域不斷湧現，從傳統的新聞，到網頁、圖片，再到部落格、播客，等等。傳統的機器學習需要對每個領域都標定大量訓練資料，這將會耗費大量的人力與物力。而沒有大量的標註資料，會使得很多與機器學習相關的研究與應用無法開展。其次，傳統的機器學習假設訓練資料與測試資料服從相同的資料分布，然而，在許多情況下，這種同分布假設並不滿足。通常可能發生如訓練資料過期的情況。這往往需要我們去重新標註大量的訓練資料以滿足我們訓練的需要，但標註新資料成本是非常昂貴的，需要大量的人力與物力。從另一個角度來看，如果我們有了大量的、在不同分布下的訓練資料，完全丟棄這些資料也是非常浪費的。如何合理地利用這些資料就是遷移學習主要解決的問題。遷移學習可以從現有的資料中遷移知識，用來幫助將來的學習。遷移學習（Transfer Learning）的目標是將從一個環境中學到的知識用來幫助新環境中的學習任務。因此，遷移學習不會像傳統機器學習那樣做同分布假設。

圖 7-10 顯示了傳統機器學習與遷移學習之間的關係。從圖中可以看出，傳統的演算法都是試圖從頭開始學習，而遷移學習演算法試圖將以前學習到的知

識遷移到目標任務。這一方法在目標任務的資料較少時，效果尤為明顯。

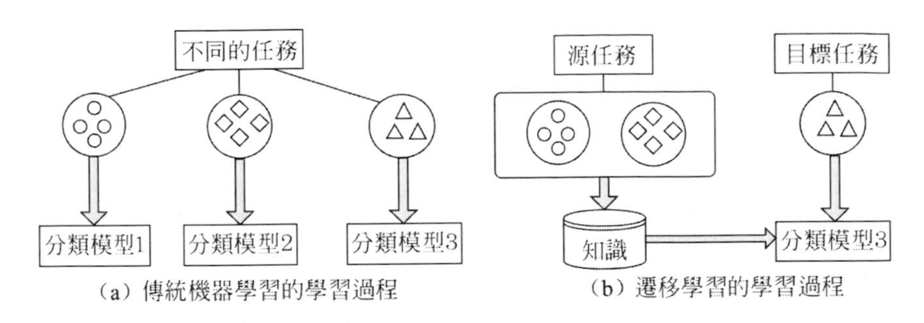

圖 7-10 遷移學習與傳統機器學習對比

首先定義域的概念。$D=\{\chi, P(X)\}$，由兩部分組成，χ 表示特徵空間，$P(X)$ 表示邊緣機率分布，其中 $X=\{x_1, ..., x_n\} \in \chi$。接下來定義任務的概念。$T=\{Y, f(\cdot)\}$，同樣由兩部分組成，類標籤 $Y=\{y_1, ..., y_m\}$ 和透過學習 $\{x_i, y_i\}$ 對得到的目標預測函數 $f(\cdot)$。

定義遷移學習：給定一個源域 D_S 和源域的學習任務 T_S，一個目標域 D_t 和學習任務 T_t。遷移學習的目的就是使用 D_S 和 T_S 的知識，提升 D_t 中目標預測函數 $f_t(\cdot)$ 的學習能力，這裡 $D_S \neq D_t$ 或者 $T_S \neq T_t$。

在上面的定義中，$D_S \neq D_t$ 可以是 $\chi_S \neq \chi_t$，也可以是 $P_S(X) \neq P_t(X)$。同樣地，$T_S \neq T_t$ 可以是 $Y_S \neq Y_t$，也可以是 $f_S(\cdot) \neq f_t(\cdot)$。

7.6.2 遷移學習的分類

我們在遷移學習方面的工作目前可以分為以下三個部分：同構空間下基於實例的遷移學習、同構空間下基於特徵的遷移學習與異構空間下的遷移學習。研究指出，基於實例的遷移學習有更強的知識遷移能力，基於特徵的遷移學習具有更廣泛的知識遷移能力，而異構空間的遷移具有廣泛的學習與擴展能力。這三種方法各有各自的優點，現將這三種方法介紹如下。

1．同構空間下基於實例的遷移學習

基於實例的遷移學習的基本思想是，儘管輔助訓練資料和源訓練資料或多或少會有些不同，但輔助訓練資料中應該還是會存在一部分比較適合用來訓練

一個有效的分類模型，並且適應測試資料。於是，我們的目標就是從輔助訓練資料中找出那些適合測試資料的實例，並將這些實例遷移到源訓練資料的學習中。在基於實例的遷移學習方面，我們推廣了傳統的 AdaBoost 演算法，提出一種具有遷移能力的 Boosting 演算法：TrAdaBoosting，使之具有遷移學習的能力，從而能夠最大限度地利用輔助訓練資料來幫助目標域的分類。我們的關鍵想法是，利用 Boosting 技術來過濾掉輔助資料中那些與源訓練資料最不像的資料。其中，Boosting 的作用是建立一種自動調整權重的機制，於是重要的輔助訓練資料的權重將會增加，不重要的輔助訓練資料的權重將會減小。調整權重之後，這些帶權重的輔助訓練資料將會作為額外的訓練資料，與源訓練資料一起來提高分類模型的可靠度。

基於實例的遷移學習只能發生在源資料與輔助資料非常相近的情況下。但是，當源資料和輔助資料差別比較大的時候，基於實例的遷移學習演算法往往很難找到可以遷移的知識。但我們發現，即便有時源資料與目標資料在實例層面上並沒有共享一些公共的知識，它們可能會在特徵層面上有一些交集。因此，我們研究了基於特徵的遷移學習，它討論的是如何利用特徵層面上公共的知識進行學習的問題。

2 · 同構空間下基於特徵的遷移學習

在基於特徵的遷移學習研究方面，我們提出了多種學習的演算法，如 CoCC 演算法、TPLSA 演算法、譜分析演算法與自學習演算法等。其中利用互聚類演算法產生一個公共的特徵表示，從而幫助學習演算法。我們的基本思想是，使用互聚類演算法同時對源資料與輔助資料進行聚類，得到一個共同的特徵表示，這個新的特徵表示優於只基於源資料的特徵表示。透過把源資料表示在這個新的空間裡，以實現遷移學習。應用這個思想，我們提出了基於特徵的有監督遷移學習與基於特徵的無監督遷移學習。

（1）基於特徵的有監督遷移學習

我們在基於特徵的有監督遷移學習方面的工作是基於互聚類的跨領域分類，這個工作考慮的問題是：當給定一個新的、不同的領域，標註資料極其稀少時，如何利用原有領域中含有的大量標註資料進行遷移學習的問題。在基於互聚類的跨領域分類這個工作中，我們為跨領域分類問題定義了一個統一的資訊論形式化公式，其中基於互聚類的分類問題轉化成對目標函數的最優化問題。在我們提出的模型中，目標函數被定義為源資料實例，公共特徵空間與輔助資料實例間相互資訊的損失。

（2）基於特徵的無監督遷移學習：自學習聚類

我們提出的自學習聚類演算法屬於基於特徵的無監督遷移學習方面的工作。這裡我們考慮的問題是：現實中可能有標記的輔助資料都難以得到，在這種情況下如何利用大量無標記資料輔助資料進行遷移學習的問題。自學習聚類的基本思想是，透過同時對源資料與輔助資料進行聚類得到一個共同的特徵表示，而這個新的特徵表示由於基於大量的輔助資料，所以會優於僅基於源資料而產生的特徵表示，從而對聚類產生幫助。

上面提出的兩種學習策略（基於特徵的有監督遷移學習與無監督遷移學習）解決的都是源資料與輔助資料在同一特徵空間內的基於特徵的遷移學習問題。當源資料與輔助資料所在的特徵空間中不同時，我們還研究了跨特徵空間的基於特徵的遷移學習，它也屬於基於特徵的遷移學習的一種。

3 · 異構空間下的遷移學習：翻譯學習

翻譯學習致力於解決源資料與測試資料，分別屬於兩個不同的特徵空間下的情況。使用大量容易得到的標註過文字資料去幫助僅有少量標註的圖像分類的問題，如圖 7-10 所示。我們的方法基於使用那些用有兩個視角的資料來構建溝通兩個特徵空間的橋樑。雖然這些多視角資料可能不一定能夠用來做分類用的訓練資料，但它們可以用來構建翻譯器。透過這個翻譯器，我們把近鄰演算法和特徵翻譯結合在一起，將輔助資料翻譯到源資料特徵空間裡去，用一個統一的語言模型來進行學習與分類。

7.6.3 遷移學習與資料探勘

資料探勘的學習技術已經在知識工程領域包括分類、迴歸和聚類等取得了相當大的成功。但是，當資料分布規律改變的時候，大多數統計模型需要使用新的訓練資料來重建。在現實世界的許多應用中，這樣做付出的代價是非常大的，甚至是不可能的。所以，減小重新收集訓練資料的必要性和工作量就成了非常有必要的一件事。也就是說，在不同任務領域間的知識轉換或遷移學習能取得令人滿意的成效。接下來，介紹兩種遷移學習和資料探勘相結合的演算法。

1．決策樹中的遷移學習（Transfer Learning in Decision Tree，TDT）

如圖 7-11 所示，任務 1 代表以前學習到的任務，任務 2 代表一個新的學習任務。把任務 1 和任務 2 的關係分為以下幾類。類型 1 表示兩種任務共享一部分相同的特徵。類型 2 表示任務 1 是任務 2 的子集。類型 3 表示任務 2 是任務 1 的子集。類型 4 表示兩個任務集的關係不能進行遷移。

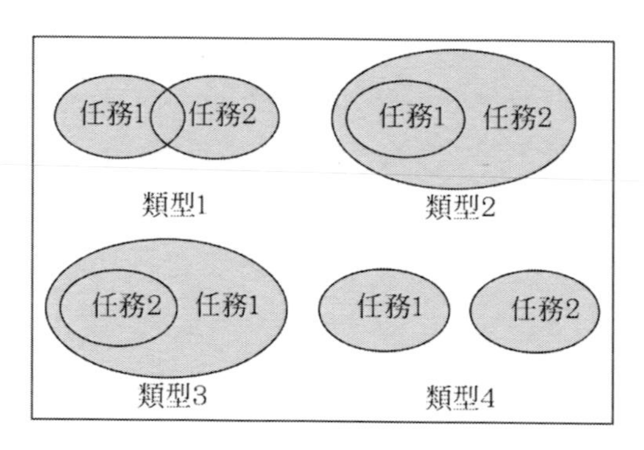

圖 7-11 任務 1 和任務 2 關係

輸入：源樹 T_{source}，目標任務訓練集 S；
輸出：目標樹 $T_{t\ arg\ et}$；
I．$T_{t\ arg\ et} \leftarrow T_{source}$；
II．$Q \leftarrow T_{t\ arg\ et}$ 中存在，S 中不存在的屬性；
III．For Q 中的每個屬性 A；
IV．For S 中的每個實例 I；
V．用 $T_{t\ arg\ et}$ 分類 S；
VI．If 分類正確；
VII 什麼也不做；
VIII．Else；
IX．用表示 A 的新節點替換 $T_{t\ arg\ et}$ 的類節點；
X．向節點 A 添加新分支，標記為 A 在 I 中的值；
XI 將葉子節點添加到新分支，標記為 I 的目標類標籤；
XII．End For；
XIII．For S 中的每個實例 I；

XIV．用 $T_{t\ arg\ et}$ 分類 S；
XV．If 分類正確；
XVI．什麼也不做；
XVII．Else；
XVIII．向節點 A 添加新分支，標記為 A 在 I 中的值；
XIX．將葉子節點添加到新分支，標記為 I 的目標類標籤；
XX．End For；
XXI．Return $T_{t\ arg\ et}$。

TDT 演算法建立在類型 2 的基礎上，演算法的偽程式碼如演算法 7.3 所示。可以注意到對於每個屬性，決策樹對每個實例判決了兩次。這是因為這顆決策樹隨著匹配實例的過程發生了一系列的改變。判決兩次可以防止一些實例被預先正確匹配而被跳過的情況發生。

2．基於協變數的遷移森林（Transfer Forest Based on Covariate Shift, TFCS）

這是一個資料層面的遷移學習，我們有目標域和源域的樣本集分別為 D_t 和 D_s。源域的樣本分布 $p_s(x)$ 一般情況下是不同於目標域的分布 $p_t(x)$。我們使用條件機率分布 P(y|x) 來衡量源域的資料樣本是否適合於目標域。對於那些與目標域條件機率相差太遠的源域樣本，在這裡視為雜訊。因此，定義協損變數：

$$\lambda = \frac{p_t(y \mid x)}{p_s(y \mid x)}$$

用協損變數來給每一個源域樣本一個合適的權重。訓練遷移森林的步驟如圖 7-12 所示，具體過程為：

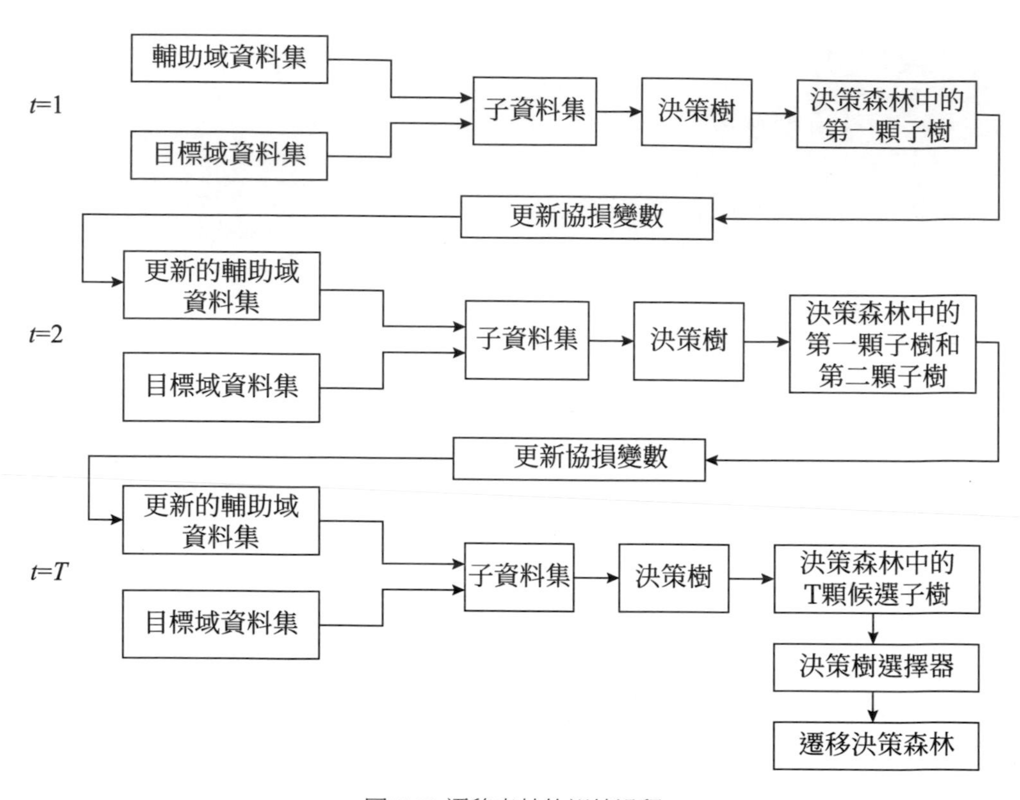

圖 7-12 遷移森林的訓練過程

(1) 從源域樣本集和目標域樣本集中分別隨機挑選相同數量的樣本，創建一個子集。

(2) 子集中的每個樣本被協損變數 λ 賦予一個權重，然後訓練一棵決策樹。

(3) 第 2 步建立的決策樹，作為遷移森林的一棵候選樹。並用遷移森林和用源域樣本建立的隨機森林更新協損變數 λ。

(4) 重複以上幾步，直到獲得較大數量的遷移森林的候選樹。

(5) 選中候選樹的後半部分作為遷移森林。

7.6.4 遷移學習的發展

在人工智慧應用的通用性不斷增強的背景下，遷移學習異軍突起。作為中國遷移學習研究的先行者，楊強教授於 2010 年在 IEEE Transactions on knowledge and data engineering 上發表了一篇詳細解釋遷移學習的論文：A Survey on Transfer Learning，其中對遷移學習的概念、與機器學習幾個傳統方法的區別以及一些常用的遷移學習方法都做出瞭解釋。楊強教授作為首位美國人工智慧協會（AAAI）華人 Fellow，並於 2016 年 6 月，成為 AAAI 首位華人執行委員會委員，唯一 AAAI 華人 Councilor，國際頂級學術會議 KDD、IJCAI 等大會主席，香港科技大學電腦與工程系主任，在國內外機器學習界聲譽卓著，並作為中國人工智慧創業公司第四範式首席科學家，積極推廣人工智慧技術在中國的發展。

自動化、智慧化的機器學習的關鍵技術之一就是將深度學習、強化學習和遷移學習有機結合（Reinforcement Transfer Learning, RTL）。楊強認為，人工智慧成功的五個必要條件包括大數據、問題邊界清晰、外部回饋、計算資源和頂級資料科學家，強化學習和遷移學習分別能夠提供的回饋和適應性是單獨的深度學習模型所不具備的，同時深度學習的重心已經從研究轉向工業應用，深度學習、強化學習和遷移學習關係如圖 7-13 所示。

圖 7-13 深度學習、強化學習和遷移學習關係圖

遷移學習主要解決兩個問題。

(1) 小資料的問題。例如，某老闆計劃在新開的網店中售賣一種新的糕點，由於缺少歷史銷售資料，無法建立模型篩選目標客戶進行精準推薦。但客戶在購物中商品間存在一定的關聯關係，因此在購物中可以根據客戶在其他商品中的行為習慣，如對飲品的購買資料，構建客戶對飲品的偏好模型。再根據商品間的關聯關係，即糕點與飲品見的關聯關係，將對飲品的推薦模型遷移到糕點模型中，這樣，在小資料的情況下，可以提升商品的推薦成功率。這個例子說明，當有兩個領域，一個領域已經積累大量的資料，能成功構建模型，而另一個領域資料缺失時，若兩個領域存在關聯關係，該模型是可遷移應用的。

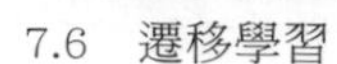

(2) 個性化的問題。例如，每個人都希望自己的手機能夠記住一些習慣，這樣不用每次都去設定它，但是怎樣才能讓手機記住這一點呢？其實可以透過遷移學習把一個通用用戶使用手機的模型遷移到個性化的資料上面。未來這種場景將會普遍存在。

目前遷移學習的一個難點是跨領域遷移。一般的遷移學習是在領域裡不同的業務之間的遷移，然而跨領域遷移，例如，網路搜尋遷移到推薦，圖像識別遷移到文字識別，這些僅在學術界有較為深入研究，但是如何把它應用到工業界，還需拭目以待。跨領域的遷移是要有耐心和足夠的積累才可以發現不同領域之間的關聯。以醫療企業為例，在基因檢測領域已經累積了大量資料，體檢也累積了大量資料，但基因檢測和體檢是兩個不同的領域，所以它們之間的關聯很少，但當我們有了用戶的行為資料，對用戶有長期的追蹤，就可以把這兩個資料領域關聯起來。

另外，遷移學習還需要關注偏資料的處理。例如，在室外有 GPS，室內沒有，怎麼辦呢？要定位一個很大的商場，其中一個辦法是用 Wi-Fi 來定位，拿一個手機 App 收集很多的訊號資料用來訓練，但這個資料很容易偏，即資料收集的時候和下一刻分布是不一樣的，是不是需要重新地收集一遍？從時間和成本角度考慮，不可能每個小時收集一遍室內的資料，此時對收集的資料用遷移學習方法消除偏差，用點到點的距離，透過校正的方法，或者稱為加權法，即對歷史資料加權，使得歷史資料和現在資料比較近的那些資料的權重比較大，比較遠的資料的權重逐漸變小，在疊代多次以後，剩下的資料就是跟現在的資料類似的資料了。現在遷移學習在室內定位的領域已有較多應用。

形象來說，目前對遷移學習的研究主要集中在，可以從其他已經學習到的知識，應用到目標任務，目標任務在此基礎上進行學習，而不是從頭學習。類似於人在學會了一款遊戲後，可以很容易得上手類似的遊戲。當人類看到一個恐龍的圖片，之後給的恐龍多麼古怪，毛髮，顏色，特徵都不一樣，但是人類依然可以相當輕鬆地知道這是恐龍。接下來，學習演算法還希望能夠像人們一樣可以舉一反三，目前已經有一些學術研究，稱之為泛化學習（Generative learning）。繼續發展，就是一種稱為分層學習的簡演算法（Hierarchical learning）。其大致想法是希望機器能跟人類一樣從 1+1=2 慢慢學會微積分。從而真正達到強人工智慧。

參考文獻

[1] R. O. Duda, P. E. Hart, and D. G. Stork. Pattern Classification. John Wiley & Sons, Inc., NewYork, 2nd edition, 2001.

[2] M. H. Dunham. Data Mining：Introductory and Advanced Topics. Prentice Hall, 2002.

[3] C. Elkan. The Foundations of Cost-Sensitive Learning. In Proc. of the 17th Intl. Joint Conf. on Artificial Intelligence, pages 973-978,Seattle, WA, August 2001.

[4] W. Fan, S. J. Stolfo, J. Zhang, and P. K. Chan. AdaCost：Misclassification Costsensitive Boosting.In Proc. of the 16th Intl. Conf. on Machine Learning, pages 97-105, Bled, Slovenia, June 1999.

[5] J. FlimkTanz and G. Widmer. Incremental Reduced Error Pruning. In Proc. of the 11th Intl. Conf.on Machine Learning, pages 70-77, New Brunswick, NJ, July 1994.

[6] C. Fcrri, P. Flach, and J. Hemandez-Orallo. Learning Decision Trees Using the Area Under the ROC Curve. In Proc. of the 19th Intl. Conf. on Machine Learning, pages 139-146, Sydney,Australia, July 2002.

[7] Y. Freund and R. E. Schapire. A Decision-theoretic Generalization of On-line Learning and an Application to Boosting. Journal of Computer and System Sciences, 55(1)：119-139, 1997.

[8] K. Fukunaga. Introduction to Statistical Pattern Recognition. Academic Press, New York, 1990.

[9] E.-H. Han, G. Karypis, and V. Kumar. Text Categorization Using Weight Adjusted k-Nearest Neighbor Classification. In Proc. of the 5th Pacific-Asia Conf. on Knowledge Discovery and Data Mining, Lyon, France, 2001.

[10] J. Han and M. Kamber. Data Mining：Concepts and Techniques. Morgan Kaufmann Publishers,San Francisco, 2001.

[11] D. J. Hand, H. Mannila, and P. Smyth. Principles of Data Mining. MIT Press, 2001.

[12] T. Hastie and R. Tibshirani. Classification by pairwise coupling. Annals of Statistics, 26(2)：451-471,1998.

[13] T. Hastie, R. Tibshirani, and J. H. Friedman. The Elements of Statistical Learning：Data Mining,Inference, Prediction. Springer, New York, 2001.

[14] M. Hearst. Trends & Controversies：Support Vector Machines. IEEE Intelligent Systems, 13(4)：18-28,1998.

[15] D.Heckerman. Bayesian Networks for Data Mining. Data Mining and Knowledge Discovery, 1(1)：79-119,1997.

[16] R. C. Holte. Very Simple Classification Rules Perform Well on Most Commonly Used Data sets.Machine Learning, 11：63-91, 1993.

[17] N. Japkowicz. The Class Imbalance Problem：Significance and Strategies. In Proc. of the 2000 Intl. Conf. on Artificial Intelligence：Special Track on Inductive Learning, volume 1,pages111-117, Las Vegas, NV, June 2000.

[18] M. V. Joshi. On Evaluating Performance

of Classifiers for Rare Classes. In Proc. of the 2002 IEEE Intl. Conf. on Data Mining, Maebashi City, Japan, December 2002.

[19] M. V. Joshi, R. C. Agarwal, and V. Kumar. Mining Needles in a Haystack：Classifying Rare Classes via Two-Phase Rule Induction. In Proc. of 2001 A CM-SIGMOD Intl. Conf. on Management of Data, pages 91-102, Santa Barbara, CA, June 2001.

[20] M. V. Joshi, R. C. Agarwal, and V. Kumar. Predicting Rare Classes： Can Boosting Make Any Weak Learner Strong? In Proc. of the 8th Intl. Conf. on Knowledge Discovery and Data Mining,pages 297-306,Edmonton, Canada, July 2002.

[21] M. V. Joshi and V. Kumar. CREDOS：Classification Using Ripple Down Structure (A Case for Rare Classes). In Proc. of the SIAM Intl. Conf. on Data Mining, pages 321-332, Orlando, FL,April 2004.

[22] E.B. Kong and T. G. Dietterich. Error-Correcting Output Coding Corrects Bias and Variance. In Proc. of the 12th Intl. Conf. on Machine Learning, pages 313-321, Tahoe City, CA, July 1995.

[23] M. Kubat and S. Matwin. Addressing the Curse of Imbalanced Training Sets：One Sided Selection. In Proc. of the 14th Intl. Conf. on Machine Learning, pages 179-186, Nashville, TN,July 1997.

[24] P. Langley, W. Iba, and K. Thompson. An Analysis of Bayesian Classifiers. In Proc. of the 10th National Conf. on Artificial Intelligence, pages 223 _ 228, 1992.

[25] D. D. Lewis. Naive Bayes at Forty：The Independence Assumption in Information Retrieval. In Proc. of the 10th European Conf. on Machine Learning (ECML 1998),pages 4-15,1998.

[26] O.Mangasarian. Data Mining via Support Vector Machines. Technical Report Technical Report 01-05, Data Mining Institute, May 2001.

[27] D. D. Margineantu and T. G. Dietterich. Learning Decision Trees for Loss Minimization in Multi-Class Problems. Technical Report 99-30-03,Oregon State University, 1999.

[28] R. S. Michalski, I. Mozetic, J. Hong, and N. Lavrac. The Multi-Purpose Incremental Learning System AQ15 and Its Testing Application to Three Medical Domains. In Proc. of 5th National Conf. on Artificial Intelligence, Orlando, August 1986.

[29] T. Mitchell. Machine Learning. McGraw-Hill, Boston, MA, 1997.

[30] S. Muggleton. Foundations of Inductive Logic Programming. Prentice Hall, Englewood Cliffs,NJ, 1995.

第 8 章

資料探勘在營運商智慧營運中的應用

本章圍繞資料探勘技術具體應用展開。前六節針對營運商在智慧營運的過程中需要解決的合約機外呼行銷、多種互聯網業務的精準推送、方案精準適配、客戶保有和投訴預警問題分別進行了詳細的分析、建模、應用及優化。8.7 節介紹了資料柵格化的原理，以及在四網協同問題中的具體應用。8.8 節主要介紹了幾種資料探勘技術在無線室內定位方面的應用。

8.1 概述

面對電信市場競爭的加劇和資訊技術的發展，營運商必須建立「以客戶為中心」的管理模式。因此，利用資料探勘技術對海量的客戶資料進行資訊分析，從中發現各種潛在的、有價值的規律性的知識，是當前營運商提升客戶關係管理（Customer Relation Management，CRM）水平的重要手段，具有較大的理論意義和應用價值。資料探勘技術在營運商的智慧營運中主要有如下四個方面的應用。

1．精準行銷

在移動互聯網時代，基於資料的商業智慧應用為營運商帶來巨大價值。透過大數據探勘和處理，可以改善用戶體驗，及時準確地進行業務推薦和客戶關懷；提升網路品質，調整資源配置；助力市場決策，快速準確地確定公司管理和市場競爭策略。例如，對使用環節如流量日誌資料的分析可幫助區分不同興趣關注的人群，對設定環節如 HLR/HSS 資料的分析可幫助區分不同活動範圍的人群，對購買環節如 CRM 的分析可幫助區分不同購買力和信用度的人群，這樣針對新的商旅方案或導航服務的行銷案就可以更精準地向平時出行範圍較大的人士進行投放。

2．網路提升

互聯網技術在不斷發展，基於網路的信令資料也在不斷增長，這給營運商帶來了巨大的挑戰，只有不斷提高網路服務品質，才有可能滿足客戶的儲存需求。在這樣的外部刺激下，營運商不得不嘗試大數據的海量分布式儲存技術、智慧分析技術等先進技術，努力提高網路維護的即時性，預測網路流量峰值，預警異常流量，防止網路堵塞和宕機，為網路改造、優化提供參考，從而提高網路服務品質，提升用戶體驗。

3．互聯網金融

通訊行業的大數據應用於金融行業目前是徵信領域。中國聯通與招商銀行成立的「招聯消費金融公司」即是較好案例。這種合作模式的優勢主要體現在招商銀行有對客戶信用評級的迫切需求，而聯通擁有大量真實而全面的用戶資訊。當招行需要瞭解某位潛在客戶的信用或個人情況時，可向聯通發起申請獲得資料，或者給出某些標籤。類似於此的商業模式將會在互聯網金融大發展時期獲得更多重視。目前，中國互聯網金融發展的一大壁壘即是信用體系的缺失，而營運商擁有的寶貴大數據將是較好的解決渠道之一。

4．合作變現

隨著大數據時代的來臨，資料量和資料產生的方式發生了重大的變革，營運商掌握的資訊更加全面和豐滿，這無疑為營運商帶來了新的商機。目前營運商主要掌握的資訊包括電信用戶的位置資訊、信令資訊等。就位置資訊而言，營運商可以透過位置資訊的分析，得到某一時刻某一地點的用戶流量，而流量資訊對於大多數商家具有巨大的商業價值。透過對用戶位置資訊和指令資訊的歷史資料和當前資訊分析建模可以服務於公共服務業，指揮交通、應對突發事件和重大活動，也可以服務於現代的零售行業。營運商可以在資料中心的基礎上，搭建大數據分析平台，透過自己採集或者第三方提供等方式匯聚資料，並對資料進行分析，為相關企業提供分析報告。在未來，這將是營運商重要的利潤來源之一。例如，透過系統平台對使用者的位置和運動軌跡進行分析，實現熱點地區的人群分布的機率性有效統計，對景區、商場、學校等場景的人流量進行監測和管控。

8.2 單個業務的精準行銷——合約機外呼行銷

數位化轉型浪潮席捲全球，推動價值流動模式的轉變，跨界競爭導致各行業必須以生態建設為主導，重視和依靠資料探勘，對內提升企業營運效率，對外拓展盈利空間，以應對激烈競爭。同時，大數據熱浪的推進，為手握大把資料資源的營運商帶來了機遇。營運商如何抓住這難得的機會，資訊出「資料金礦」的價值，選對應用方向很重要。

移動互聯網時代掌控手機終端成為各大營運商維繫客戶與擴大市場的策略重心，各營運商在終端行銷上均面臨著通訊市場日趨飽和、被互聯網異質業務管道化、客戶轉化品質與效益較低等問題，迫切需要資訊海量客戶及行為資料的價值，提升精細化管理水平。資料探勘的引入將成為重要抓手。

8.2.1 總結歷史行銷規律

以某一通用樣本資料分析為例，該資料為某營運商外呼行銷 4G 終端的歷史資料，共記錄了 2 萬位客戶的 18 個屬性欄位，包括客戶的基本資訊及行銷狀態（1 代表行銷成功；0 代表行銷未成功），表 8-1 為 4G 終端行銷資料的所有欄位資訊。如何透過這部分歷史行銷資料，利用資料探勘的方法，資訊出 4G 終端行銷潛在的客戶群體是本節主要內容。

由於本節建模的目標是資訊出業務行銷目標客戶的特徵，結合本書第一章到第七章所論述的原理與方法，考慮到模型的可解釋性，擬採用分類分析中的決策樹演算法作為預測模型構建的基礎演算法。依據資料探勘的基本流程，資料前處理是模型構建前必不可少的步驟。回顧第二章的內容，資料前處理主要包括奇異值（或雜訊資料）處理、欄位缺失處理、欄位相關性分析以及欄位類型轉換（如字串型轉化為數值型）等。不同資料所需要的前處理工作要依據建模目標和資料自身特徵進行選擇性操作。本節所涉及的資料前處理工作主要包括奇異值（或雜訊資料）處理和無意義欄位處理。由於本節的樣本資料僅有18個屬性欄位，因此本節暫不考慮基於相關性分析對欄位進行篩選與降維。

表 8-1 4G 終端行銷資料示例

欄位名稱	欄位類型	範例
客戶編號	字串	10942
套餐品牌	字串	全球通
信用等級	字串	五星級鉑金卡 VIP
是否使用 4G USIM 卡	字串	否
是否 4G 資費	字串	是
網齡	數值	204
當月 ARPU	數值	2201.08
當月 MOU	數值	2611
當月停機天數	數值	0
當月停機次數	數值	0
當月 DOU	數值	54557
隨意玩編號	數值	Null(為空)
終端程式	字串	WCDMA
是否智慧型手機	字串	Y
終端使用時間（月）	數值	22
當月國內漫遊時長	數值	42
當月國際漫遊時長	數值	1528
外呼行銷 4G 終端是否成功	數值	0

1．資料前處理相關操作

1）奇異值（或雜訊資料）的刪除

（1）將樣本資料導入 SPSS 軟體中，依次點擊「文件 (F) →打開 (O) →資料 (A)」。在「查找範圍 (L)」下拉目錄中找到樣本資料所在文件夾（注意，SPSS 軟體預設文件類型為 .sav 格式），在「文件類型 (T)」下拉目錄中找到樣本資料的儲存類型，如圖 8-1 所示，打開「樣本資料 1.xlsx」文件即可。

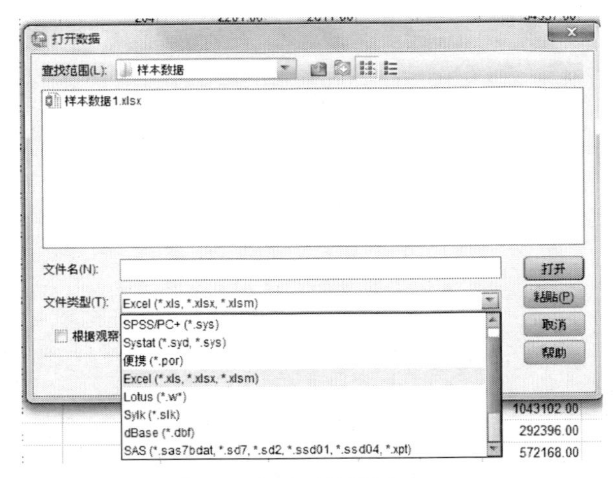

圖 8-1 將樣本資料導入 SPSS

（2）基於圖形觀察資料欄位當月 MOU 和當月 DOU 中的奇異值，依次點擊「圖形 (G) →圖表構建程式 (C)」，根據預覽提示，點擊選中「庫」選項卡中的「雙軸」，後雙擊右側「點圖」，得到如圖 8-2 所示結果。在此僅需要一個縱軸，點擊「基本元素」選項卡，雙擊「選擇軸」目錄下第二項單縱軸選項，將「變數」中「當月 MOU」拖動到預覽框中的 X 軸區域，「當月 DOU」拖動到預覽框中的 Y 軸區域，效果如圖 8-3 所示，最後點擊「確定」即可。

（3）在輸出窗口觀察圖形分布結果，發現「當月 DOU」存在明顯的奇異值，雙擊圖片進入圖表編輯器，點擊選中奇異值點，右鍵選擇「轉至個案」，如圖 8-4 所示，即可在資料窗口找到該條記錄，選中記錄並刪除。

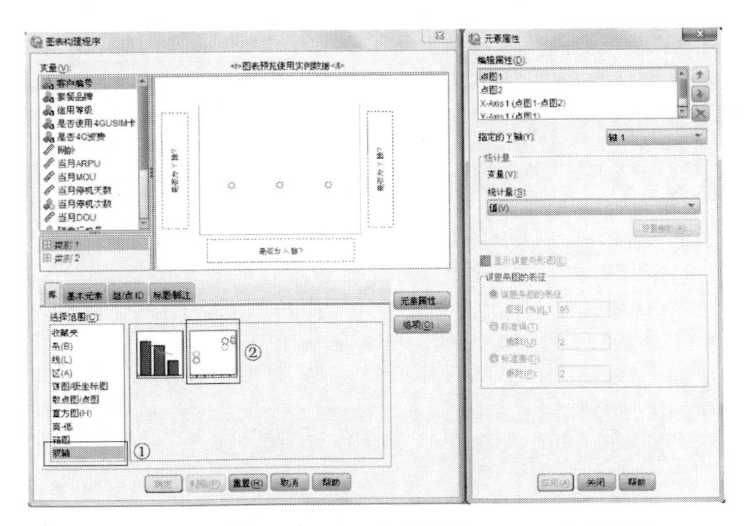

圖 8-2 繪製「當月 MOU」和「當月 DOU」分布圖形 1

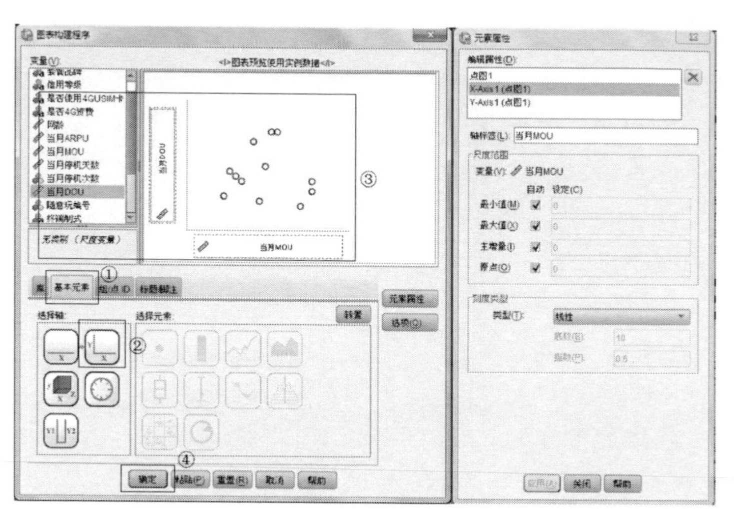

圖 8-3 繪製「當月 MOU」和「當月 DOU」分布圖形 2

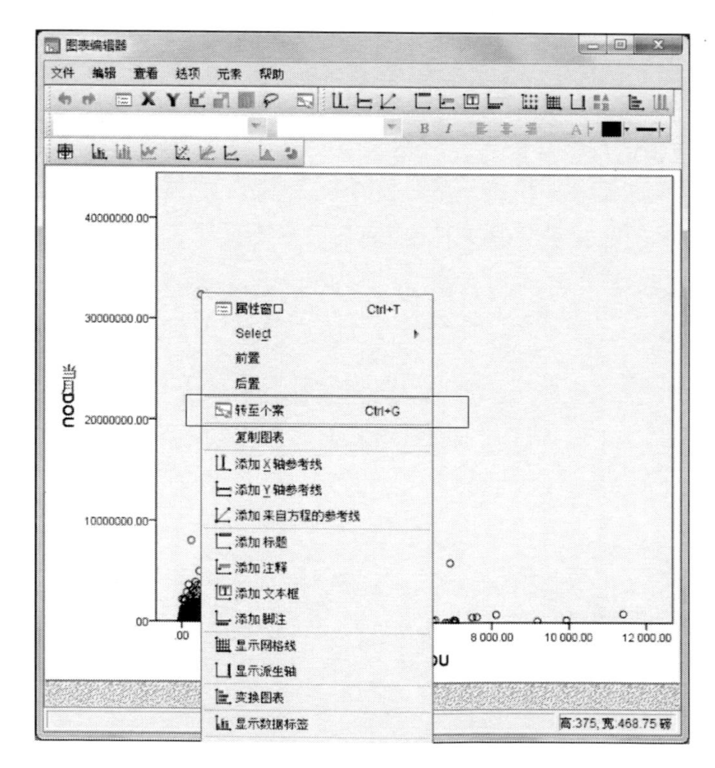

圖 8-4 利用圖表編輯器定位奇異值

其他奇異值的刪除操作同上，不再贅述。

2）無意義欄位刪除

（1）基於對資料的統計分析，對資料欄位進行篩選，依次點擊目錄欄中「分析 (A) →描述統計→頻率 (F)」，選中所有欄位放入右側「變數 (V)」欄，其他參數為預設值，如圖 8-5 所示，點擊確定。

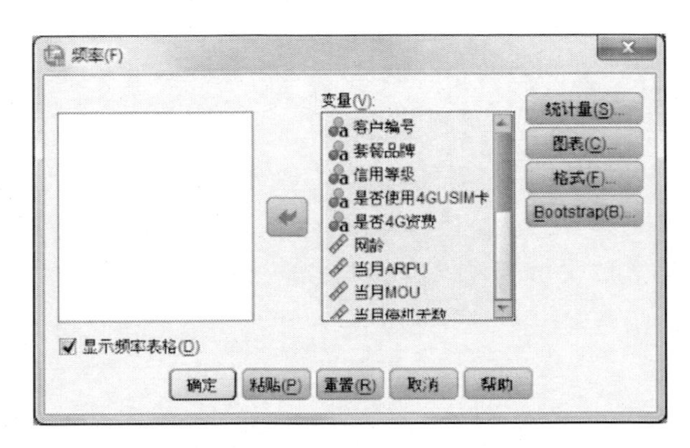

圖 8-5 對所有欄位進行頻率統計

（2）所有欄位的頻率統計結果呈現在輸出窗口，發現「隨意玩編號」欄位僅有兩種有效值 600000061474 和 600000061478，如圖 8-6 所示，且該欄位的缺失率在 83.9%，缺失較為嚴重，故該欄位對於後續分類建模沒有實際意義，為降低生成模型的計算量，可直接刪除該欄位。

隨意玩編號

		頻率	百分比	有效百分比	累積百分比
有效	600000061474	3122	15.6	97.0	97.0
	600000061478	96	0.5	3.0	100.0
	合計	3218	16.1	100.0	
缺失	系統	16781	83.9		
合計		19999	100.0		

圖 8-6 「隨意玩編號」統計結果

注意：以上操作僅僅是資料前處理相關操作的極小部分，在實際應用中要結合建模需求和資料特徵選擇匹配的前處理步驟。

2．分類建模相關操作

在完成相關前處理操作後，進入建模分析階段，基於第 4 章分類演算法的基礎知識，我們首先要準備兩組資料：一是訓練集資料，用來構建分類預測模型，總結歷史行銷規律；二是測試集資料，用來驗證預測模型的效能及其泛化能力。測試集資料一般選取與訓練集相同時間或之後一段時間內採集的資料，且要求測試集資料與訓練集資料具有相同的欄位資訊。本節由於僅有一組資料，我們透過隨機採樣的方式，隨機抽取 80% 資料作為訓練集，其餘 20% 資料作為測試集，用來實現對所建模型的驗證。

將資料集合透過隨機採樣方式在 SPSS 軟體中進行拆分的操作如下，依次點擊目錄欄「資料 (D) →選擇個案」，如圖 8-7 所示，選擇「隨機個案樣本 (D)」，點擊「樣本」，選擇「大約 (A)」，在輸入框輸入「80」則表示從所有個案中隨機選擇總量 80% 的個案，點擊「繼續」。輸出為預設選項「過濾掉未選中的個案 (F)」，點擊「確定」。

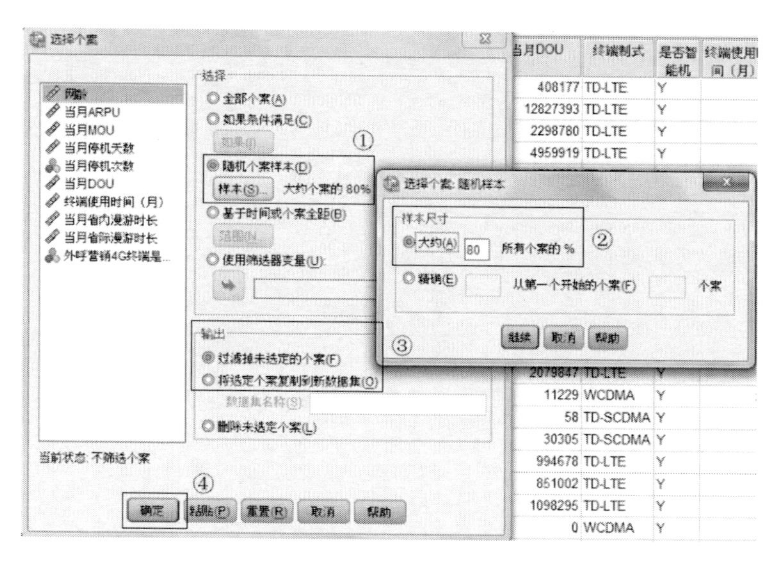

圖 8-7 隨機選擇 80% 的個案

在資料視圖窗口，如圖 8-8 所示，我們可以看到最後一列後面橢圓框中多出的變數欄位「filter_$」，其中數字 1 代表隨機選中的 80% 的個案，數字 0 代表剩餘 20% 的資料。最後，根據「filter_$」將該資料集合拆分成訓練集和測試集。進行資料集合拆分的操作如下：依次點擊目錄欄「資料 (D) →選擇個案」，如圖 8-9 所示，選擇「如果條件滿足 (D)」，點擊「樣本」，選中「大約個案的 80%」加入輸入框，篩選條件是「filter_$=1」，點擊「繼續」。輸出項選擇「將選定個案複製到新資料集 (O)」，「資料集名稱」自擬，此處命名為「訓練集資料」，最後點擊「確定」，即可得到經隨機採樣後的訓練集資料文件。測試集資料文件的篩選方法基本與訓練集相同，但需要將篩選條件改為「filter_$=0」。

1 : filter_$ 1

	否使用4 USIM卡	是否4G终端	网龄	当月ARPU	当月MOU	当月停机天数	当月停机次数	当月DOU	终端制式	是否智能机	终端使用时间（月）	当月省内漫游时长	当月省际漫游时长	外呼营销4G...	filter_$	变量
1		是	204	2201.0800	2611			54567	WCDMA	Y	22	42	1520	0	1	
2		否	201	2181.7100	3371			35250	WCDMA	Y	15	24	1120	0	1	
3		否	171	1827.3300	2157			178070	FDD-LTE	Y	4	260	15	1	1	
4		是	216	1736.4000	4218	.0000	0	358592	WCDMA	Y	35	28	0	1	1	
6		是	224	1725.4400	2898			362536	TD-LTE	Y	1	432	244	0	1	
6		否	190	1704.2700	2961			107102	TD-LTE	Y	1	87	166	1	1	
7		否	193	1567.0400	3944			54865	FDD-LTE	Y	9	67	2943	0	1	
8		是	199	1537.1400	2365			401955	TD-SCDMA	Y	11	94	17	1	1	
9		是	180	1521.1000	2458			187045	FDD-LTE	Y	23	0	100	0	1	
10		否	167	1440.2800	3098			0	TD-LTE	Y	1	1247	443	1	1	
11		是	167	1438.1800	1284			1159282	TD-LTE	Y	0	416	7	0	1	
12		否	169	1344.1200	1058			466405	TD-SCDMA	Y	10	47	0	1	1	
13		否	190	1341.5900	1120			98001	WCDMA	Y	7	0	0	1	1	
14		是	163	1291.5600	5642			350414	WCDMA	Y	29	0	537	1	1	
15		是	206	1193.5800	1810			982078	TD-LTE	Y	4	302	48	0	1	
16		是	160	1182.8900	9176			142004	WCDMA	Y	9	403	3149	1	0	
17		是	212	1161.5700	1051			37	TD-LTE	Y	4	0	267	1	1	
18		否	196	1112.8400	5374			1043102	TD-LTE	Y	3	8	4448	0	1	
19		是	197	1045.2300	3136			292396	TD-LTE	Y	3	166	2379	1	1	
20		是	146	1025.4300	1977			572168	TD-LTE	Y	0	26	195	0	1	
21		否	190	1008.3900	2358			24102	WCDMA	Y	40	276	110	0	1	
22		是	166	992.5800	1316			667247	TD-LTE	Y	11	0	2	1	1	

圖 8-8 新增標記變數 filter_$

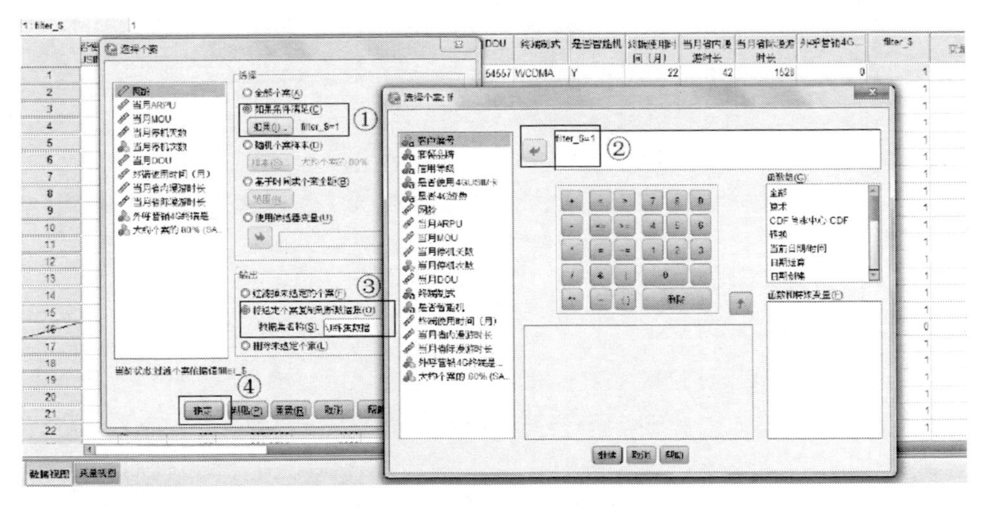

圖 8-9 按條件拆分篩選資料

基於訓練集資料進行分類建模，在這裡採用 CHAID 決策樹演算法，由於 SPSS 軟體中決策樹演算法內嵌資料轉換功能，即將字串型資料轉化為數值型，以方便後續的建模分析，因此，對於訓練集中的字串型資料不需要進行類型轉換操作。

模型構建操作具體步驟如下所述。

（1）在目錄欄依次點擊「分析 (A) →分類 (F) →樹 (R)」，如圖 8-10 所示。

训练集数据.sav [训练集数据] - IBM SPSS Statistics 数据编辑器

文件(F) 编辑(E) 视图(V) 数据(D) 转换(T) 分析(A) 直销(M) 图形(G) 实用程序(U) 窗口(W) 帮助

报告
描述统计
表(T)
比较均值(M)
一般线性模型(G)
广义线性模型
混合模型(X)
相关(C)
回归(R)
对数线性模型(O)
神经网络
分类(F)
降维
度量(S)
非参数检验(N)
预测(T)
生存函数(S)
多重响应(U)
缺失值分析(Y)...
多重归因(T)
复杂抽样(L)
质量控制(Q)
ROC 曲线图(V)...

两步聚类(T)...
K-均值聚类(K)...
系统聚类(H)...
树(R)...
判别(D)...
最近邻元素(N)...

	客户编号	套餐品牌	信…		4G资…	网龄	当月ARPU	当月MOU	当月停机天数
1	10942	全球通	五星級…			204	2201.0800	2611	
2	13382	全球通	五星級…			201	2181.7100	3371	
3	10908	全球通	五星級…			171	1827.3300	2157	
4	14130	全球通	五星級…			216	1736.4000	4218	.00
5	52	全球通	五星級…			224	1725.4400	2898	
6	10102	全球通	五星級…			190	1704.2700	2961	
7	11249	全球通	五星級…			193	1557.0400	3944	
8	1129	全球通	五星級…				…7.1400	2366	
9	2985	全球通	五星級…				…1.1000	2458	
10	11312	全球通	五星級…				…0.2800	3098	
11	11064	全球通	五星級…				…8.1800	1284	
12	8020	全球通	五星級…				…4.1200	1058	
13	8853	全球通	五星級…				…1.5900	1120	
14	4766	全球通	五星級…				…1.5600	5642	
15	710	全球通	五星級…			206	1193.5800	1810	
16	699	全球通	五星級…			212	1151.5700	1051	
17	8043	全球通	五星級…			196	1112.8400	5374	
18	17261	全球通	五星級…			197	1045.2300	3136	
19	2925	全球通	五星級…			146	1025.4300	1977	
20	13516	全球通	五星級金卡vip	是	否	190	1008.3900	2358	
21	9707	全球通	五星級钻卡vip	是	是	165	992.5800	1316	
22	8636	全球通	五星級钻卡vip	否	否	188	991.9600	6050	

数据视图 变量视图

树(R)...

圖 8-10 分類模型之決策樹

2）在打開的決策樹對話框中，如圖 8-11 所示，將目標變數「外呼行銷 4G 終端是否成功」移入「因變數」中，將其他所有變數移入「自變數」中。注意：自變數要剔除客戶編號和無意義變數。「增長方法 (W)」選擇預設 CHAID 演算法，關於其他演算法讀者可自行學習。在「輸出 (U)」「驗證 (L)」「條件 (T)」「保存 (S)」和「選項 (O)」相關參數設定完成後，點擊「確定」即可。

在「輸出 (U)」選項中，「樹 (T)」選項卡下，如圖 8-12 所示，為了使結果呈現具有更好的直觀效果，將「節點內容」更改為「表和圖表 (A)」，其他參數均可採用預設值；「統計量」選項卡下所有參數均採用預設值；「規則」選項卡下，如圖 8-13 所示，勾選「生成分類規則 (G)」「語法」「節點」和「類型」相關參數設為預設值即可，勾選「將規則導出到文件 (x)」，透過「瀏覽」設定文件儲存路徑及名稱，文件預設儲存類型為 .sps；最後點擊「繼續」按鈕。

圖 8-11 決策樹演算法相關參數設定

圖 8-12 決策樹模型輸出參數設定 1

「驗證 (L)」「條件 (T)」和「選項 (O)」相關參數採用預設值，在「保存 (S)」選項中，分別勾選「保存變數」下的「終端節點編號 (T)」「預測值 (P)」和「預測機率 (R)」按鈕。

上述參數配置完成後，回到決策樹主介面（如圖 8-14 所示），點擊「確定」按鈕，即開始決策樹建模。

3）在輸出窗口得到分類模型彙總結果（如圖 8-15 所示）和分類樹形圖（如圖 8-16 所示）。從彙總結果可以看出，最大樹深為 3，終端節點數為 22，影響 4G 終端行銷最為重要的屬性是「終端制式」等內容。對於分類樹形圖，雙擊可進入「樹編輯器」介面，觀察節點 2 及其子節點，可以看出子節點的劃分對目標變數的判決是沒有意義的，此時可以透過點擊節點右下角的減號，實現對決策樹的後剪枝操作，其他節點同理，得到結果如圖 8-17 所示。（此處請讀者配合軟體操作來理解）

圖 8-13 決策樹模型輸出參數設定 2

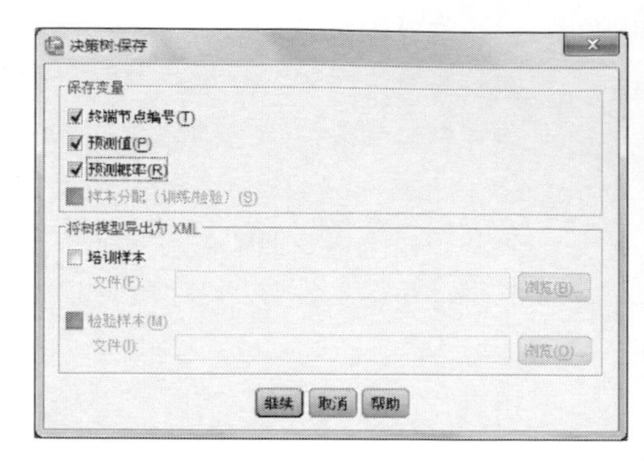

圖 8-14 決策樹模型輸出參數設定 3

模型匯總

指定	增長方法	CHAID
	因變數	外呼行銷4G終端是否成功
	自變數	套餐品牌，信用等級，是否使用4GUSIM卡，是否4G資費，網齡，當月ARPU，當月MOU，當月停機天數，當月停機次數，當月DOU，終端制式，是否智慧機，終端使用時間（月），當月省內漫遊時長，當月省際漫遊時長
	驗證	無
	最大樹深度	3
	父節點中的最小個案	100
	子節點中的最小個案	50
結果	自變數已包括	終端制式，當月DOU，網齡，信用等級，當月省際漫遊時長，是否使用4GUSIM卡，是否4G資費，當月ARPU，當月MOU
	節點數	32
	終端節點數	32
	深度	3

圖 8-15 決策樹模型彙總

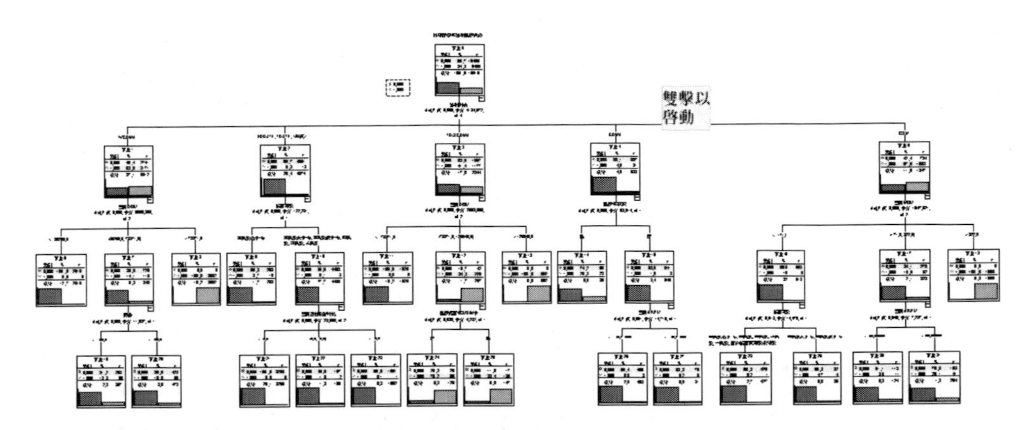

圖 8-16 決策樹模型樹形圖

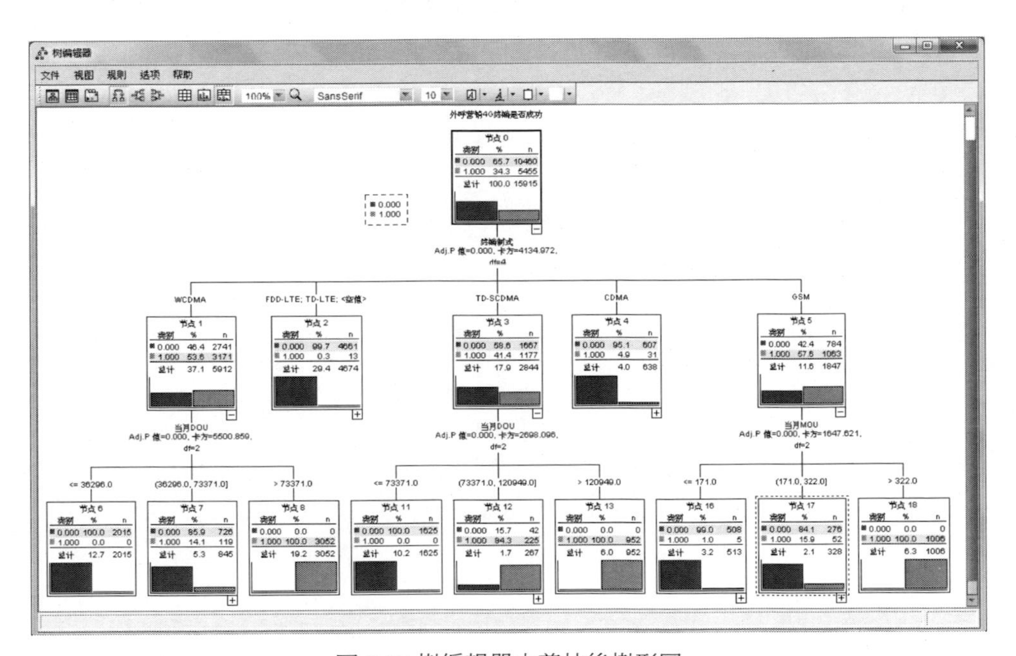

圖 8-17 樹編輯器中剪枝後樹形圖

（4）決策樹模型效能在輸出窗口中也有體現，從圖 8-18 中的混淆矩陣可以看出，模型命中率高達 96% 的同時誤判率僅為 0.4%[注意：在 SPSS 軟體中決策樹判決的預設閾值為 50%，即當預測機率大於 50% 時，預測值為 1（1 代表行銷成功）]。為了更加準確、直觀地描述模型的預測效能，我們需要繪製模型的 ROC 曲線。

分類

已觀測	已預測		
	0	1	正確百分比
0	10418	42	99.6%
1	220	235	96.0%
總計百分比	66.8%	33.2%	98.4%

增長方法：CHAID
因變數列表：外呼行銷4G終端是否成功

圖 8-18 決策樹模型的效能指標

從 SPSS 軟體中資料視圖（如圖 8-19 所示）可以看出，模型構建完成後資料中新增了四個變數，分別為「NodeID」表示該個案所屬終端節點編號；「Predicted Value」表示該個案外呼行銷 4G 終端是否成功的預測結果，1 代表行銷成功，0 代表行銷不成功；「Predicted Probability_1」表示該個案被預測為 0（行銷不成功）的機率；「Predicted Probability_2」表示該個案被預測為 1（行銷成功）的機率，顯然，兩個機率值的和為 1。

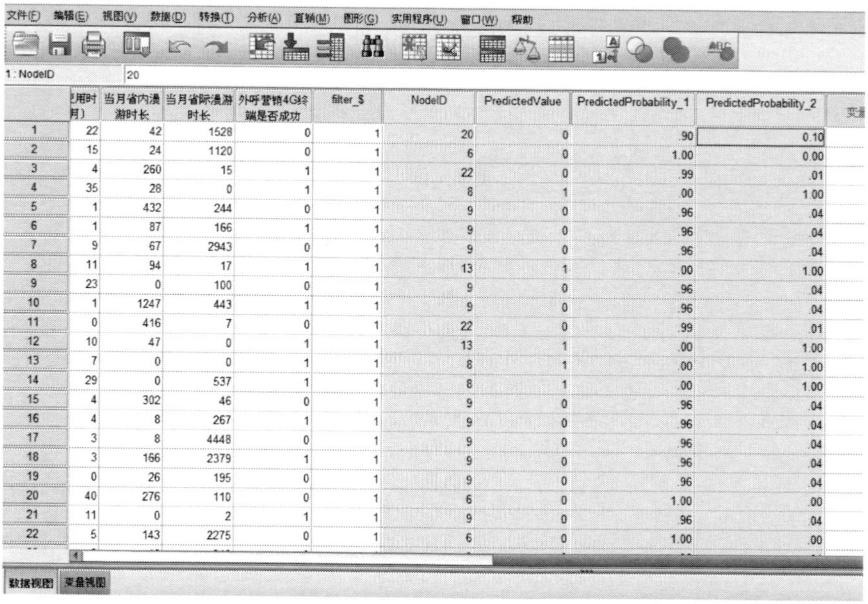

文件(F) 编辑(E) 视图(V) 数据(D) 转换(T) 分析(A) 直销(M) 图形(G) 实用程序(U) 窗口(W) 帮助

1 : NodeID 20

	用时月)	当月省内漫游时长	当月省际漫游时长	外呼营销4G终端是否成功	filter_$	NodeID	PredictedValue	PredictedProbability_1	PredictedProbability_2	变量
1	22	42	1528	0	1	20	0	.90	0.10	
2	15	24	1120	0	1	6	0	1.00	0.00	
3	4	260	15	1	1	22	0	.99	.01	
4	35	28	0	1	1	8	1	.00	1.00	
5	1	432	244	0	1	9	0	.96	.04	
6	1	87	166	1	1	9	0	.96	.04	
7	9	67	2943	0	1	9	0	.96	.04	
8	11	94	17	1	1	13	1	.00	1.00	
9	23	0	100	0	1	9	0	.96	.04	
10	1	1247	443	1	1	9	0	.96	.04	
11	0	416	7	0	1	22	0	.99	.01	
12	10	47	0	1	1	13	1	.00	1.00	
13	7	0	0	1	1	8	1	.00	1.00	
14	29	0	537	1	1	8	1	.00	1.00	
15	4	302	46	0	1	9	0	.96	.04	
16	4	8	267	1	1	9	0	.96	.04	
17	3	8	4448	0	1	9	0	.96	.04	
18	3	166	2379	1	1	9	0	.96	.04	
19	0	26	195	0	1	9	0	.96	.04	
20	40	276	110	0	1	6	0	1.00	.00	
21	11	0	2	1	1	9	0	.96	.04	
22	5	143	2275	0	1	6	0	1.00	.00	

数据视图 变量视图

圖 8-19 決策樹模型的結果儲存

其中「外呼行銷 4G 終端是否成功」「Predicted Value」和「Predicted Probability_2」這三個變數可用於繪製 ROC 曲線，在目錄欄依次點擊「分析

→ ROC 曲線圖 (V)」，得到如圖 8-20 所示介面，將「Predicted Probability_2」移入「檢驗變數 (T)」，將「外呼行銷 4G 終端是否成功」移入「狀態變數 (S)」，「狀態變數的值 (V)」鍵入 1（1 為目標值），同時勾選「帶對角參考線」，其他參數均為預設值，最後點擊「確定」按鈕即可。在輸出窗口可得到模型的 ROC 曲線圖（如圖 8-21 所示）以及曲線下面積（AUC，如圖 8-22 所示），從圖中可以看出，判決閾值為 50% 時，模型的 ROC 曲線下面積高達 0.998，具有極好的分類效能。

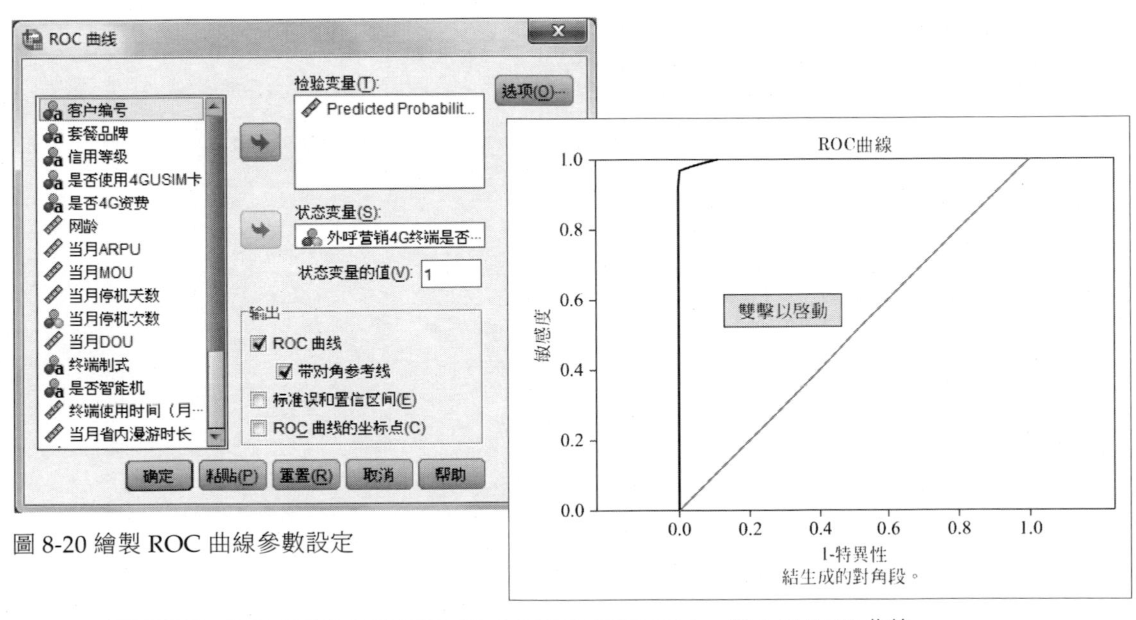

圖 8-20 繪製 ROC 曲線參數設定

圖 8-21 ROC 曲線

曲線下的面積

檢驗結果變數：Predicted Probability for外呼行銷4G終端是否成功=1

面積
0.998

檢驗結果變數：Predicted Probability for外呼行銷4G終端是否成功=1在正的和負的實際狀態組織間至少有一個結。統計數可能會出現偏差。

圖 8-22 曲線下面積（AUC）

（5）在「輸出」選項中保存的規則，即我們最終要用到的歷史行銷規律。儲存在我們設定的文件目錄下，雙擊打開規則文件，介面如圖 8-23 所示。基於規則文件就可以實現對歷史行銷規律的總結，以橢圓圈中節點為例，當客戶所用手機終端制式為 WCDMA，且當月 DOU 使用量在（36296.0，73371.0] 之間，且網齡小於 183 時，分類模型將該客戶行銷 4G 終端是否成功預測為 0，且預測機率為 0.811989。即滿足上述條件的客戶群體，本模型將其預測為終端行銷不成功，預測正確的成功率約為 81.2%。

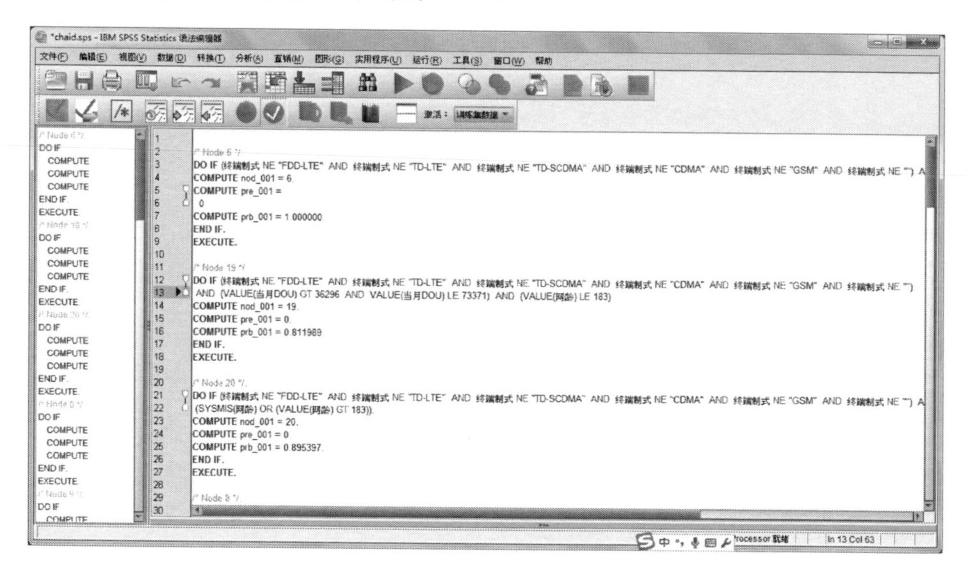

圖 8-23 生成的分類規則

終端行銷並不應該僅限於對客戶群體的大面積撒網，更加應該注重精確終端行銷，用最小的成本和最小的客戶打擾，來獲取最大的收益。同時，終端行銷也不應只限於終端行銷潛在客戶的資訊，精細化終端行銷客戶群體的資訊日益得到重視，利用歷史的終端行銷資料以及海量經分資料，把用戶群體細分成多個終端使用群體，構造多個不同終端的行銷模型，對不同的用戶群體採用不同的行銷方式，行銷不同價位、不同系統的終端。資訊海量客戶及行為資料的更多價值，提升精細化管理水平，資料探勘也是不可或缺的工具。實際應用中讀者可以自己針對不同需求和資料進行多個模型的構建，本書在此不做贅述。

8.2.2 預測潛在客戶群體

在 8.2.1 節中，基於訓練集資料，我們總結出了 4G 終端的行銷規律，即輸出的規則文件。但對於行銷規律的泛化能力，即能否直接應用於項目實踐，還需要利用測試集資料進行驗證，若基於測試集資料模型也具有較好的 ROC 曲線表現，則說明行銷規律具有較強的泛化能力，否則需要對模型進行調優。同時模型效能驗證過程對於模型相關指數的優化也具有一定的指導意義。

驗證行銷規律的泛化能力，需將以上得到的規則文件應用到測試集資料中。用 SPSS 軟體打開測試集資料，在目錄欄依次點擊「文件 (F) →新建 (N) →語法 (S)」，如圖 8-24 所示，在語法窗口輸入應用規則的指令「INSERT FILE=「規則路徑／規則名 .sps」，其中，規則路徑為生成模型時輸出規則保存的實際路徑，規則名為自定義的名稱，如圖 8-25 所示。輸入語法指令之後，檢查所輸入路徑是否正確。最後，點擊工具欄中綠色三角形即可運行語法指令，或者依次點擊目錄欄的「運行 (R) →全部」。

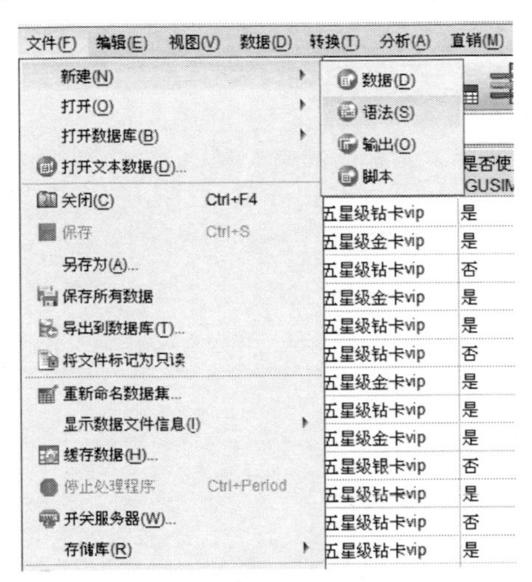

圖 8-24 新建語法窗口

注意事項如下：

(1) 命令不區分大小寫，但語法指令中用到的標點符號必須是英文半角符號。

(2) 測試集的欄位必須與構造模型的訓練集欄位保持高度一致，包括欄位名稱，欄位屬性等。若兩者不一致，在應用規則時，在語法窗口右下方「線」「命令」和「資訊」處將提示錯誤資訊。

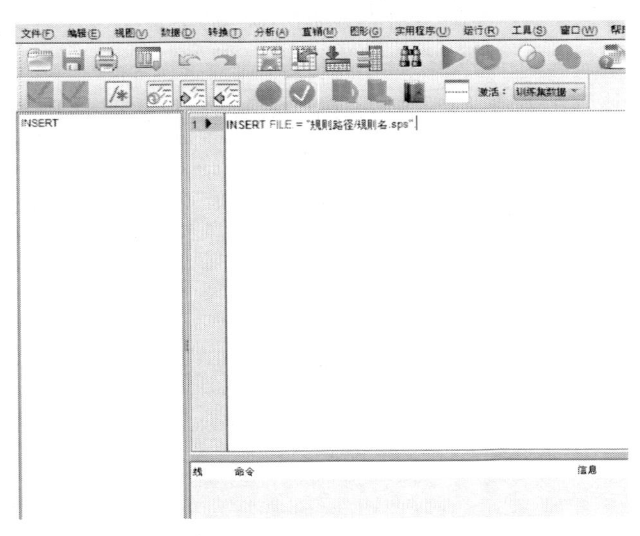

圖 8-25 規則應用語法視圖

運行語法指令之後，測試集資料中會生成三列新的欄位，即新的屬性，如圖 8-26 所示。分別是 nod_001、pre_001 和 prb_001 三個欄位，其中 nod_001 為節點編號，表示當前樣本（即客戶）根據決策樹模型被預測落在哪一個葉子節點上；pre_001 為預測值，表示樣本根據決策樹模型被預測為 1 或者 0（1 表示終端行銷成功；0 表示終端行銷不成功）；prb_001 為預測機率，需要注意的是，預測機率並不是指預測為 1 或者預測為 0 的機率，而是表示樣本根據決策樹模型被預測為當前預測值的機率。也就是說，若樣本的預測值為 0，預測機率為 0.8，則表示該樣本被預測為 0 的機率為 0.8；若樣本的預測值為 1，預測機率為 0.79，則表示該樣本被預測為 1 的機率為 0.79。由此不難知道，預測機率這一列屬性的值都是 0.5 到 1 之間的小數。

文件(F) 编辑(E) 视图(V) 数据(D) 转换(T) 分析(A) 直销(M) 图形(C) 实用程序(U) 窗口(W) 帮助

1 : nod_001 8

	终端使用时间（月）	当月省内漫游时长	当月省际漫游时长	外呼营销4G终端是否成功	filter_$	nod_001	pre_001	prb_001	变量
1	9	403	3149	1	0	8	1	1.00	
2	2	69	27	1	0	23	0	1.00	
3	1	213	115	0	0	9	0	0.96	
4	8	44	33	1	0	23	0	1.00	
5	5	0	0	1	0	25	1	0.88	
6	21	105	0	0	0	9	0	0.96	
7	4	79	0	0	0	21	0	1.00	
8	19	200	361	0	0	9	0	0.96	
9	8	61	612	1	0	23	0	1.00	
10	6	1041	0	0	0	21	0	1.00	
11	10	421	85	0	0	9	0	0.96	
12	0	1072	0	1	0	18	1	1.00	
13	13	105	0	1	0	8	1	1.00	
14	8	105	317	0	0	9	0	0.96	
15	5	17	0	1	0	13	1	1.00	
16	0	859	365	.	0	9	0	0.96	
17	6	65	129	0	0	23	0	1.00	
18	0	67	113	0	0	9	0	0.96	
19	12	36	832	0	0	9	0	0.96	
20	10	58	274	1	0	13	1	1.00	
21	1	32	58	0	0	23	0	1.00	
22	13	21	0	1	0	13	1	1.00	

数据视图 变量视图

圖 8-26 規則應用結果的資料視圖

為了準確評估分類模型應用到在測試集資料中的效能，需要繪製測試資料集中的 ROC 曲線。在 SPSS 軟體中，繪製 ROC 曲線需要將資料的目標變數作為「狀態變數」，目標變數的預測機率作為「檢驗變數」。因此，在測試集資料集中需要把預測值「pre_001」的預測機率「prb_001」轉化成預測為目標值 1 的機率（即客戶的購買機率）。具體操作步驟如下：在目錄欄依次點擊「轉換 (T) →計算變數 (C)」，得到計算變數窗口，如圖 8-27 所示，我們需要在變數「prb_001」原始資料的基礎上更新「pre_001=0」那部分資料的機率值，則需要將「prb_001」作為「目標變數 (T)」，「數字表達式 (E)」設為「1-prb_001」。同時，還需要設定「如果 (I)」條件，如圖 8-28 所示，選中「如果個案滿足條件則包括 (F)」，其條件為「pre_001=0」，即預測值為 0（行銷不成功），然後點擊「繼續」。此處需要注意的是，SPSS 軟體有時候對於小數點比較敏感，即當「pre_001」為 0.00（保留兩位小數的數值）時，系統可能並不認為 pre_001=0，因此此時保險起見，可將條件轉化為 pre_001<0.4，其中，0.4 為（0，1）之間的任意值，如圖 8-29 所示。最後在圖 8-27 計算變數窗口點擊「確定」按鈕。此時，對比圖 8-26 中的「prb_001」，圖 8-30 中的「prb_001」表示預測值為 1 的預測機率。

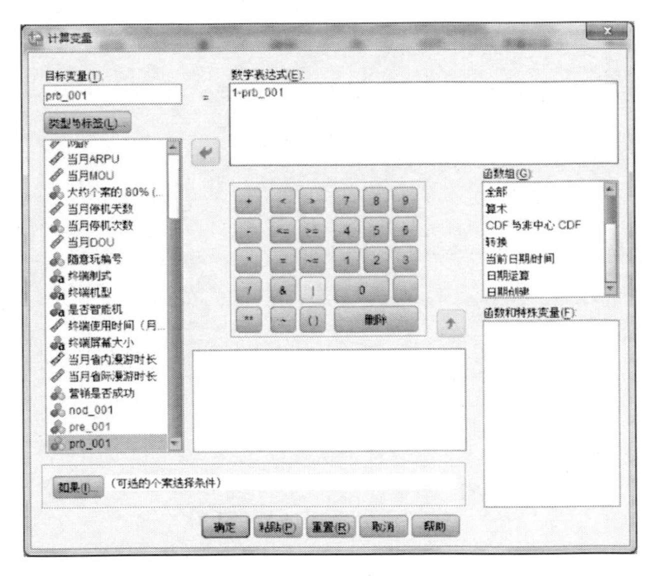

圖 8-27 計算變數窗口

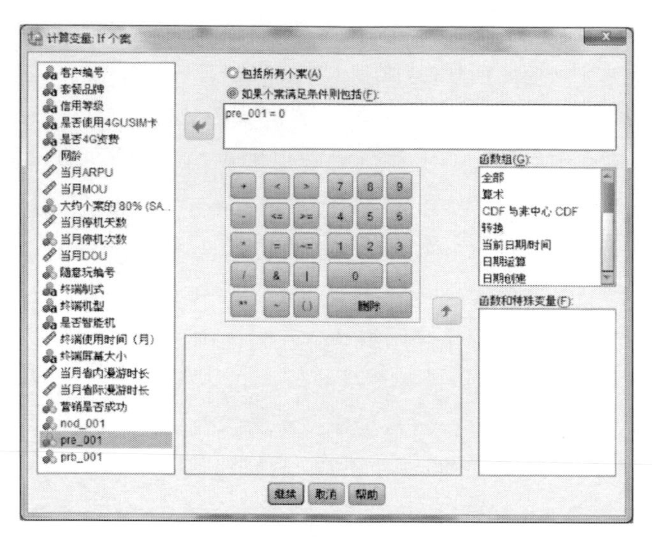

圖 8-28 計算變數的條件設定

圖 8-29 計算變數條件的優化設定

文件(F) 編辑(E) 视图(V) 数据(D) 转换(T) 分析(A) 直销(M) 图形(G) 实用程序(U) 窗口(W) 帮助

1 : prb_001 1.00

	月省内漫游时长	当月省际漫游时长	外呼营销4G终端是否成功	filter_$	noc_001	pre_001	prb_001	变量
1	403	3149	1	0	8	1	1.00	
2	69	27	1	0	23	0	0.00	
3	213	115	0	0	9	0	0.04	
4	44	33	1	0	23	0	0.00	
5	0	0	1	0	25	1	0.88	
6	105	0	0	0	9	0	0.04	
7	79	0	0	0	21	0	0.00	
8	200	361	0	0	9	0	0.04	
9	61	612	1	0	23	0	0.00	
10	1041	0	0	0	21	0	0.00	
11	421	85	0	0	9	0	0.04	
12	1072	0	1	0	18	1	1.00	
13	105	0	1	0	8	1	1.00	
14	105	317	0	0	9	0	0.04	
15	17	0	1	0	13	1	1.00	
16	859	365	.	0	9	0	0.04	
17	65	129	0	0	23	0	0.00	
18	67	113	0	0	9	0	0.04	
19	36	832	0	0	9	0	0.04	
20	58	274	1	0	13	1	1.00	
21	32	58	0	0	23	0	0.00	
22	21	0	1	0	13	1	1.00	

数据视图 变量视图

圖 8-30 更新 prb_001 欄位後的資料視圖

此時繪製 ROC 曲線步驟與 8.2.1 節中相同，在目錄欄依次點擊「分析 (A) → ROC 曲線圖 (V)」，得到如圖 8-31 所示介面，其中，「prb_001」作為「檢驗變數 (T)」，「外呼行銷 4G 終端是否成功」作為「狀態變數 (S)」，「狀態變數的值 (V)」設定為 1，勾選「帶對角參考線」，最後點擊「確定」按鈕即可。

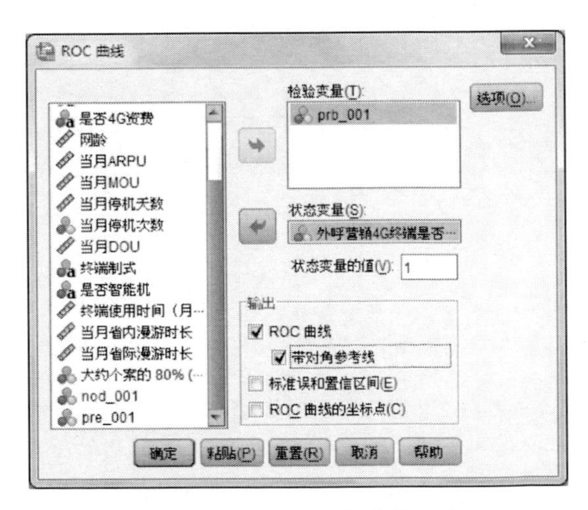

圖 8-31 ROC 曲線相關參數設定

在輸出窗口分別觀察測試集合的 ROC 曲線（如圖 8-32 所示）和曲線下面積（AUC，如圖 8-33 所示）。從兩組圖中可以看出，ROC 曲線接近理想狀態，曲線下面積同樣為 0.998，說明基於訓練集資料總結出的行銷規律，應用到測試集資料中同樣具有較好的效能指標，說明該模型具有較好的泛化能力，能夠直接應用到實際項目，對客戶進行精準化行銷。

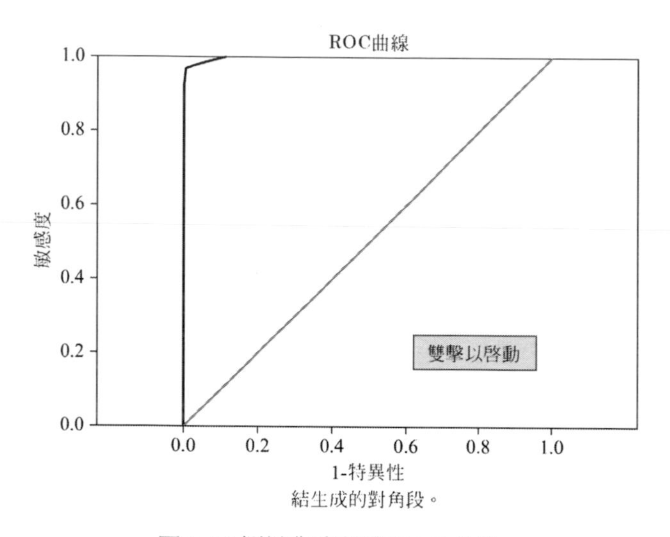

圖 8-32 測試集資料的 ROC 曲線

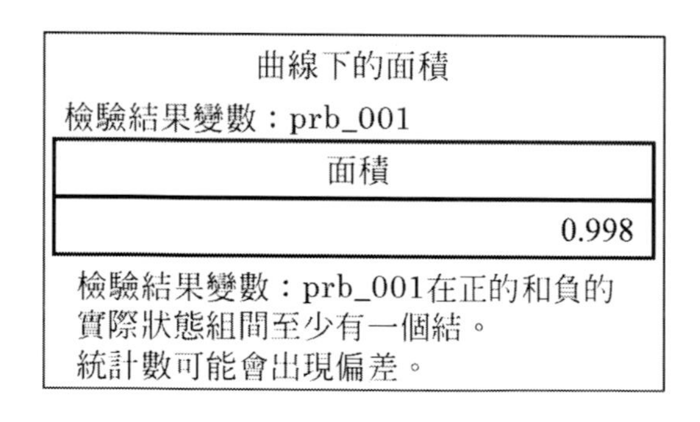
曲線下的面積

檢驗結果變數：prb_001

面積
0.998

檢驗結果變數：prb_001在正的和負的實際狀態組間至少有一個結。
統計數可能會出現偏差。

圖 8-33 測試集資料的曲線下面積

補充說明，本節所涉及的訓練集和測試集兩組資料均是通用資料集，在分類模型的效能評估上趨於理想狀態，但基於實際資料進行分類建模分析時，由於各種因素的影響，其結果往往並不是特別理想，以 ROC 曲線下面積為例，實際資料集分類建模後的一般取值在（0.6, 0.8）之間。

8.2.3 客戶群體細分

在實際行銷工作中，由於終端行銷的成功率遠比 50% 低得多，而 SPSS 軟體預設的分類判決閾值為 50%，如果在實際應用中直接選擇 50% 作為判決閾值，則可能因閾值過高而導致待行銷人群數量過少的情況。例如，1 萬人的待行銷人群，根據模型的預測，可能其中預測為終端行銷成功的用戶不到 300 個，遠遠達不到實際行銷的規模。因此，可透過調整判決閾值和細分客戶群體來進一步提升行銷的精準性。

對目標客戶群體進行細分與畫像就是把客戶群體根據特徵細分為多個小的群體，根據決策樹模型不難得出，每個客戶群體內部的成功率其實是一樣的。因此，將客戶細分為多個不同行銷成功率的群體之後，即可根據預算依次選擇成功率較高的客戶群體進行行銷，直到達到預算的規模。基於決策樹模型的客戶細分實際上就是把決策樹模型的葉子節點進行劃分，不同的葉子節點代表不同特徵的客戶群體，具有不同的預測成功率。根據經驗，對於成功率高的葉子節點（即客戶群體）優先進行行銷，之後再選擇次優的葉子節點進行行銷。

本節經過客戶群體細分後，目標客戶畫像如下：

(1) 當終端制式為 WCDMA，且當月 DOU 大於 73371.0 時，預測客戶行銷成功率為 100%；

(2) 當終端制式為 TD-SCDMA，且當月 DOU 大於 120949.0 時，預測客戶行銷成功率為 100%；

(3) 當終端制式為 GSM，且當月 MOU 大於 322.0 時，預測客戶行銷成功率為 100%；

(4) 當終端制式為 TD-SCDMA，且當月 DOU 處於（73371.0，120949.0] 之間時，預測客戶行銷成功率為 84.3%；

(5) 當終端制式為 GSM，且當月 MOU 處於（171.0，322.0] 之間，且當月 ARPU 大於 38.85 時，預測客戶行銷成功率為 20.1%；

……

綜上，尋找潛在購機人群的過程就是資訊歷史購機人群的特徵的過程，又被稱為「用戶畫像」。

8.2.4 制定層次化、個性化精準行銷方案

細分之後的客戶群體，由於具有不同特徵，適合的行銷方案及行銷方式都不一樣，因此為不同客戶指定層次化、個性化的精準行銷方案就顯得極其重要。層次化、個性化要求基於客戶的特異性，對客戶制定最適合的行銷方案和方式。例如，對於細分客戶中的年齡處於 24 歲至 33 歲之間的、平時通訊費用較高且流量使用量也很多的客戶群體並且常駐小區為高端小區的客戶，對其行銷的終端則是較高端的終端機型。同時，對於這個客戶群體，適合使用外呼行銷還是簡訊行銷或微信營業廳、手機 App 營業廳還是線下直接行銷，則要根據用戶的其他欄位進行分析。此外，對於不同客戶，進行終端行銷的話術和行銷時間也要有所調整。比如，對於白領，對其進行行銷的時間在下班之後的某個時段會更加合適。對於上夜班的客戶，對其行銷避開其休息時間會降低行銷失敗的機率。總之，制定層次化、個性化精準行銷方案要求結合實際業務對客戶制定最適合的行銷方案和行銷方式。

需要注意的是，本書只是給出了一個示例，在生活中我們遇到的各種資料集並不是都會顯示出如此好的結果。這個時候就需要進行調優。一個行之有效的辦法就是使用第 7 章講述的增強演算法。如 Bagging，就需要對訓練資料集又放回採樣，得到多個訓練資料集，從而可以得到多個分類器（規則），將這些分類器依次應用到測試資料集上，並對預測結果進行投票，測試樣本被指派到得票最高的類型。可以看出，雖然增強演算法的效果優於一般的決策樹，但計算量會大大增加，所以我們在應用時需要根據實際情況選擇最為合適的演算法，像本書中的示例，單棵決策樹的效果已經很好，就不需要使用增強演算法。而當我們發現單棵樹的效果不夠好時，可以選擇增強演算法。

8.3 多種互聯網業務的精準推送

隨著電信市場競爭越發激烈及移動互聯網時代的來臨，一方面，客戶對業務的需求日趨多樣化和差異化，對營運商服務的品質也提出了更高的要求；另一方面，營運商自身各系統中的大量資料透過精細化模型資訊必將在分析用戶行為、精確識別客戶業務需求、開展精細化服務行銷方面發揮巨大作用。資料

探勘技術為營運商開展電子渠道精準服務行銷提供了決策分析工具。

面對廣大的客戶群體，上節已經討論過終端業務的行銷，單業務的行銷模式是現在比較普遍的行銷模式，但在實際工作中，經常遇見需要從多個業務中向用戶推薦一個業務的情況，在這種情況下，基於用戶的多種業務聯合精準行銷就變得很有必要。本章基於閱讀、影片、和彩雲、音樂、郵箱五種業務的多個業務推送進行模型資訊。

8.3.1 根據歷史行銷規律總結單個業務的歷史行銷規律

對於已有的歷史資料進行行銷規律的總結，我們在 8.2 節終端行銷中已經討論過具體方法，而對於多種業務中選擇幾種業務對用戶進行推送也是一樣的原理，整個模型的主要思想是構建多個業務的模型，得到多個業務的分類機率，對用戶的多個業務機率進行一個排序，最後推送行銷成功率最高的業務。因此，模型還是基於多個單業務模型的資料探勘。

在構造多個單業務模型之前，最重要的就是資料前處理，一個好的資料前處理才能保證後續建模的有效性，資料前處理包括去奇異值，即去掉資料欄位中的雜訊點、缺失值填充、填補資料缺失值，以及在資料量比較大的時候要適當進行資料縮減。

資料前處理之後就可以對單業務模型進行構建，單業務模型的構建和 8.2 節一致，本節採用較簡單的決策樹模型，對各個業務分別進行單業務模型構建。對於手機閱讀包月用戶資料總量約為 62 萬條，其中活躍用戶比例約為 12.8%。圖 8-34 為用 SPSS 描繪的目標欄位分布的直方圖。直接用 CHAID 決策樹對原始資料構建模型，效能指標如圖 8-35 所示。

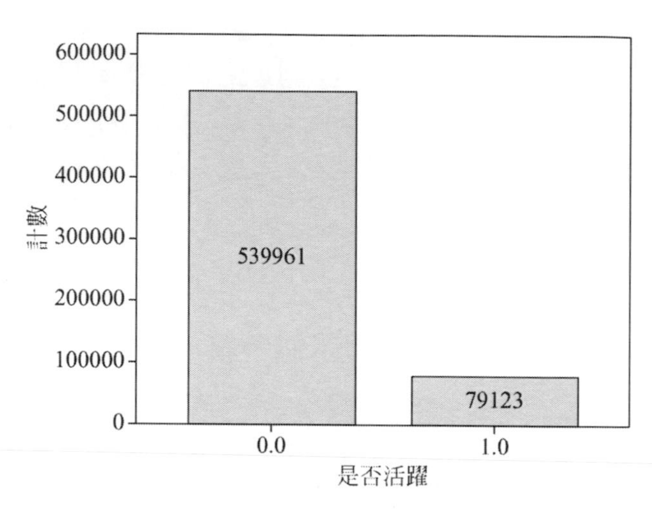

圖 8-34 目標欄位分布直方圖

分類

實測	預測		
	0.0	1.0	正確百分比
0.0	539961	0	100.0%
1.0	79123	0	0.0%
總體百分比	100.0%	0.0%	87.2%

生長法：CHAID
因變數：是否活躍

圖 8-35 閱讀資料 CHAID 決策樹結果

可以分類結果看到建模效果並不理想，模型把所有用戶預測為不訂閱，這就涉及資料不平衡問題，就是在資料不平衡情況下，會出現規律無法進行資訊的情況。因此，現對原始資料進行欠採樣和過採樣比例調整，來提高模型效果。在 62 萬總資料中篩選出 30 萬 training 訓練集進行模型構建，同時隨機篩選出 30 萬 testing 測試集驗證模型效果。為避免出現規律資訊不出來的情況，訓練集的篩選是透過單獨提取所有活躍用戶和部分非活躍用戶資料後調整比例進行合併，使活躍用戶比例達到 45.5%。

對調整比例後的 training 訓練集依次用 CHAID、窮舉 CHAID、CRT、QUEST 四種不同的決策樹演算法構建決策樹，在輸出窗口得到的各決策樹效能指標分別如圖 8-36 ～圖 8-39 所示。

分類

實測	預測		
	0.0	1.0	正確百分比
0.0	107344	53991	66.5%
1.0	59124	75503	56.1%
總體百分比	56.2%	43.8%	61.8%

生長法：CHAID
因變數：是否活躍

圖 8-36 閱讀資料調整比例之後 CHAID 決策樹結果

分類

實測	預測		
	0.0	1.0	正確百分比
0.0	106470	54865	66.0%
1.0	57726	76901	57.1%
總體百分比	55.5%	44.5%	62.0%

生長法：窮舉CHAID
因變數：是否活躍

圖 8-37 閱讀資料調整比例之後窮舉 CHAID 決策樹結果

分類

實測	預測		
	0.0	1.0	正確百分比
0.0	111230	50105	68.9%
1.0	67903	66724	49.6%
總體百分比	60.5%	39.5%	60.1%

生長法：CRT
因變數：是否活躍

圖 8-38 閱讀資料調整比例之後 CRT 決策樹結果

分類

實測	預測		
	0.0	1.0	正確百分比
0.0	119236	42099	73.9%
1.0	81850	52777	39.2%
總體百分比	67.9%	32.1%	58.1%

生長法：QUEST
因變數：是否活躍

圖 8-39 閱讀資料調整比例之後 QUEST 決策樹結果

分別繪製四個決策樹演算法的 ROC 曲線，結果如圖 8-40 所示。

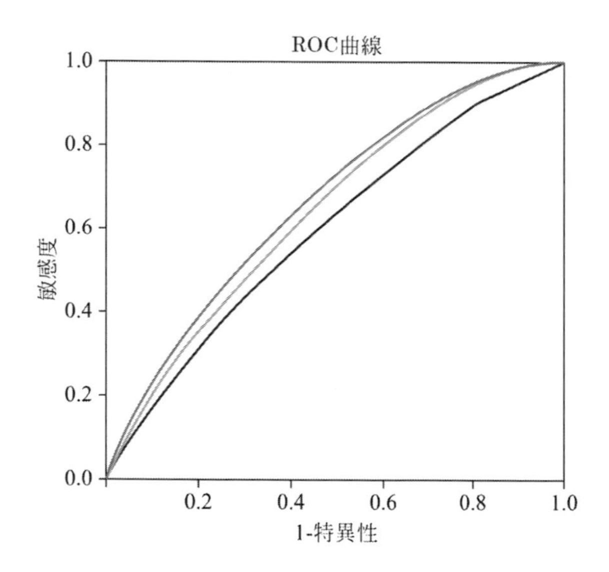

圖 8-40 閱讀資料調整比例之後四種決策樹 ROC 曲線

對比命中率和誤判率，並根據各模型的 ROC 曲線面積即 AUC 的大小，發現對閱讀資料選用窮舉 CHAID 演算法建模效果最好。

同理，對於音樂業務，音樂包月用戶資料總量約 62 萬條，活躍用戶比例 1.2%，活躍比例較低。直接用 CHAID 決策樹對原始資料構建模型，其效能指標如圖 8-41 所示。可以看出由於活躍用戶比例較低，預測效果很不理想。因此，對原始資料進行比例調整以提高模型效果，透過對 62 萬條資料構建 30 萬條資料的 training 訓練集和 30 萬條資料的 testing 測試集，隨機抽取 50% 的 30 萬條資料的 testing 測試集，提取全部活躍用戶和部分非活躍用戶按比例 1：1.5 構成 30 萬條資料的 training 訓練集，使活躍用戶比例達到 42%。

分類

實測	預測		
	0.0	1.0	正確百分比
0.0	613972	0	100.0%
1.0	7909	0	0.0%
總體百分比	100.0%	0.0%	98.7%

生長法：CHAID
因變數：是否活躍

圖 8-41 音樂資料 CHAID 決策樹結果

對調整比例後的 training 訓練集依次用 CHAID、窮舉 CHAID、CRT、QUEST 演算法構建決策樹，得到的效能指標分別如圖 8-42 ～圖 8-45 所示。

分類

實測	預測		
	0.0	1.0	正確百分比
0.0	131694	39512	76.9%
1.0	43136	83408	65.9%
總體百分比	58.7%	41.3%	72.2%

生長法：CHAID
因變數：是否活躍

圖 8-42 音樂資料調整比例之後 CHAID 決策樹結果

分類

實測	預測		
	0.0	1.0	正確百分比
0.0	129030	42196	75.4%
1.0	39120	87424	65.1%
總體百分比	56.5%	43.5%	72.7%

生長法：窮舉CHAID
因變數：是否活躍

圖 8-43 音樂資料調整比例之後窮舉 CHAID 決策樹結果

分類

實測	預測		
	0.0	1.0	正確百分比
0.0	128157	43049	75.9%
1.0	51296	75248	59.5%
總體百分比	60.3%	39.7%	68.3%

生長法：QUEST
因變數：是否活躍

圖 8-44 音樂資料調整比例之後 QUEST 決策樹結果

分類

實測	預測		
	0.0	1.0	正確百分比
0.0	133127	38079	77.8%
1.0	53264	73280	57.9%
總體百分比	62.6%	37.4%	69.3%

生長法：CRT
因變數：是否活躍

圖 8-45 音樂資料調整比例之後 CRT 決策樹結果

繪製四種演算法的 ROC 曲線，對比命中率和誤判率，或者對比各模型 ROC 曲線面積的大小，如圖 8-46 所示，發現對音樂資料選用窮舉 CHAID 演算法建模效果最好。

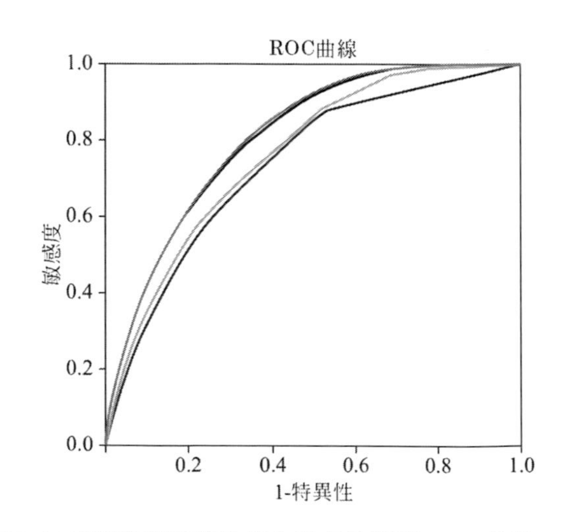

圖 8-46 音樂資料調整比例之後各決策樹 ROC 曲線

對於影片業務資料，影片包月用戶資料總量約 18 萬條，活躍用戶比例 2.48%，活躍用戶占比較低。直接用 CHAID 決策樹對原始資料構建模型，效能指標如圖 8-47 所示。

分類

樣本	實測	預測 0.0	預測 1.0	預測 正確百分比
訓練	0.0	87833	119	99.9%
	1.0	2144	127	5.6%
	總體百分比	99.7%	0.3%	97.5%
檢驗	0.0	87446	141	99.8%
	1.0	2080	113	5.2%
	總體百分比	99.7%	0.3%	97.5%

生長法：CHAID
因變數：是否活躍

圖 8-47 影片資料 CHAID 決策樹效果

由於活躍用戶比例較低，預測效果很不理想，因此對原始資料進行比例調整以提高模型效果，調整資料，抽取全部活躍用戶和部分非活躍用戶按 1：2 構成 9 萬條資料的 training 訓練集，隨機抽取 50% 構成 9 萬條資料的 testing 測試集，活躍用戶比例達到 37%。

對調整比例後的 training 依次用 CHAID、窮舉 CHAID、CRT、QUEST 演算法構建決策樹，得到的效能指標分別如圖 8-48 ～圖 8-51 所示。

分類

實測	預測 0.0	預測 1.0	預測 正確百分比
0.0	53321	6383	89.3%
1.0	22272	13440	37.6%
總體百分比	79.2%	20.8%	70.0%

生長法：CHAID
因變數：是否活躍

圖 8-48 影片資料調整比例之後 CHAID 決策樹結果

分類

實測	預測		
	0.0	1.0	正確百分比
0.0	53046	6658	88.8%
1.0	21752	13960	39.1%
總體百分比	78.4%	21.6%	70.2%

生長法：窮舉CHAID
因變數：是否活躍

圖 8-49 影片資料調整比例之後窮舉 CHAID 決策樹結果

分類

實測	預測		
	0.0	1.0	正確百分比
0.0	58059	1645	97.2%
1.0	26632	9080	25.4%
總體百分比	88.8%	11.2%	70.4%

生長法：CRT
因變數：是否活躍

圖 8-50 影片資料調整比例之後窮舉 CRT 決策樹結果

分類

實測	預測		
	0.0	1.0	正確百分比
0.0	57377	2327	96.1%
1.0	28816	6896	19.3%
總體百分比	90.3%	9.7%	67.4%

生長法：QUEST
因變數：是否活躍

圖 8-51 影片資料調整比例之後窮舉 QUEST 決策樹結果

繪製四種演算法的 ROC 曲線，如圖 8-52 所示，對比命中率和誤判率，或者對比各模型的 ROC 曲線面積的大小，發現對影片資料選用窮舉 CHAID 演算法建模效果最好。

郵箱包月用戶資料約 18 萬條，活躍用戶比例為 41.2%，活躍用戶比例較高。原始資料對半分為訓練集和測試集，用 CHAID 演算法構建決策樹模型，效能指標如圖 8-53 所示。

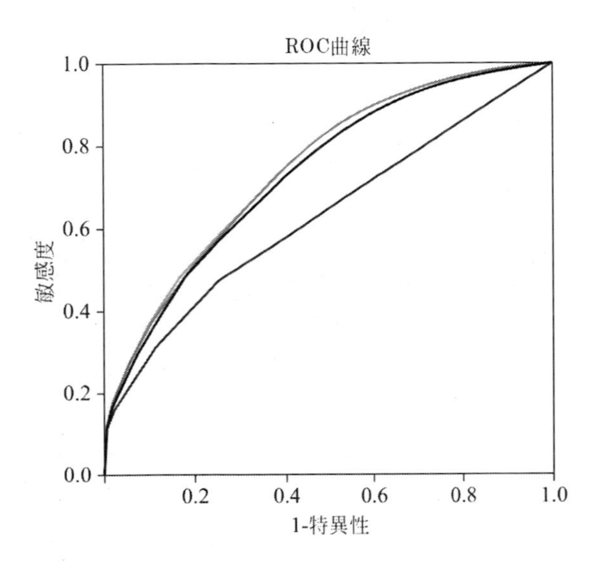

圖 8-52 影片資料調整比例之後各決策樹 ROC 曲線

分類

樣本	實測	預測 0.0	預測 1.0	預測 正確百分比
訓練	0.0	41808	11035	79.1%
	1.0	10257	27047	72.5%
	總體百分比	57.8%	42.2%	76.4%
檢驗	0.0	41016	11210	78.5%
	1.0	10075	26858	72.7%
	總體百分比	57.3%	42.7%	43.3%

生長法：CHAID
因變數：是否活躍

圖 8-53 郵箱資料 CHAID 決策樹效果

模型命中率為 72.5%，誤判率為 20.9%，較為理想。接著用窮舉 CHAID、CRT、QUEST 演算法構建決策樹，得到的效能指標分別如圖 8-54 ～圖 8-56 所示。

分類

實測	預測		
	0.0	1.0	正確百分比
0.0	84478	20591	80.4%
1.0	21350	52887	71.2%
總體百分比	59.0%	41.0%	76.6%

生長法：窮舉CHAID
因變數：是否活躍

圖 8-54 郵箱資料窮舉 CHAID 決策樹效果

分類

實測	預測		
	0.0	1.0	正確百分比
0.0	76525	28544	72.8%
1.0	11921	62316	83.9%
總體百分比	49.3%	50.7%	77.4%

生長法：CRT
因變數：是否活躍

圖 8-55 郵箱資料 CRT 決策樹效果

分類

實測	預測		
	0.0	1.0	正確百分比
0.0	87044	18025	82.8%
1.0	28730	45507	61.3%
總體百分比	64.6%	35.4%	73.9%

生長法：QUEST
因變數：是否活躍

圖 8-56 郵箱資料 QUEST 決策樹效果

繪製四種演算法的 ROC 曲線，如圖 8-57 所示，對比命中率和誤判率，或者對比各模型的 ROC 曲線面積的大小，發現對郵箱資料選用 CRT 演算法建模效果最好。

和彩雲包月用戶資料約 30 萬條，活躍用戶比例 41%，活躍用戶占比較高。直接對原始資料用 CHAID 演算法構建決策樹模型，效能指標如圖 8-58 所示。

模型命中率為 51.7%，誤判率為 17.6%，較為理想。接著用窮舉 CHAID、CRT、QUEST 演算法構建決策樹，得到的效能指標分別如圖 8-59 ～圖 8-61 所示。

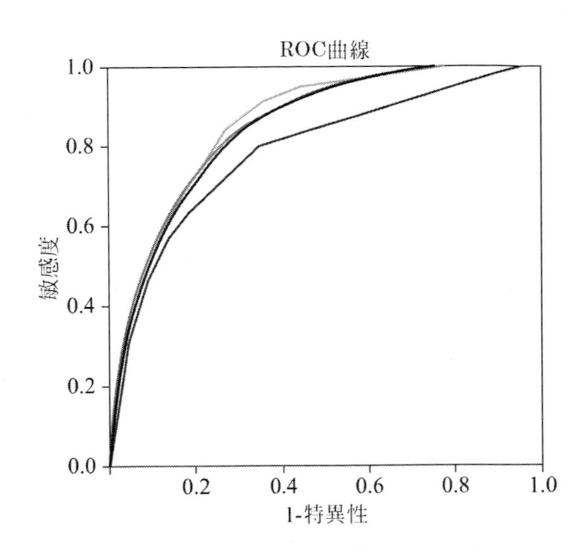

圖 8-57 郵箱資料各決策樹 ROC 曲線

分類

實測	預測		
	0.0	1.0	正確百分比
0.0	147369	31551	82.4%
1.0	60347	64615	51.7%
總體百分比	68.4%	31.6%	69.8%

生長法：CHAID
因變數：是否活躍

圖 8-58 和彩雲資料 CHAID 決策樹效果

分類

實測	預測		
	0.0	1.0	正確百分比
0.0	148474	30446	83.0%
1.0	60992	63970	51.2%
總體百分比	68.9%	31.1%	69.9%

生長法：窮舉CHAID
因變數：是否活躍

圖 8-59 和彩雲資料窮舉 CHAID 決策樹效果

分類

實測	預測		
	0.0	1.0	正確百分比
0.0	134617	44303	75.2%
1.0	51801	73161	58.5%
總體百分比	61.3%	38.7%	68.4%

生長法：CRT
因變數：是否活躍

圖 8-60 和彩雲資料 CRT 決策樹效果

分類

實測	預測		
	0.0	1.0	正確百分比
0.0	167218	11702	93.5%
1.0	92797	32165	25.7%
總體百分比	85.6%	14.4%	65.6%

生長法：QUEST
因變數：是否活躍

圖 8-61 和彩雲資料 QUEST 決策樹效果

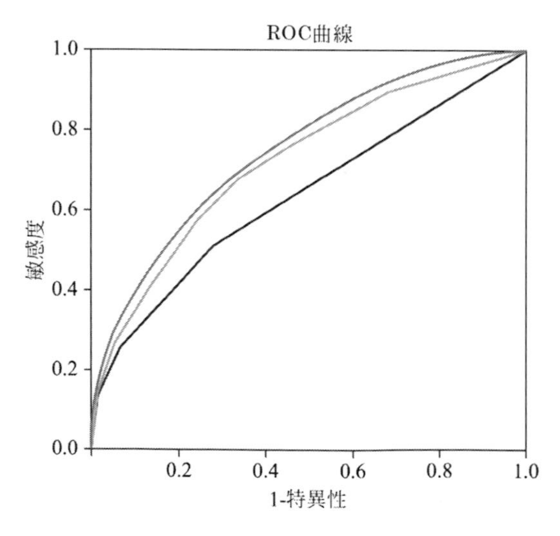

圖 8-62 和彩雲資料各決策樹 ROC 曲線

繪製四種演算法的 ROC 曲線，如圖 8-62 所示，對比命中率和誤判率，或者對比各模型的 ROC 曲線面積的大小，發現對閱讀資料選用窮舉 CHAID 演算法建模效果最好。

至此，五個單業務的模型已經構建完畢。每個單業務模型的構建和單業務終端行銷的模型構建並沒有什麼不同，值得注意的是，在這一小節引入了演算法選型，利用多個決策樹模型進行模型構造並對各個決策樹的結果進行比較，擇優作為最終的模型。此外，本小節由於用到的資料也是不平衡資料，因此多個模型都對資料進行了欠採樣和過採樣，對資料進行了比例調優。

8.3.2 預測潛在客戶群體、預測單個業務的潛在客戶群體及多個業務的聯合建模

在 8.3.1 節中構造了五個不同的決策樹模型，並得到了歷史行銷的基本規律，利用得到的歷史行銷規律即模型規則預測潛在的客戶群體，就成為重中之重。根據前一小節得到的五個規則，可以得到五個不同業務的潛在客戶群體。具體操作和 8.2 節中提到的預測潛在客戶群體的操作類似，在測試資料集中選擇新建語法，輸入相應的語法指令「INSERT FILE= 規則路徑 \ 規則名 .sps」，然後點擊工具欄的綠色三角形按鈕即可在測試資料集中得到新的三列分別是節點編號、預測值和預測為當前值的機率。根據預測值就可以得到預測為目標用戶的潛在客戶群體。同樣的，系統是根據 0.5 的閾值進行判決，即預測機率大於 0.5 則預測為 1，否則預測為 0。在實際工作中，若 0.5 的門限值不能和實際預算相匹配，則需要透過預測機率的門限值進行手動調節，即把預測機率轉化為預測為 1 的機率之後，對於預測為 1 的機率大於門限值的，作為最終的目標人群；否則，作為非目標人群。透過手動設定這個門限值，可以調節目標人群的規模，進而用來匹配實際工作中的預算。

以上都是對單個業務的客戶群預測。那麼，對於多業務的聯合模型，應該怎麼建模呢？

完成單項業務演算法選型之後，採集未辦理業務的客戶清單作為待行銷客戶群體，並將五種業務的預測模型應用到待行銷客戶資料之後，得到每個客戶各項業務的預測機率，篩選預測成功機率即行銷成功率最大的一個業務作為該客戶的最終推薦業務即完成多業務模型的構建。

怎麼從多個機率裡找出最高的一個作為最終輸出的業務對用戶進行推薦呢？手動選擇自然會降低效率並且增加人工工作量，因此，可以利用 SPSS 軟體進行篩選，首先合併各個預測之後的待行銷資料集，然後進行條件選擇個案。各個業務的條件語句如下：

(1) 閱讀待行銷用戶篩選：

(閱讀預測機率 ≥ 音樂預測機率) & (閱讀預測機率 ≥ 影片預測機率) & (閱讀預測機率 ≥ 郵箱預測機率) & (閱讀預測機率 ≥ 和彩雲預測機率)

(2) 音樂待行銷用戶篩選：

(音樂預測機率 ≥ 閱讀預測機率) & (音樂預測機率 ≥ 影片預測機率) & (音樂預測機率 ≥ 郵箱預測機率) & (音樂預測機率 ≥ 和彩雲預測機率)

(3) 影片待行銷用戶篩選：

(影片預測機率 ≥ 閱讀預測機率) & (影片預測機率 ≥ 音樂預測機率) & (影片預測機率 ≥ 郵箱預測機率) & (影片預測機率 ≥ 和彩雲預測機率)

(4) 郵箱待行銷用戶篩選：

(郵箱預測機率 ≥ 閱讀預測機率) & (郵箱預測機率 ≥ 音樂預測機率) & (郵箱預測機率 ≥ 影片預測機率) & (郵箱預測機率 ≥ 和彩雲預測機率)

(5) 和彩雲待行銷用戶篩選：

(和彩雲預測機率 ≥ 閱讀預測機率) & (和彩雲預測機率 ≥ 音樂預測機率) & (和彩雲預測機率 ≥ 影片預測機率) & (和彩雲預測機率 ≥ 郵箱預測機率)

實際上，將五個模型資料集合併之後（五個模型待行銷資料一致），則每個用戶都有五條記錄，分別記錄五個業務的預測情況，包括特徵屬性、目標屬性以及預測為當前業務的預測節點、預測值和預測機率。以上條件語句實際上針對每一個業務，找出五個業務中該業務預測機率最大的用戶作為目標用戶。

8.3.3 制定多業務層次化個性化聯合精準行銷方案

在 8.3.2 小節中，分別篩選出與購買其他業務相比，最想購買影片業務、閱讀業務、音樂業務、139 郵箱業務、和彩雲業務的用戶。對於這五個業務案例，我們可以為每個用戶選擇三個他最想購買的產品。

輸入：對每個用戶推薦產品成功率的集合 $A_i\{a_i, b_i, c_i, d_i, e_i\}$，共 n 個用戶

```
輸出：應該對每個用戶推薦的產品 B_i[u_i, v_i, m_i]
For（i=1, i++, i≤n）
{
將 A_i{a_i, b_i, c_i, d_i, e_i} 按大小順序排序
排序後的前三個成功率對應的產品分別賦值給 B_i[u_i, v_i, m_i]
}
輸出 B_i[u_i, v_i, m_i]
```

8.3.4 應用效果評估

採用和娛樂週刊多媒體簡訊群發的方式應用。行銷的總體成功率由傳統方式的 3.5% 提升到了 4.4%，成功率整體提升了 0.9pp。行銷提升效果如圖 8-63 所示。從圖 8-63 中可以看出，閱讀業務提升了 1.3pp、音樂業務提升了 1.8pp、139 郵箱業務提升了 0.8pp、和彩雲業務提升了 1.4pp。

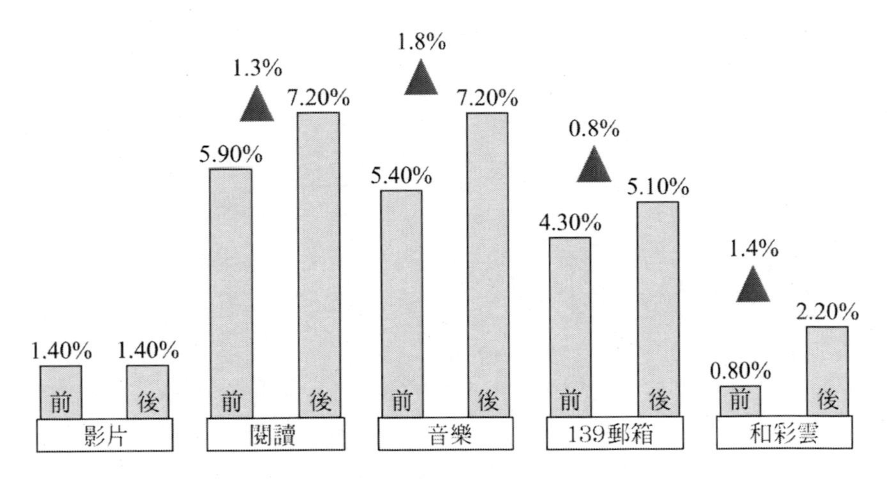

圖 8-63 多業務精準行銷方案效果提升

採用多業務精準行銷與傳統的多業務行銷方式相比，不僅節省了行銷資源，降低了行銷成本，而且還避免對用戶的多次打擾，有助於提高用戶滿意度。

在某項項目應用中，透過空中渠道——娛樂週刊端口針對 66 萬客戶開展小範圍行銷推薦，成功向 2.88 萬客戶實現行銷推薦。行銷結果如表 8-2 所示。透過業務行銷，帶來了每月 8.64 萬元的收益。用戶在使用這些業務時（如觀看

影片、聽音樂等），每月消耗流量共計 230.4 萬兆。成功行銷業務帶來的直接收益和附加的相關流量收益每月共計 24.74 萬元。

表 8-2 多業務精準行銷一期模型效益

業務名稱	行銷總量（萬次）	行銷成功量（%）	成功率（%）	業務增收（萬元）	流量增收（單位：萬兆）	總收入（業務收入＋流量收入，單位：萬元）
和彩雲	13.2	0.3	2.3	-	230.4	24.7
影片	14.5	0.2	1.4	2.73		
音樂	14.9	1.1	7.4	3.75		
信箱	17.8	0.9	5.1	-		
閱讀	5.6	0.4	7.2	2.16		
合計	66	2.88	4.4	8.64		

為了建立效果更好的模型，可以對模型進行相應的調整優化。首先，可以對資料進行優化，現階段僅能提取經分資料及基地資料，本次項目採樣資料缺乏客戶互聯網使用行為、內容瀏覽等資料。未來建模時，我們可以利用逐步完善的互聯網應用基礎資料支撐，實現客戶即時場景變化、內容偏好、上網時段等資料快速資訊。其次，對於模型，現階段的模型應用效果資料提取週期過長（基地提數週期：每月），現階段僅完成一期模型，分析模型有待多次驗證、調整，反覆優化。接下來，我們可以完善資料支撐系統及本地化大數據分析系統支撐，豐富模型演算法（如 Bagging），實施 N+1 期閉環調優策略，不斷提高模型效益。最後，在渠道方面，現有的推廣渠道單一，受限於集團服務行銷管控及 CRM 系統升級，目前只有和娛樂週刊端口開展行銷，缺乏基於場景、內容且能快速命中目標客戶的推廣渠道。未來我們可以拓展網臺、網格、掌廳、微廳等線上線下大數據支撐能力，利用不斷優化的資料探勘模型，實現在合適的場景、對合適的客戶快速進行適配的和業務產品行銷推廣。

8.4 方案精準適配

8.4.1 痛點

在 2014 年亞洲通訊博覽會上，中國移動提出了「三條曲線」發展模式：第一條曲線是以語音和短多媒體簡訊為代表的傳統移動通訊業務；第二條曲線是流量業務；第三條曲線是以內容應用發展數位化服務，如圖 8-64 所示。

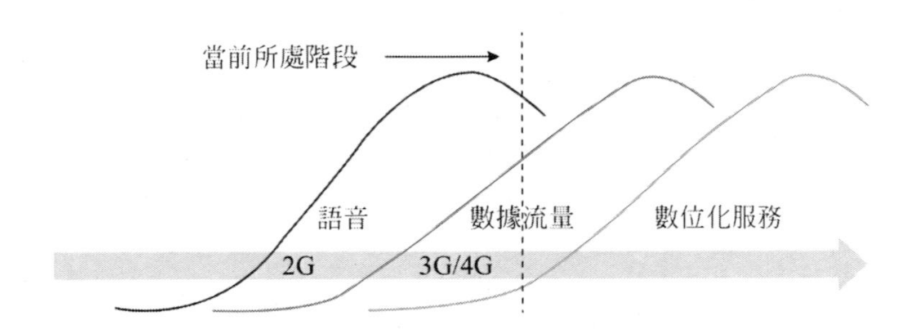

圖 8-64 「三條曲線」發展模式

目前，中國移動正處在語音經營向流量經營、數位化服務轉變的過程中，第一條曲線已經到頂並且開始下降。第二條流量曲線目前隨著三家營運商 4G 的快速發展，在 4G 帶動下增長迅速，成為當前市場的行銷重點。

但從實際工作來看，用戶資料流量的使用主要受限於其方案內的流量。一方面從用戶角度考慮，大部分普通用戶除了特殊情況，是不會大量使用方案內流量包的。部分用戶甚至出現每到月底或是 20 號之後，就開始「抑制」自己使用手機流量，因為方案內流量可能已經所剩無幾。這樣不僅會導致用戶體驗的下降也會一定程度上影響一部分營運商的利潤。

另一方面從營運商的角度考慮，可以適當地引導用戶使用適宜使用情況和使用習慣的方案或流量包，這樣既可以減少用戶「抑制」流量使用而帶來的不適體驗，提高用戶滿意度，也可以一定程度上增加資料流量的行銷，一舉兩得。因為隨著互聯網的普及及手機作為使用最廣的移動終端，用戶對於手機終端的資料流量需求一定是在日益增加的。適當利用方案升檔或是方案精準適配這一行銷點可以創造可觀的利潤效果。

但是，一方面，很多用戶是不知道自己真正需要哪種方案的，或是不知道哪種方案最合適自己。這是可以理解的。因為移動公司的各種方案和流量包有幾百上千種，用戶的迷茫也是用戶一直沒有進行方案調整或升檔的一個主要原因。另一方面，目前流量包升檔的行銷方式仍較粗放，無法精準定位目標用戶，容易導致行銷資源的浪費。誤判行銷人群，也就是去主動行銷那部分完全沒有升檔需求的客戶，必將會提高對於用戶的打擾，降低用戶滿意度，並且也浪費了行銷資源；漏判行銷人群，也就是沒有找到需要升檔的客戶，會導致不能及時幫助有需求的用戶找到合適自己的方案，既無法幫助用戶減少「抑制」流量使用的尷尬情況，也無法為公司創造更高的價值。

因此，我們可以借助大數據工具對有流量升檔用戶的消費、流量使用習慣等行為進行分析，一方面精準定位行銷群體，提升行銷成功率；另一方面透過資料探勘的方法預測最合適用戶的 4G 方案，在透過渠道給用戶行銷的時候就提前幫助用戶找到最合適的方案，減少用戶的負擔。透過這種方法，既可以提高用戶滿意度，也可以透過方案的升檔為公司創造更高的價值。

8.4.2　資訊潛在客戶群體

對於方案精準適配的課題，常用的資料欄位有很多，挑選一些常用的展示在表 8-3 中。

表 8-3 方案精準適配常用資料欄位

名稱	類型	範例
流量使用增長率	數值	5.1584
當月套內流量剩餘量	數值	49.12
超套餐流量佔比總使用流量比	數值	0.97
終端制式	字串	TDD-LTE

確定方案精準適配這一課題，也就是要透過資訊用戶的歷史消費資料、流量資料，甚至位置或基地台資訊等找到最適合用戶使用情況的方案。在這之前，實際還需要解決的一個問題就是要尋找潛在客戶，也就是哪些人是適合方案變化或是流量方案升檔的。因為其實有一部分用戶當前的流量方案已經是非常適合自己的使用情況，那麼他們就沒有這方面的需求了，再去考慮他們不僅

會浪費時間，而且如果再對他們進行行銷還會造成用戶打擾。

為了更好地尋找潛在的需要流量升檔的用戶，我們需要從資料層面定義什麼人需要流量升檔，例如，當方案外流量超出一定數量或套外流量占套內流量比例高達一定數值時，我們就認為這部分用戶有升檔方案的需要，因為他們的套內流量不夠用了。拿套外流量占用戶總使用流量比為例，我們可以定義該比例高於0.4時，此類用戶為需要方案升檔（正樣本），記為1；該比例低於0.4時，此類用戶不需要方案升檔（負樣本），記為 0，透過這種方式就可以從資料層面更實際地描述問題。除了進行 0 和 1 的二分類，還可以進行多分類，即該比例高於 0.4 記為 1；比例在 0~0.4 區間內的記為 0；比例小於 0 的記為 -1，這種區分方法也是可以的。

以上這種資料處理的方式在 SPSS 中的對應操作中可以透過「轉換」完成，以下以二分類為例講述如何對目標變數進行資料轉換處理。

(1) 原始目標欄位為「超方案流量占總使用流量比」，這是一個在 [0，1] 閉區間的數值型變數。我們希望透過這一經分資料劃定並區分本課題所需要研究的目標客戶群，也就是想找到有方案升檔需要的用戶。假定我們認為「超方案流量占總使用流量比」大於等於 0.4 的為正樣本，小於 0.4 的為負樣本。我們只需要透過這種判決方法新生成一個「是否需要升檔」的新欄位即可。點擊「轉換 (T) →重新編碼為不同變數 (R)」，如圖 8-65 所示。

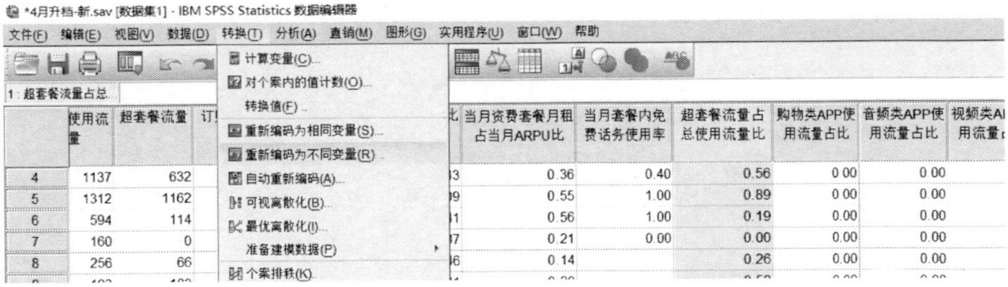

圖 8-65 將原始欄位重新編碼為新的目標欄位

(2) 將「超方案流量占總使用流量比」移入「輸出變數」，並定義新得到的變數名為「是否需要升檔」，再點擊「更改」，如圖 8-66 所示。

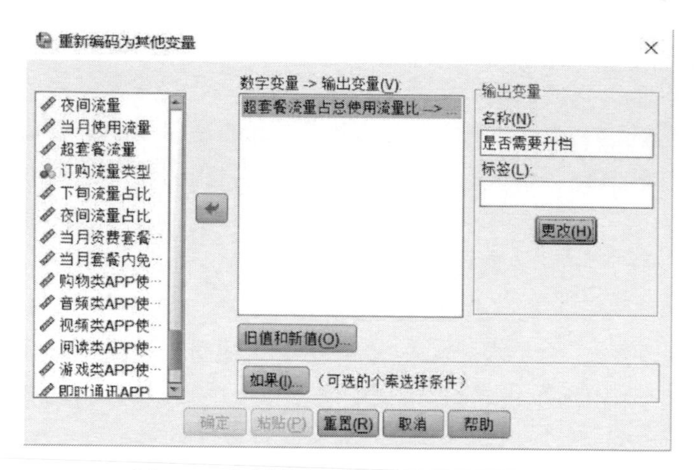

圖 8-66 「重新編碼為其他變數」對話框

(3) 點擊「新值和舊值」。在「舊值」中選定範圍為 [0, 0.4]，對應的新值為「0」，點擊「添加」；在「舊值」中選定範圍 [0.4, 1]，對應的新值為「1」，再次點擊「添加」，如圖 8-67 所示。

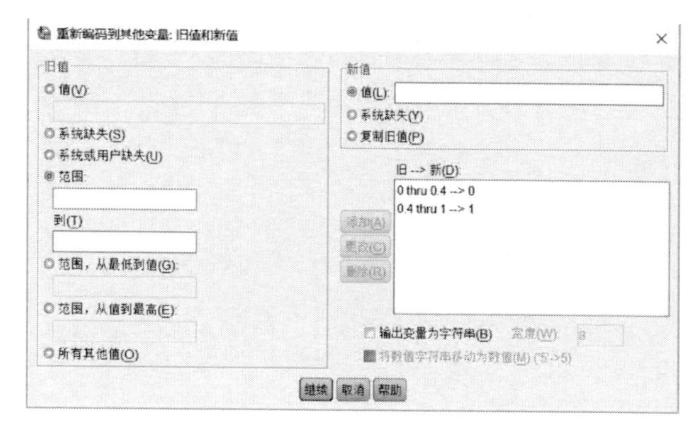

圖 8-67 對於原始變數進行重新編碼

(4) 點擊「繼續」就會回到「重新編碼為不同變數」，不同的是，此時的「確定」按鈕已經是可以點擊的狀態，也就是我們完成了重新編碼的標誌，如圖 8-68 所示。此處點擊確定即可以生成一個新的「是否需要升檔」欄位。該欄位只有 0 和 1 兩個值，分別對應本課題的正負樣本，正樣本為「超方案流量占總使用流量比」在 0.4 和 1 之間的，剩餘的為負樣本。

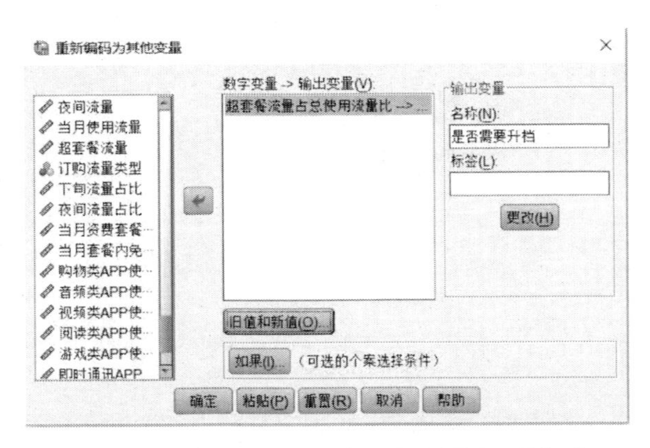

圖 8-68 點擊「確定」即可生成重新編碼的欄位

對用戶群進行類別區分的定義，是為了利用分類演算法的預測功能來尋找潛在的用戶群。以二分類樹為例，我們可以透過對已有的歷史資料進行決策樹建模，在驗證其拓展性之後，用於預測下個月或全量資料中有哪些用戶是屬於有流量方案升檔需求的，也就是預測正樣本。找到了的這些用戶，就是潛在的客戶群體，對於本課題來說，就是需要流量升檔的用戶。

8.4.3 探尋強相關欄位

在定義問題並尋找可能有升檔需求用戶的同時，我們需要為多元線性迴歸模型尋找與最終問題比較相關的一些自變數，當作迴歸模型中影響最終預測結果的影響因素。

總體思路是：透過資料探勘方法尋找哪些欄位和目標欄位「是否有方案升檔需求」的相關性比較高，如有升檔需求為正樣本，記為 1；無升檔需求為負樣本，記為 -1。直接利用 SPSS 進行相關性分析，具體操作在第五章有詳細介紹，此處展示部分相關性係數表，如表 8-4 所示。

表 8-4 部分相關性係數表

相關性							
		上月使用流量	近三個月 MOU 均值	近三個月 DOU 均值	流量增長率	當月剩餘基礎套餐免費上網流量	超套餐流量
上月使用流量	Pearson 相關性	1	0.064	0.835	-0.017	0.011	0.512
近三個月 MOU 均值	Pearson 相關性	0.064	1	0.079	0.007	0.035	0.099
近三個月 DOU 均值	Pearson 相關性	0.835	0.079	1	0.009	0.002	0.636
流量增長率	Pearson 相關性	-0.017	0.007	0.009	1	-0.007	0.020
當月剩餘基礎套餐免費上網流量	Pearson 相關性	0.011	0.035	0.002	-0.007	1	-0.142
超套餐流量	Pearson 相關性	0.512	0.099	0.636	0.020	-0.142	1

但是，問題在於相關性係數只存在於數值型變數之間，所以從這一步開始，要著手對資料進行處理實際的前處理工作，即得到的實際資料一般都是「髒、亂、差」的。原因在前面的第 2 章已有敘述，此處不再贅述。首先說下資料的採集。實際工程是在上千個欄位中初步選出 141 個欄位，涵蓋客戶基本資訊、資費及活動辦理情況、消費情況、上網行為、渠道接觸情況等，經過三次反覆取數、檢查、重新梳理欄位的過程，最終取出 5、6、7 三個月每月方案升檔成功和未升檔的用戶樣本各 30 萬個，共 180 萬條資料，108 個欄位。我們的前處理貫穿了整個採集的過程和資料採集完建模之前，前處理的要點與前面組類似，比如：刪除無效欄位，我們一開始是選有一個欄位是終端的價格的，但最後能取出的資料量很少，無法使用，只能刪除了。

8.4.4 多元線性迴歸建模

首先回憶一下多元線性迴歸模型。假定因變數 Y 與 n 自變數 $x_1, x_2, ..., x_n$ 之間的關係可以近似用線性函數來反映。那麼，多元線性迴歸模型的一般形式如式 8-1。

$$Y=\beta_0+\beta_1x_1+\beta_2x_2+\cdots+\beta_nx_n+\varepsilon$$

式中，ε 是隨機擾動項；$\beta_0, \beta_1, \ldots, \beta_n$ 是總體迴歸係數。

在本例中，Y 就是預測的用戶流量，也就是因變數。並且我們在上一步已經尋找了強相關欄位，也就是上述公式的 $x_0, x_1, \ldots, x_n$。我們需要做的就是直接在軟體中進行多元線性迴歸建模操作，算出所有自變數 $x_0, x_1, \ldots, x_n$ 對應的迴歸係數 $\beta_0, \beta_1, \ldots, \beta_n$ 即可。

在 SPSS 中的具體操作為：

(1) 在目錄上依次選擇「分析 (A) →迴歸 (R) →線性 (L)」，如圖 8-69 所示。

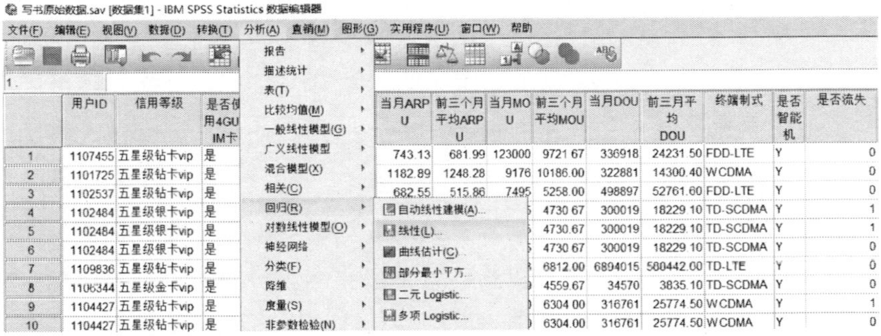

圖 8-69 選擇「線性」

(2) 在打開的「線性 (L)」對話框中，將變數「當月使用流量」移入「因變數 (D)」中，將「當月 DOU」移入「自變數 (I)」列表框中。在「方法 (M)」選項框中選擇「進入」選項，表示所選的自變數全部進入迴歸模型，如圖 8-70 所示。

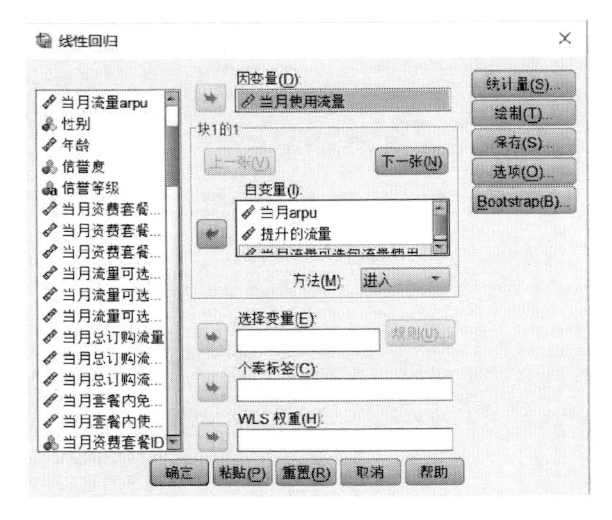

圖 8-70 線性迴歸對話框

最後得到的 Y 關於 x 的方程就是多元線性迴歸的模型，如下式所示：

Y=12.717* 當月總訂購流量使用率含遞延 +9.997* 當月流量可選包流量使用率含遞延 -5.250* 當月方案內使用流量占總免費流量使用比重 -3.214* 當月方案內免費流量占總免費流量的占比 +0.521。

其中「當月方案內使用流量占總免費流量使用比重」是人為添加的欄位。進行欄位轉換調整優化後，流量占比相關係數最高達 0.784。由此可見，當原始欄位分析效果不理想時，資料轉換就顯得尤為重要。

8.4.5 制定層次化、個性化精準行銷方案

有了初步的模型，我們就可以預測出哪部分有升檔需求的客戶真正需要的流量方案是哪個或哪種價格區間的了，那麼就可以開始進行行銷方案的制定，著手對其進行精準行銷。傳統的方法是地毯式行銷，即對行銷用戶推薦同一款流量包或方案，由於用戶的需求有很大不同，這種做法很容易造成大範圍的用戶打擾。所以，在具體行銷時，需要建立層次化、個性化的精準行銷方案。

所謂層次化，就是要透過各個不同的維度對用戶進行分層聚叢集，如可以按照流量使用情況、消費水平和超方案流量占比等屬性對用戶進行聚類。在經過詳細的分層之後，對於不同類別的用戶進行分層分類的精準行銷，以降低用戶打擾，減少投訴並提高用戶的滿意度。所謂個性化，就是更加細化、更加精準的行銷。對於每個需要行銷的客戶，使用最適合的行銷方式、行銷渠道、行銷話術，以及最重要的，對於每個用戶的行銷內容要精準到位。因此，資料探勘中分類演算法的預測功能就顯得尤其重要，這種預測功能也就很好地實現了「猜你喜歡」，預測每個用戶的需求和喜好，以更好地完成個性化精準行銷。

在這個方案精準適配項目中，用模型計算出有升檔需求的用戶所真正需要的流量數量，並對應到相應數額或價格的流量方案中，這些具體的流量方案就是在行銷時給每個用戶不同的行銷內容，由於每個人的需求是不一樣的，所以才叫「個性化」行銷。具體來說，本項目先將有升檔需求的用戶透過多個屬性聚為 9 個叢集，在計算出其需要的流量方案內容的基礎上，對 9 叢集用戶分別進行 9 種不同的行銷方案，實現層次化、個性化精準行銷。

8.4.6 應用效果評估與模型調優

應用方式為人工外呼，將外呼客戶分成兩部分，一部分為建模目標客戶（11477 人）；另一部分為非目標客戶資料（45153 人），總體對比結果如表 8-5 所示。

表 8-5 應用效果對比

客戶端	外呼量	接觸量	接觸率	辦理量	行銷成功率	較非目標提升
非目標客戶	45153	11915	26.4%	3415	7.6%	
目標客戶	11477	2304	33.3%	1540	13.4%	5.8pp

對於方案精準適配模型，目標客戶行銷成功率較非目標平均提升為 5.8pp。不同客戶群，行銷成功率分布如圖 8-71 所示。

初步模型的效果還是比較明顯的，行銷成功率有比較明顯的提升。對於模型調優的問題，多元線性迴歸方法雖然也有預測功能，但其區別於經典分類演算法的地方在於它的 ROC 曲線不是很好畫，因此用迴歸方法建出的模型調優不太容易，基於尋找 ROC 曲線上的最優行銷點來實現。迴歸模型的調優主要透過數學計算層面來優化擬合度等模型參數進行，其計算方法過於複雜，有興趣的讀者可以參照本章末的參考文獻。在實際工程中，如果需要調整，可以透過轉換的方式增加一些欄位，看是否能增加一些和目標變數更加相關的欄位。也就是，在找到一些能更好解釋迴歸模型中因變數的自變數來提高曲線的擬合程度，來提高模型的預測能力。

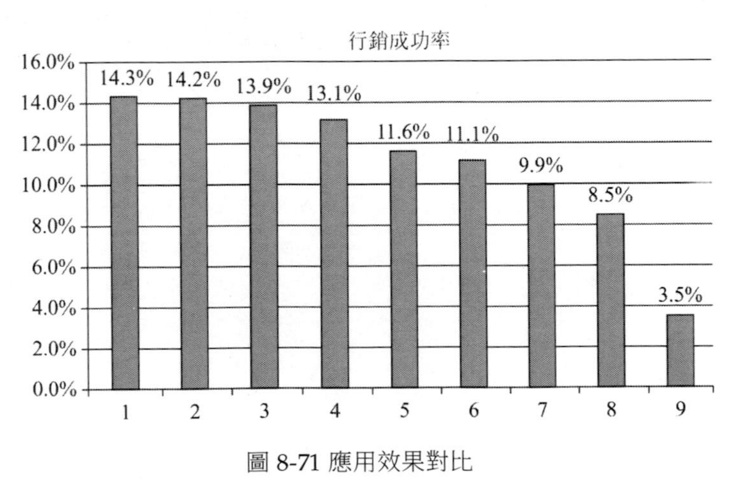

圖 8-71 應用效果對比

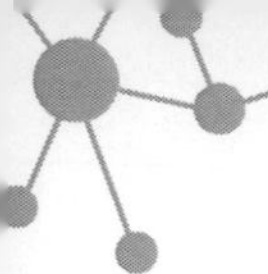

8.5　客戶保有

近幾年，新興通訊業務對傳統通訊營運商構成了很大的威脅，在競爭過程中，併購、重組等大的策略調整屢見不鮮。如何保證大量廣告宣傳和行銷服務的投入效果，保持業務優勢，是傳統通訊營運商考慮的重中之重；其中，客戶資源維持是提升其利潤率和 ARPU 值（每用戶平均收入）的重要標誌，客戶流失率則是營運商最終 ROI（投資回報率）評估的重要參考係數，因此客戶關係管理在傳統通訊營運商的管理環節中顯得尤為重要。移動通訊領域的客戶流失有三個方面的含義：一是指客戶從本移動營運商轉網到其他電信業者，這是流失分析的重點。二是指客戶使用的手機品牌發生改變，從本移動營運商的高價值品牌轉向低價值品牌，如中國移動的用戶從全球通客戶轉為神州行客戶。三是指客戶 ARPU（指每用戶月平均消費量）降低，從高價值客戶成為低價值客戶。目前，大部分營運商都構建了客戶關係管理系統，但只侷限於業務受理、營業、收費、投訴等基本功能的實現，對於客戶離網流失的關注非常有限；系統的分析功能也僅侷限在對投訴、故障等指標的統計上報，無法完成從發現客戶有流失傾向到客戶維繫挽留的閉環處理。客戶流失分析如何實現客戶流失分析包括流失預警和挽留兩大功能模組，其中可以解決如下業務問題：(1) 話務量增加或減少 N% 的顧客有什麼特徵？有什麼行為習慣？是否為有理投訴？(2) 哪些客戶將流失轉至其他競爭公司？客戶離開的原因是什麼？(3) 預測一定時間內有離網可能性的客戶範圍。(4) 哪些群組是公司的大客戶群，等級如何？（根據風險、產品或服務、收益來分類）將上千筆業務歸納、總結，找出客戶特徵，提高銷售能力。大數據客戶生命週期如圖 8-72 所示。

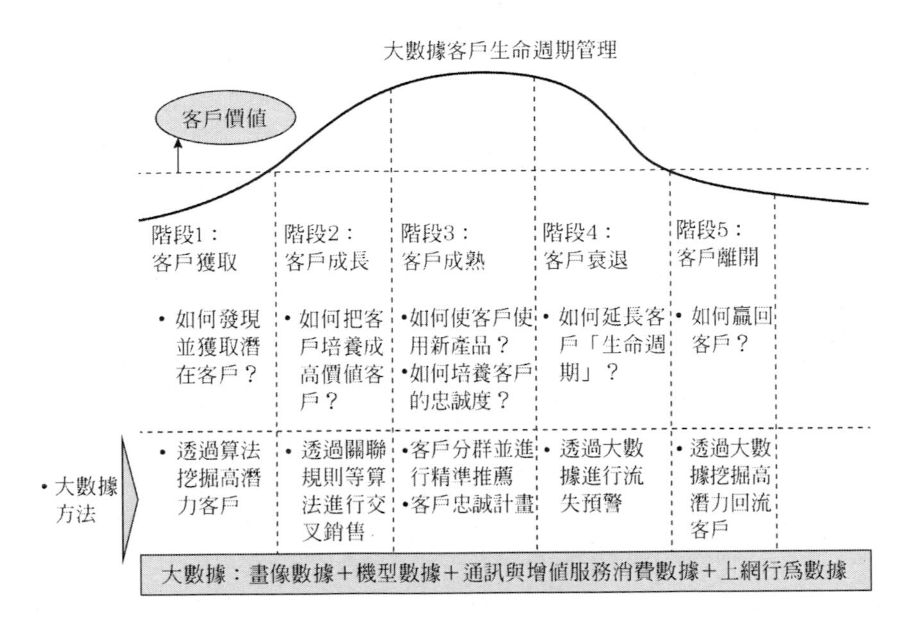

圖 8-72 大數據客戶生命週期

8.5.1 總結客戶流失的歷史規律

客戶保有問題在營運商的實際營運中是透過行銷新的業務或服務來解決與應對的。透過歷史行銷經驗發現營運商與用戶簽訂合約對效益增收、客戶保有具有明顯的拉動作用。因此客戶保有問題可以轉化為業務行銷問題，其中，目標客戶群為潛在流失客戶，對這部分客戶進行外呼行銷，從而達到客戶保有和經濟效益提升的目的。在生產實踐中，影響客戶流失的特徵與因素有很多，所涉及的欄位包含一些基本的客戶資訊欄位如性別、年齡等及業務相關資料如總消費、總流量、總通話時長、客戶星級、入網月份等經分欄位。根據項目實際可採集到資料情況，提取與目標變數相關性較高的屬性欄位，資訊潛在目標客戶。

本節為了充分資訊客戶流失規律，分別採集了 7 ～ 9 月，每月約 30.9 萬條資料，共 110 個屬性欄位，其中部分欄位如表 8-6 所示，其中「是否離網」作為目標變數，將未離網標記為 1，代表未流失客戶；其他狀態均標記為 0，代表客戶流失。經統計分析，離網客戶所占比例約為 10%，從離網比例可以看出，客戶流失管理問題是典型的資料集不平衡問題。本節將以 7 月資料作為訓練集資料，生成分類預測規則。

表 8-6 客戶流失部分資料屬性及說明

<table>
<tr><th>分類</th><th>欄位名稱</th><th>備註</th></tr>
<tr><td rowspan="9">基礎屬性</td><td>統計月份</td><td>統計 7~9 月的數據</td></tr>
<tr><td>是否離網</td><td>否（未離開）；是（離網）</td></tr>
<tr><td>客戶星級</td><td>統計當月的客戶星級</td></tr>
<tr><td>市公司</td><td rowspan="3">所屬區域</td></tr>
<tr><td>縣公司</td></tr>
<tr><td>市縣鄉屬性</td></tr>
<tr><td>入網月份</td><td rowspan="2">可換算為網齡</td></tr>
<tr><td>年齡</td></tr>
<tr><td>身份屬性</td><td>區分學生、集團客戶、大眾客戶</td></tr>
<tr><td>狀態</td><td>前 1~4 個月連網狀態</td><td>包括五種狀態、帳戶預銷戶、營業預銷戶、帳務銷戶、營業銷戶、正常用戶</td></tr>
<tr><td>星級</td><td>前 1~4 個月客戶星級</td><td></td></tr>
<tr><td rowspan="2">消費</td><td>前 1~4 個月總消費</td><td>單位：元</td></tr>
<tr><td>前 1~4 個月總流量費用</td><td>單位：元</td></tr>
<tr><td rowspan="7">使用行為</td><td>前 1~4 個月總流量</td><td>單位：MB</td></tr>
<tr><td>前 1~4 個月總通話時長</td><td>單位：分鐘</td></tr>
<tr><td>前 1~4 個月總通話次數</td><td></td></tr>
<tr><td>前 1~4 個月停機次數</td><td>包含單位停機和雙向停機</td></tr>
<tr><td>前 1~4 個月是否漫遊</td><td></td></tr>
<tr><td>前 1~4 個月主叫次數</td><td></td></tr>
<tr><td>前 1~4 個月被叫次數</td><td></td></tr>
</table>

基於資料分布特點，資料的前處理工作主要包括清除雜訊資料、清除冗餘資料、正規化等。在 SPSS 軟體中的具體操作參見 8.2 節和 8.4 節中的相關操作步驟。經分析與客戶流失相關性最強的前三個欄位為：前 1 個月交往圈總客戶數、前 1 個月停機次數和前 1 個月客戶星級。

根據前處理後的 7 月資料，以「是否離網」作為目標變數，採用決策樹演算法進行分類建模，利用 SPSS 軟體中「分析 (A) →分類 (F) →樹 (R)」功能中 CHAID 決策數演算法，對訓練資料集的建模任務，具體步驟參見 8.2.1 節。該模型效能評估的 ROC 曲線採用自主開發的資料探勘軟體進行繪製，如圖

8-73 所示。

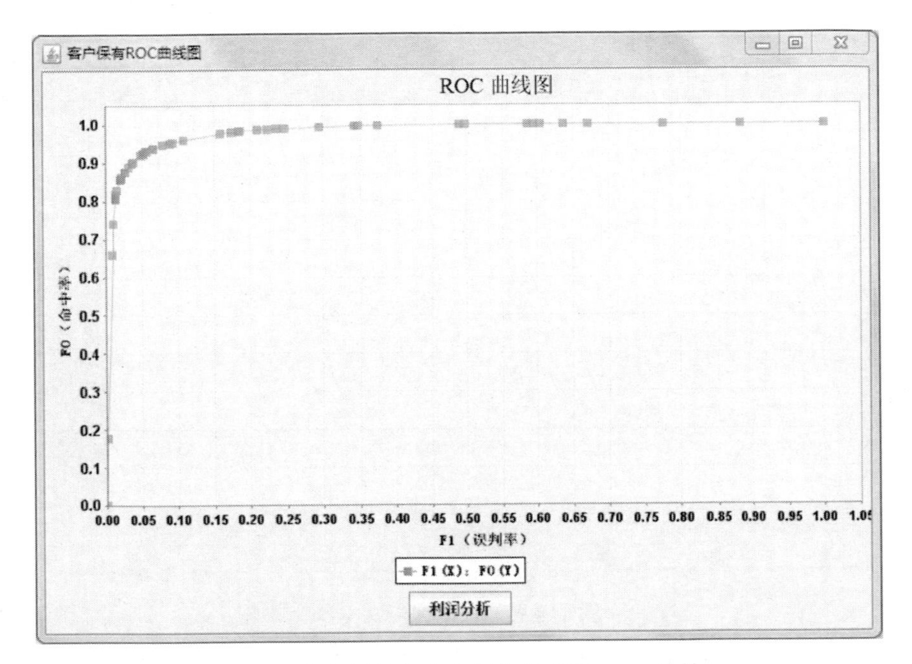

圖 8-73 基於訓練集客戶保有模型的 ROC 曲線

注意，該介面為科學研究組自主研發的資料探勘軟體效能評估介面，軟體還囊括多種資料探勘功能，包括資料前處理、集群分析、分類分析、關聯分析等。若讀者對該軟體感興趣，可聯繫作者索要試用版。

從圖 8-73 中可以看出，基於訓練集的模型效能極好，但透過分析模型所輸出的規則文件，我們發現在流失客戶特徵的資訊中最關鍵的屬性為「前 1 個月停機次數」，然而在實際應用時，由於資料即時性問題，基於客戶前 1 個月的資料特徵無法及時完成對目標客戶的挽留工作，因此在進入下一步分析前對訓練集模型進行優化，剔除客戶所有前 1 個月相關屬性，並完成對客戶流失預警的重新建模與分析。

優化後模型的 ROC 曲線如圖 8-74 所示，對比圖 8-73，可以看出剔除最相關的前 1 個月的資料後，模型效能有所下降，但其可應用實施性具有較大提升。此時，與客戶流失相關性較強的前兩個欄位為：前 2 個月總通話次數、常駐網路類型。

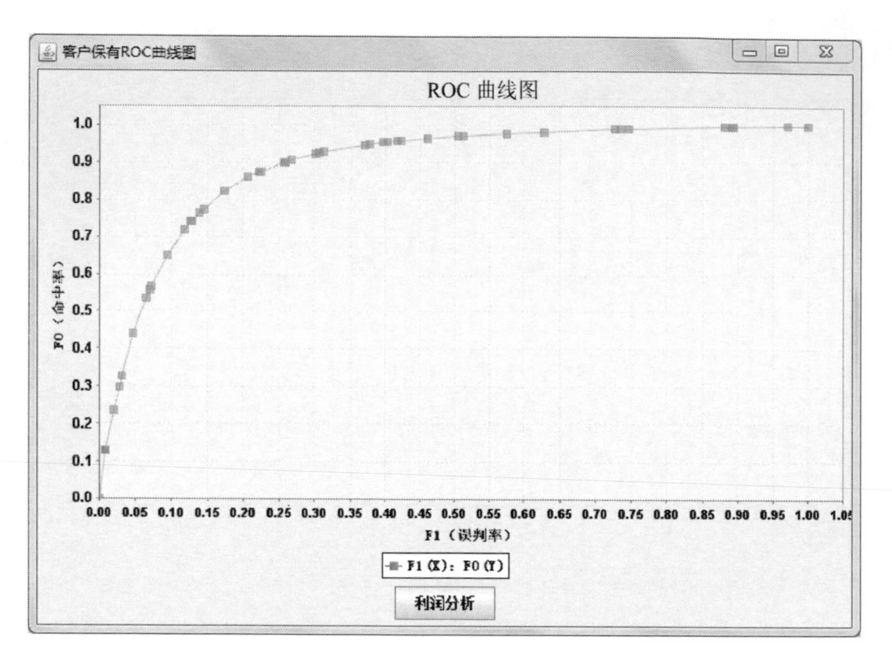

圖 8-74 優化後客戶保有模型的 ROC 曲線

8.5.2 細分潛在流失客戶群體

同樣，在模型構建完成後，需要對其泛化能力進行驗證，本節採集了 7 ～ 9 月的資料，其中 7 月的資料作為訓練集，生成上述分類模型，而 8 月和 9 月的資料均可以作為測試集進行驗證分析。使用自主研發軟體完成驗證工作，將規則文件應用分別應用到 8 月和 9 月的資料集進行模型驗證，得到的驗證結果分別如圖 8-75 和圖 8-76 所示。從 ROC 曲線中可以看出，模型的泛化能力較強，可以應用到實際項目中。

對潛在流失客戶群體進行細分與 8.2 節類似，就是把客戶按照屬性特徵細分為若干個小的群體，每個客戶群體間客戶流失機率不同，但客戶群體內部客戶流失機率相同。因此，將客戶細分為多個具有不同流失機率的群體後，可根據流失機率大小排序對部分客戶群進行重點挽留。

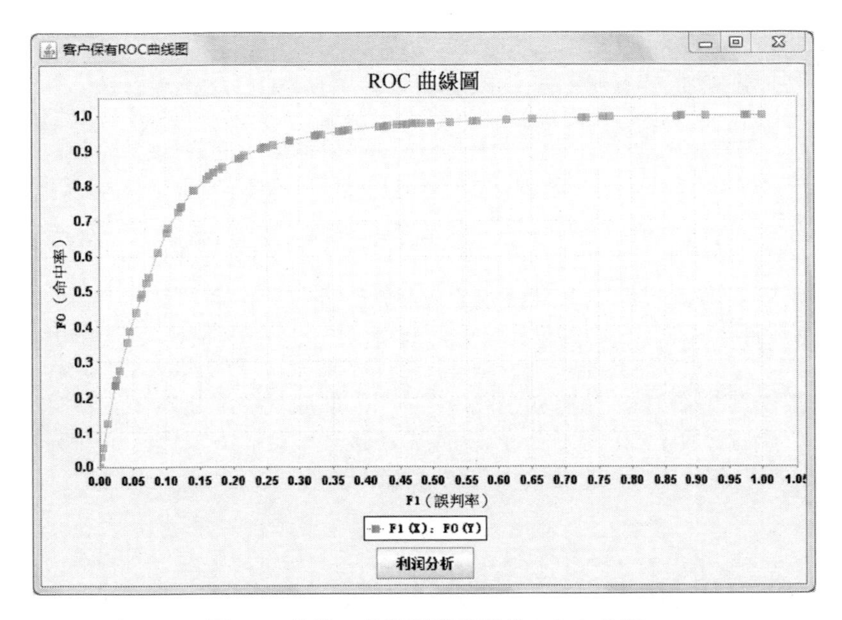

圖 8-75 基於 8 月測試集資料的 ROC 曲線

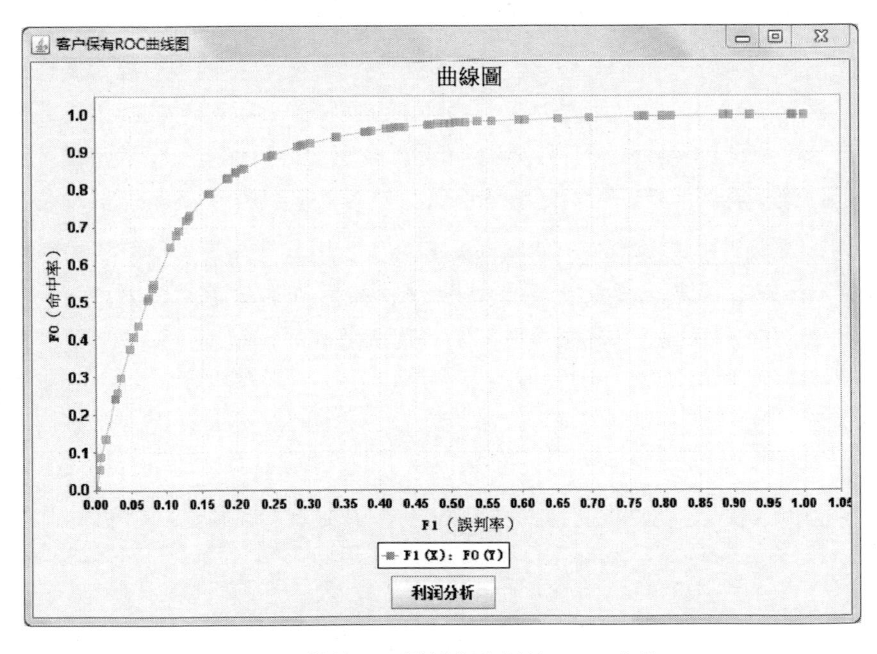

圖 8-76 基於 9 月測試集資料的 ROC 曲線

本節經過客戶群體細分後，潛在流失客戶畫像如下：

(1) 當客戶前兩個月被叫次數小於 9 次，且常駐網路類型為 4G 或不詳時，且入網月份小於 87 時，預測客戶流失機率為 68.0%；

(2) 當客戶前兩個月被叫次數處於 [9, 24] 之間，且入網月份處於 [23, 42] 之間，且常駐網路類型為 4G 或不詳時，預測客戶流失機率為 42.5%；

(3) 當客戶前兩個月被叫次數處於 [9, 24] 之間，且入網月份小於 23 時，預測客戶流失機率為 35.4%；

(4) 當客戶前兩個月被叫次數小於 9 次，且常駐網路類型為 4G 或不詳時，且入網月份大於 87 時，預測客戶流失機率為 32.0%；

……

8.5.3 客戶保有效益建模與最優決策

傳統方法中，對於決策樹模型，選取什麼樣的客戶保有方案其保有成功率和誤判率的綜合效果是最好的呢？這個就涉及之前提到的 ROC 曲線。對於一個既定的模型來說，其 ROC 曲線下的面積即 AUC 是一定的，可以透過適當選取行銷點來達到。透過之前對 ROC 曲線的描述不難知道 ROC 曲線上效果最優的點即為離（0, 1）點最近的行銷點。因此，在選取客戶保有方案的時候，可以透過選取最優客戶保有點所對應的客戶保有方案來達到最優行銷的結果。

但從實踐應用角度出發，什麼樣的客戶保有模式才是最優的？對於任何一個客戶保有方案，最終評判的標準就是行銷效益。把哪些客戶作為行銷人群，採用什麼樣的方案和行銷利潤是最高的，那麼這樣的行銷模式就是最優的。因此，針對不同的行銷產品和行銷成本，需建立一個利潤模型，同時還要考慮到行銷成功率，最重要的是要結合決策樹模型的成功率來得到最終盈利的模型函數。

基於利潤函數，評估客戶保有模型的效能與效果，利潤函數如下：

$$p=N\pi_0F_0(\lambda V-\lambda c-d)-N(1-\pi_0)F_1(c+d)$$

式中，N 為客戶總數；V 為客戶終身價值；c 為挽留刺激成本；λ 為挽留成功率；d 為觸點成本；π_0 為流失客戶占比；F_0 為模型的命中率；F_1 為模型的誤判率；F_2 為模型的成功率。按照營運商實際情況，設定相關參數，挽留成功率為 0.2，單個活躍用戶帶來的直接利潤估算為 67 元／每月 ×24 個月，合計 1608 元，客戶關懷成本估算為 21 元，代入利潤模型可知，只有當客戶流失預測模型的成功率高於 21/（1608×0.2）≈0.0653 時，客戶挽留工作的直接利潤才會大於 0，否則為負利潤。以上參數均可依據實際營運情況進行調整。以下給出基於業務行銷模型的行銷評估分析結果，如圖 8-77 ～圖 8-79 所示。

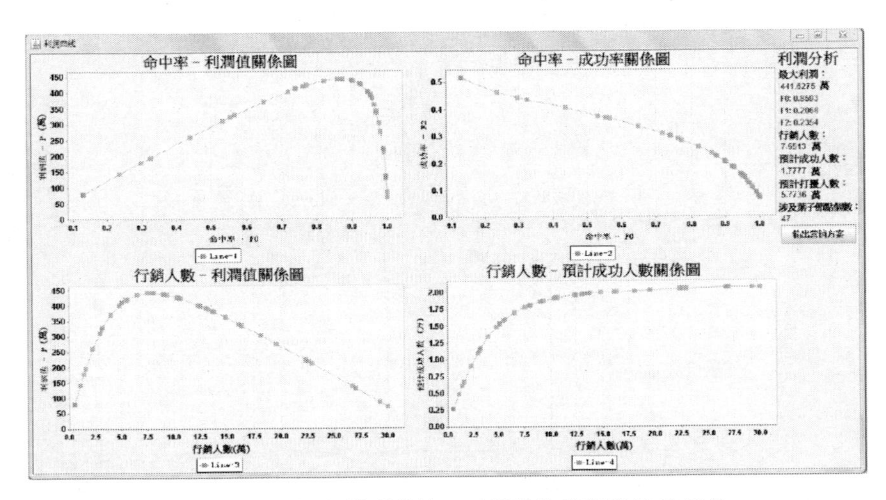

圖 8-77 客戶保有模型基於 7 月訓練集資料的效能評估

從圖 8-77 可以看出，對於 7 月 30.9 萬訓練集客戶，流失比例約 10%，基於利潤模型分析可得，命中率與利潤值呈凸函數關係，且當模型的命中率、誤判率、成功率分別取 0.86、0.21、0.24 時，關懷客戶獲得的直接利潤最大，約為 441.63 萬元。關懷人數與利潤值也為凸函數關係，而命中率與成功率為負相關，關懷人數與關懷成功人數為正相關。本模型在構建時已剔除客戶前 1 個月所有相關屬性，降低了資料的即時性要求，具有較強的可實施性。

從圖 8-78 可以看出，基於 8 月 30.9 萬測試集客戶，流失比例約為 10%，當模型的命中率、誤判率、成功率分別取 0.91、0.25、0.29 時，關懷客戶獲得的直接利潤最大，為 761.61 萬元。

從圖 8-79 可以看出，基於 9 月 30.9 萬測試集客戶，流失比例約為 10%，當模型的命中率、誤判率、成功率分別取 0.91、0.29、0.29 時，關懷客戶獲得的直接利潤最大，為 871.29 萬元。

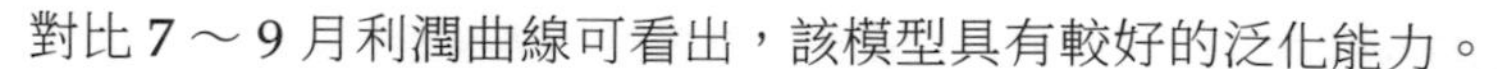

對比 7 ～ 9 月利潤曲線可看出，該模型具有較好的泛化能力。

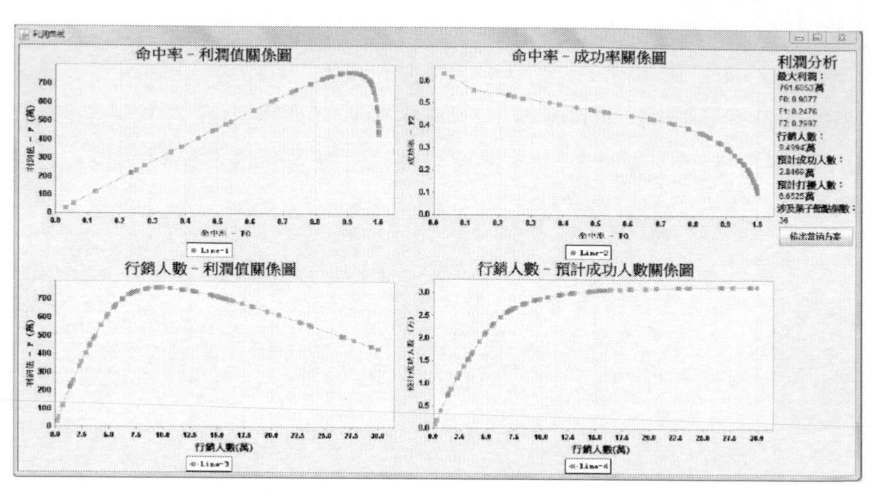

圖 8-78 客戶保有模型基於 8 月測試集資料的效能評估

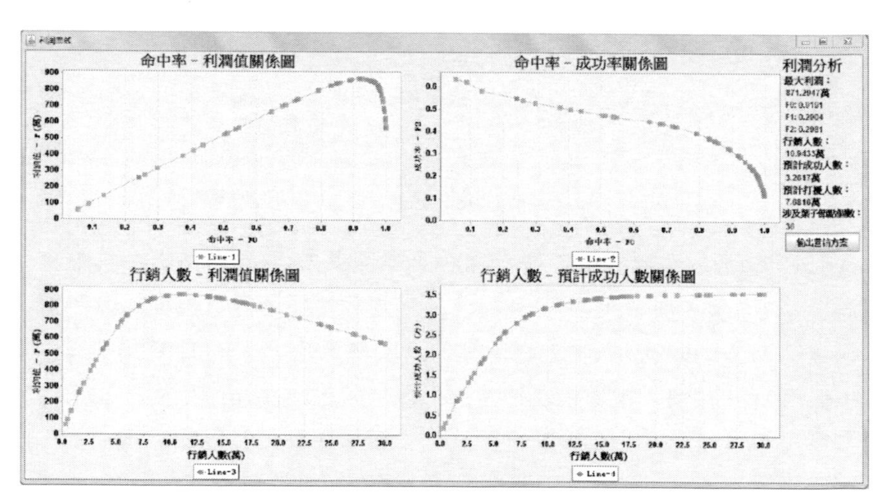

圖 8-79 客戶保有模型基於 9 月測試集資料的效能評估

8.5.4 應用效果評估

當模型確定後，即可應用於所有的當前客戶。具體做法如下：將模型應用於待分析資料，能夠得到每個客戶的預測結果即業務行銷是否會成功，以及成功機率等資訊。我們最終會篩選出所有適合行銷的客戶清單。

將 CHAID 決策樹模型輸出的目標客戶篩選規則，應用到 160 萬待預測客戶集篩選目標客戶，輸出目標客戶清單，並根據清單進行客戶保有。由於外呼成本和能力有限，第一期應用客戶總量為 25727，結果如圖 8-80 所示。基於第一期結果調優後，第二期應用客戶總量為 47765，結果如圖 8-81 所示。

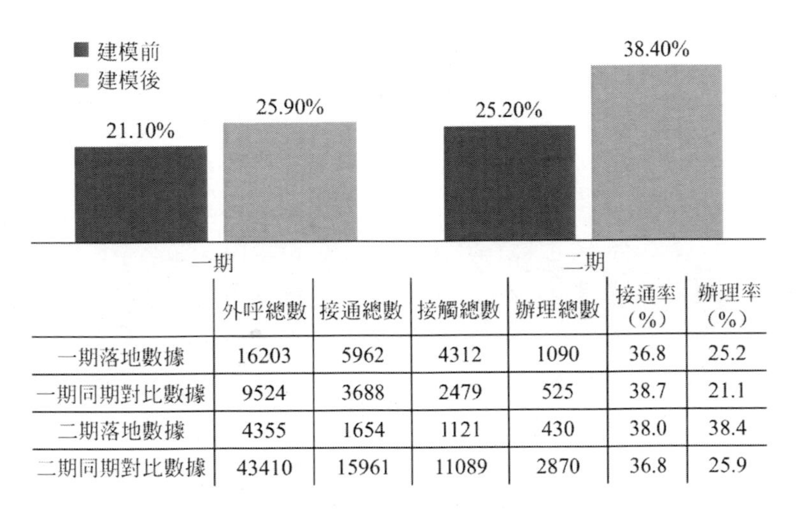

	外呼總數	接通總數	接觸總數	辦理總數	接通率（%）	辦理率（%）
一期落地數據	16203	5962	4312	1090	36.8	25.2
一期同期對比數據	9524	3688	2479	525	38.7	21.1
二期落地數據	4355	1654	1121	430	38.0	38.4
二期同期對比數據	43410	15961	11089	2870	36.8	25.9

圖 8-80 業務辦理量情況

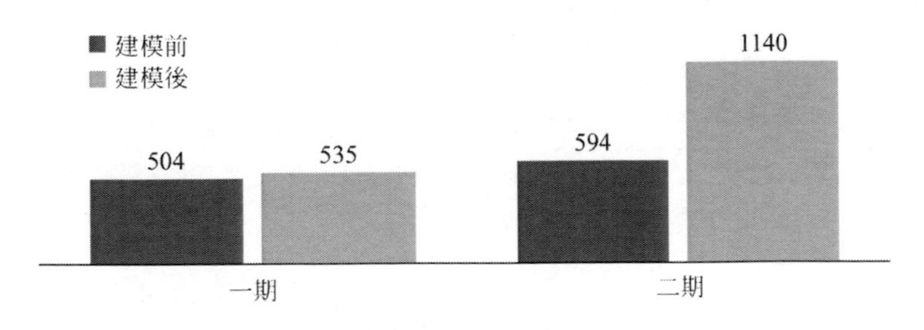

圖 8-81 創收效益

對比同期資料可以看出成功率提高了，受月初客戶不願接聽外呼影響，傳統方式成功率為 21%，利用模型預測的目標客戶，成功率提升 20% 以上。模型調優後在接通率不變的情況下，成功率提高 50%。

經過兩期模型提優，平均工時創收較傳統方式提高約 1 倍。可見建模對外呼效率、外呼行銷收入有明顯拉動作用。本節透過資料探勘演算法構建模型，在全量客戶中篩選出適宜進行業務行銷的目標客戶進行業務行銷，並透過與客戶的合約來達到客戶價值提升和保有的目的。在未來客戶保有工作中，還應該採取個性化行銷，針對不同類型的客戶，推送不同的業務或提供優惠活動來提高客戶滿意度，提高用戶黏性，降低客戶流失率。

8.6 投訴預警

近年來，隨著用戶手機通訊需求的快速變化，尤其是移動互聯內容應用的日益普及，客戶對網路、資費及業務等各環節的服務能力和標準都提出了新的要求，當通訊營運商不能及時滿足客戶變化的需求時，必然帶來客戶抱怨和投訴的增長。在資費透明度、業務定製透明度及服務態度和技能方面，用戶投訴數量及複雜程度呈明顯上升趨勢，並成為了社會、輿論關注的焦點。這一方面耗費了營運商大量人力物力；另一方面也引起了消費者的極大不滿，對營運商在新的移動互聯競爭環境下維繫客戶帶來了巨大挑戰。其中，用戶投訴所造成的客戶滿意度降低，是目前各營運商重點關注的問題。為了避免由於客戶投訴處理不當而造成的客戶流失，各營運商都在試圖尋找更為有效的方法和措施。

8.6.1 客戶投訴現象分析

要維護客戶的忠誠，很重要的就是與客戶建立和維持良好的關係。進行客戶關係管理不僅要提供高品質的產品和服務，還要處理好客戶抱怨。一般來說，投訴的客戶多數是對公司有好感，或者說本意上不想放棄現有服務的群體。如果服務人員能夠正確、有效地處理好客戶投訴，就能夠有效挽回客戶。這需要制定新的符合客戶需求變化的投訴處理辦法，並建立起有效的投訴風險管理體系，以應對激烈市場競爭所帶來的用戶流失問題。

對於從事移動通訊服務的企業來說，服務失誤也是不可避免的。服務失誤會導致客戶的不滿意。當客戶對服務不滿意時，他們可能採取的後續行為有：將其不滿意的經歷告訴其他客戶，形成不良口碑傳播；向提供服務的企業或者其他部門投訴，或者直接不再購買企業的服務或產品。客戶投訴處理流程如圖 8-82 所示。

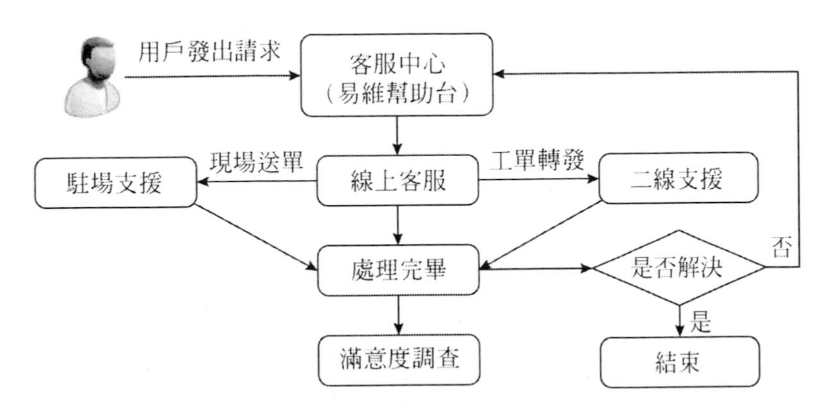

圖 8-82 客戶投訴處理

目前，中國電信行業處理用戶的投訴主要採取事後補救措施，但收效甚微。在處理客戶投訴的時候不夠及時、主動、公平，是客戶普遍的感受。從某移動通訊營運商近期客戶滿意度調研來看，「投訴解決情況」和「處理時間可接受」這兩項指標的客戶感知也明顯不佳。從近兩年的通訊用戶投訴的研究情況看來，目前中國營運商投訴管理中存在的問題包括以下三個方面：

事前，投訴預防不到位，投訴預警實際操作存在困難，缺乏事前分析的資訊和工具，對熱點問題和風險問題缺乏有效監控。

事中，處理效率低，處理效果欠佳，投訴處理手段有限，投訴資訊統計滯後。

事後，公共關係應對欠缺，投訴頑疾長期存在，投訴處理沒有閉環。

另外，業務人員的業務熟悉程度較差，人員流動頻繁、專業性差、業務說明不夠詳細，造成客戶理解有誤等問題也長期存在。

本節以流量費用質疑資料為例，分別採集了 8 月和 9 月費用質疑投訴相關資料，每月資料總量 40 萬條，其中投訴客戶與非投訴客戶比例約為 1：3。主要採集了客戶基本資訊欄位，近 3 個月相關費用欄位、流量使用情況欄位、終端資訊、熱線交互情況相關欄位和渠道偏好欄位等，共 72 個屬性欄位，其中部分欄位情況參見表 8-7。

由於是人為採集的資料經由不同工作人員，來自不同渠道，總是有各種缺陷的。常見的問題是資料的缺失、資料類型不統一、格式錯誤等。需要人為進行處理使其規範化，便於後續使用軟體對其進行資料探勘分析。進行前處理包含以下內容，如對少量缺失值的填充，如果缺失過多就有必要重新採集資料；對錯誤格式的記錄資料進行過濾、轉換；對部分欄位進行必要的拆分或彙總；不同渠道採集的資料的合併（注意：有些欄位在業務系統中並不直接存在，需要轉換得到）。資料經過前處理後再進行資料探勘會明顯提高資訊效果，即提高模型分類預測精度。

表 8-7 流量費用質疑部分資料屬性

類別	欄位
客戶基本資料	年齡
	網齡
	客戶量級
	當月基礎語音資費套餐名稱
	當月流量套餐名稱
	付費方式
	常駐社區類型
	是否為學校社區
	是否為敏感用戶
近三個月費用情況	前三個月消費總額（元）
	前兩個月消費總額（元）
	前一個月消費總額（元）
	前三個月超流量套餐費用（元）
	前兩個月超流量套餐費用（元）
	前一個月超流量套餐費用（元）
	前三個月流量費用總額（元）
	前兩個月超流量套餐費用（元）
	前一個月超流量套餐費用（元）
近三個月及當月流量情況	前三個月免費流量資源總量（KB）
	前兩個月免費流量資源總量（KB）
	前一個月免費流量資源總量（KB）
	前三個月實際產生流量（KB）
	前兩個月實際產生流量（KB）
	前一個月實際產生流量（KB）
	前三個月超流量數量（KB）

	前兩個月超流量數量（KB）
	前一個月超流量數量（KB）
	當月 2G 流量
	當月 3G 流量
	當月 4G 流量

採用「雙變數相關分析」得到與「當月是否有投訴」相關性欄位排序，如表 8-8 所示，在 SPSS 軟體中的具體操作參見第 5 章。

表 8-8 雙變數相關欄位排序

欄位	相關性
投訴時手機是否屬於停機	0.403
熱線評價是否滿意	0.337
當月撥打客戶服務電話的次數	0.306
近一年是否有投訴電話費問題	0.283
近三個月撥打客戶服務熱線人工紀錄次數	0.274
當月欠費停機次數	0.236
當月上傳流量	0.218
近三個月月均投訴次數	0.198
近一年是否有投訴 GPRS 費用問題	0.198
前一個月消費總額	0.182

從表 8-8 可以看出，與「當月是否有投訴」相關性較高的欄位均為熱線相關欄位。分析其原因，在資料採集過程中，熱線相關欄位的統計中包含當月的投訴資料，兩者資訊存在疊加。因此，在分析過程應剔除該部分資料的影響。

8.6.2 資訊潛在客戶群體

資訊潛在客戶群體，是為了建立完善的客戶投訴預警機制，扭轉當前、事後補救的投訴處理方式，防患於未然，透過監控客戶基本消費與繳費資訊，對潛在投訴客戶進行預警及主動關懷。為了生成目標客戶群體的直觀性畫像，本節同樣採用決策樹分類演算法進行建模分析，在 SPSS 軟體中的操作步驟與 8.2.1 節中的步驟一致。在 8.6.4 節中，我們提到由於熱線相關資料與目標變數「當月是否有投訴」存在一定的包含關係，在最終的建模中我們應剔除相關因素的影響。本節我們將包含熱線相關資料的模型與剔除該因素影響的模型進行了對比分析，以 8 月資料作為訓練集，兩個模型的分類表結果分別如圖 8-83(a)（包含熱線相關資料）和圖 8-83(b)（剔除熱線相關資料）所示。模型的 ROC 曲線如圖 8-84 所示，其中剔除熱線因素的影響後，模型 ROC 曲線下面積約為 0.797。

利用 9 月資料完成對最終模型（剔除熱線因素影響）的測試與驗證，利用 SPSS 中 INSERT 語句得到驗證效果，具體步驟參見 8.2.2 節。測試集的 ROC 曲線，如圖 8-85 所示，其中曲線下面積約為 0.749，對比訓練集資料該模型具有較好的泛化能力，可實際應用。

分類

已觀測	已預測		
	0	1	正確百分比
0	282862	17138	94.3%
1	40986	59014	59.0%
總計百分比	81.0%	19.0%	85.5%

增長方法：CHAID
因變數列表：當月是否有投訴

（a）包含熱線相關數據分類表

分類

已觀測	已預測		
	0	1	正確百分比
0	280694	19306	93.6%
1	72520	27480	27.5%
總計百分比	88.3%	11.7%	77.0%

增長方法：CHAID
因變數列表：當月是否有投訴

（b）剔除熱線相關數據分類表

圖 8-83 決策樹模型

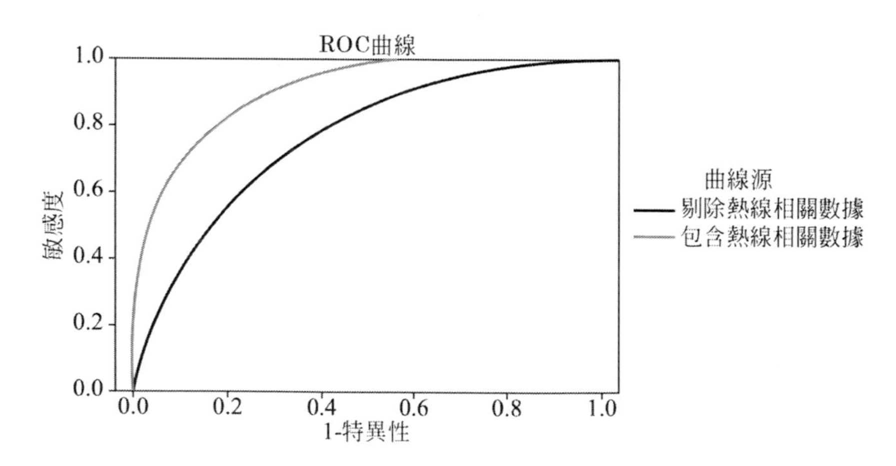

圖 8-84 訓練集資料的 ROC 曲線

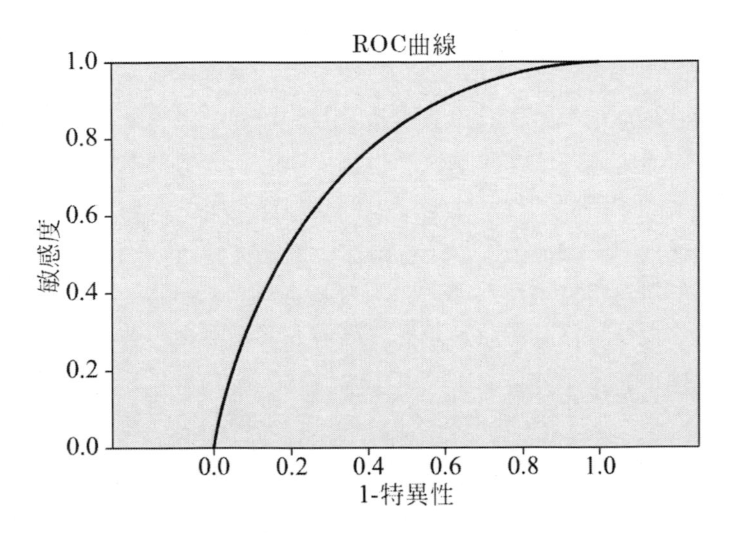

圖 8-85 測試集資料的 ROC 曲線

8.6.3 制定個性化關懷方案

本節經過客戶群體細分後，具有投訴風險的客戶畫像如下：

(1) 當月繳費次數大於 5，且當月實際產生流量處於（280115，700309] 之間，且投訴當月繳費總額大於 50，預測客戶投訴率約為 100%。

(2) 當月繳費次數大於 5，且當月實際產生流量處於（65873，280115] 之間，且當月超流量數量大於 2039，且投訴當月繳費總額大於 50，預測客戶投訴率約為 87.8%。

(3) 當月繳費次數大於 5，且當月實際產生流量大於 700309，預測客戶投訴率約為 56.2%。

(4) 當月繳費次數處於（4，5] 之間，且當月超流量數量大於 55124，預測客戶投訴率約為 43.6%。

……

基於上述畫像，結合實際應用需求與限制，根據客戶特徵生成關懷策略，如引導客戶升級流量方案，引導客戶使用 App 終端或者為客戶提供或贈送相關優惠產品等。

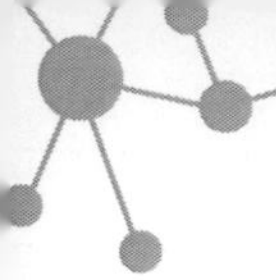

8.7 網路品質柵格化呈現

在目前營運商的網路現狀中，流量是其比較關心的一個指標，但從實際分析得出用戶、流量與收入增幅線性不相關，缺乏對投資效益整體分析的有效模型。在各個部門的協同工作中也有多重問題：首先，資源投放方面規劃不足，網路規劃不是簡單的高流量區域局部規劃，而是需要一種四網協同規劃策略；其次，市場部與網路部工作立場不同，均未將用戶與網路並重來開展工作，協同力度不足；最後，發展策略與經濟目標方面還處於相對混沌狀態。當前的網路在業務邏輯上發生了巨大變化，多對多通訊，業務方式並發使用，業務量與資源開銷相關性不大，經濟價值不僅針對營運商還引入了互聯網應用商。針對這種背景，為適應時代特徵，提出四網協同，流量經營，智慧營運。

第三方為我們提供具有海量資料的柵格平台，主要是將區域地理資訊柵格化、規範化，準確標示每個地理柵格內的資訊，包括地理資訊、GSM/TD-SCDMA/WLAN 等網路資源資訊、用戶資料、終端資訊及業務資料等。地理資訊有：道路、建築、綠地等。網路資源有：小區覆蓋資料、業務量、品質等統計指標、每小區用戶數等。用戶資料有：用戶基本資訊、使用網路類型、方案資訊、月費用等資訊。終端資訊有：品牌型號、操作系統、支持制式等。業務資料有：流量、應用等。根據所提供的海量資料，我們首先分別針對單網路進行研究，待各個網路有了比較詳細的分析結果，再綜合各個網路進行協同分析。目前在開展對 TD-SCDMA 網路的分析，從品質、業務、行銷三個角度，提出了六種協同因子，即主服小區電平、載干比、用戶數、流量、方案、收入。主服小區電平和載干比可用來分析網路的覆蓋及干擾情況，建立網路服務品質模型，為下一代網路規劃建設提供基礎；用戶數和流量可用來分析網路業務情況，透過建立客戶細分模型、流量分布模型，發現網路現存的問題，並開發基於目標導向的網路優化；方案和收入可用來建立資費分析模型、收入分析模型，從而開發基於效益增長模型的演算法。

針對這六種協同因子，我們首先採用集群分析技術進行單維度聚叢集，然後採用關聯分析、資訊論等知識分析各個協同因子間的相關性，進而發現針對某種網路問題的關鍵因子，並預測網路未來可能出現的問題，給出相應的網路優化方案。

8.7.1 柵格化呈現的基本原理

為了實現無線網路協同工作，以及營運商所關注的精細化區域管理，小區柵格化是最佳的解決方案。然而，這樣帶來的後果就是資料量大大增加了，使得柵格化過程的複雜度增加了。那麼如何在滿足精確度前提下，降低小區柵格化過程的計算複雜度是一個重要的、亟須解決的技術問題。

在滿足精確度前提下，降低小區柵格化過程的計算複雜度，縮減運算時間，柵格化呈現的基本原理如下：將目標區域均勻劃分成多個柵格，初始化柵格值；所述柵格值為柵格所屬小區的標識；根據每個基地台的發射功率和路損模型，計算每個基地台的柵格覆蓋半徑，從各基地台覆蓋半徑中選擇覆蓋半徑最小值，計算每個基地台覆蓋半徑與所述覆蓋半徑最小值的比值；根據每個基地台覆蓋半徑與所述覆蓋半徑最小值的比值，確定每個基地台所轄柵格及柵格值，柵格化步驟如圖 8-86 所示。

為了更加快速地完成柵格化，不是採用每個基地台生長能力一樣，而是透過基地台發射功率和路損模型獲取基地台生長能力，這樣讓覆蓋半徑能夠和基地台生長圈數關聯上而消除不同綱量，可以讓多個基地台碰撞的次數減少而加快柵格化速度，降低計算複雜度。與枚舉柵格化方法相比，在上述柵格呈現的基本原理中，用枚舉基地台代替枚舉柵格，計算量和計算複雜度大大低於枚舉柵格化方法，能夠在保證精度的前提下，降低小區柵格化過程的計算複雜度，縮減運算時間，提高運行速度，從而實現以柵格為單位對小區網路資源的精細化管理，實現資源的合理分配，提高用戶在小區的上網體驗。

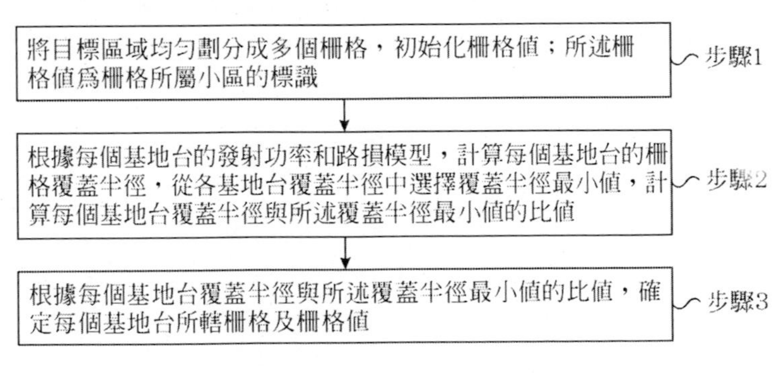

圖 8-86 小區柵格化方法的流程示意

8.7.2　覆蓋柵格化

經過統計分析和調研，我們選擇該省省會城市中的 A 區作為典型的研究區域。由於營運商目前對流量智慧營運的迫切需求，我們選擇流量資料作為主要的研究對象。分析每一個用戶的流量資料對資料的前處理和分析都會帶來比較大的困難，為此，我們提出將該區域劃分為多個柵格，將柵格作為資料處理的最小單位。考慮到目前的定位技術還未達到可精準、即時確定每個用戶的位置軌跡，我們選擇較大的柵格，即 100m×100m 的柵格作為資料分析的最小顆粒度。A 區占地面積約 104.57 平方千米，根據區的經緯度範圍：(112.53251, 37.850555）至（112.74983, 37.88117)，換算出以距離長度為單位的經緯度範圍，然後再將這一區域進行柵格化。

將區域劃分成了 8472 個柵格，還需要確定每個柵格的所屬基地台。首先，根據提供的資源資訊和流量資訊，篩選出可用的基地台資料和流量資料。因為資料在採集過程中，會因為採集失誤造成資料的錯誤，或者資料記錄過程中引起資料錯誤、或者沒有採集到。對這些資料進行前處理後，獲知 GSM 有 246 個基地台，TD-SCDMA 有 219 個基地台。

由於不同制式的網路基地台可能會有不同的部署站址，因此針對 GSM 和 TD-SCDMA 不同的網路制式，需要分別確定柵格的所屬基地台。以 GSM 網路為例，柵格化方案如圖 8-87 所示。實線箭頭表示三扇區的天線方向角轄射範圍；虛線曲線箭頭表示柵格的遍歷順序。該區域包含一個基地台和 9 個柵格，基地台編號為 1，且是扇區化的。為確定每個柵格的所屬基地台，提出一種循環疊代的尋站方式。初始設各柵格的所屬基地台號為 0。從箭頭初始指向為第一個要遍歷的柵格，由於 1 號基地台處在該柵格中，根據該基地台的方向角確定該柵格處在哪個扇區，由圖 8-87 可知，該柵格處在中 1 (3)，於是編號為 1 (3)。順時針選擇另一個柵格，若該柵格已被編號，則順時針選擇下一個柵格；否則，根據基地台的具體方位角確定該柵格的所屬基地台號。直到所有的柵格被順序遍歷，並且柵格所屬基地台號確定，柵格化過程結束。具體的柵格方案流程如下所述。

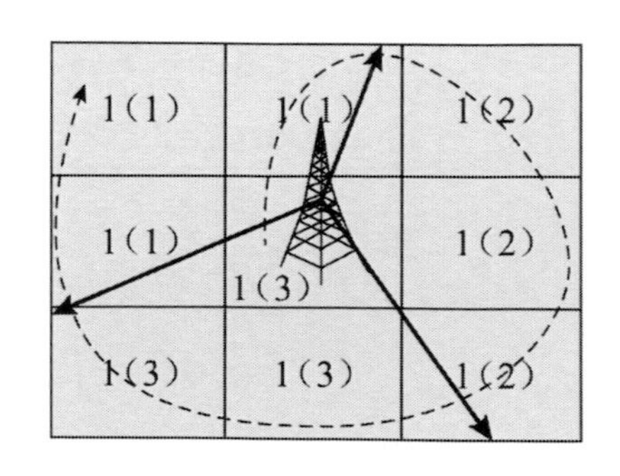

圖 8-87 網路覆蓋柵格化示意

以 GSM 網路為例（8472 個柵格，246 個基地台），柵格化流程如下：

(1) 根據 Google Map 熱點雲圖確定該城區的經緯度範圍和熱點覆蓋區域；

(2) 將該城區劃分為 100m×100m 的柵格；

(3) 對該城區覆蓋範圍內的所有基地台順序編號為 1, 2, ..., 246；

(4) 針對基地台 m（m=1, 2, 3, ..., 246），若其下有 k 個扇區，則扇區編號為 m, m, ..., m(k)；

(5) 各柵格所屬的扇區編號初始化為 0；

(6) 選擇編號為 m（m 初始為 1）的基地台和以該基地台為中心的第 n 圈（n 初始為 1）柵格；

(7) 若標柵格編號為 0，則根據天線方位角確定該柵格所屬的扇區 k（k≤3），並將其編號更新為 m(k)，否則不做更新；

(8) 對基地台 m 的第 n 圈柵格遍歷完後，m=m+1 轉步驟；

(9) 直到所有基地台的第 n 圈柵格均遍歷完，n=n+1；

(10) 直到所有柵格編號均不為 0，完成對所有柵格的編號。

TD-SCDMA 網路的柵格化原理與 GSM 類似。對網路柵格化後，還需要將流量資料映射到每個柵格中。目前，我們獲得的流量資料是基地台側的資料，即透過網路介面獲得每個基地台下（指扇區）的流量資料。由於目前的定位技術無法精準定位用戶的位置足跡，故用戶處在哪個柵格是難以確定的。這樣柵格內用戶的流量資料也是難以確定的。於是，我們考慮利用基地台流量資源的平均映射。

基地台側的流量資料包括上傳流量和下載流量。由於用戶一般使用的下載流量業務較多，故我們僅針對下載流量進行分析。提供的下載流量資料是對一週內每天每小時的記錄，我們將該資料進行彙總計算出每個基地台下平均每天的下載流量值。然後將每個基地台下的下載流量均值平均映射到該基地台下的每個柵格內，由此完成流量資料的柵格映射。

8.7.3 基於流量聚叢集的網路優化策略

本小節主要討論 GSM 和 TD-SCDMA 網路中流量柵格聚類的分析結果。為工程實現簡單，我們選擇範圍應用範圍廣、實現容易的 K-means 聚類方法。該方法需要預先設定聚類的分類個數。考慮到實際區域的流量分布情況，我們將分類數設定為 3 類，即表示高流量、中流量和低流量。其中，高流量代表高價值用戶集中的區域，對營運商的貢獻率較大。中流量代表中等價值用戶集中的區域，對營運商的貢獻率處於中等地位。而且，該類用戶中，有一些用戶很可能是具有升級為高價值用戶的潛力。低流量代表低價值用戶集中的區域，對營運商的貢獻率較小。而且，有些用戶很可能處於即將離網的狀態，營運商需針對該類用戶實施精準行銷與推薦，以盡最大能力挽留客戶，提高用戶的在網率和貢獻率。

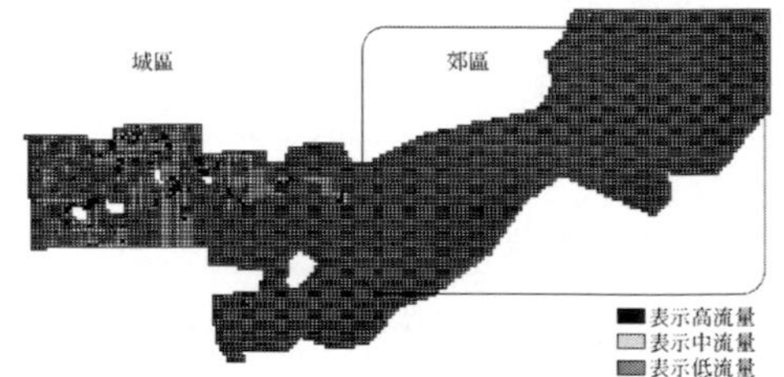

圖 8-88 A 區 GSM 流量柵格聚類結果

圖 8-88 是採用 K-means 對 A 區 GSM 流量柵格進行聚類的結果。圖中右半部分區域全部屬於低流量的一類，且資料量較大。據透過分析具體的覆蓋區域類型，瞭解到該區域屬於 A 區的郊區部分。為降低該部分對整個聚類效果的影響，我們只考慮 A 區城區的部分，對該區域的流量柵格資料進行重新聚類，結果如圖 8-89 所示。

如圖 8-89 所示，GSM 網路中，低流量區域仍占據整個區域的一半以上。據分析，高流量聚類中心為 1290MB；中流量聚類中心為 398MB；而低流量聚類中心為 8.54MB。三個流量叢集的聚類中心相差較大，說明獲得了很好的分類。圖 8-90 顯示了各流量柵格叢集的占比。其中，高流量柵格占柵格總量的 4%；中流量柵格占柵格總量的 22%；而低流量柵格的占比達到 74%。進一步透過柵格對應的基地台位置分析柵格所在的區域類型，可發現，高流量柵格和中流量柵格主要集中在商業中心、部分高校和企事業單位，這些區域人口密度大，高價值客戶比較集中。

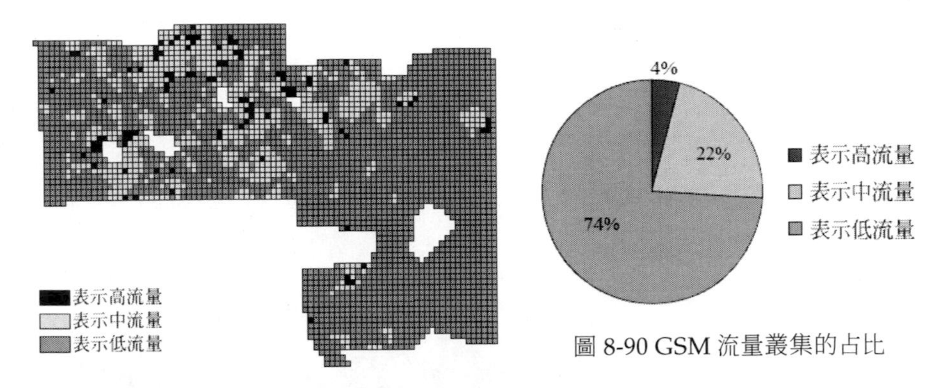

圖 8-90 GSM 流量叢集的占比

圖 8-89 A 區密集區域的 GSM 流量柵格聚類結果

而低流量柵格集中在城區道路、高速公路和風景區，該區域一般人口分布較少。另外，人口密度較大的區域也存在較多低流量柵格。這是因為，GSM 網路中產生的資料業務量並不是很大。由於 GSM 是 2G 網路，主要支持的業務是話音業務，資料業務是基於增強技術 GPRS 和 EDGE 提供的，不過資料速率並不是很高，用戶體驗也不是很好。因此，GSM 網路中出現低流量占比如此高的狀況也是可以理解的。

針對 2G 網路使用率較高的人口密集區域，應加強 3G 網路甚至 4G 網路的部署，並對該區域的高價值用戶推薦支持 3G 甚至 4G 網路制式的智慧終端，以此提高用戶的資料體驗，並提高整體網路的流量使用率。

圖 8-91 是利用 K-means 對 TD-SCDMA 網路中的流量柵格進行聚類的結果。與 GSM 網路的聚類情況類似，A 區的郊區部分全部屬於低流量類別。同樣的，為避免影響整體聚類的效果，對 TD-SCDMA 網路中流量柵格的聚類也只考慮了城區區域，聚類結果如圖 8-92 所示。另外，可明顯地看到 A 區的城區區域有一部分柵格是不連續的，出現了一些空白區域（橢圓標註）。這並不表示該區域沒有網路覆蓋，而是因為該區域的 TD 基地台位置沒有採集到。

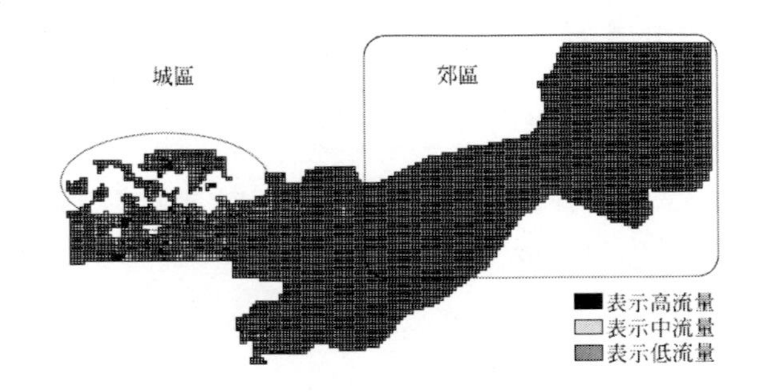

圖 8-91 A 區 TD 流量柵格聚類結果

圖 8-92 給出了 A 區城區部分的 TD 流量柵格的聚類結果。由圖可看出，聚類效果似乎與 GSM 網路類似，低流量柵格占據整個柵格總量的一半以上。而且，高流量的聚類中心為 1470MB；中流量的聚類中心為 355MB；低流量的聚類中心為 5.75MB。與 GSM 網路的流量聚類相比較，可看出 TD 網路中，高流量的聚類中心比 GSM 中的高，這是很顯然的，因為 TD 網路的資料速率得到了很大的提升，用戶能夠獲得很好的服務體驗，因此資料業務的使用率也會相對高一些。而中流量和低流量的聚類中心均比 GSM 的低，這說明 TD 網路中處於中流量和低流量區域的用戶對資料流量的依賴性不是很大，營運商應加強對此類區域的 3G 網路建設與優化，同時為用戶精準地推薦具有吸引力的方案業務，以此來提高用戶的資料業務使用頻率和在網體驗。

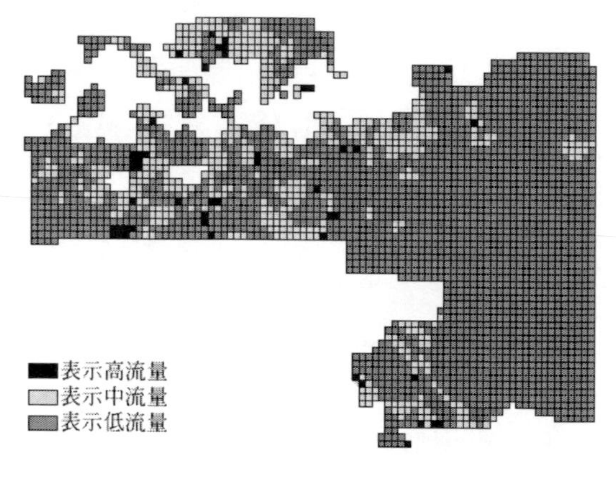

圖 8-92 A 區密集區域的 TD 流量柵格聚類結果

圖 8-93 還統計了 TD 網路中各流量柵格叢集占柵格總量的比例。由圖可知，高流量柵格占比 2%；中流量柵格占比 28%；而低流量柵格占比 70%。高流量柵格主要集中在商業中心、企事業單位、部分高校和醫院。此外，與 GSM 網路相比，TD 中的高流量柵格反而較少，這是因為 TD 基地台未給出的區域正好是人口流動較大的密集區域，對聚類的結果產生了一些影響。中流量柵格有部分集中在商業中心、高校等人口密集區，也有部分集中在風景區、居民區等區域。與 GSM 網路相比，TD 中的中流量柵格占比要高一些。由於 TD 網路主要用於提升用戶的資料業務體驗，用戶在 TD 中的資料流量使用率正常情況會比 GSM 網路的高。低流量柵格有一些集中在道路、河流和居民區，也有一些集中在商業中心等人口密集的區域，針對該區域的用戶營運商應提高 TD 網路的覆蓋率，為用戶有針對性地推薦智慧終端或方案業務，從而提高用戶對網路的依賴。

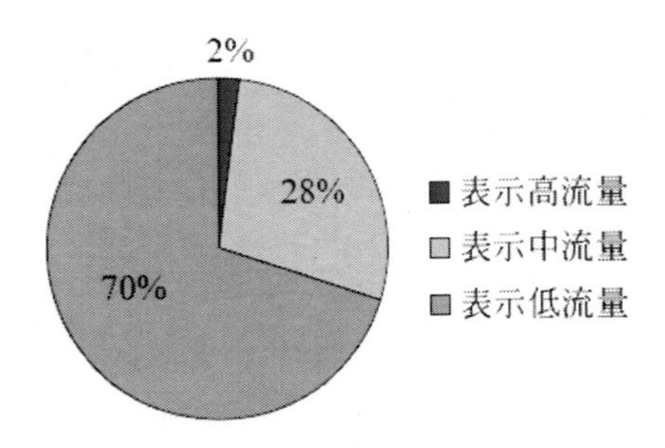

圖 8-93 各 TD 流量叢集的占比

8.8 無線室內定位

隨著定位技術在軍事和民用技術中的廣泛應用，移動定位技術越來越受到人們的廣泛關注。目前，基於用戶位置的移動定位業務（Location-Based Service，LBS）已經受到世人的矚目，全球各大移動營運商也都正在部署這項極具潛力的增值業務。從市場來說，近年來隨著移動互聯網及智慧終端的高速發展和廣泛普及，用戶對於資訊的及時性和就地形的需求越發強烈，這就給基於定位的服務和應用提供了非常廣闊的市場空間。

伴隨著移動互聯網領域的快速發展，基於位置服務的手機應用也進一步興起。4G 時代的到來為移動增值業務提供了廣闊的發展空間，而移動位置服務以其移動性、實用性、隨時性和個性化的特點，成了上網增值產生之後，手機移動增值業務非常具有潛力的發展方向。

8.8.1 傳統室內定位方法

目前，世界上正在運行的衛星導航定位系統主要是美國的全球定位系統（Global Positioning System, GPS），但 GPS 這種定位方法是在室外使用得較多的定位方法，它不適用於室內。針對 GPS 的室內定位精確度偏低、成本較高等缺點，具備低成本、較高定位精度的諸多室內定位技術便應運而生，並在諸多領域正越來越發揮著重要的作用。例如：煤礦企業要實現對井下作業人員的即時追蹤與定位、方便企業對員工的管理與調度，要用到室內定位技術；營救被困人員，室內定位技術可以提供被困人員的位置資訊，為營救節省大量的時間；在超市等購物中心，室內定位技術可以實現對商品定位、消費者定位、廣告發佈、地圖導航等功能。所以若能實現低成本且高精度的室內定位系統，將具有非常重要的現實意義。

所謂室內定位技術，是指在室內環境下確定某一時刻接收終端在某種參考系中的位置。在室內環境下，大多採用無線局域網來估計接收終端的位置。一般典型的無線局域網架構中的接入點（Access Point， AP）類似於無線通訊網路中的基地台，大部分無線局域網都使用 RF（Radio Frequency）射頻訊號來進行通訊，因為無線電波可穿越大部分的室內牆壁或其他障礙物，提供更大的覆蓋範圍。常見的室內定位方法有：

(1) Zig Bee 定位技術。Zig Bee 是一種新興的短距離、低速率、低功耗、低成本及網路擴展性強的無線網路技術，它的訊號傳播距離介於射頻識別和藍牙之間，工作頻段有三個——2.4GHz（ISM 國際免費頻段）和 858/91MHz，除了可以應用於室內定位，還可以應用於智慧家居、環境監測等諸多領域。它有自己的無線電標準 IEEE 802.15.4，定位主要是透過在數千個節點之間進行相互協調通訊實現的。這些節點以接力的方式透過無線電訊號將資料從一個節點傳到另一個節點，通訊效率非常高；同時，這些節點只需要很小的功率。低功耗與低成本是 Zig Bee 定位技術最顯著的優點。

(2) 室內 GPS 定位技術。當 GPS 接收機在室內工作時，衛星發送的 GPS 訊號由於受到建築物的遮蔽會大大衰減，而且不可能像室外一樣直接從衛星廣播中提取時間資訊與導航資料，因此，定位精度會很低。但是，延長在每個碼延遲上的停留時間可以有效提高室內訊號靈敏度，利用這個特性的室內 GPS 定位技術則可以解決上述 GPS 定位的缺陷。室內 GPS 定位技術利用數十個相關器平行地搜尋可能的延遲碼提高衛星訊號品質以提高定位精度，同時也可以提高定位速度。

(3) 紅外線室內定位技術。透過安裝在室內的光學傳感器接收經過紅外線標識調製和發射的紅外線進行定位是紅外線室內定位技術的基本思想。雖然紅外線室內定位技術在理論上具有相對較高的定位精度，但紅外線僅能視距傳播、易被燈光或者螢光燈干擾且傳輸距離較短則是這項技術最為明顯的缺點。受這些缺點的制約，它的實際應用前景並不樂觀，而且這項技術的應用需要在每個走廊、房間安裝接收天線，造價也較高。因此，紅外線室內定位技術在具體應用上有非常大的侷限性。

(4) 超聲波定位技術。超聲波定位採用基於時間到達（Time of Arrival，TOA）進行測距，然後選擇合適的定位演算法，利用測得的一組距離值來確定物體的位置。超聲波定位系統由若干個參考節點和定位節點組成，定位節點向位置固定的參考節點發射頻率相同的超聲波訊號，參考節點在接收到超聲波訊號後向定位時節點做出回應，由此得到定位節點與各個參考節點之間的距離。當得到三個或三個以上不同參考節點與定位節點之間的距離測量值時，就可以利用這組距離測量值根據相關定位演算法確定出定位節點的位置。

(5) 藍牙室內定位技術。藍牙是一種短距離、低功耗的無線傳輸技術，基於它的室內定位技術是基於接收訊號強度指示測距的。透過在室內安裝適當數量的藍牙局域網接入點，再把基礎網路的連結模式配置成基於多用戶、主設備為藍牙局域網接入點，就可以計算出定位節點的位置坐標。目前，藍牙定位技術受到藍牙訊號傳播距離短的制約主要應用於小範圍定位。

(6) 射頻識別技術。射頻識別技術進行定位是利用射頻方式進行非接觸式雙向通訊交換資料達到的。此技術成本低，作用距離一般為幾十米，可以在非常短的時間內得到釐米級的定位精度資訊。目前，理論傳播模型的建立、用戶的安全隱私和國際標準化等問題是射頻識別研究的熱點和難點。雖然射頻標識技術有其自身的優點，但相比於藍牙定位技術，它不容易被整合到其他系統中。

(7) Wi-Fi 定位技術基於網路節點能夠實現自身定位的前提，無線局域網（WLAN）是一種全新的定位技術，它可以在諸多的應用領域內實現複雜的大範圍監測、定位和追蹤任務。現在比較流行的 Wi-Fi 定位是基於 IEEE 802.11 標準、採用經驗測試和訊號傳播模型相結合的一種定位解決方案。該定位系統需要的基地台數量比較少，比較容易安裝，具有相同的底層無線網路結構，系統定位精度較高。但是，如果定位的測算不是依賴於合成的訊號強度圖，而是僅僅依賴於哪個 Wi-Fi 的接入點最近，那麼在樓層定位上很容易出錯。目前，受到 Wi-Fi 收發器的覆蓋範圍一般只能達到半徑 90 m 以內的區域這一缺點的制約，該系統主要應用於小範圍的室內定位。並且，無論是應用於室內定位還是室外定位，該系統對干擾訊號的反應都很靈敏，從而影響其定位精度，定位節點的能耗也較高。

除了以上提及的定位技術，還有基於光追蹤定位、基於圖像分析、電腦視覺、信標定位等室內定位技術。

8.8.2　基於 Wi-Fi 訊號的指紋定位演算法

基於指紋的定位流程可以分為兩個階段：離線訓練階段和在線定位階段。

一、離線訓練階段：先將待定位區域柵格化為 I · J 個正方形，如圖 8-94 所示。

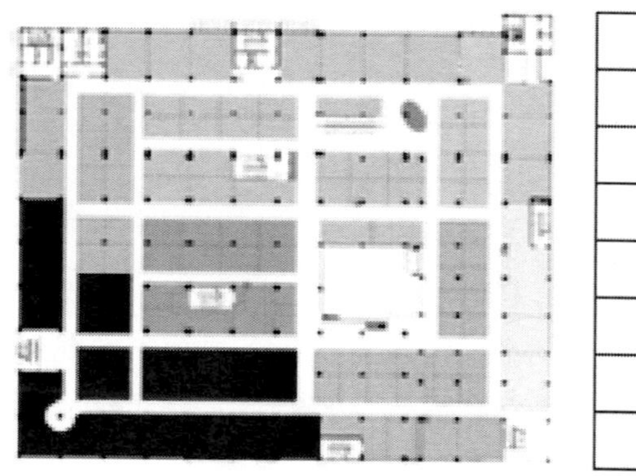
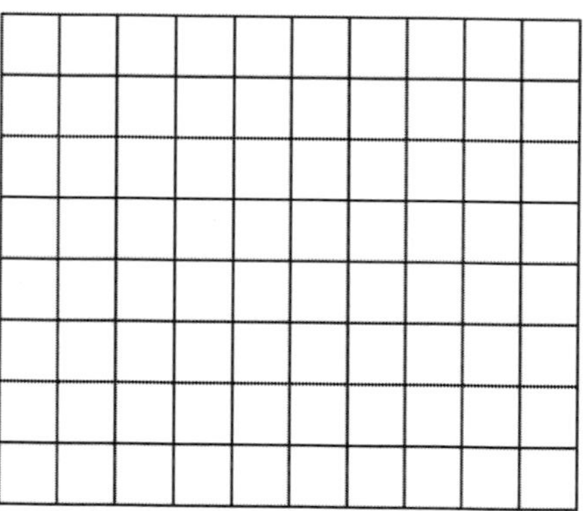

圖 8-94 將待定位場景柵格化

在每個位置 (i, j) 內分別採集所有 Wi-Fi 訊號接入點在該位置的訊號強度，記為 Δ (i, j)

$$\Delta_{(i,\ j)} = \left(\delta_{(i,\ j),\ 1}, \cdots, \delta_{(i,\ j),\ n}, \cdots, \delta_{(i,\ j),\ N}\right)^{\mathrm{T}}$$

$\delta_{(i,j),n}$ 為第 n 個 AP 在（i, j）位置的訊號強度。

將 Wi-Fi 型號的時變性納入考慮，取 $\delta_{(i,j),n}$ 在時間維度的均值為 $\mu_{(i,j),n}$，則該待定位區域的離線指紋庫（Radio Map）可被定義為 R

$$\boldsymbol{R} = \begin{pmatrix} \mu_{(1,\ 1),\ 1} & \cdots & \mu_{(1,\ 1),\ n} & \cdots & \mu_{(1,\ 1),\ N} \\ \vdots & \ddots & \vdots & \ddots & \vdots \\ \mu_{(i,\ j),\ 1} & \cdots & \mu_{(i,\ j),\ n} & \cdots & \mu_{(i,\ j),\ N} \\ \vdots & \ddots & \vdots & \ddots & \vdots \\ \mu_{(I,\ J),\ 1} & \cdots & \mu_{(I,\ J),\ n} & \cdots & \mu_{(I,\ J),\ N} \end{pmatrix}$$

二、在線定位階段：待定位的移動端設備採集所有 Wi-Fi 的訊號強度，形成該位置上的指紋向量並上傳到服務器端。

$$\boldsymbol{\Phi} = (\varphi_1,\ \cdots,\ \varphi_n,\ \cdots,\ \varphi_N)^{\mathrm{T}}$$

服務器端透過指紋相似度匹配演算法，將上報的指紋向量與資料庫中每一條指紋的記錄相匹配，最終確定待定位設備的估計位置，並回傳給移動設備。指紋相似度匹配相關演算法包括確定性演算法、機率演算法和基於人工神經網路的演算法等幾種。

8.8.3 基於資料探勘演算法的改進定位方法

基於指紋的定位過程可以看成一個對無線訊號特徵進行分類的過程：離線階段就是訓練一個分類器模型，將採集的指紋資訊作為分類器的輸入，參考點的位置作為分類器的輸出，從而訓練出符合目標無線環境的分類器模型；在線階段就是應用分類器進行定位，將新採樣的指紋資訊輸入訓練好的分類器，對應的輸出即為參考點的坐標，並以此作為待定位設備的估計坐標。

在實際定位中，指紋資料庫是十分龐大的，在線定位階段的位置匹配計算量也是十分巨大的。因此，如果不解決這個問題，室內定位的即時性和有效性將面臨極大挑戰，無法達到用戶秒級甚至更高即時性的要求。如此龐大的一個資料庫，可以將之稱為「大數據」。所以我們考慮將處理大數據十分適用的資料探勘演算法工具應用到指紋定位演算法中，以解決指紋資料庫過大導致的計算量龐大降低定位時效性的問題。

前人在將資料探勘方法應用到室內定位演算法的領域中，已經做了很多實驗，如：利用 K-means 對 AP 進行聚類以分析 AP 的空間分布特性；再結合多次疊代定位給待定位區域的每一個柵格進行打分（Grid Scoring）的 KS 演算法；針對不同 AP 的物理屬性不同而進行的 AP 打分演算法（AS），等等。

8.8.3.1 基於主成分分析和聚類的定位演算法

此方法是將主成分分析方法應用到現有的基於 KS 和 AS 的室內定位演算法模型。

在離線階段，首先，對每一個 AP 進行打分，打分的標準就是其對於定位精確程度的影響，對於定位精度提升越高的對應 AP 得分越高，對於定位精度沒有提升或是提升小的 AP 得分低。其次，透過主成分分析的方法在打過分的所有 AP 中，透過旋轉，得到幾個少數對於定位精度影響最大的「主 AP」（Balanced Principal Component, BPC）。在現階段，將得到的 BPC 演算法作為傳統 KS 方法的 AP 進行定位。

具體來說，該演算法分以下幾步進行：

第一步，柵格化待定位區域並進行離線指紋庫的資料採集及指紋庫的構建。將待定位區域劃分為 I · J 個柵格，並逐格採集所有 AP 在該格的訊號強度（Received Signal Strength, RSS）。

第二步，對於待定位區域內所有的 AP 進行打分。具體的打分方法為生成一個打分向量 $\Theta=(\theta_1, \theta_2, K, \theta_N)$，用於記錄待定位區域內的共 N 個 AP 的分數。其意義為，若第 N 個 AP 所參與的定位結果好，那麼就給它配一個較高的影響因子，也就是「高分」；若其參與的定位結果與實際定位點差別較大，就給該 AP 一個較低的影響因子以降低其在現階段定位的影響程度，也就是「低分」。

在此階段，透過不同 AP 的影響因子，離線指紋庫 R 可以更新為 $R'=R\cdot\Theta'$

$$\Theta' = \begin{pmatrix} \theta_{AP_1} & 0 & \cdots & 0 \\ 0 & \theta_{AP_2} & \cdots & 0 \\ \vdots & \vdots & \ddots & 0 \\ 0 & 0 & \cdots & \theta_{AP_N} \end{pmatrix}$$

其中 θ_{APi} 表徵的就是第 i 個 AP 的影響因子。

第三步，主成分分析。透過主成分分析的方法，對 N 個 AP 進行旋轉得到新的 M（M<N）個 AP，用很少的新的「主 AP」表徵絕大部分原有 AP 所代表的資訊。新得到的 AP 表示為 U=（u_1, ..., u_M）。

第四步，用新得到的指紋庫 P=R·U 作為在線階段的指紋庫進行定位。

仿真結果顯示經過 PCA 之後的本演算法的平均定位誤差小於傳統的 KS+AS 演算法，仿真結果如圖 8-95 所示。

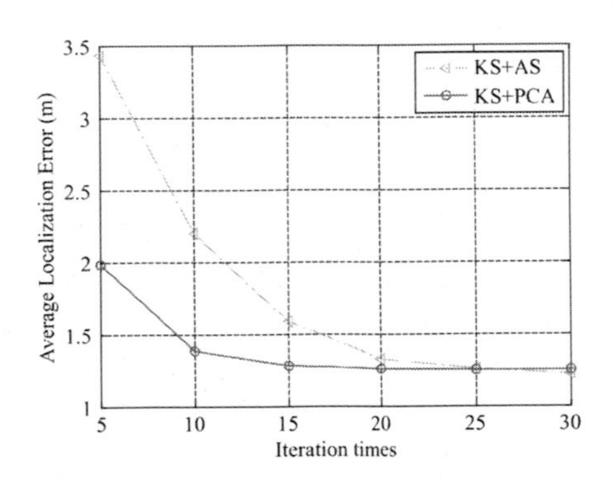

圖 8-95 不同疊代次數下 KS+AS 和 KS+PCA 方法的平均定位誤差

8.8.3.2 基於四叉樹的定位演算法

作為最廣泛使用的一種分類演算法，決策樹有著易於理解、演算法所得模型圖形化易於展示、可調優等優點，在本書第 4 章也有詳細講解，本節著重講解如何利用多叉樹來優化室內定位演算法。

傳統定位方法的離線階段是將待定位區域分成很多個小柵格，逐格採集指紋資料並構建指紋資料庫。這種方法的弊端在於：如果待定位區域過大或者區域內 AP 數量過多，所生成的離線指紋庫將是巨大的，那麼在線階段的匹配演算法的計算量將是十分龐大的，會影響定位準確的即時性。

本方法的核心思想是：在離線階段首次將待定位區域分成四個區域，如圖 8-96 所示。

進行一次定位後將目標定位在某個大塊內，比如區域 q_2。下一步只需將 q_2 進行四分，並再次進行定位，將目標定位到更小的區域內。以此方法不斷疊代，直到定位精度滿足需要或是柵格小於最小柵格單位，整體思路如圖 8-97 所示。

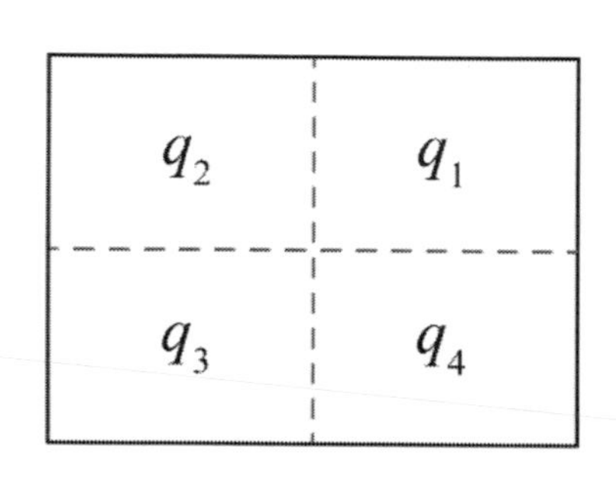

圖 8-96 將待定位區與劃分為四塊

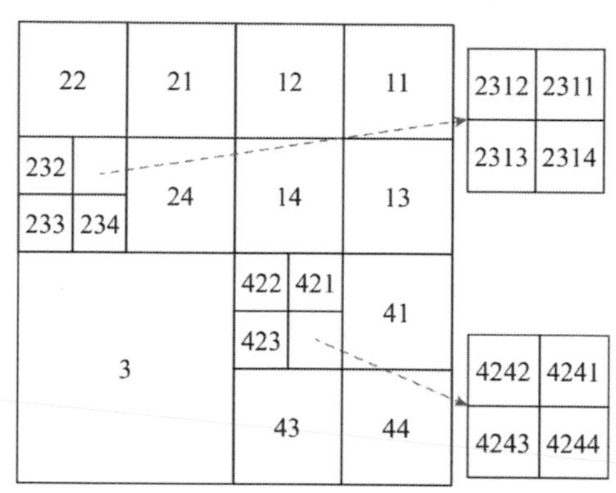

圖 8-97 基於四叉樹演算法的室內定位方法

本方法的優點十分明確，極大地減少了在線階段的計算量，每一次疊代只進行 4 次待定位點與指紋庫中的點的匹配。在定位區域十分龐大時，可明顯地降低每次定位所需的時間以提高定位的效率。其思路主要利用的是多叉決策樹的思想，將定位問題逐層地透過逐步將目標定位在更小的待定位區域內，每一次疊代即為決策樹的一層，如圖 8-98 所示。

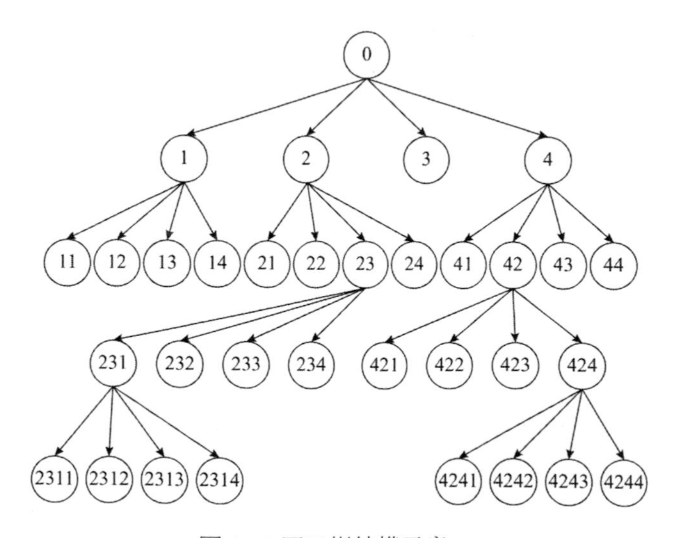

圖 8-98 四叉樹結構示意

參考文獻

[1] Zhang Z, Wang R, Zheng W, et al. Profit Maximization Analysis Based on Data Mining and the Exponential Retention Model Assumption with Respect to Customer Churn Problems [A].// 2015 IEEE International Conference on Data Mining Workshop (ICDMW)[C]. Atlantic City： IEEE, 2015： 1093-1097.

[2] Xie H, Liang D, Zhang Z, et al. A novel pre-classification based KNN algorithm [A]. // 2016 IEEE International Conference on Data Mining [C]. Barcelona： IEEE, 2016.

[3] 吳雨航 , 吳才聰 , 陳秀萬．介紹幾種室內定位技術．中國測繪報 ,2008, 1：4．

[4] 郝建軍 , 劉丹譜 , 樂光新．無線局域網技術 WiFi[J]. 世界寬頻網路 ,2008, 6：1-3．

[5] 張利．基於 Wi-Fi 技術的定位系統的實現 [D]. 北京：北京郵電大學 ,2009．

[6] 方震 , 趙湛 , 郭鵬 , 等．基於 RSSI 測距分析 [J]. 傳感器技術學報 ,2011, 20(11)：2526-2530．

[7] Erin-Ee-Lin Lau, Wan Young Chung. 室內外環境基於 RSSI 的用戶即時定位追蹤增強系統 [C]. 資訊技術融合國際會議 ,2008．

[8] Rajaee S. 在專門的無線傳感器網路中使用機率類神經網路和獨立份量分析的節能定位 [C]. 電信國際研討會 ,2008．

[9] K. Benkic, M. Malajner, P. Planinsic, Z.Cucej. 基於 RSSI 參數使用無線傳感器網路距離在線測量和視覺化系統 , 訊號和圖像處理 ,2009．

[10] A. Al-Nuaimi, R. Huitl, S. Taifour, S. Sarin, X. Song, Y. X. Gu, E. Steinbach and M. Fahrmair：Towards Location Recognition Using Range Images. IEEE ICMEW, pp. 1-6, July 2013.

[11] I. Haque, and C. Assi. Profiling-Based Indoor Localization Schemes. Systems Journal, IEEE,vol. 9, no. 1, pp. 76-85, March 2015.

[12] D. Liang, 「Iterative Clustering and Scoring Application on Indoor Localization」, IEEE International Symposium on Personal, Indoor and Mobile Radio Communications, in press.

[13] J. Yin, Q. Yang, Senior Member, IEEE, and M. Ni, 「Learning Adaptive Temporal Radio Maps for Signal-Strength-Based Location Estimation,」 IEEE Transactions on. Mobile Computing,vol. 7, no. 7, pp. 869-883, July 2008.

[14] B. Chen, H. Liu,and Z.Bao. PCA and Kernel PCA for Radar High Range Resolution Profiles Recognition. Radar Conference, 2005 IEEE International, pp. 528-533, May 2015.

[15] Y. Yu, and H. F. Silverman. An Improved Tdoa-Based Location Estimation Algorithm for LargeAperture Microphone Arrays. IEEE ICASSP』 04, vol. 4, pp. iv-77, May 2004.

[16] Han Jian-wei, Kamber M. Data Mining： Conception and Technology. FAN Ming, MENG Xiaofeng, Irst ed., Beijing：Machinery Industry Press, 2001.

[17] DAN Xiao-rong, CHEN Xuan-shu, LIU Fei, LIU De-wei. Reseach and Improvement on the Decision Tree Classification Algorithm of Data

Mining. Software Guide, Vol. 8, p. 41, 2009.

[18] HUANG ai-hui, CHEN Xiang-tao. An Improved ID3 Algorithm of Decision Trees.COMPUTER ENGINEERING & SCIENCE, Vol. 31,pp. 109-111, 2009.

[19] QU Kai-she, CHENG Wen-Ii, WANG Jun-hong. Improved Algorithm Based on ID3. Computer Engineering and Applications,Vol. 39, pp. 104-107, 2003, doi： 10.33211j.issn： 1002- 8331.2003.

[20] Quinlan J.R.. Introduction of decision trees. Machine Learning. Vol.l.No.1, 1986. pp. 81-106.

第 9 章

面向未來大數據的資料探勘與機器學習發展趨勢

9.1 大數據時代資料探勘與機器學習面臨的新挑戰

資料探勘是一門交叉性學科，涉及人工智慧、機器學習、模式識別、歸納推理、統計學、資料庫、高效能計算、資料視覺化等多種技術。隨著各行業對大規模資料處理和深度分析需求的快速增長，資料探勘已成為一個引起學術界和工業界重視、具有廣泛應用需求的熱門研究領域。

近幾年來大數據非常熱門，但總體而言整合互聯網思維大數據的革命才剛剛開始。現在新資料的年增長為 60% 左右，逐漸從基礎架構、App 向資料的簡化邁進。

對於面向大數據的資料探勘與機器學習發展趨勢，在技術方面，科學家們從現有層面提出各種新興技術。比如：從資料處理角度，有分布式處理方法 Map Reduce，較著名的應用工具有 Hadoop 和 DISCO。從資料庫角度出發，在資訊檢索、流媒體儲存等方面有 NOSQL 開發工具，以及對應超大規模和高並發的 SNS 類型的 WEB2.0 純動態網站而使用的非關係資料庫高速發展，如

MongoDB、CouchDB。在如何提取有價值的資訊，處理底層的結構化技術支持外，資料探勘演算法、機器學習演算法都是必不可少的。

在資訊安全方面，大數據探勘將成為資訊安全發展的契機。如今，資料無處不在，降低了其自身資訊的安全性。例如，儲存於雲端的大量資料，至今還沒有形成有效的集中管理，而單獨地管理用戶資訊則無法一一分辨其是否合法，這就提高了非法入侵、篡改資料資訊的危險性。對此，各種為資訊安全服務的技術和產品成為大數據研究中心的方向和資訊安全領域的首要問題。因此，如何保證資料產業鏈的安全對資訊安全發展具有重要的意義。

在企業經營管理和產業服務方面，大數據探勘將成為企業及服務機構等諸多行業的轉折點。伴隨著大數據探勘技術在企業管理中帶來經濟效益的同時，也帶來了管理模式的巨大改變，企業必須擁有三類人才：管理人才、分析人才及技術型人才，緊跟時代脈搏，從大數據中獲得關鍵資訊，及時調整企業產業規劃，才能在時代變革中保持自身利益，求得生存。

在教育教學方面，面授式教學，尤其在大學，已經凸顯落後，一所具有強大數據探勘能力的遠程教學平台，資訊化教學的數位校園，能為師生提供更具個性化的資料支撐和服務。在校園啟用「大數據」，透過便捷的、多元的採集方式，建立基礎資料平台和整合教學資源，提供標準資料介面，統一採集、認證，集中儲存，開放計算，最終消除「資訊孤島」。

在商業價值方面，大數據探勘將成為創造價值的核心。歷經短短二十年的發展，大數據探勘已引領全球進入創新和競爭的新模式。例如，歐洲國家政府運用大數據而分別節省 1000 億歐元，美國醫療業則節省了 3000 億美元。此外，大數據中潛在個人資訊價值不可估量。世界各國政府都加大了對大數據發展的扶持力度，特別在發達國家甚至上升到國家策略的高度。

那麼未來 5-10 年中，資料探勘與機器學習將朝什麼方向發展？以下是行業內一些專家的訪談實錄：

- Ilya Sutskever，OpenAI 研究總監：我們應該會看到更為深層的模型，與如今的模型相比，這些模型可以從更少的訓練樣例中學習，在非監督學習方面也會取得實質性進展。我們應該會看到更精準有用的語音和視覺識別系統。
- Sven Behnke，波恩大學全職教授、自主智慧系統小組負責人：我期望深度學習能夠越來越多地被用於多模（multi-modal）問題上，在資料上更結構化。這將為深度學習開創新的應用領域，比如機器人技術、資料探勘和知識發現。

- Christian Szegedy，Google 高級研究員：目前深度學習演算法和神經網路的效能與理論效能相去甚遠。如今，我們可以用 1/10 到 1/5 的成本，以及 1/15 的參數來設計視覺網路，而效能比一年前花費昂貴成本設計出的網路更優，這完全憑藉改善的網路架構和更好的訓練方法。我堅信，這僅僅只是個開始：深度學習演算法將會更高效，能夠在廉價的移動設備上運行，即使沒有額外的硬體支持或是過高的內存開銷。

- Andrej Karpathy，史丹佛大學在讀電腦科學博士、OpenAI 研究科學家：我不打算從高層面描述幾個即將到來的有趣發展，我將會集中於一個方面做具體描述。我看到的一個趨勢是，架構正在迅速地變得更大、更複雜。我們正在朝著建設大型神經網路系統方面發展，交換神經組件的輸入／輸出，不同資料集上預訓練的網路部分，添加新模組，同時微調一切，等等。比如，卷積神經網路曾是最大／最深的神經網路架構之一，但如今，它被抽象成了大多數新架構中的一小部分。反過來，許多這些架構也會成為將來創新架構中的一小部分。我們正在學習如何堆「樂高積木」，以及如何有效地將它們連線嵌套建造大型「城堡」。

- Pieter Abbeel，加州大學柏克萊分校電腦科學副教授、Gradescope 聯合創始人：有很多技術都基於深度監督式學習技術，影片技術也是一樣，搞清楚如何讓深度學習在自然語言處理方面超越現在的方法，在深度無監督學習和深度強化學習方面也會取得顯著進步。

- Eli David，Deep Instinct CTO：在過去的兩年中，我們觀察到，在大多數使用了深度學習的領域中，深度學習取得了極大的成功。即使未來 5 年深度學習無法達到人類水平的認知（儘管這很可能在我們有生之年發生），我們也將會看到在許多其他領域裡深度學習會有巨大的改進。具體而言，我認為最有前途的領域將是無監督學習，因為世界上大多數資料都是未標記的，而且我們大腦的新皮層是一個很好的無監督學習區域。

- Deep Instinct 是第一家使用深度學習進行網路安全研究的公司，在今後幾年裡，我希望有更多的公司使用深度學習進行網路安全研究。然而，使用深度學習的門檻還是相當高的，尤其是對那些通常不使用人工智慧方法（如只有少數幾個解決方案採用經典機器學習方法）的網路安全公司，所以在深度學習成為網路安全領域廣泛運用的日常技術之前，這還將需要數年時間。

- Daniel McDuff，Affectiva 研究總監：深度學習已經成為在電腦視覺、語音分析和許多其他領域佔優勢的機器學習形式。我希望透過一個或兩個 GPU 提供的計算能力構建出的精準識別系統能夠讓研究人員在現實世界中開發和部署新的軟體。我希望有更多的重點放在無監督訓練、半監督訓練演算法上，因為資料一直不斷增長。
- Jörg Bornschein，加拿大高級研究所（CIFAR）全球學者：預測未來總是很難。我希望無監督、半監督和強化學習方法將會扮演比今天更突出的角色。當我們考慮將機器學習作為大型系統的一部分，比如：在機器人控制系統或部件中，掌控大型系統計算資源，似乎很明顯地可以看出，純監督式方法在概念上很難妥善解決這些問題。
- Ian Goodfellow，Google 高級研究科學家：我希望在 5 年之內，我們可以讓神經網路總結影片片段的內容，並能夠生成影片短片。神經網路已經是視覺任務的標準解決方案了。我希望它也能成為 NLP 和機器人任務的標準解決方案。我還預測，神經網路將成為其他科學學科的重要工具。例如，神經網路可以被訓練來對基因、藥物和蛋白質行為進行建模，然後用於設計新藥物。
- Nigel Duffy，Sentient Technologies CTO：目前大數據生態系統一直專注於收集、管理、策展大量資料。很明顯，在分析和預測方面也有很多工作。從根本上說，企業用戶不關心那些。企業用戶只關心結果，即：「這些資料將會改變我的行為方式嗎？將會改變我做出的抉擇嗎？」我們認為，這些問題是未來 5 年需要解決的關鍵問題。我們相信，人工智慧將會是資料和更好的決策之間的橋樑。很明顯，深度學習將會在演變中造成顯著的作用，但它需要與其他人工智慧方法結合。在接下來的 5 年裡，我們會看到在越來越多的混合系統中，深度學習用於處理一些難以感知的任務，而其他人工智慧和機器學習（ML）技術用於處理其他部分的問題，如推理。
- Koray Kavukcuoglu & Alex Graves，GoogleDeepMind 研究科學家：未來 5 年會發生許多事。我們希望無監督學習和強化學習會更加傑出。

我們同樣希望看到更多的多模式學習，以及對多資料集學習更加關注。

- Charlie Tang，多倫多大學機器學習小組博士生：深度學習演算法將逐步用於更多的任務並且將「解決」更多的問題。例如：5 年前，人臉識別演算法的準確率仍然比人類表現略差。然而，目前在主要人臉識別資料集（LFW）和標準圖像分類資料集（Imagenet）上演算法的表現已經超過了人類。在未來 5 年裡，越來越難的問題，如影片識別、醫學影像或文字處理將順利由深度學習演算法解決。我們還可以看到深度學習演算法被移植到商業產品中，就像 10 年前人臉檢測如何被納入相機中一樣。

此外，2016 年 12 月 1 日，達觀資料 CEO 陳運文作為大數據領域專家在大會「人工智慧與大數據」分論壇上發言中提到：

個性化資料探勘是大數據發展趨勢：從大數據概念誕生至今，資料的作用和力量一直備受肯定並持續得到驗證。隨著大數據技術的發展，資料探勘的深度在不斷增加，資料應用的廣度也在不斷擴展。在企業營運方面，大數據逐漸成為不可替代的營運決策依據和執行手段。

他還指出：資料探勘應用的發展趨勢是從整體統計到分群統計，再到個體分析。因為個性化資料探勘能幫助企業更加瞭解用戶，透過對用戶瀏覽、購買、搜尋和排序等行為的資料探勘，知道這些用戶是誰、從哪裡來、有什麼樣的行為偏好，甚至預測用戶什麼時候會流失，面向未來的資料預測才有更大價值。除了用戶研究，大數據也被用來進行廣泛的資料統計。如對商品的數量、種類、銷量等進行統計，可以幫助企業獲取銷售資訊。

陳運文認為，面向未來的資料預測才有更大價值。當企業獲得資料後，要充分發揮資料的價值，就要對資料進行進一步的分析資訊，從而對商品銷量、熱賣做出相對準確的預測，解決庫存問題。陳運文以沃爾瑪 Retail Link 為例，說明就算是傳統企業，離大數據也並不遙遠。

個性化資料探勘助力企業精細化營運：無論是用戶研究還是資料預測，最終目的都是要連接用戶與產品，幫助企業解決問題。搜尋引擎和推薦系統是兩個典型的個性化資料探勘的產物，搜尋系統透過個性化資料探勘識別用戶搜尋意圖，幫助用戶快速精準地找到自己想要的內容，推薦系統透過個性化資料探勘分析用戶行為偏好，向用戶推薦商品或內容，大大提高轉化率。與缺少大數據支持的營運活動相比，搜尋引擎和推薦系統更加精準高效，真正幫企業實現了精細化營運，從而提高了效率，降低了成本。反過來，搜尋引擎與推薦系統又在不斷收集用戶的操作資料，形成一個對資料收集、分析、應用的良性循環。

短短幾年之內，大數據已經徹底改變了企業營運業務的方式——但截至目前，我們才剛剛窺其門徑。隨著企業開始有意識地收集各類資料資訊，人們才逐漸發現對這部分資料加以正確利用所能夠帶來的巨大潛力。

從企業發展來說，毫無疑問，人工智慧、大數據是自 2016 年下半年以來最受關注的話題，和一般的投資熱點不同，這次人工智慧所產生的影響或將是「顛覆式」的，易觀國際集團董事長兼 CEO 於揚先生這樣評判這次變革：「作為一個預測了互聯網化，預測了『互聯網 +』的公司，我們今天有一個大膽的預言是，下一個基礎設施一定是人工智慧，它是一個與互聯網一樣可以匹敵的強大的基礎設施。」盛景嘉成母基金創始合夥人彭志強先生認為「從客觀上說，如今大數據的生態系統在日臻完善，資料的收集、管理、應用等各個層次都在逐步形成，而每個層次都有代表性的公司完成商業化或者較大規模融資。而在投資領域尤其是 ToB 市場中，大數據已經成為標配，投資人的投資組合裡一定有大數據相關的公司出現。在新三板，大數據板塊也即將拉開序幕，裡面的公司表現令人非常振奮」。

易觀創始人於揚先生更是認為：未來，所有企業都會成為數位企業。於揚先生說：「在那個時候，我們講所有企業都會成為互聯網企業的時候，也是講企業業務流程要更多與線上結合，而今天我們講的是企業全部流程完全是數位化的、是程式化的表達。」此外於揚先生還強調了用戶資產的重要性，「所有的企業必須清楚這樣一點，我們只有把用戶看為資產，我們只有用資產管理的角度去看數位用戶，才真正能夠從用戶資產成長中獲益」。

在易觀分析師顧問群組總經理董旭看來，共享經濟也內涵了大數據的精髓：「今天大家會發現，企業的身分變了，從原來直接提供服務和直接提供商品，變成了今天提供一個服務的平台，所以大家會發現，撮合供給和交易的過程當中，企業的關鍵成功要素也發生了變化。原來是我要有足夠多的產品和服務能夠給到流量、給到用戶，跟用戶有一個比較精準的匹配，這是我的核心關鍵，今天就變成了我要透過資料、要透過演算法、要透過在不同應用介面上的應用，來更有效地撮合供給和需求。」

一些積極迎接變革的企業發現，他們的資料實際上可能正是其掌握的最大資產。除了資料本身之外，精明的企業還能夠透過分析資料內容以瞭解並更好地服務於自身客戶，甚至能夠將其中一些關鍵性資料出售給合作夥伴及下游廠商以賺取額外利潤。舉例來說，優步與 Lyft 等服務就能夠非常準確地把握與客戶出行習慣相關的資料，並將其交付至 Airbnb、VRBO 等其他網站。與此同時，Fitbit 及其他廠商提供的健身追蹤器也能夠利用用戶的健康活動資料實現巨大價值。即使是與醫療衛生業務毫不沾邊的蘋果公司，也能夠以前所未有的洞察能力審視其原生健康應用資料。

從理論層面講，如此龐大的資料寶庫將能夠為 B2B 及 B2C 企業帶來集中且立足實踐行為的洞察結論，進而以前所未有的方式開啟新的機遇大門。然而，面對一系列重大的技術性與財務性障礙，很多企業實際上並不清楚自己的下一步大數據策略該走向何處。很多企業已經開始在資料探勘領域試水，但尚未制定出一套能夠順利邁進的堅實策略思路。

為何存在挑戰？截至目前，實現大數據技術承諾的最大障礙之一在於龐大的資金投入要求。從當下的情況來看，最為成功的項目往往需要耗資數百萬美元，如沃爾瑪的專用資料創新實驗室 WalmartLabs。然而，這種項目只適用於世界上那些最為龐大的企業，其具備極為雄厚的財力與資源。很明顯，這樣的標準對於其他公司而言並不適用，或者說毫無實現的可能。

為何利用大數據技術會呈現出如此明確的資源密集型傾向？答案主要分為以下三個方面：

資料的輸入速度極快，且資料來源數量也急遽增加：移動、雲應用、物聯網——從用於追蹤庫存與設備的 RF 標籤到一切接入網路的家用電器——當然，社交媒體也是一大不容忽視的即時資料來源。

此類新型來源幾乎全部以非結構化或者半結構化格式交付資料，這使得傳統的關係型資料庫管理方案，即 SQL 及幾乎一切現代資料庫系統的實現基礎毫無用武之地。除了收集及儲存方面的挑戰之外，合規性要求中的隱私與監管要求也會帶來新的複雜性。不斷發展的標準要求需要完整團隊配合先進的技術、管理與維護手段方可實現。

隨著資料複雜度的日益提高，用於管理資料的具體技術方案也變得更難以使用。Hadoop、Kafka、Hive、Drill、Storm、MongoDB 及 Cassandra 等開源工具外加一系列專有方案共同構成了獨立且相互競爭的方案生態系統，只有具備深厚的技術操作知識方可將其真正應用在商業環境當中。事實上，此類人才資源非常稀缺，大多數非財富五百強企業都無力承擔由此帶來的高昂開支。

缺失之處何在？可以看到，絕大多數企業僅僅是在努力管理並資訊自己的儲存資料集，而很難實際利用資料中的資訊建立自身競爭優勢。在實踐性、實用性及可行性方面，企業還無法充分運用現有的工具發揮資料中的可觀潛能。需要明確的是，目前我們並不缺乏良好的大數據工具，事實上我們缺乏的是真正具備效率與有效性的解決方案，這種能夠解決資料孤島及高度依賴性難題的手段既匱乏又難以維護。

為什麼？因為截至目前，我們的重點一直放在整合應用程式並建立各類獨立工具與平台之間的連接機制，缺少這種橋樑它們將根本無法協作。舉例來說，我們需要想辦法對接 CROM 與 ERP，或者將銷售工具與市場行銷自動化機制相整合。

這種應用到應用型方案的問題在於，其完全忽略了資料本身——這意味著資料仍然可能以分裂化、孤立化或碎片化形式存在。即使應用程式能夠彼此連接，如果其各自擁有自己的資料儲存形式，那麼資料也無法實現通用。這意味著我們將面對大量不完整或者重複的資料記錄，即通常所謂的「髒」資料。任何分析方法都無法利用這樣的資料素材提供可靠的結論——因為資料本身就不夠可靠。

我們該如何解決問題？

為了真正處理大數據——同時利用其實現洞察分析與業務增長，而非單純進行資料收集——我們需要一套新型方案以專注於資料本身，而非應用程式。事實上，相較於應用程式級別，立足於資料層級解決整合化問題才是實現大數據項目成功的關鍵所在。

透過將整合與資料管理融入單一統一化平台，我們將能夠構建起一套全面、簡潔且具備來源中立性的資料湖，企業可將其作為單一可靠來源基礎，並接受任何源或分析應用的寫入或讀取訪問。除了敞開大門允許幾乎一切應用出於幾乎一切目的以正確方式接入正確資料之外，其還能夠顯著提升分析工作的效率、精度與可信度。

iPaaS 就是答案？也許言之尚早。

儘管不少從業者高度提倡將 iPaaS（即整合平台即服務）作為最佳解決方案，但這種自助式方案仍然會給內部團隊帶來沉重的複雜整合工作負擔，而且相當一部分企業根本不具備相關資源或者由自身 IT 及業務人員管理整合化「管道」的意願。但隨著新型整合化需求的快速湧現，我們很難找到順暢可行的 iPaaS 方案規模擴展途徑，更不用提由此帶來的合規性與資料治理難題了。為業務用戶提供獨立於 IT 之外配置整合機制的能力可能對安全性及合規性造成危害，也可能無意中導致企業遭遇資訊泄露進而受到懲罰，同時此類未受 IT 整合策略支持的一次性實施工作還可能造成設計中需要盡可能避免的資料孤島問題。

最後，儘管實現過程較為簡單，但其在成本與可擴展能力方面存在嚴重侷限。利用 iPaaS，我們將很難為未來的發展做好打算；在本質上說，這只是一種臨時性解決辦法，且必須反覆調整以適應需求增長與變化。

理想的解決方案：dPaaS 真正實現大數據成功。值得慶幸的是，目前已經出現了一種全新的大數據管理與整合方法，且適用於任何規模的企業，並可透過高效、可管理且可擴展的方式對大數據資源加以運用。

資料平台即服務，簡稱 dPaaS，是一套統一化多租戶雲平台，可透過更為靈活且以資料為中心的應用中立性方式提供整合與資料管理託管服務，從而滿足幾乎一切與大數據相關的需求。相較於專注於整合應用程式，dPaaS 專門負責整合資料，確保跨應用資料湖讀取或寫入操作的簡潔性、品質、可訪問性及合規性。

利用 dPaaS，企業能夠徹底告別資料孤島及複雜性乃至高成本整合項目，真正隨時擁抱新型應用，從堅實的資料儲存庫內提取資訊並保持完整的資料生命週期內可視性——且享受各類內置合規性與治理能力。下面來看其中的幾項核心功能：

(1) 統一化資料管理

利用 dPaaS，企業的整體資料儲存庫可被管理為單一全面儲存集合。不同於 iPaaS 應用到應用類整合方案所導致的資料孤島、不匹配欄位、缺失值、重複記錄以及其他「髒」資料問題，dPaaS 能夠保持資料獨立於應用程式之外。其創建並維持一套無模式中央儲存庫，同時包含指向幾乎一切資料源的元資料關係，這意味著企業能夠輕鬆地隨時添加新型應用並繼續保持其資料的簡潔性、綜合性與準確性。

(2) 內置合規性

保持對不斷演變的合規性要求的持續遵循正變得越發困難且成本高昂，這意味著我們需要投入大量資源與時間進行審計及重新認證。然而利用 dPaaS，合規效能夠立足資料層得到保障，這意味著由相關平台供應商負責對基礎設施進行持續認證維護，從而確保以全面而非零散的方式進行監管遵循。具體來講，dPaaS 會將大部分合規性負擔轉移給供應商，從而更好地保障閒置與活動資料與合規要求相符。

(3) 卓越中心

dPaaS 能夠構建起一套整合卓越中心（簡稱 COE），甚至使得中小型企業能夠利用來自供應商的資源、知識、流程、工具乃至人才實現出色的效率並解決更為複雜的業務流程及挑戰。構建內部卓越中心過去需要規模龐大的團隊方可實現，但如今 dPaaS 能夠將卓越中心作為一種常態。平台供應商負責提供專業人員、資源及工具，這意味著幾乎任何規模的企業皆可利用這一綜合性整合卓越中心享受到前沿技術與服務。

(4) 管理服務

與自助性 iPaaS 解決方案不同，dPaaS 能夠將大部分整合複雜性轉移至平台供應商處，由後者負責處理 ETL 及其他用於構成整合基礎的「管道」流程。這不僅能夠讓企業擁有更出色的成本效益水平，同時也可簡化最新技術的獲取方式，幫助客戶保持明確的市場競爭優勢。這意味著企業客戶能夠將更多內部人員及預算投入到策略性項目當中，進而有力推動營收增長並強化企業的核心業務。

(5) dPaaS 的光明未來

憑藉全面的統一化資料整合與管理方案，dPaaS 已經顯示出光明的發展前景，足以幫助客戶擺脫過去粗放的資料探勘工作，真正邁入大數據利用階段。而由此提供的全部工具及專業知識——以及未來發展路線圖——都將幫助企業以更加高效、有效且具備成本效益的方式建立並推動大數據項目。

相較於浪費時間與精力「重新發明輪子」，企業應當利用 dPaaS 幫助自身建立競爭優勢，同時更為準確地獲取並保持市場領先性。

(1) 趨勢一：資料的資源化

所謂資源化，是指大數據成為企業和社會關注的重要策略資源，並已成為大家爭相搶奪的新焦點。因而，企業必須提前制訂大數據行銷策略計劃，搶占市場先機。

(2) 趨勢二：與雲端計算的深度結合

大數據離不開雲端處理，雲端處理為大數據提供了彈性、可拓展的基礎設備，是產生大數據的平台之一。從 2013 年開始，大數據技術已開始和雲端計算技術緊密結合，預計未來兩者關係將更為密切。除此之外，物聯網、移動互聯網等新興計算形態，也將一齊助力大數據革命，讓大數據行銷發揮出更大的影響力。

(3) 趨勢三：科學理論的突破

隨著大數據的快速發展，就像電腦和互聯網一樣，大數據很有可能是新一輪的技術革命。隨之興起的資料探勘、機器學習和人工智慧等相關技術，可能會改變資料世界裡很多的演算法和基礎理論，實現科學技術上的突破。

(4) 趨勢四：資料科學和資料聯盟的成立

未來，資料科學將成為一門專門的學科，被越來越多的人所認知。各大高校將設立專門的資料科學類專業，也會催生一批與之相關的新的就業崗位。與此同時，基於資料這個基礎平台，也將建立起跨領域的資料共享平台，之後，資料共享將擴展到企業層面，並且成為未來產業的核心一環。

另外，大數據作為一種重要的策略資產，已經不同程度地滲透到每個行業領域和部門，其深度應用不僅有助於企業經營活動，還有利於推動國民經濟發展。它對於推動資訊產業創新、大數據儲存管理挑戰、改變經濟社會管理面貌等方面也意義重大。

現在，透過資料的力量，用戶希望掌握真正的便捷資訊，從而讓生活更有趣。對於企業來說，如何從海量資料中資訊出可以有效利用的部分，並且用於品牌行銷，才是企業制勝的法寶。

9.2 IEEE ICDM 會議資料探勘與機器學習的最新研究進展

以上對大數據探勘的發展趨勢從各方面進行了闡述，在接下來的部分，我們將從 2016 The IEEE International Conference on Data Mining series（ICDM）會議收錄的論文角度來對大數據探勘的發展趨勢進行分析。

會議論文涵蓋資料探勘的各個方面，主要分為演算法改進型和應用型論文及問題解決型論文，其中演算法改進型論文涵蓋在前面章節提到的資料探勘的各種演算法：聚類演算法、分類演算法、關聯演算法、增強演算法，同時也包括了之前章節沒有提及的演算法：多任務學習和黑盒測試演算法。

聚類演算法是資料探勘中的重要演算法之一。Benjamin Schelling 把聚類比喻成一個狩獵的過程，提出一種叫做 levy walk 的聚類模型，該模型相比於現有的聚類模型能夠很好地對抗雜訊並且幾乎不用設定參數（Benjamin Schelling，2016）。現有的文本分類普遍面臨的一個問題就是文字資料的組織本身是一個很複雜的過程。而 Niloofer Shanavas 基於此提出一種文字自動分類的演算法（Niloofer Shanavas，2016）。子空間聚類演算法是指把資料的原始特徵空間分割為不同的特徵子集，從不同的子空間角度考察各個資料叢集聚類劃分的意義，同時在聚類過程中為每個資料叢集尋找到相應的特徵子空間。子空間聚類演算法實際上是將傳統的特徵選擇技術和聚類演算法進行結合，在對資料樣本聚類劃分的過程中，得到各個資料叢集對應的特徵子集或者特徵權重。根據目前的研究結果，做空間聚類可以分為硬子空間聚類和軟子空間聚類兩種形式。Wei Ye 針對子空間聚類提出一種新穎的能在任意方向找到非冗餘的子空間聚類的改進演算法。論文使用獨立子空間分析方法（ISA）找到子空間集合，最大限度地減少聚類之間的依賴度（冗餘度）。此外，演算法使用最小描述長度原則來對參數進行自動設定。Dominik Mautz 基於現有聚類演算法效能往往很大程度受到參數設定影響的現狀提出一種叫做 SubCluEns 的整合聚類演算法，該演算法基於最小描述長度原則，把多個子空間和投影子空間的聚類結果整合起來得到最後的聚類結果（Dominik Mautz, 2016）。

在前面的章節中我們已經提到過聚類演算法屬於無監督學習。實際上傳統的機器學習技術分為兩類：一類是無監督學習；另一類是監督學習。無監督學習只利用未標記的樣本集，而監督學習則只利用標記的樣本集進行學習。但在很多實際問題中，只有少量的帶有標記的資料，因為對資料進行標記的代價有時很高，如在生物學中，對某種蛋白質的結構分析或者功能鑒定，可能會花上生物學家很多年的工作，而大量的未標記的資料卻很容易得到。這就促使能同時利用標記樣本和未標記樣本的半監督學習技術迅速發展起來。半監督學習（Semi-Supervised Learning, SSL），是模式識別和機器學習領域研究的重點問題，也是監督學習與無監督學習相結合的一種學習方法。它主要考慮如何利用少量的標註樣本和大量的未標註樣本進行訓練和分類的問題。主要分為半監督分類、半監督迴歸、半監督聚類和半監督降維演算法。Baolin Guo 針對半監督多標籤高維資料存在的資料維度過高的問題，提出一種嶄新的減少半監督多標籤資料維度的方法。

在資料探勘中應用得最多的演算法除了聚類演算法，就是分類演算法了。在前面的章節提到過各種分類演算法，其中神經網路屬於相對較為複雜的分類演算法。而卷積神經網路是人工神經網路的一種，已成為當前語音分析和圖像識別領域的研究熱點。它的權值共享網路結構使之更類似於生物神經網路，降低了網路模型的複雜度，減少了權值的數量。該優點在網路的輸入是多維圖像時表現得更為明顯，使圖像可以直接作為網路的輸入，避免了傳統識別演算法中複雜的特徵提取和資料重建過程。卷積神經網路是為識別二維形狀而特殊設計的一個多層感知器，這種網路結構對平移、比例縮放、傾斜或其他形式的變形具有高度不變性。CNNs 是受早期的延時神經網路（TDNN）的影響。延時神經網路透過在時間維度上共享權值降低學習複雜度，適用於語音和時間序列訊號的處理。CNNs 是第一個真正成功訓練多層網路結構的學習演算法。它利用空間關係減少需要學習的參數數目以提高一般前向 BP 演算法的訓練效能。CNNs 作為一個深度學習架構提出是為了最小化資料的前處理要求。在 CNNs 中，圖像的一小部分（局部感受區域）作為層級結構的最低層的輸入，資訊再依次傳輸到不同的層，每層透過一個數位濾波器去獲得觀測資料的最顯著的特徵。這個方法能夠獲取對平移、縮放和旋轉不變地觀測資料的顯著特徵，因為圖像的局部感受區域允許神經元或者處理單元可以訪問到最基礎的特徵，如定向邊緣或者角點。在訓練大型網路時不可避免會碰到模型過擬合的現象，因此模型訓練過程通常伴隨著一個正則化過程，Wei Xiong 提出一種叫做結構化相關約束的正則化方法，用於啟動隱藏層來防止過擬合併實現更好地泛化。

KNN 演算法作為最經典的分類演算法之一，由於其易理解性得以廣泛應用，但 KNN 演算法的演算法時間複雜度高一直是限制它的一個很大方面，現有演算法通常透過減少 k 值或者隨機減少訓練集的大小來減少 KNN 的時間複雜度，但在演算法複雜度降低的同時，演算法的分類效能往往也會降低。因此怎樣有效地在保持演算法分類效能不變甚至提升的情況下減少 KNN 的演算法複雜度就是重中之重。Huahua Xie 基於這個背景，提出一種在減少演算法時間複雜度的同時保持演算法效能不變甚至提升的基於預分類的 KNN 演算法（Huahua Xie, 2016）。文章透過移除特定的訓練集資料達到減少訓練集規模的目的，提出在 KNN 演算法模型之前對訓練集資料進行一個時間複雜度較低的預分類，預分類之後的訓練集資料根據預分類的預測機率和設定的門限值劃分為幾個部分，其中預測機率接近 0.5 的訓練集資料由於其資料本身具有模棱兩可的特徵被移除，預測機率接近 0 或 1 的訓練集資料由於其特徵較明顯得以保存作為最後的訓練集資料。然後利用更新之後的訓練資料集執行 KNN 演算法，實驗仿真資料證明這種方法在降低演算法時間複雜度的同時，能保證演算法的分類效能不變甚至有所提升。

簡單的分類器有時候往往達不到想要的分類效能，這種時候整合學習就開始發揮其巨大的效用。整合學習是使用一系列的學習器進行學習，並使用某種規則把各個學習結果進行整合，從而獲得比單個學習器學習效果更好的一種機器學習方法，是機器學習領域中用來提升分類演算法準確率的技術，主要包括 Bagging 和 Boosting 即裝袋和提升。機器學習方法在生產、科學研究和生活中有著廣泛應用，而整合學習則是機器學習的首要熱門方向之一。整合學習的思路是在對新的實例進行分類的時候，把若干個單個分類器整合起來，透過對多個分類器的分類結果進行某種組合來決定最終的分類，以取得比單個分類器更好的效能。如果把單個分類器比作一個決策者的話，整合學習的方法就相當於多個決策者共同進行一項決策。整合學習往往能利用多個分類器整合的效果達到比單個分類器好得多的效能，但萬事有利必有弊，整合學習的多個分類器的應用必然導致演算法複雜度及資料儲存空間的大幅度增加，基於此，Amichai Painsky 提出一種基於隨機森林的壓縮演算法，隨機森林作為整合演算法中不可獲取的一部分，演算法步驟如下：首先，從原始的資料集中採取有放回的抽樣，構造子資料集，子資料集的資料量是和原始資料集相同的。不同子資料集的元素可以重複，同一個子資料集中的元素也可以重複。其次，利用子資料集來構建子決策樹，將這個資料放到每個子決策樹中，每個子決策樹輸出一個結果。最後，如果有了新的資料需要透過隨機森林得到分類結果，就可以透過對子決策樹的判斷結果的投票，得到隨機森林的輸出結果了。Amichai Painsky 提出一種基於整合樹的機率建模的透過 Bregman 散度聚類的整合壓縮演算法。Zhengshen Jiang 提出一種新型的貝氏整合剪枝演算法，整合剪枝演算法透過移除效能不好的弱分類器來提升分類效能。該文提出的演算法首先運用優化演算法得到貝氏最優整合規模，然後運用文中提出的貝氏剪枝方法和貝氏獨立剪枝方法對整合演算法進行剪枝，仿真資料證明這兩種剪枝方法都能達到比現有演算法更好的效果（Zhengshen Jiang, 2016 ）。

除了這些經典的資料探勘演算法，近幾年來深度學習得到越來越多關注。深度學習的概念源於人工神經網路的研究。含多隱層的多層感知器就是一種深度學習結構。深度學習透過組合低層特徵形成更加抽象的高層表示屬性類別或特徵，以發現資料的分布式特徵表示。深度學習的概念由 Hinton 等人於 2006 年提出。基於深度信賴網路（DBN）提出非監督貪心逐層訓練演算法，為解決深層結構相關的優化難題帶來希望，隨後提出多層自動編碼器深層結構。此外 Lecun 等人提出的卷積神經網路是第一個真正多層結構學習演算法，它利用空間相對關係減少參數數目以提高訓練效能。深度學習是機器學習研究中的一個新的領域，其動機在於建立、模擬人腦進行分析學習的神經網路，它模仿人腦的機制來解釋資料，如圖像，聲音和文字。Nastaran Mohammadian Rad 把深度學習應用到自閉症檢測中（Nastaran Mohammadian Rad, 2016）。

本書之前討論的所有場景都是基於單任務學習，實際上現實生活中經常要用到多任務學習。Multi-task learning（多任務學習）是和 single-task learning（單任務學習）相對的一種機器學習方法。拿大家經常使用的 school data 做個簡單的對比，school data 是用來預測學生成績的迴歸問題的資料集，總共有 139 個中學的 15362 個學生，其中每一個中學都可以看作是一個預測任務。單任務學習就是忽略任務之間可能存在的關係分別學習 139 個迴歸函數進行分數的預測，或者直接將 139 個學校的所有資料放到一起學習一個迴歸函數進行預測。而多任務學習則看重任務之間的聯繫，透過聯合學習，同時對 139 個任務學習不同的迴歸函數。既考慮到了任務之間的差別，又考慮到任務之間的聯繫，這也是多任務學習最重要的思想之一。單任務學習的過程中忽略了任務之間的聯繫，而現實生活中的學習任務往往是有千絲萬縷的聯繫的，如多標

籤圖像的分類、人臉的識別等，這些任務都可以分為多個子任務去學習。多任務學習的優勢就在於能發掘這些子任務之間的關係，同時又能區分這些任務之間的差別。Inci M. Baytas 針對資料的分布式儲存，提出一個異步多任務學習演算法，對於多個任務採用異步執行來減少演算法執行時間（Inci M. Baytas, 2016）。Kaixiang Lin 基於當訓練資料雜訊太大時模型會對交互多任務模型造成誤導這一現狀提出一種新穎的交互式的多任務學習框架（Kaixiang Lin, 2016）。

以上都是討論怎樣使演算法效能得以提升，那麼怎樣對整體演算法的效能在不確定其內部演算法的同時對其進行評價呢？黑盒測試法就是一種主要測試手段。黑盒測試也稱功能測試，它是透過測試來檢測每個功能是否都能正常使用。在測試中，把程式看作一個不能打開的黑盒子，在完全不考慮程式內部結構和內部特性的情況下，在程式介面進行測試，它只檢查程式功能是否按照需求規格說明書的規定正常使用，程式是否能適當地接收輸入資料而產生正確的輸出資訊。黑盒測試著眼於程式外部結構，不考慮內部邏輯結構，主要針對軟體介面和軟體功能進行測試。Philip Adler 提出一種梯度特徵黑盒審計演算法，探索屬性對演算法的間接貢獻，即是透過哪一個特定屬性影響演算法結果的（Philip Adler, 2016）。

除了演算法改進型論文，會議收錄了很多應用型論文，其中應用型論文涵蓋各個領域，包括資料探勘在城市規劃中的應用、資料探勘在社交網路的應用、投票網站的用戶行為資訊、空間資料探勘應用。

把資料探勘應用於城市規劃的技術已經逐漸成熟。開放資料組織、網站的出現極大地改變了城市研究開展的資料基礎，大批基於開放資料以及透過開放 API 抓取自商業網站的半開放資料的城市研究成果密集湧現，研究者們利用開放的地理資料、社會化網路資料、簽到資料、浮動車軌跡資料等進行了不同尺度、不同視角的研究，既有宏觀如城市形態、區域聯繫度研究，也有微觀如個體行為模式的研究。雖然這些研究所使用資料並不 100% 都屬於大數據範疇，但在當前的大數據概念熱潮下，它們往往被打上了大數據的標籤。大數據本身的概念很模糊，而阿里雲的技術總監薛桂榮對大數據時代最典型特徵的判斷本書深表認同，即「資料的可獲得性」。正是這種「可獲得性」奠定了大數據時代的城市研究基礎。開放資料運動是大數據應用於城市規劃、城市研究的重要資料基礎，而規劃人對社會化網路的熱衷則為大數據迅速對城市規劃行業造成衝擊構成了傳播基礎。與其他行業相比，規劃行業規模較小，相互間的聯繫較緊；而規劃話題則社會性、公共性較強，規劃編制工作也開始強調開放性，擴大公眾參與，所以從 2009 年新浪微博上線以來，規劃師群體是高度活躍、互動性較強的群體，這個群體因其話題的特殊性和自身的活躍度曾引起了《南方週末》等傳統媒體的關注，並進入大眾視野。Ahmed Anes Bendimerad 提出一種利用社交網路資料來進行城市規劃的演算法，將資料探勘演算法應用於社交網路資料，以完成城市規劃（Ahmed Anes Bendimerad, 2016）。

隨著大數據時代的到來，資料量過大不便於演算法執行及演算法時間複雜度太高已經成為一個通病，因此透過降維去除冗餘資料，減少資料的規模，以方便演算法的有效執行逐漸引起大家的注意。Jaroslaw Blasiok 提出一個快速資料感知的、線性等距離的降維方法，來達到資料規模有效降低的目的（Jaroslaw Blasiok, 2016）。隨機梯度下降法也同樣可以用來對大量資料進行資料量規模的減少，但當有雜訊時隨機梯度下降法會出現梯度更新有高變異數減慢收斂速度的缺點，同時其邊際效益也不可忽視，為解決這些問題，Soham De 提出一個分布的梯度下降法以減少資料的規模（Soham De, 2016）。

符號網路是指邊具有正或負符號屬性的網路，其中，正邊和負邊分別表示積極的關係和消極的關係。真實世界的許多複雜網路中都存在對立的關係，尤其是在資訊、生物和社會領域。利用邊的符號屬性去分析、理解和預測這些複雜網路的拓撲結構、功能、動力學行為具有十分重要的理論意義，並且對個性化推薦、態度預測、用戶特徵分析與聚類等都具有重要的應用價值。Jose Cadena 提出一種針對符號網路的在線社交網路資訊（Jose Cadena, 2016）。

對於在線社交網路來說，子圖計數是分析在線社交網路最基礎的任務。Xiaowei Chen 提出一種基於 random walk 框架的子圖計數方法，對社交網路進行分析（Xiaowei Chen, 2016）。

現如今在線評價和投票網站越來越普遍，用戶的點贊行為和評論之間必然存在一定的聯繫，Alceu Ferraz Costa 對收集的大量投票網站的用戶點贊行為和評論行為資料進行了建模分析，用來對用戶的點贊和評論行為進行預測（Alceu Ferraz Costa, 2016）。

近年來，空間資料探勘得到越來越多的關注。空間資料探勘即把資料探勘的技術應用在空間資料上，大部分就是 social network 資料以及 GPS 資料——

經度、緯度、時間等。從這些資料上，我們可以資訊出潛在的拓撲結構（相鄰、包含等關係）或者空間幾何結構（地理資訊、面積等），從而我們可以在上面做很多應用。大多數應用其實是要建立空間資料與非空間資料的聯繫。例如，我們可以從用戶的 GPS 資料來研究用戶的行程、用戶可能在幹什麼，甚至預測用戶之間的相似度，從而建立一個好友推薦系統。然而空間資料探勘面臨的最大問題其實是用戶資料的隱私問題，基於此，Maryam Fanaeepour 提出一種新穎的考慮到減少雜訊和引入隱性的空間資料探勘演算法（Maryam Fanaeepour, 2016）。

9.3 「電腦奧運」——Sort Benchmark

大數據的發展趨勢不僅體現在會議進程的方方面面，還體現在各大數據探勘比賽中。2016 年 11 月 10 日，具有「電腦奧運」之稱的 Sort Benchmark 全球排序競賽公佈 2016 年最終成績，騰訊雲大數據聯合團隊用時不到 99 秒（98.8 秒）就完成 100TB 的資料排序，打破阿里雲 2016 年創造的 329 秒的紀錄。在更早前，百度創造的紀錄是 716 秒，Hadoop 的紀錄是 4222 秒。

在這次競賽中，騰訊雲數智分布式計算平台，奪得 Sort Benchmark 大賽 Gray Sort 和 Minute Sort 的冠軍，總共創造四項世界紀錄，將 2015 年阿里雲的紀錄整體提高 2~5 倍。騰訊名列全球大數據第一梯隊領軍企業，這也是全球大數據效能進化史的重要里程碑。全球大數據效能進化史如圖 9-1 所示。

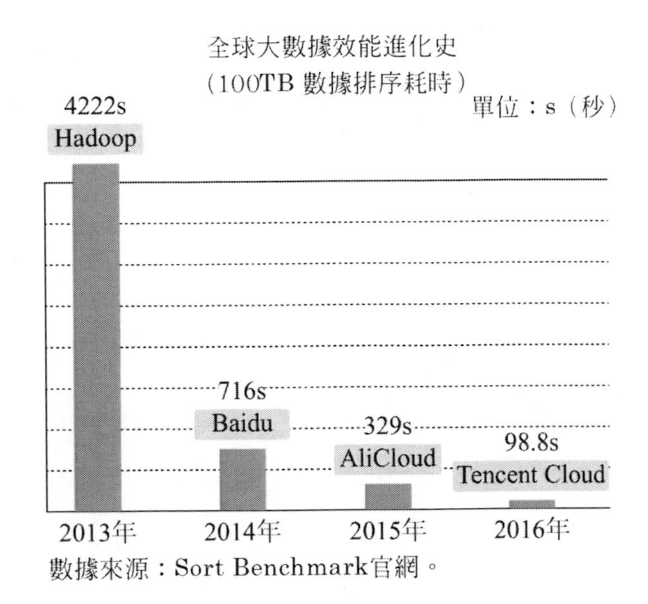

圖 9-1 全球大數據效能進化史

每年全球頂尖公司和學術機構都會來參加該賽事，以評估軟硬體系統架構能力及最新研究成果。這項賽事包括四項比賽，騰訊雲大數據聯合團隊參加的是含金量最高的 Gray Sort 和 Minute Sort 兩項排序競賽，重點評測大規模分布式系統的軟硬體架構能力及平台的計算效率，以上兩項比賽均包括 Indy（專用目的排序）和 Daytona（通用目的排序）兩個子項。數智一舉奪得上述四個子項的冠軍，總體將阿里雲 2015 年的紀錄提高 2 ～ 5 倍。

Gray Sort 競賽比拚的是如何在最短的時間內，將總共 100TB，一共 1 萬億條無序的 100 字節紀錄，按照從小到大的順序進行排序。數智用時 98.8 秒完成 100TB 的資料排序，即每分鐘完成 60.7TB 的資料排序，2015 年冠軍的紀錄為 18.2TB/ 分鐘。Minute Sort 競賽，比拚的是在 1 分鐘之內能夠完成多少資料量的排序。數智的成績為 1 分鐘完成 55TB 的排序，2015 年冠軍的紀錄是 11TB，數智將這一資料量提升了 5 倍。

參考文獻

[1] Philip Adler, Auditing Black-box Models for Indirect Influence [C]. 2016 IEEE 16th International Conference on Data Mining, 2016.

[2] Inci M. Baytas. Asynchronous Multi-Task Learning [C]. 2016 IEEE 16th International Conference on Data Mining, 2016.

[3] Kaixiang Lin.Interactive Multi-Task Relationship Learning[C]. 2016 IEEE 16th International Conference on Data Mining, 2016.

[4] Ahmed Anes Bendimerad. Unsupervised Exceptional Attributed Sub-graphMining in Urban Data [C]. 2016 IEEE 16th International Conference on Data Mining, 2016.

[5] Jaroslaw Blasiok, ADAGIO：Fast Data-aware Near-Isometric Linear Embeddings [C]. 2016 IEEE 16th International Conference on Data Mining, 2016.

[6] Soham De. Efficient Distributed SGD with Variance Reduction [C]. 2016 IEEE 16th International Conference on Data Mining, 2016.

[7] Jose Cadena. On Dense Subgraphs in Signed Network Streams [C]. 2016 IEEE 16th International Conference on Data Mining, 2016.

[8] Xiaowei Chen. Mining Graphlet Counts in Online Social Networks [C]. 2016 IEEE 16th International Conference on Data Mining, 2016.

[9] Alceu Ferraz Costa. Vote-and-Comment：Modeling the Coevolution of User Interactions in Social Voting Web Sites [C]. 2016 IEEE 16th International Conference on Data Mining, 2016.

[10] Maryam Fanaeepour. Beyond Points and Paths：Counting Private Bodies [C]. 2016 IEEE 16th International Conference on Data Mining, 2016.

[11] Kevin M. Amaral. Sacrificing Overall Classification Quality to Improve Classification Accuracyof Well-Sought Classes [C]. 2016 IEEE 16th International Conference on Data Mining,2016.

[12] Remy Dautriche. Towards Visualizing Hidden Structures [C]. 2016 IEEE 16th International Conference on Data Mining, 2016.

[13] Ouadie Gharroudi. A Semi-Supervised Ensemble Approach for Multi-label Learning [C].2016 IEEE 16th International Conference on Data Mining Workshops,2016.

[14] Zhengshen Jiang. A Novel Bayesian Ensemble Pruning Method[C].2016 IEEE 16th InternationalConference on Data Mining Workshops,2016.

[15] Luca Luceri, Infer Mobility Patterns and Social Dynamics for Modelling Human Behaviour[C].2016 IEEE 16th International Conference on Data Mining Workshops,2016.

[16] Dominik Mautz. Subspace Clustering Ensembles through Tensor Decomposition [C].2016 IEEE 16th International Conference on Data Mining Workshops,2016.

[17] Nastaran Mohammadian Rad. Applying Deep Learning to Stereotypical Motor

Movement Detection in Autism Spectrum Disorders [C].2016 IEEE 16th International Conference on Data Mining Workshops,2016.
[18] Anil Narassiguin. Similarity Tree Pruning： A Novel Dynamic Ensemble Selection Approach[C].2016 IEEE 16th International Conference on Data Mining Workshops,2016.
[19] Benjamin Schelling. Clustering with the Levy Walk： 「Hunting」 for Clusters[C].2016 IEEE 16th International Conference on Data Mining Workshops,2016.
[20] Niloofer Shanavas. Centrality-Based Approach for Supervised Term Weighting[C].2016 IEEE 16th International Conference on Data Mining Workshops,2016.
[21] Huahua Xie. A Novel Pre-Classification Based KNN Algorithm[C].2016 IEEE 16th International Conference on Data Mining Workshops,2016.

大數據 X 資料探勘 X 智慧營運

作　　者：梁棟、張兆靜、彭木根 著
發 行 人：黃振庭
出 版 者：崧博出版事業有限公司
發 行 者：松燁文化事業有限公司
E-mail：sonbookservice@gmail.com
粉 絲 頁：https://www.facebook.com/sonbookss/
網　　址：https://sonbook.net/
地　　址：台北市中正區重慶南路一段六十一號八樓 815 室
Rm. 815, 8F., No.61, Sec. 1, Chongqing S. Rd., Zhongzheng Dist., Taipei City 100, Taiwan (R.O.C)
電　　話：(02)2370-3310
傳　　真：(02) 2388-1990
總 經 銷：紅螞蟻圖書有限公司
地　　址：台北市內湖區舊宗路二段 121 巷 19 號
電　　話：02-2795-3656
傳　　真：02-2795-4100
印　　刷：京峯彩色印刷有限公司（京峰數位）

定　　價：650 元
發行日期：2020 年 8 月第一版
◎本書以 POD 印製

國家圖書館出版品預行編目資料

大數據 X 資料探勘 X 智慧營運 / 梁棟、張兆靜、彭木根 著 . -- 第一版 . -- 臺北市 : 崧燁文化發行 , 2020.7
面；　公分
POD 版
ISBN 978-957-735-992-6(平裝)
1. 資料探勘 2. 大數據

312.74　109012270

官網

臉書